杀菌剂毒理与应用技术

段海明 编 著

北京师范大学出版集团
BEIJING NORMAL UNIVERSITY PUBLISHING GROUP
安 徽 大 学 出 版 社

图书在版编目(CIP)数据

杀菌剂毒理与应用技术/段海明编著. —合肥:安徽大学出版社，2019.3

ISBN 978-7-5664-1815-9

Ⅰ.①杀… Ⅱ.①段… Ⅲ.①杀菌剂—毒理学 Ⅳ.①S481

中国版本图书馆 CIP 数据核字(2019)第 064615 号

杀菌剂毒理与应用技术

段海明 编著

出版发行:北京师范大学出版集团
安 徽 大 学 出 版 社
(安徽省合肥市肥西路 3 号 邮编 230039)
www.bnupg.com.cn
www.ahupress.com.cn

印　　刷:安徽省人民印刷有限公司
经　　销:全国新华书店
开　　本:184mm×260mm
印　　张:23.25
字　　数:448 千字
版　　次:2019 年 3 月第 1 版
印　　次:2019 年 3 月第 1 次印刷
定　　价:65.00 元

ISBN 978-7-5664-1815-9

策划编辑:刘中飞　武溪溪　陈玉婷
责任编辑:陈玉婷　武溪溪
责任印制:赵明炎
装帧设计:李　军
美术编辑:李　军

前　言

一个时代有一个时代的科技创新主题，农业科技创新也不例外。习近平总书记在致中国农业科学院建院60周年的贺信中提出，农业科研要“面向世界农业科技前沿、面向国家重大需求、面向现代农业建设主战场”。在建设美丽中国和绿色可持续发展理念已日益深入人心的今天，植保科技创新要以“减药、替代、降低成本”作为核心发展目标，科学研究也要围绕这个核心指标展开，本书的编写初衷即在于此。

化学农药在粮食增产过程中功不可没，但与此同时，它也带来了一系列负面影响。化学农药是重要的污染源之一，也是食品安全源头污染物之一。我国单位面积农药使用量高于世界平均水平，但有效利用率只有30%左右。党的十八大以来，我国以空前的力度整治环境污染，全面打响了污染防治攻坚战。国家大力推行的“减药”正是在这个大的趋势和背景下提出来的。“减药”的前提是科学正确用药，若无法做到科学选药、配药、适机施药，“减药”的目标就很难实现。

植物病害的防控事关作物产量、品质安全和农民增收，意义重大。本书介绍了杀菌剂的毒理和科学使用方法，可以为杀菌剂的科学使用提供指导。本书从构思到成稿历时4年之久，力求新颖、实用，以期系统解决杀菌剂使用过程中存在的防治对象、施药时间和用药量等方面的问题，旨在为我国杀菌剂的科学应用贡献绵薄之力。

阅读和使用本书的过程中，应注意以下几点：

1.植物病害的防治理念是防大于治，治“未病”远比治“已病”重要，杀菌剂的使用和病害的防控应全程贯彻这一理念。因此，科学预防显得尤为重要。当然，合理的药剂和施药时机的选择也很关键。

2.新创制的杀菌剂不断增多，本书所收录的杀菌剂品种为农业农村部农药检定所登记的产品（截至2018年6月）。为追求简洁明快，书中省去了杀菌剂的剂型和生产厂家等信息。

3.本书中的杀菌剂参照国际杀菌剂抗性行动委员会于2017年颁布的标准进行分类。

4.植物病害种类繁多，本书所收录的均为常见植物的重要病害。对于书中未收录的一些病害，可以在经过严格的病原鉴定后，再选择相应的杀菌剂开展防治工作。

5. 不同的环境和施药技术水平条件下，用药量和杀菌剂施药时间存在一定的差异性。因此，本书中的推荐用药量和施药时间仅供参考，应针对具体病害具体分析。

6. 杀菌剂混配使用的目的是扩大防治谱、混配增效和延缓抗药性。因此，本书第二篇“常见植物病害的杀菌剂选择”中部分混剂的其他有效成分是为扩大防治谱而混用的，不属于防治相关病害的推荐药剂。在选用药剂时，应根据病害的实际发生情况进行筛选。

7. 为避免重复，同一种杀菌剂的混剂在第一篇“杀菌剂毒理与防治谱”中只出现一次。一般情况下，若同一种杀菌剂的混剂在前面表格中已出现过，后面就不再罗列。

在本书的编写过程中，编者参阅了大量线上、线下的文献资料，限于篇幅、时间和精力，仅列出了主要参考文献，在此向所有相关著作者一并致以谢忱！最后，感谢安徽科技学院为本书的出版提供的资助。

知识更替日新月异，新的有效成分、使用技术也在不断研发中。编著者学识水平有限，编写时间仓促，书中内容难免有不妥或错漏之处，欢迎专家和读者批评指正，以便进一步修订完善。

段海明

2019 年 2 月

目　录

第 1 篇　杀菌剂毒理与防治谱

第2篇 常见植物病害的杀菌剂选择

第 3 篇 常见植物致病菌归类和杀菌剂选择

第1篇 杀菌剂毒理与防治谱

杀菌剂毒理学是研究杀菌剂与植物病害病原物间相互作用规律及杀菌剂作用机制的一门科学，其研究内容主要包括杀菌剂与菌体细胞内靶标的互作关系以及杀菌剂在菌体内的吸收、分布、生物转化和排泄等过程。根据杀菌剂的作用机制，可以把杀菌剂分为核酸合成抑制剂、细胞骨架和运动蛋白抑制剂、呼吸作用抑制剂、氨基酸和蛋白质合成抑制剂、信号转换抑制剂、类脂类和膜合成抑制剂、膜的立体生物合成抑制剂、细胞壁生物合成抑制剂、间接作用杀菌剂、多作用位点杀菌剂和未知作用机制杀菌剂。杀菌剂的防治谱是杀菌剂科学使用的基础内容。一般多作用位点杀菌剂的防治谱比较广泛，而选择性杀菌剂的防治谱则相对狭窄。

第1章　核酸合成抑制剂

核酸合成抑制剂类杀菌剂与核酸合成过程中的酶发生作用或与DNA模板结合，将导致核酸生物合成过程受阻，使病原菌生长受阻、细胞死亡。根据作用位点的不同，核酸合成抑制剂可以分为酶抑制剂（RNA聚合酶Ⅰ抑制剂、腺苷脱氨酶抑制剂）和DNA模板合成抑制剂（DNA/RNA合成抑制剂）。

1.1　RNA聚合酶Ⅰ抑制剂

1.1.1　作用机制

RNA聚合酶Ⅰ（RNA Polymerase Ⅰ，Pol Ⅰ）在细胞中的功能是转录合成45S rRNA前体，其成熟后会成为28S、18S和5.8S rRNA。RNA聚合酶Ⅰ抑制剂主要与Pol Ⅰ的β亚基发生相互作用，干扰RNA的合成。此类杀菌剂可有效抑制菌丝体的生长，但对孢子囊和游动孢子的活性较低，这是因为孢子中已含有早期生长所需的核糖体。

1.1.2　主要种类

RNA聚合酶抑制剂以苯基酰胺类杀菌剂为代表，主要有甲霜灵、精甲霜灵和噁霜灵等（表1-1）。

表1-1　RNA聚合酶Ⅰ抑制剂的主要种类

序号	通用名	化学名称	结构式
1	甲霜灵	*N*-(2,6-二甲苯基)-*N*-(2-甲氧乙酰基)-*DL*-氨基丙酸甲酯	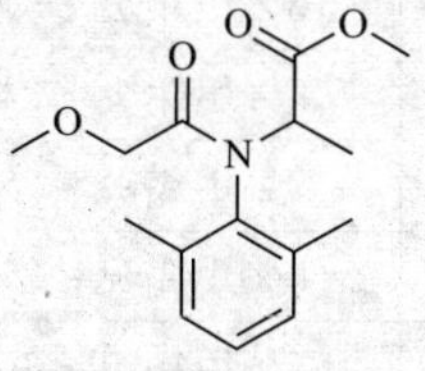
2	噁霜灵	2-甲氧基-*N*-(2-氧代-1,3-唑烷-3-基)-*N*-(2′,6′-二甲基替苯胺)乙酰胺	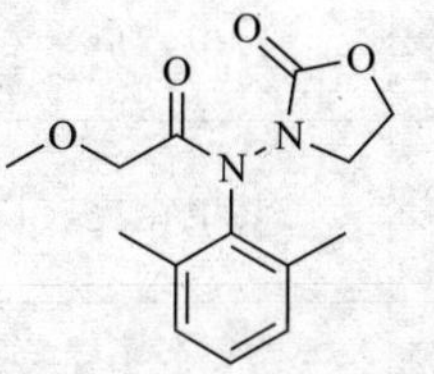

1.1.3 防治谱

(1)甲霜灵及其混剂的防治谱

甲霜灵可用于防治马铃薯晚疫病和谷子白发病，单剂使用较为少见，与其他杀菌剂混配使用较为多见。

甲霜灵与福美双混配，可用于防治水稻立枯病、黄瓜霜霉病、黄瓜猝倒病和荔枝霜疫霉病。甲霜灵与噁霉灵混配，可用于防治水稻立枯病和黄瓜枯萎病。甲霜灵与代森锰锌混配，可用于防治黄瓜霜霉病、葡萄霜霉病、马铃薯晚疫病和烟草黑胫病。甲霜灵与百菌清混配，可用于防治黄瓜霜霉病、葡萄霜霉病和西瓜枯萎病。甲霜灵与霜霉威混配，可用于防治水稻立枯病、黄瓜霜霉病、葡萄霜霉病、番茄晚疫病、辣椒疫病和烟草黑胫病。甲霜灵与种菌唑混配处理种子，可用于防治水稻恶苗病、水稻立枯病、玉米丝黑穗病、玉米茎基腐病和棉花立枯病（表 1-2）。

表 1-2　甲霜灵及其混剂的防治对象、有效成分用药量和使用方法

序号	杀菌剂(混剂)	防治对象	有效成分用药量和使用方法
1	甲霜灵	马铃薯晚疫病	31.25～37.5 克/100 千克种薯，拌种
		谷子白发病	70～105 克/100 千克种子，拌种
2	11%甲霜灵·24%福美双	水稻立枯病	1.0～1.5 克/平方米，苗床浇洒
3	10%甲霜灵·60%福美双	黄瓜霜霉病	1312.5～1575 克/公顷，喷雾
4	10%甲霜灵·30%福美双	水稻立枯病	140～200 克/100 千克种子，拌种
5	10%甲霜灵·25%福美双	水稻立枯病	3501.75～5250 克/公顷，苗床喷雾
6	10%甲霜灵·35%福美双	水稻立枯病	1.0～1.5 克/平方米，苗床浇洒
7	9%甲霜灵·41%福美双	水稻立枯病	1:(400～500)(药种比)，浸种
8	9%甲霜灵·29%福美双	水稻立枯病	0.57～0.95 克/平方米，苗床浇淋
		黄瓜猝倒病	0.76～1.14 克/平方米，苗床浇洒
9	9%甲霜灵·31%福美双	水稻立枯病	2400～3600 克/公顷，苗床喷雾
10	8%甲霜灵·50%福美双	荔枝霜疫霉病	500～750 克/公顷，喷雾
11	7.5%甲霜灵·34.5%福美双	水稻立枯病	1.0～1.5 克/平方米，喷淋、浇灌
12	7%甲霜灵·28%福美双	黄瓜霜霉病	1312.5～1575 克/公顷，喷雾
13	6%甲霜灵·37%福美双	水稻立枯病	5590～9460 克/公顷，苗床浇洒
14	5%甲霜灵·30%福美双	水稻立枯病	787.5～1050 克/公顷，苗床喷雾
15	5%甲霜灵·33%福美双	水稻立枯病	1.2～1.5 克/平方米，苗床浇洒；114～136.8 克/100 千克种子，苗床拌种
16	2%甲霜灵·13%福美双	水稻立枯病	1:(40～50)(药种比)，种子包衣
		水稻恶苗病	1:(40～50)(药种比)，种子包衣
17	0.9%甲霜灵·2.4%福美双	水稻立枯病	0.83～1.09 克/平方米，苗床撒施

续表

序号	杀菌剂(混剂)	防治对象	有效成分用药量和使用方法
18	0.9%甲霜灵·6.1%福美双	水稻立枯病	0.7～0.9克/平方米，混药土撒施于苗床
19	0.5%甲霜灵·0.3%福美双	水稻立枯病	1.2～1.6克/平方米，撒施
20	0.25%甲霜灵·0.75%福美双	水稻立枯病	0.5～0.9克/平方米，混药土撒施于苗床
21	0.2%甲霜灵·0.55%福美双	水稻立枯病	0.7～0.9克/平方米，拌土、苗床浇洒
22	0.08%甲霜灵·0.92%福美双	水稻立枯病	0.8～1.2克/平方米，拌土撒施
23	0.07%甲霜灵·0.53%福美双	水稻立枯病	1.02～1.5克/平方米，混药土撒施于苗床
24	20%甲霜灵·19%噁霉灵	水稻立枯病	0.35～0.51克/平方米，苗床泼浇
25	17.5%甲霜灵·27.5%噁霉灵	水稻立枯病	1.0～1.5克/平方米，苗床喷雾
26	10%甲霜灵·20%噁霉灵	水稻立枯病	0.24～0.36克/平方米，苗床喷雾
27	6%甲霜灵·24%噁霉灵	水稻立枯病	0.36～0.54克/平力米，喷雾
28	5%甲霜灵·25%噁霉灵	水稻立枯病	0.36～0.54克/平方米，苗床喷雾
29	1.2%甲霜灵·1.8%噁霉灵	水稻立枯病	0.65～0.75克/平方米，苗床撒施
30	0.6%甲霜灵·2.6%噁霉灵	水稻立枯病	3200～4800克/公顷，喷雾
31	0.6%甲霜灵·2.4%噁霉灵	水稻立枯病	0.36～0.54克/平方米，喷雾
32	0.5%甲霜灵·2.5%噁霉灵	水稻立枯病	0.36～0.6克/平方米，苗床喷雾
		黄瓜枯萎病	50～60毫克/千克、250毫升/株，灌根
33	10%甲霜灵·48%代森锰锌	马铃薯晚疫病	1044～1218克/公顷，喷雾
		黄瓜霜霉病	862.5～1632克/公顷，喷雾
		葡萄霜霉病	1418.1～1740克/公顷，喷雾
		烟草黑胫病	870～1305克/公顷，喷雾
34	10%甲霜灵·50%代森锰锌	黄瓜霜霉病	1305～1620克/公顷，喷雾
35	10%甲霜灵·60%代森锰锌	葡萄霜霉病	600～750克/公顷，喷雾
36	8%甲霜灵·64%代森锰锌	黄瓜霜霉病	1620～2250克/公顷，喷雾
		葡萄霜霉病	1500～1800克/公顷，喷雾
		烟草黑胫病	1080～1296克/公顷，喷雾
37	4%甲霜灵·32%代森锰锌	黄瓜霜霉病	1300～1600克/公顷，喷雾
38	9%甲霜灵·72%百菌清	黄瓜霜霉病	1215～1458克/公顷，喷雾
39	8%甲霜灵·64%百菌清	黄瓜霜霉病	1155.6～1620克/公顷，喷雾
		葡萄霜霉病	720～900毫克/千克，喷雾
40	0.55%甲霜灵·1.65%百菌清	西瓜枯萎病	1:(10～15)药种比，种子包衣
41	50%甲霜灵·15%醚菌酯	黄瓜霜霉病	585～975克/公顷，喷雾
42	25%甲霜灵·5%嘧菌酯	马铃薯晚疫病	337～450克/公顷，浸种、喷雾

续表

序号	杀菌剂(混剂)	防治对象	有效成分用药量和使用方法
43	15%甲霜灵·10%霜霉威	水稻立枯病	0.38～0.50克/平方米,苗床喷雾、浇施
		黄瓜霜霉病	670～870克/公顷,喷雾
		番茄晚疫病	312～468克/公顷,喷雾
		辣椒疫病	0.06～0.1克/株,灌根
		葡萄霜霉病	312～416毫克/千克,喷雾
		烟草黑胫病	300～375克/公顷,灌根
44	15%甲霜灵·35%王铜	黄瓜霜霉病	750～937.5克/公顷,喷雾
45	15%甲霜灵·32%代森锌	黄瓜霜霉病	900～1125克/公顷,喷雾
46	12.5%甲霜灵·12.5%霜脲氰	辣椒疫病	416.7～625毫克/千克,灌根
47	12%甲霜灵·60%氧化亚铜	荔枝霜疫霉病	360～720毫克/千克,喷雾
48	1.88%甲霜灵·2.35%种菌唑	玉米丝黑穗病	9～18克/100千克种子,种子包衣
		玉米茎基腐病	3.375～5.4克/100千克种子,包衣
		棉花立枯病	13.5～18克100千克种子,拌种
		水稻恶苗病	100～150毫升/100千克种子,拌种
		水稻立枯病	200～300毫升/100千克种子,种子包衣
49	10%甲霜灵·40%琥胶肥酸铜	黄瓜霜霉病	1125～1500克/公顷,喷雾
		黄瓜细菌性角斑病	1125～1500克/公顷,喷雾
		番茄早疫病	1125～1500克/公顷,喷雾
50	10%甲霜灵·10%咪鲜胺锰盐	水稻立枯病	0.2～0.4克/千克种子,拌种
51	10%甲霜灵·3%多菌灵	大豆根腐病	216.7～260克/100千克种子,种子包衣
52	8%甲霜灵·50%福美锌	黄瓜霜霉病	1087.5～1632克/公顷,喷雾
53	8%甲霜灵·77%波尔多液	黄瓜霜霉病	900～1275克/公顷,喷雾
		马铃薯晚疫病	1500～1800克/公顷,喷雾
54	8%甲霜灵·22%烯酰吗啉	黄瓜霜霉病	300～450克/公顷,喷雾
55	4%甲霜灵·64%丙森锌	烟草黑胫病	612～1020克/公顷,喷雾
56	2.5%甲霜灵·1%咪鲜胺	水稻立枯病	1:(80～100)(药种比),拌种
		水稻恶苗病	1:(80～100)(药种比),拌种
57	14%甲霜灵·32%福美双·4%稻瘟灵	水稻立枯病	5000～7500克/公顷,喷雾
58	10%甲霜灵·20%福美双·10%敌磺钠	水稻立枯病	0.16～0.20克/平方米,苗床喷雾
59	10%甲霜灵·25%福美双·5%代森锰锌	辣椒疫病	500～750克/公顷,喷雾

续表

序号	杀菌剂(混剂)	防治对象	有效成分用药量和使用方法
60	4%甲霜灵·30%琥胶肥酸铜·6%三乙膦酸铝	黄瓜细菌性角斑病	360～600 克/公顷,喷雾
		黄瓜霜霉病	360～600 克/公顷,喷雾
61	3%甲霜灵·6%甲基硫菌灵·3%嘧菌酯	水稻恶苗病	60～180 克/100 千克种子,种子包衣
		花生立枯病	60～180 克/100 千克种子,种子包衣
62	2%甲霜灵·50%代森锌·24%三乙膦酸铝	黄瓜霜霉病	1068.75～1425 克/公顷,喷雾
63	2.5%甲霜灵·41.5%琥胶肥酸铜·16%三乙膦酸铝	黄瓜霜霉病	72～90 克/亩(1 亩约等于 666.7 平方米),喷雾
64	2%甲霜灵·4%戊唑醇·4%嘧菌酯	玉米丝黑穗病	20～40 克/100 千克种子,种子包衣
		玉米茎基腐病	20～40 克/100 千克种子,种子包衣
65	2%甲霜灵·13%福美双·1%咪鲜胺	水稻立枯病	267～400 克/100 千克种子,种子包衣
		水稻恶苗病	267～400 克/100 千克种子,种子包衣
66	1%甲霜灵·1%咪鲜胺·1%噁霉灵	水稻立枯病	50～75 克/100 千克种子,种子包衣
		水稻恶苗病	50～75 克/100 千克种子,种子包衣
67	1.15%甲霜灵·0.45%种菌唑·12.4%萎锈灵	玉米茎基腐病	300～400 毫升/100 千克种子,种子包衣
68	2.3%甲霜灵·17%多菌灵·0.7%咪鲜胺	水稻立枯病	250～333 克/100 千克种子,种子包衣

(2)精甲霜灵及其混剂的防治谱

精甲霜灵是甲霜灵的 *R*-对映异构体,其防治谱与甲霜灵相似,但是防治效果差别很大,精甲霜灵的活性更强(表 1-3)。

表 1-3　精甲霜灵及其混剂的防治对象、有效成分用药量和使用方法

序号	杀菌剂(混剂)	防治对象	有效成分用药量和使用方法
1	精甲霜灵	水稻烂秧病	5.2～8.7 克/100 千克种子,拌种
		玉米茎基腐病	7.7～15 克/100 千克种子,种子包衣
		大豆根腐病	14～28 克/100 千克种子,拌种
		棉花猝倒病	14～28 克/100 千克种子,拌种
		花生根腐病	14～28 克/100 千克种子,拌种
		向日葵霜霉病	35～105 克/100 千克种子,拌种
2	10.8%精甲霜灵·28.2%嘧菌酯	草坪腐霉枯萎病	300～500 克/公顷,喷雾
3	10.6%精甲霜灵·28.4%嘧菌酯	草坪腐霉枯萎病	292.5～585 克/公顷,喷雾
		玫瑰霜霉病	175.5～351 克/公顷,喷雾

续表

序号	杀菌剂(混剂)	防治对象	有效成分用药量和使用方法
4	0.3%精甲霜灵·28.4%嘧菌酯	草坪腐霉枯萎病	240～600 克/公顷,撒施
5	0.3%精甲霜灵·0.5%嘧菌酯	草坪腐霉枯萎病	240～600 克/公顷,撒施
6	10%精甲霜灵·20%嘧菌酯	黄瓜霜霉病	180～270 克/公顷,喷雾
7	5%精甲霜灵·25%噁霉灵	水稻立枯病	0.36～0.48 克/平方米,喷雾
		草坪枯萎病	67～81 克/公顷,喷雾
		辣椒猝倒病	135～202 毫克/千克,喷雾
8	4%精甲霜灵·28%噁霉灵	水稻立枯病	64～128 克/100 千克种子,拌种
9	0.5%精甲霜灵·2.5%噁霉灵	水稻立枯病	0.36～0.48 克/平方米,苗床喷撒
10	10%精甲霜灵·28%霜脲氰	葡萄霜霉病	95～126.7 毫克/千克,喷雾
11	5%精甲霜灵·40%王铜	黄瓜细菌性角斑病	675～843.75 克/公顷,喷雾
12	5%精甲霜灵·35%丙森锌	番茄晚疫病	480～600 克/公顷,喷雾
13	4%精甲霜灵·64%代森锰锌	马铃薯晚疫病	1020～1224 克/公顷,喷雾
		黄瓜霜霉病	1020～1224 克/公顷,喷雾
		番茄晚疫病	1020～1224 克/公顷,喷雾
		辣椒疫病	1020～1224 克/公顷,喷雾
		花椰菜霜霉病	1020～1326 克/公顷,喷雾
		葡萄霜霉病	1020～1224 克/公顷,喷雾
		荔枝霜疫霉病	680～850 毫克/千克,喷雾
		西瓜疫病	1020～1224 克/公顷,喷雾
		烟草黑胫病	1020～1224 克/公顷,喷雾
14	0.5%精甲霜灵·9.5%苯醚甲环唑	玉米丝黑穗病	18.4～21 克/100 千克种子,种子包衣
		玉米茎基腐病	18.4～21 克/100 千克种子,种子包衣
15	0.55%精甲霜灵·0.25%戊唑醇	水稻立枯病	10.6～32 克/100 千克种子,拌种
16	4%精甲霜灵·40%百菌清	黄瓜霜霉病	594～990 克/公顷,喷雾
		番茄晚疫病	495～792 克/公顷,喷雾
		辣椒疫病	495～792 克/公顷,喷雾
		西瓜疫病	660～990 克/公顷,喷雾
17	3.75%精甲霜灵·2.5%咯菌腈	水稻恶苗病	18.7～25 克/100 千克种子,种子包衣
		大豆根腐病	18.7～25 克/100 千克种子,种子包衣
18	1%精甲霜灵·2.5%咯菌腈	玉米茎基腐病	4.4～5.8 克/100 千克种子,种子包衣
19	3%精甲霜灵·4%咪鲜胺铜盐·20%噻虫胺	玉米茎基腐病	135～178 克/100 千克种子,种子包衣

续表

序号	杀菌剂(混剂)	防治对象	有效成分用药量和使用方法
20	3.3%精甲霜灵·1%咯菌腈·6.6%嘧菌酯	玉米茎基腐病	25～50 克/100 千克种子,种子包衣
		棉花猝倒病	25～50 克/100 千克种子,种子包衣
		棉花立枯病	25～50 克/100 千克种子,种子包衣
		花生根腐病	8.2～11 克/100 千克种子,种子包衣
21	2%精甲霜灵·1%咯菌腈·22%噻虫嗪	花生根腐病	150～250 克/100 千克种子,种子包衣
22	3.6%精甲霜灵·4.85%氟唑环菌胺·2.55%咯菌腈	水稻恶苗病	300～400 毫升/100 千克种子,拌种
		水稻烂秧病	100～300 毫升/100 千克种子,拌种
		水稻立枯病	200～300 毫升/100 千克种子,拌种
23	1.8%精甲霜灵·2.3%咯菌腈·13.9%噻菌灵	玉米茎基腐病	20～40 毫升/100 千克种子,拌种
24	1.7%精甲霜灵·1.1%咯菌腈·22.2%噻虫嗪	棉花立枯病	172.5～345 克/100 千克种子,种子包衣
		棉花猝倒病	172.5～345 克/100 千克种子,种子包衣
		花生根腐病	86.2～201 克/100 千克种子,种子包衣
		人参疫病	220～340 克/100 千克种子,种子包衣
		人参锈腐病	220～340 克/100 千克种子,种子包衣
		人参立枯病	220～340 克/100 千克种子,种子包衣
25	0.26%精甲霜灵·28.08%噻虫嗪·0.66%咯菌腈	玉米茎基腐病	108.5～162.8/100 千克种子,种子包衣

(3)噁霜灵及其混剂的防治谱

噁霜灵的防治谱与甲霜灵相似,可用于防治由卵菌纲致病菌引起的植物病害,一般不单独使用。

噁霜灵与代森锰锌混配,可用于防治黄瓜霜霉病和烟草黑胫病(表 1-4)。

表 1-4 噁霜灵混剂的防治对象、有效成分用药量和使用方法

杀菌剂(混剂)	防治对象	有效成分用药量和使用方法
8%噁霜灵·56%代森锰锌	黄瓜霜霉病	1650～1950 克/公顷,喷雾
	烟草黑胫病	1950～2400 克/公顷,喷雾

1.2 腺苷脱氨酶抑制剂

1.2.1 作用机制

核苷酸的生物合成有两条途径,一是从头合成途径,二是补救途径。其中,后

者对于微生物核酸更新具有重要意义。腺苷脱氨酶(Adenosine Deaminase,ADA)是补救途径中的一种关键酶,可催化腺嘌呤核苷脱氨生成次黄嘌呤核苷(Inosine Monophosphate,IMP)。次黄嘌呤核苷可重新进入嘌呤核苷酸的合成途径中,也可以通过代谢途径转化为尿酸。ADA 活性被抑制将直接导致细胞内 IMP 含量降低,不能对嘌呤代谢起反馈调节作用,使嘌呤核苷酸合成加快,分解产物尿酸增加,最终引起菌体死亡。

1.2.2 主要种类

腺苷脱氨酶抑制剂主要有乙嘧酚(表 1-5)和乙嘧酚磺酸酯等。

表 1-5 腺苷脱氨酶抑制剂的主要种类

通用名	化学名称	结构式
乙嘧酚	5-正丁基-2-乙胺基-4-羟基-6-甲基嘧啶	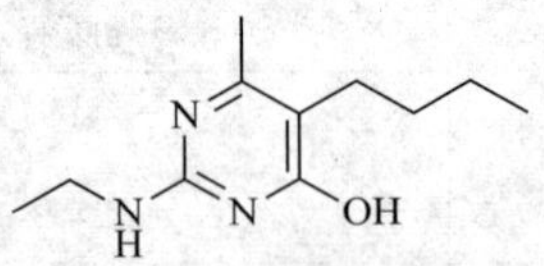

1.2.3 防治谱

乙嘧酚(乙嘧酚磺酸酯)及其混剂可用于防治黄瓜白粉病和苹果白粉病(表 1-6)。

表 1-6 乙嘧酚(乙嘧酚磺酸酯)及其混剂的防治对象、有效成分用药量和使用方法

序号	杀菌剂(混剂)	防治对象	有效成分用药量和使用方法
1	乙嘧酚	黄瓜白粉病	243～351 克/公顷,喷雾
2	25%乙嘧酚·15%嘧菌酯	黄瓜白粉病	180～240 克/公顷,喷雾
3	20%乙嘧酚·50%甲基硫菌灵	苹果白粉病	233～350 毫克/千克,喷雾
4	20%乙嘧酚磺酸酯·10%苯醚甲环唑	黄瓜白粉病	270～337 克/公顷,喷雾

1.3 DNA/RNA 合成抑制剂

1.3.1 作用机制

DNA/RNA 合成抑制剂以异噁唑类杀菌剂噁霉灵为代表,可通过与 DNA/RNA 合成模板结合,阻止新的 DNA/RNA 合成,从而实现杀菌效果。

1.3.2 主要种类

DNA/RNA 合成抑制剂主要有噁霉灵(表 1-7)。

表 1-7　DNA/RNA 合成抑制剂的主要种类

通用名	化学名称	结构式
噁霉灵	3-羟基-5-甲基异噁唑	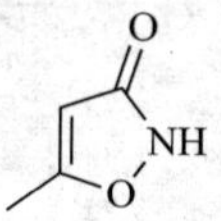

1.3.3　防治谱

噁霉灵对腐霉属、镰孢属和丝核菌属引起的土传病害有良好的防效，可用于防治水稻立枯病、水稻恶苗病、玉米茎基腐病、棉花立枯病、油菜立枯病、甜菜立枯病和西瓜枯萎病等病害（表 1-8）。

表 1-8　噁霉灵及其混剂的防治对象、有效成分用药量和使用方法

序号	杀菌剂（混剂）	防治对象	有效成分用药量和使用方法
1	噁霉灵	水稻立枯病	120～180 克/公顷，浸种、浇灌
		水稻恶苗病	70～140 克/100 千克种子，种子包衣
		玉米茎基腐病	12～15 克/100 千克种子，种子包衣
		棉花立枯病	70～93 克/100 千克种子，种子包衣
		大豆立枯病	70～140 克/100 千克种子，种子包衣
		油菜立枯病	70～140 克/100 千克种子，种子包衣
		甜菜立枯病	280～490 克/100 千克种子，拌种
		辣椒立枯病	0.75～1.05 克/平方米，泼浇
		西瓜枯萎病	450～600 克/公顷，灌根
		草坪腐霉枯萎病	300～600 毫克/千克，喷雾
2	16%噁霉灵·40%甲基硫菌灵	西瓜枯萎病	700～933 毫克/千克，灌根
3	13%噁霉灵·6%络氨铜	烟草赤星病	95～142 克/公顷，喷雾
4	10%噁霉灵·10%稻瘟灵	西瓜枯萎病	120～180 克/公顷，灌根
		水稻立枯病	120～180 克/公顷，灌根
		烟草黑胫病	120～180 克/公顷，灌根
5	5%噁霉灵·15%乙蒜素	辣椒炭疽病	180～225 克/公顷，喷雾
6	2%噁霉灵·1%咪鲜胺	水稻恶苗病	22.36～28.57 克/100 千克种子，种子包衣

第 2 章　细胞骨架和运动蛋白抑制剂

2.1　β-微管蛋白抑制剂

2.1.1　作用机制

微管作为有丝分裂纺锤体的组成成分，在细胞核分裂时起分离子染色体的作用。阻断细胞核分裂的微管蛋白抑制剂分为两种，一种是抑制微管蛋白聚集的微管蛋白解聚剂，另一种则是保持微管蛋白聚集的微管蛋白聚集剂。

微管蛋白解聚剂以苯并咪唑类杀菌剂为代表，其作用机制是通过与真菌微管蛋白的β亚基结合，干扰后来微管蛋白的聚集，从而影响有丝分裂的过程。此类药剂对真菌孢子萌发没有抑制作用，但对孢子萌发后的芽管伸长和菌丝生长具有强烈的抑制作用，可使芽管肿胀、畸形。

与苯并咪唑类杀菌剂不同的是，苯酰菌胺对卵菌纲致病菌引起的病害也有效。它可通过与微管蛋白β亚基的结合，破坏细胞骨架，抑制菌核分裂。苯酰菌胺不影响游动孢子的游动、孢囊形成或萌发，但可抑制菌核分裂，抑制芽管的伸长，阻止病菌侵入植物。

2.1.2　主要种类

β-微管蛋白抑制剂主要有多菌灵、噻菌灵、苯菌灵、甲基硫菌灵、乙霉威和苯酰菌胺等（表 2-1）。

表 2-1　β-微管蛋白抑制剂的主要种类

序号	通用名	化学名称	结构式
1	多菌灵	*N*-(2-苯并咪唑基)氨基甲酸甲酯	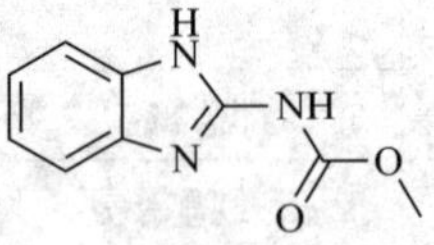
2	噻菌灵	2-(4-噻唑基)-1*H*-苯并咪唑	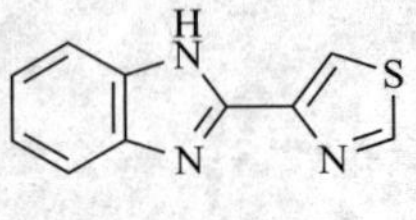

续表

序号	通用名	化学名称	结构式
3	苯菌灵	1-正丁氨基甲酰-2-苯并咪唑氨基甲酸甲酯	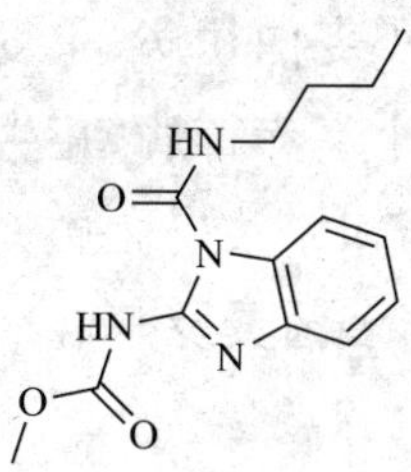
4	甲基硫菌灵	4,4′-(1,2-亚苯基)双(3-硫代脲基甲酸甲酯)	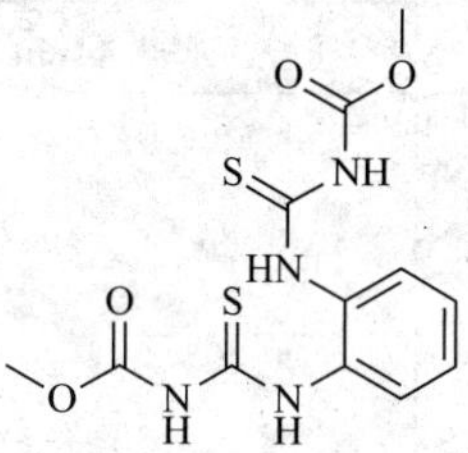
5	乙霉威	3,4-二乙氧苯基氨基甲酸异丙酯	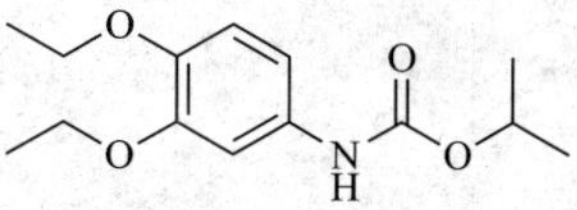
6	苯酰菌胺	3,5-二氯-*N*-(3-氯-1-乙基-1-甲基-2-氧代丙基)-4-甲基苯甲酰胺	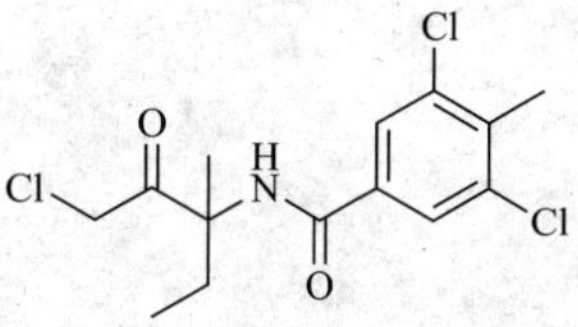

2.1.3　防治谱

(1)多菌灵及其混剂的防治谱

多菌灵是我国应用最多、防治谱最广的杀菌剂之一。以多菌灵为代表的苯并咪唑类杀菌剂对大多数真菌病害都有良好的防治效果，特别是由子囊菌和担子菌引起的病害。但此类杀菌剂无杀细菌活性，对卵菌引起的病害无效。

多菌灵单剂可用于防治稻瘟病、水稻纹枯病、小麦赤霉病、棉花苗期病害、油菜菌核病、花生叶斑病、苹果轮纹病、苹果炭疽病、苹果褐斑病、梨黑星病、花生倒秧病、甜菜褐斑病和莲藕叶斑病。

多菌灵与福美双混配，可用于防治稻瘟病、水稻立枯病、水稻恶苗病、小麦散黑穗病、小麦根腐病、玉米茎基腐病、棉花立枯病、油菜菌核病、苹果轮纹病、梨黑星病和辣椒立枯病。多菌灵与代森锰锌混配，可用于防治苹果斑点落叶病、梨黑星病、番茄早疫病、花生褐斑病、苹果轮纹病和柑橘炭疽病。多菌灵与戊唑醇混配，可用于防治稻曲病、水稻纹枯病、小麦赤霉病、苹果轮纹病、苹果炭疽病和苹果斑点落叶病。多菌灵与三唑酮混配，可用于防治稻瘟病、水稻叶尖枯病、小麦赤霉病、小麦白粉病、小麦纹枯病和油菜菌核病。多菌灵与硫磺混配，可用于防治稻瘟病、小麦赤霉病、花生叶斑病、黄瓜白粉病、茄子灰霉病、橡胶树炭疽病、橡胶树白粉病和甜菜褐斑病。

多菌灵及其混剂的使用方法以喷雾为主，还可以拌种或种子包衣的方式施用（表 2-2）。

表 2-2　多菌灵及其混剂的防治对象、有效成分用药量和使用方法

序号	杀菌剂(混剂)	防治对象	有效成分用药量和使用方法
1	多菌灵	水稻纹枯病	525～1080 克/公顷，喷雾
		稻瘟病	375～1125 克/公顷，喷雾
		小麦赤霉病	480～1125 克/公顷，喷雾
		棉花苗期病害	500 克/100 千克种子，拌种
		花生倒秧病	750～900 克/公顷，喷雾
		花生叶斑病	500～625 毫克/千克，喷雾
		油菜菌核病	1025～1500 克/公顷，喷雾
		莲藕叶斑病	375～450 克/公顷，喷雾
		甜菜褐斑病	900～1800 克/公顷，喷雾
		梨黑星病	625～1000 毫克/千克，喷雾
		苹果轮纹病	333～1000 毫克/千克，喷雾
		苹果炭疽病	533～1500 毫克/千克，喷雾
		苹果褐斑病	571～800 毫克/千克，喷雾
		橡胶炭疽病	400～500 克/公顷，点燃放烟
2	30%多菌灵·36%福美双	梨黑星病	1000～1500 毫克/千克，喷雾
3	30%多菌灵·30%福美双	梨黑星病	1000～1500 毫克/千克，喷雾
		葡萄霜霉病	1000～1250 毫克/千克，喷雾
4	25%多菌灵·25%福美双	梨黑星病	1000～1667 毫克/千克，喷雾
		葡萄霜霉病	1000～1250 毫克/千克，喷雾
5	25%多菌灵·15%福美双	油菜菌核病	480～600 克/公顷，喷雾
6	20%多菌灵·30%福美双	梨黑星病	1000～1500 毫克/千克，喷雾
		葡萄霜霉病	1000～1250 毫克/千克，喷雾
		苹果轮纹病	750～900 克/公顷，喷雾
7	20%多菌灵·20%福美双	梨黑星病	800～1000 毫克/千克，喷雾
8	16.6%多菌灵·33.4%福美双	葡萄霜霉病	1000～1250 毫克/千克，喷雾

续表

序号	杀菌剂(混剂)	防治对象	有效成分用药量和使用方法
9	15%多菌灵·35%福美双	梨黑星病	1000～1667 毫克/千克,喷雾
10	15%多菌灵·30%福美双	葡萄霜霉病	1000～1250 毫克/千克,喷雾
11	15%多菌灵·25%福美双	葡萄霜霉病	1000～1250 毫克/千克,喷雾
12	15%多菌灵·15%福美双	辣椒立枯病	3～4.5 克/平方米,每平方米的用药量与 15～20 千克细土混匀,其中 1/3 的量撒于苗床底部,2/3 的量覆盖在种子上面
		茄子枯萎病	600～1000 毫克/千克,灌根
13	12.5%多菌灵·37.5%福美双	梨黑星病	1000～1250 毫克/千克,喷雾
		葡萄霜霉病	1000～1250 毫克/千克,喷雾
14	10%多菌灵·70%福美双	葡萄霜霉病	1000～1250 毫克/千克,喷雾
15	10%多菌灵·40%福美双	梨黑星病	1000～1500 毫克/千克,喷雾
16	10%多菌灵·30%福美双	梨黑星病	1000～1250 毫克/千克,喷雾
		葡萄霜霉病	1000～1250 毫克/千克,喷雾
17	10%多菌灵·10%福美双	稻瘟病	1:(40～50)(药种比),种子包衣
18	10%多菌灵·7%福美双	水稻立枯病	1:(40～50)(药种比),种子包衣
19	10%多菌灵·5%福美双	水稻恶苗病	300～375 克/100 千克种子,种子包衣
20	9%多菌灵·36%福美双	苹果轮纹病	642.9～900 毫克/千克,喷雾
21	8%多菌灵·42%福美双	梨黑星病	1000～1250 毫克/千克,喷雾
		葡萄霜霉病	1000～1250 毫克/千克,喷雾
22	8%多菌灵·7%福美双	小麦根腐病	1:(45～50)(药种比),种子包衣
		小麦散黑穗病	1:(45～50)(药种比),种子包衣
		棉花立枯病	1:(45～50)(药种比),种子包衣
23	8%多菌灵·52%福美双	梨黑星病	1000～1500 毫克/千克,喷雾
24	7%多菌灵·8%福美双	水稻苗期病害	1:(40～50)(药种比),种子包衣
		水稻恶苗病	300～500 克/100 千克种子,种子包衣
		小麦根腐病	187.5～300 克/100 千克种子,种子包衣
		小麦黑穗病	187.5～300 克/100 千克种子,种子包衣
		玉米茎基腐病	1:(30～40)(药种比),种子包衣
25	6.5%多菌灵·43.5%福美双	梨黑星病	1000～1500 毫克/千克,喷雾
26	6%多菌灵·39%福美双	梨黑星病	1000～1500 毫克/千克,喷雾
		稻瘟病	1080～1350 克/公顷,喷雾
27	6%多菌灵·9%福美双	水稻苗期病害	240～325 克/100 千克种子,种子包衣
28	5%多菌灵·35%福美双	梨黑星病	1000～1500 毫克/千克,喷雾
		葡萄霜霉病	1000～1500 毫克/千克,喷雾

续表

序号	杀菌剂(混剂)	防治对象	有效成分用药量和使用方法
29	5%多菌灵·25%福美双	辣椒立枯病	3～4.5克/平方米,每平方米用药量与15～20千克细土混匀,1/3量撒于苗床底部,2/3量盖在种子上面
30	5%多菌灵·12%福美双	小麦根腐病	1:(60～70)(药种比),种子包衣
		小麦黑穗病	1:(60～70)(药种比),种子包衣
31	5%多菌灵·9%福美双	小麦根腐病	233～350克/100克种子,种子包衣
		小麦黑穗病	233～350克/100克种子,种子包衣
32	4%多菌灵·26%福美双	梨黑星病	1000～1500毫克/千克,喷雾
33	30%多菌灵·50%代森锰锌	梨黑星病	1000～1250毫克/千克,喷雾
		苹果斑点落叶病	1000～1250毫克/千克,喷雾
34	30%多菌灵·40%代森锰锌	梨黑星病	1000～1250毫克/千克,喷雾
35	25%多菌灵·5%代森锰锌	梨黑星病	1000～1250毫克/千克,喷雾
		苹果斑点落叶病	1000～1250毫克/千克,喷雾
36	20%多菌灵·60%代森锰锌	苹果斑点落叶病	1000～1250毫克/千克,喷雾
37	20%多菌灵·50%代森锰锌	梨黑星病	1000～1250毫克/千克,喷雾
		苹果斑点落叶病	1000～1250毫克/千克,喷雾
38	20%多菌灵·40%代森锰锌	苹果斑点落叶病	1000～1250毫克/千克,喷雾
39	20%多菌灵·30%代森锰锌	苹果斑点落叶病	1000～1250毫克/千克,喷雾
40	20%多菌灵·20%代森锰锌	梨黑星病	320～1250毫克/千克,喷雾
		苹果斑点落叶病	1000～1250毫克/千克,喷雾
		黄瓜霜霉病	562.5～900克/公顷,喷雾
41	17.5%多菌灵·17.5%代森锰锌	苹果斑点落叶病	1000～1250毫克/千克,喷雾
42	16%多菌灵·34%代森锰锌	苹果斑点落叶病	1000～1250毫克/千克,喷雾
43	16%多菌灵·24%代森锰锌	苹果斑点落叶病	1000～1250毫克/千克,喷雾
44	15%多菌灵·65%代森锰锌	苹果斑点落叶病	1000～1250毫克/千克,喷雾
45	12%多菌灵·63%代森锰锌	苹果斑点落叶病	1000～1250毫克/千克,喷雾
46	12%多菌灵·58%代森锰锌	苹果斑点落叶病	1000～1250毫克/千克,喷雾
47	12%多菌灵·24%代森锰锌	番茄早疫病	756～1134克/公顷,喷雾
48	10%多菌灵·40%代森锰锌	花生褐斑病	375～750克/公顷,喷雾
49	8.3%多菌灵·16.7%代森锰锌	花生网斑病	375～750克/公顷,喷雾
		梨黑星病	1000～1250毫克/千克,喷雾
50	8%多菌灵·42%代森锰锌	梨黑星病	1000～1250毫克/千克,喷雾
		苹果斑点落叶病	1000～1250毫克/千克,喷雾
		苹果轮纹病	500～750克/公顷,喷雾

续表

序号	杀菌剂(混剂)	防治对象	有效成分用药量和使用方法
51	8%多菌灵·17%代森锰锌	花生叶斑病	375～750 克/公顷,喷雾
52	6%多菌灵·44%代森锰锌	柑橘炭疽病	500～900 克/公顷,喷雾
53	64%多菌灵·16%戊唑醇	小麦赤霉病	20～480 克/公顷,喷雾
54	50%多菌灵·30%戊唑醇	苹果轮纹病	400～500 毫克/千克,喷雾
55	45%多菌灵·15%戊唑醇	稻曲病	292.5～315 克/公顷,喷雾
56	39%多菌灵·6%戊唑醇	苹果轮纹病	375～562.5 毫克/千克,喷雾
57	36%多菌灵·6%戊唑醇	小麦赤霉病	504～630 克/公顷,喷雾
58	35%多菌灵·5%戊唑醇	小麦赤霉病	330～450 克/公顷,喷雾
59	30%多菌灵·25%戊唑醇	苹果褐斑病	200～333.3 毫克/千克,喷雾
60	30%多菌灵·12%戊唑醇	苹果轮纹病	280～420 毫克/千克,喷雾
61	24%多菌灵·8%戊唑醇	苹果轮纹病	213～320 毫克/千克,喷雾
62	22%多菌灵·8%戊唑醇	水稻纹枯病	225～315 克/公顷,喷雾
		苹果轮纹病	375～500 毫克/千克,喷雾
		苹果炭疽病	225～300 毫克/千克,喷雾
63	12%多菌灵·12%戊唑醇	小麦赤霉病	93.75～112.5 克/公顷,喷雾
64	10%多菌灵·10%戊唑醇	苹果轮纹病	100～200 毫克/千克,喷雾
		苹果斑点落叶病	100～200 毫克/千克,喷雾
65	37%多菌灵·3%三唑酮	水稻叶尖枯病	750～900 克/公顷,喷雾
		小麦白粉病	750～900 克/公顷,喷雾
		小麦赤霉病	750～900 克/公顷,喷雾
66	35%多菌灵·5%三唑酮	水稻纹枯病	450～600 克/公顷,喷雾
		小麦白粉病	450～600 克/公顷,喷雾
		小麦赤霉病	450～600 克/公顷,喷雾
67	32.5%多菌灵·3.5%三唑酮	小麦白粉病	675～810 克/公顷,喷雾
		小麦赤霉病	675～810 克/公顷,喷雾
68	28%多菌灵·5%三唑酮	小麦白粉病	445.5～594 克/公顷,喷雾
		小麦赤霉病	445.5～594 克/公顷,喷雾
		油菜菌核病	445.5～594 克/公顷,喷雾
69	25%多菌灵·5%三唑酮	小麦纹枯病	315～405 克/公顷,喷雾
70	24%多菌灵·9%三唑酮	小麦白粉病	445～594 克/公顷,喷雾
		小麦赤霉病	445～594 克/公顷,喷雾
71	24%多菌灵·6%三唑酮	小麦白粉病	450～585 克/公顷,喷雾
		小麦赤霉病	450～585 克/公顷,喷雾

续表

序号	杀菌剂(混剂)	防治对象	有效成分用药量和使用方法
72	20%多菌灵·10%三唑酮	小麦白粉病	450～675 克/公顷,喷雾
		小麦赤霉病	450～675 克/公顷,喷雾
73	10%多菌灵·8%三唑酮	稻瘟病	243～324 克/公顷,喷雾
74	30%多菌灵·20%硫磺	茄子灰霉病	1023～1249 克/公顷,喷雾
75	20%多菌灵·20%硫磺	稻瘟病	1200～1800 克/公顷,喷雾
		甜菜褐斑病	900～1200 克/公顷,喷雾
76	15%多菌灵·35%硫磺	稻瘟病	1200～1800 克/公顷,喷雾
		小麦赤霉病	900～1200 克/公顷,喷雾
		花生叶斑病	1200～1800 克/公顷,喷雾
		黄瓜白粉病	1125～1500 克/公顷,喷雾
		橡胶树炭疽病	350～400 克/公顷,喷雾
		橡胶树白粉病	350～400 克/公顷,喷雾
77	13%多菌灵·12%硫磺	稻瘟病	1200～1800 克/公顷,喷雾
78	12.5%多菌灵·12.5%硫磺	稻瘟病	1200～1800 克/公顷,喷雾
79	10%多菌灵·15%硫磺	稻瘟病	1200～1800 克/公顷,喷雾
80	7.5%多菌灵·17.5%硫磺	花生叶斑病	1200～1800 克/公顷,喷雾
81	7%多菌灵·35%硫磺	黄瓜白粉病	1575～2363 克/公顷,喷雾
		稻瘟病	1764～2142 克/公顷,喷雾
82	54%多菌灵·6%苯醚甲环唑	梨黑星病	120～200 毫克/千克,喷雾
83	50%多菌灵·5%苯醚甲环唑	苹果轮纹病	366～550 毫克/千克,喷雾
84	45%多菌灵·5%苯醚甲环唑	水稻纹枯病	435～517 克/公顷,喷雾
85	35%多菌灵·5%苯醚甲环唑	苹果轮纹病	200～266 毫克/千克,喷雾
86	27%多菌灵·3%苯醚甲环唑	水稻纹枯病	675～900 克/公顷,喷雾
87	26.8%多菌灵·6%苯醚甲环唑	苹果轮纹病	164～217 毫克/千克,喷雾
88	25%多菌灵·5%苯醚甲环唑	苹果斑点落叶病	200～300 毫克/千克,喷雾
89	15%多菌灵·5%苯醚甲环唑	水稻纹枯病	240～300 克/公顷,喷雾
90	45%多菌灵·30%三环唑	稻瘟病	292～405 克/公顷,喷雾
91	40%多菌灵·12%三环唑	稻瘟病	468～624 克/公顷,喷雾
92	30%多菌灵·10%三环唑	稻瘟病	480～600 克/公顷,喷雾
93	15%多菌灵·15%三环唑	稻瘟病	270～450 克/公顷,喷雾
94	15%多菌灵·5%三环唑	稻瘟病	330～390 克/公顷,喷雾
95	12%多菌灵·8%三环唑	稻瘟病	360～420 克/公顷,喷雾
96	6%多菌灵·14%三环唑	稻瘟病	300～450 克/公顷,喷雾

续表

序号	杀菌剂(混剂)	防治对象	有效成分用药量和使用方法
97	30%多菌灵·2%烯唑醇	小麦白粉病	336～432 克/公顷,喷雾
		小麦赤霉病	336～432 克/公顷,喷雾
98	27%多菌灵·3%烯唑醇	梨黑星病	250～375 毫克/千克,喷雾
99	26%多菌灵·4%烯唑醇	梨黑星病	250～333 毫克/千克,喷雾
100	26%多菌灵·4%烯唑醇	梨黑星病	375～500 克/公顷,喷雾
101	25%多菌灵·2%烯唑醇	梨黑星病	300～450 克/公顷,喷雾
102	8.3%多菌灵·10.4%烯唑醇	稻粒黑粉病	90～120 克/公顷,喷雾
103	40%多菌灵·20%三乙膦酸铝	苹果斑点落叶病	1000～1500 毫克/千克,喷雾
104	25%多菌灵·25%三乙膦酸铝	苹果轮纹病	1000～1250 毫克/千克,喷雾
105	25%多菌灵·20%三乙膦酸铝	苹果轮纹病	900～1500 克/公顷,喷雾
106	20%多菌灵·40%三乙膦酸铝	苹果斑点落叶病	750～1125 克/公顷,喷雾
		苹果轮纹病	750～1125 克/公顷,喷雾
107	20%多菌灵·25%三乙膦酸铝	苹果轮纹病	750～1125 克/公顷,喷雾
108	24%多菌灵·4%井冈霉素	稻瘟病	630～840 克/公顷,喷雾
		水稻立枯病	630～840 克/公顷,喷雾
109	8%多菌灵·4%井冈霉素	稻瘟病	420～525 克/公顷,喷雾
110	6%多菌灵·14%井冈霉素	水稻纹枯病	60～90 克/公顷,喷雾
111	10%多菌灵·7%克百威	小麦散黑穗病	1∶(40～50)(药种比),种子包衣
112	10%多菌灵·10%克百威	花生立枯病	500～667 克/100 千克种子,种子包衣
		棉花立枯病	500～667 克/100 千克种子,种子包衣
113	5%多菌灵·10%克百威	小麦纹枯病	1∶(25～30)(药种比),种子包衣
114	10%多菌灵·15%克百威	棉花立枯病	700～1000 克/100 千克种子,种子包衣
115	37.5%多菌灵·12.5%腐霉利	黄瓜灰霉病	630～750 克/公顷,喷雾
116	25%多菌灵·25%腐霉利	油菜菌核病	525～675 克/公顷,喷雾
117	10%多菌灵·5%腐霉利	番茄灰霉病	765～900 克/公顷,点燃放烟
118	40%多菌灵·10%腐霉利	油菜菌核病	600～750 克/公顷,喷雾
119	31%多菌灵·19%腐霉利	油菜菌核病	600～750 克/公顷,喷雾
120	48%多菌灵·2%己唑醇	水稻纹枯病	900～975 克/公顷,喷雾
121	32.5%多菌灵·2.5%己唑醇	小麦白粉病	300～450 克/公顷,喷雾
122	28%多菌灵·2%己唑醇	水稻纹枯病	562.5～675 克/公顷,喷雾
123	25%多菌灵·10%己唑醇	葡萄炭疽病	87.5～116.7 毫克/千克,喷雾
124	42%多菌灵·8%咪鲜胺	西瓜炭疽病	500～1000 毫克/千克,喷雾

续表

序号	杀菌剂(混剂)	防治对象	有效成分用药量和使用方法
125	13.5%多菌灵·46.2%咪鲜胺	稻瘟病	720～810 克/公顷,喷雾
		小麦赤霉病	206.25～225 克/公顷,喷雾
126	12.5%多菌灵·12.5%咪鲜胺	西瓜炭疽病	281.25～375 克/公顷,喷雾
127	5.7%多菌灵·0.3%咪鲜胺	水稻恶苗病	120～150 克/100 千克种子,种子包衣
128	33.5%多菌灵·2.5%丙环唑	油菜菌核病	432～540 克/公顷,喷雾
129	28%多菌灵·7%丙环唑	苹果轮纹病	500～625 毫克/千克,喷雾
130	28%多菌灵·7%丙环唑	苹果树腐烂病	417～625 毫克/千克,涂抹病疤、喷雾
		苹果轮纹病	417～625 毫克/千克,喷雾
131	13.6%多菌灵·11.4%丙环唑	香蕉叶斑病	208.33～312.55 毫克/千克,喷雾
132	40%多菌灵·30%丙森锌	苹果斑点落叶病	466.7～700 毫克/千克,喷雾
133	25%多菌灵·50%丙森锌	苹果轮纹病	625～937.5 毫克/千克,喷雾
134	8%多菌灵·45%丙森锌	苹果轮纹病	660～880 毫克/千克,喷雾
135	40%多菌灵·10%氟环唑	小麦白粉病	375～525 克/公顷,喷雾
		小麦赤霉病	375～525 克/公顷,喷雾
		小麦纹枯病	375～525 克/公顷,喷雾
		小麦锈病	375～525 克/公顷,喷雾
136	20%多菌灵·20%氟环唑	水稻纹枯病	120～180 克/公顷,喷雾
		香蕉树叶斑病	200～270 毫克/千克,喷雾
137	10%多菌灵·10%氟环唑	小麦锈病	210～270 克/公顷,喷雾
138	40%多菌灵·10%咪鲜胺锰盐	水稻恶苗病	166.7～250 毫克/千克,浸种
139	14%多菌灵·7%咪鲜胺锰盐	稻瘟病	157.5～220.5 克/公顷,喷雾
140	4%多菌灵·16%咪鲜胺锰盐	荔枝炭疽病	200～400 毫克/千克,喷雾
141	50%多菌灵·5%氟硅唑	苹果轮纹病	458.3～687.5 毫克/千克,喷雾
142	27.5%多菌灵·12.5%氟硅唑	黄瓜白粉病	84～96 克/公顷,喷雾
143	51%多菌灵·2%中生菌素	苹果轮纹病	265～530 毫克/千克,喷雾
144	20%多菌灵·5%溴菌腈	蔷薇科花卉炭疽病	400～667 毫克/千克,喷雾
145	5%多菌灵·20%溴菌腈	柑橘炭疽病	500～835 毫克/千克,喷雾
146	40%多菌灵·10%乙霉威	番茄灰霉病	703～1125 克/公顷,喷雾
147	25%多菌灵·25%乙霉威	番茄灰霉病	750～1125 克/公顷,喷雾
148	30%多菌灵·10%嘧霉胺	黄瓜灰霉病	450～562.5 克/公顷,喷雾
149	25%多菌灵·5%嘧霉胺	黄瓜灰霉病	495～675 克/公顷,喷雾
150	50%多菌灵·10%氟菌唑	梨黑星病	428.6～500 毫克/千克,喷雾
151	46%多菌灵·4%春雷霉素	辣椒炭疽病	562.5～703 克/公顷,喷雾

续表

序号	杀菌剂(混剂)	防治对象	有效成分用药量和使用方法
152	45%多菌灵·5%氟硅唑	梨黑星病	312.5～416.7 毫克/千克,喷雾
153	35%多菌灵·15%氢氧化铜	西瓜枯萎病	375～470 克/公顷,喷雾、灌根
154	30%多菌灵·10%腈菌唑	梨黑星病	160～200 毫克/千克,喷雾
155	20%多菌灵·40%硫酸铜钙	苹果轮纹病	1000～1500 毫克/千克,喷雾
		甜瓜根腐病	1125～1500 克/公顷,灌根
		花生叶斑病	45～60 克/亩,喷雾
156	20%多菌灵·20%五氯硝基苯	西瓜枯萎病	0.24～0.32 克/株,灌根
157	32%多菌灵·8%醚菌酯	梨黑星病	250～500 毫克/千克,喷雾
158	32%多菌灵·8%五氯硝基苯	西瓜枯萎病	0.25～0.33 克/株,灌根
159	21%多菌灵·7%烯肟菌酯	小麦赤霉病	200～400 克/公顷,喷雾
160	8%多菌灵·8%辛硫磷	花生根腐病	266.7～400 克/100 千克种子,种子包衣
161	5%多菌灵·15%代森铵	水稻恶苗病	600～1000 毫克/千克,浸种
162	5%多菌灵·1%丙硫唑	稻瘟病	150～225 克/公顷,喷雾
163	3%多菌灵·12%混合氨基酸铜	西瓜枯萎病	2190～2805 克/公顷,灌根
164	0.75%多菌灵·0.03%多效唑	水稻恶苗病	233～312 克/100 千克种子,拌种
165	15%多菌灵·10%福美双·10%克百威	大豆根腐病	1:(60～80)(药种比),种子包衣
166	10%多菌灵·10%福美双·10%克百威	大豆根腐病	1:(60～80)(药种比),种子包衣
167	8%多菌灵·9%福美双·8%克百威	大豆根腐病	1:(50～40)(药种比),种子包衣
168	5%多菌灵·10%福美双·10%克百威	大豆根腐病	500～625 克/100 千克种子,种子包衣
169	3.8%多菌灵·6%福美双·7%克百威	玉米茎基腐病	1:(30～40)(药种比),种子包衣
170	15%多菌灵·25%福美双·10%代森锰锌	苹果轮纹病	625～1250 毫克/千克,喷雾
171	10%多菌灵·25%福美双·15%代森锰锌	苹果轮纹病	625～1000 毫克/千克,喷雾
172	5%多菌灵·15%福美双·6%甲基立枯磷	棉花立枯病	1:(50～60)(药种比),种子包衣
		棉花猝倒病	1:(50～60)(药种比),种子包衣
173	5%多菌灵·6%福美双·2%甲基立枯磷	水稻立枯病	260 克/100 千克种子,种子包衣
174	12%多菌灵·1.2%三唑酮·9.5%克百威	棉花红腐病	1:(50～60)(药种比),种子包衣
175	11.2%多菌灵·1.5%三唑酮·4.3%克百威	小麦白粉病	1:(50～60)(药种比),种子包衣

续表

序号	杀菌剂(混剂)	防治对象	有效成分用药量和使用方法
176	40%多菌灵·7%三唑酮·3%吡虫啉	小麦白粉病	600～750 克/公顷,喷雾
		小麦赤霉病	600～750 克/公顷,喷雾
177	24%多菌灵·6%三唑酮·2%吡虫啉	小麦白粉病	484～576 克/公顷,喷雾
178	10%多菌灵·5%三环唑·5%井冈霉素	稻瘟病	300～450 克/公顷,喷雾
		水稻纹枯病	300～450 克/公顷,喷雾
179	9.2%多菌灵·5.8%三环唑·5%井冈霉素	稻瘟病	300～375 克/公顷,喷雾
		水稻纹枯病	300～375 克/公顷,喷雾
180	25%多菌灵·30%福美锌·25%福美双	苹果轮纹病	500～700 克/公顷,喷雾
181	25%多菌灵·30%福美双·20%百菌清	苹果轮纹病	937.5～1250 毫克/千克,喷雾
182	24%多菌灵·6%三唑酮·7.5%抗蚜威	小麦白粉病	562.5～703.9 克/公顷,喷雾
		小麦赤霉病	562.5～703.9 克/公顷,喷雾
183	24%多菌灵·2%吡虫啉·33%硫磺	小麦白粉病	540～900 克/公顷,喷雾
184	20%多菌灵·40%代森锰锌·15%异菌脲	番茄灰霉病	1125～1575 克/公顷,喷雾
185	20%多菌灵·10%溴菌腈·10%福美双	黄瓜炭疽病	600～900 克/公顷,喷雾
186	17%多菌灵·.7%咪鲜胺·2.3%甲霜灵	水稻立枯病	250～333 克/100 千克种子,种子包衣
187	15%多菌灵·33%硫磺·2%三唑酮	苹果炭疽病	750～1125 克/公顷,喷雾
188	15%多菌灵·10%福美双·25%硫磺	小麦赤霉病	975～1200 克/公顷,喷雾
189	10%多菌灵·10%福美双·0.5%甲氨基阿维菌素苯甲酸盐	大豆根腐病	250～333 克/100 千克种子,种子包衣
190	10%多菌灵·40%硫磺·20%代森锰锌	花生叶斑病	1600～1800 克/公顷,喷雾
191	10%多菌灵·4%福美双·1%三唑酮	棉花红腐病	1:(50～60)(药种比),种子包衣
192	10%多菌灵·25%福美双·0.6%阿维菌素	大豆根腐病	355～445 克/100 千克种子,种子包衣
		大豆孢囊线虫病	355～445 克/100 千克种子,种子包衣
193	9%多菌灵·1%三唑醇·10%福美双	小麦纹枯病	1:(50～60)(药种比),种子包衣
194	7.5%多菌灵·7.5%乙霉威·35%福美双	番茄灰霉病	1000～1200 克/公顷,喷雾

续表

序号	杀菌剂(混剂)	防治对象	有效成分用药量和使用方法
195	7.5%多菌灵·5%福美双·12.5%硫磺	小麦赤霉病	750～1125克/公顷,喷雾
196	6%多菌灵·5%吡虫啉·5%萎锈灵	棉花苗期病害	533～800克/100千克种子,种子包衣
197	6%多菌灵·7%毒死蜱·12%福美双	花生根腐病	417～500克/100千克种子,种子包衣
198	5%多菌灵·10%克百威·5%五氯硝基苯	棉花立枯病	700～1000克/100千克种子,种子包衣
		棉花炭疽病	700～1000克/100千克种子,种子包衣

(2)噻菌灵及其混剂的防治谱

噻菌灵的防治谱与多菌灵相似,可用于防治贮藏期病害。

噻菌灵单剂可用于防治苹果轮纹病、葡萄黑痘病、柑橘绿霉病、柑橘青霉病、香蕉冠腐病和蘑菇褐腐病。

噻菌灵与喹啉铜混配,可用于防治葡萄黑痘病(表2-3)。

表2-3 噻菌灵及其混剂的防治对象、有效成分用药量和使用方法

序号	杀菌剂(混剂)	防治对象	有效成分用药量和使用方法
1	噻菌灵	柑橘青霉病	833～1250毫克/千克,浸果1分钟
		蘑菇褐腐病	0.3～0.5克/平方米,喷雾
		苹果轮纹病	750～1125克/公顷,喷雾
		葡萄黑痘病	750～1125克/公顷,喷雾
		柑橘绿霉病	1666～2500毫克/千克,浸果1分钟
		香蕉冠腐病	1000～1666毫克/千克,浸果1分钟
2	18%噻菌灵·35%喹啉铜	葡萄黑痘病	180～300克/公顷,喷雾

(3)苯菌灵及其混剂的防治谱

苯菌灵又名苯来特,可用于防治梨黑星病、柑橘疮痂病、香蕉叶斑病和芦笋茎枯病(表2-4)。

表2-4 苯菌灵及其混剂的防治对象、有效成分用药量和使用方法

序号	杀菌剂(混剂)	防治对象	有效成分用药量和使用方法
1	苯菌灵	芦笋茎枯病	266.7～333.3毫克/千克,喷雾
		柑橘疮痂病	833～1000毫克/千克,喷雾
		梨黑星病	250～667毫克/千克,喷雾
		香蕉叶斑病	500～750克/公顷,喷雾
2	20%苯菌灵·25%乙霉威	番茄灰叶斑病	12～20克/亩,喷雾
		蔷薇科花卉灰霉病	750～1500克/公顷,喷雾
3	15%苯菌灵·15%福美双·20%代森锰锌	苹果轮纹病	750～1500克/公顷,喷雾

(4)甲基硫菌灵及其混剂的防治谱

甲基硫菌灵又名甲基托布津，是一种广谱性杀菌剂，具有内吸、预防和治疗作用。甲基硫菌灵是我国广泛使用的杀菌剂之一，可有效防治多种植物病害，如水稻纹枯病、小麦赤霉病、甘薯黑斑病、黄瓜白粉病、苹果白粉病、苹果树腐烂病、梨黑星病、柑橘绿霉病、瓜类白粉病和烟草根黑腐病。

甲基硫菌灵与福美双混配，可用于防治小麦赤霉病、黄瓜白粉病、黄瓜炭疽病、黄瓜枯萎病、番茄灰霉病、辣椒炭疽病、苹果炭疽病、苹果轮纹病、梨黑星病和西瓜枯萎病。甲基硫菌灵与戊唑醇混配，可用于防治稻瘟病、水稻纹枯病、苹果轮纹病和苹果斑点落叶病。甲基硫菌灵与代森锰锌混配，可用于防治辣椒炭疽病、苹果炭疽病、梨黑星病和西瓜炭疽病。甲基硫菌灵与硫磺混配，可用于防治小麦白粉病、黄瓜白粉病和黄瓜炭疽病(表 2-5)。

表 2-5 甲基硫菌灵及其混剂的防治对象、有效成分用药量和使用方法

序号	杀菌剂(混剂)	防治对象	有效成分用药量和使用方法
1	甲基硫菌灵	水稻纹枯病	61～150 毫升/亩，喷雾
		小麦赤霉病	60～180 克/亩，喷雾
		甘薯黑斑病	700～2333 毫克/千克，浸种薯
		黄瓜白粉病	28～150 克/亩，喷雾
		苹果白粉病	300～450 克/公顷，喷雾
		苹果树腐烂病	125～300 克/平方米，涂抹病斑
		梨黑星病	560～700 毫克/千克，喷雾
		柑橘绿霉病	450～600 毫克/千克，浸果
		瓜类白粉病	32～68 克/亩，喷雾
		烟草根黑腐病	800～1000 毫克/千克，淋灌
2	48%甲基硫菌灵·22%福美双	黄瓜白粉病	50～75 克/亩，喷雾
		黄瓜炭疽病	50～75 克/亩，喷雾
3	40%甲基硫菌灵·30%福美双	苹果炭疽病	500～750 克/公顷，喷雾
4	35%甲基硫菌灵·35%福美双	苹果轮纹病	700～1167 毫克/千克，喷雾
5	33%甲基硫菌灵·48%福美双	苹果轮纹病	1012.5～1350 毫克/千克，喷雾
6	30%甲基硫菌灵·40%福美双	苹果轮纹病	467～1167 毫克/千克，喷雾
		梨黑星病	450～600 克/公顷，喷雾
		黄瓜炭疽病	750～975 克/公顷，喷雾
7	30%甲基硫菌灵·20%福美双	小麦赤霉病	140～160 克/亩，喷雾
8	30%甲基硫菌灵·40%福美双	梨黑星病	160～200 毫克/千克，喷雾
9	25%甲基硫菌灵·25%福美双	黄瓜炭疽病	525～600 克/公顷，喷雾
10	25%甲基硫菌灵·15%福美双	西瓜枯萎病	500～667 毫克/千克，灌根

续表

序号	杀菌剂(混剂)	防治对象	有效成分用药量和使用方法
11	20%甲基硫菌灵·30%福美双	苹果轮纹病	450～600 克/公顷,喷雾
		黄瓜炭疽病	450～600 克/公顷,喷雾
12	15%甲基硫菌灵·55%福美双	黄瓜枯萎病	1400～1750 毫克/千克,灌根
13	10%甲基硫菌灵·40%福美双	西瓜枯萎病	500～1333 毫克/千克,灌根
		辣椒炭疽病	480～600 克/公顷,喷雾
14	13.5%甲基硫菌灵·16.5%福美双	小麦赤霉病	1050～1200 克/公顷,喷雾
		番茄灰霉病	675～843.75 克/公顷,喷雾
		梨黑星病	600～750 克/公顷,喷雾
		苹果轮纹病	625～833 毫克/千克,喷雾
15	72%甲基硫菌灵·8%戊唑醇	苹果轮纹病	666.7～1000 毫克/千克,喷雾
16	50%甲基硫菌灵·10%戊唑醇	苹果轮纹病	500～750 毫克/千克,喷雾
17	38%甲基硫菌灵·10%戊唑醇	苹果斑点落叶病	480～600 毫克/千克,喷雾
18	36%甲基硫菌灵·12%戊唑醇	苹果轮纹病	240～480 毫克/千克,喷雾
19	34.2%甲基硫菌灵·6.8%戊唑醇	水稻纹枯病	16～288 克/公顷,喷雾
20	30%甲基硫菌灵·13%戊唑醇	苹果轮纹病	125～430 毫克/千克,喷雾
21	25%甲基硫菌灵·10%戊唑醇	稻瘟病	71～79 克/公顷,喷雾
22	25%甲基硫菌灵·5%戊唑醇	苹果轮纹病	250～500 毫克/千克,喷雾
23	20%甲基硫菌灵·5%戊唑醇	水稻纹枯病	150～187.5 克/公顷,喷雾
24	66%甲基硫菌灵·4%己唑醇	水稻纹枯病	90～95 克/亩,喷雾
25	45%甲基硫菌灵·5%己唑醇	水稻纹枯病	225～300 克/公顷,喷雾
26	40%甲基硫菌灵·10%己唑醇	水稻纹枯病	262～300 克/公顷,喷雾
27	40%甲基硫菌灵·5%己唑醇	水稻纹枯病	40～60 克/亩,喷雾
28	27%甲基硫菌灵·3%己唑醇	水稻纹枯病	125～150 克/亩,喷雾
		小麦白粉病	30～40 克/亩,喷雾
29	20%甲基硫菌灵·5%己唑醇	水稻纹枯病	225～300 克/公顷,喷雾
30	61.6%甲基硫菌灵·8.4%苯醚甲环唑	梨黑星病	100～116.7 毫克/千克,喷雾
31	44%甲基硫菌灵·6%苯醚甲环唑	梨黑星病	96～125 毫克/千克,喷雾
32	42%甲基硫菌灵·8%苯醚甲环唑	苹果斑点落叶病	375～562.5 毫克/千克,喷雾
33	42%甲基硫菌灵·3%苯醚甲环唑	苹果斑点落叶病	562.5～750 毫克/千克,喷雾
34	35%甲基硫菌灵·5%苯醚甲环唑	苹果炭疽病	444.4～666.7 毫克/千克,喷雾
		苹果白粉病	150～250 毫克/千克,喷雾

续表

序号	杀菌剂(混剂)	防治对象	有效成分用药量和使用方法
35	22%甲基硫菌灵·3%苯醚甲环唑	梨黑星病	96～125 毫克/千克,喷雾
36	25%甲基硫菌灵·50%代森锰锌	辣椒疫病	900～1350 克/公顷,喷雾
37	20%甲基硫菌灵·30%代森锰锌	辣椒炭疽病	703～937.5 克/公顷,喷雾
38	15%甲基硫菌灵·45%代森锰锌	梨黑星病	500～750 克/公顷,喷雾
39	15%甲基硫菌灵·35%代森锰锌	苹果炭疽病	500～1000 毫克/千克,喷雾
		西瓜炭疽病	375～562.5 克/公顷,喷雾
40	10%甲基硫菌灵·10%代森锰锌	辣椒炭疽病	240～480 克/公顷,喷雾
		辣椒疫病	240～480 克/公顷,喷雾
		西瓜炭疽病	375～480 克/公顷,喷雾
41	40%甲基硫菌灵·30%硫磺	小麦白粉病	840～1050 克/公顷,喷雾
		黄瓜白粉病	840～1050 克/公顷,喷雾
42	35%甲基硫菌灵·35%硫磺	黄瓜炭疽病	1050～1470 克/公顷,喷雾
		黄瓜白粉病	840～1050 克/公顷,喷雾
43	30%甲基硫菌灵·40%硫磺	黄瓜白粉病	80～100 克/亩,喷雾
44	25%甲基硫菌灵·45%硫磺	黄瓜白粉病	840～1260 克/公顷,喷雾
45	20%甲基硫菌灵·30%硫磺	黄瓜炭疽病	703.1～2250 克/公顷,喷雾
46	20%甲基硫菌灵·20%硫磺	小麦白粉病	75～94 毫升/亩,喷雾
		黄瓜白粉病	75～94 毫升/亩,喷雾
47	40%甲基硫菌灵·5%吡唑醚菌酯	苹果轮纹病	225～450 毫克/千克,喷雾
		苹果炭疽病	225～450 毫克/千克,喷雾
		柑橘炭疽病	225～450 毫克/千克,喷雾
48	40%甲基硫菌灵·10%吡唑醚菌酯	苹果轮纹病	200～250 毫克/千克,喷雾
49	36.9%甲基硫菌灵·4.1%吡唑醚菌酯	花生根腐病	50～150 克/100 千克种子,种子包衣
		棉花立枯病	50～150 克/100 千克种子,种子包衣
50	25%甲基硫菌灵·5%吡唑醚菌酯	苹果斑点落叶病	150～300 毫克/千克,喷雾
51	71.2%甲基硫菌灵·8.8%腈菌唑	苹果轮纹病	727.3～1000 毫克/千克,喷雾
52	40%甲基硫菌灵·5%腈菌唑	苹果轮纹病	450～563 毫克/千克,喷雾
		苹果炭疽病	450～563 毫克/千克,喷雾
53	22.5%甲基硫菌灵·2.5%腈菌唑	番茄叶霉病	375～525 克/公顷,喷雾
54	40%甲基硫菌灵·10%醚菌酯	苹果轮纹病	250～500 毫克/千克,喷雾
55	24%甲基硫菌灵·6%醚菌酯	苹果轮纹病	250～500 毫克/千克,喷雾
56	20%甲基硫菌灵·5%醚菌酯	苹果轮纹病	333～500 毫克/千克,喷雾
57	54%甲基硫菌灵·12%乙霉威	番茄灰霉病	557～742.5 克/公顷,喷雾

续表

序号	杀菌剂(混剂)	防治对象	有效成分用药量和使用方法
58	52.5%甲基硫菌灵·12.5%乙霉威	番茄灰霉病	50～75 克/亩,喷雾
		黄瓜灰霉病	80～125 克/亩,喷雾
59	60%甲基硫菌灵·10%氟硅唑	梨黑星病	233.3～350 毫克/千克,喷雾
60	50%甲基硫菌灵·5%氟硅唑	苹果轮纹病	366～551 毫克/千克,喷雾
61	40%甲基硫菌灵·20%异菌脲	黄瓜炭疽病	360～540 克/公顷,喷雾
62	24%甲基硫菌灵·6%异菌脲	苹果轮纹病	500～750 毫克/千克,喷雾
63	42%甲基硫菌灵·8%咪鲜胺	黄瓜炭疽病	60～80 克/亩,喷雾
64	35%甲基硫菌灵·7%咪鲜胺	稻瘟病	378～504 克/公顷,喷雾
65	35%甲基硫菌灵·40%百菌清	黄瓜白粉病	120～150 克/亩,喷雾
66	25%甲基硫菌灵·25%百菌清	黄瓜白粉病	1200～1600 克/公顷,喷雾
67	35%甲基硫菌灵·15%噻呋酰胺	水稻纹枯病	20～25 克/亩,喷雾
68	35%甲基硫菌灵·5%噻呋酰胺	稻曲病	210～240 克/公顷,喷雾
		稻瘟病	210～240 克/公顷,喷雾
69	40%甲基硫菌灵·10%氟环唑	小麦白粉病	65～70 克/亩,喷雾
70	32%甲基硫菌灵·3%氟环唑	小麦白粉病	488.25～525 克/公顷,喷雾
		小麦赤霉病	488.25～525 克/公顷,喷雾
		小麦锈病	488.25～525 克/公顷,喷雾
71	25%甲基硫菌灵·5%戊菌唑	苹果褐斑病	150～200 毫克/千克,喷雾
72	50%甲基硫菌灵·2%中生菌素	苹果轮纹病	300～450 克/公顷,喷雾
73	42%甲基硫菌灵·5%烯唑醇	梨黑星病	200～300 克/公顷,喷雾
74	40%甲基硫菌灵·30%丙森锌	黄瓜炭疽病	50～100 克/亩,喷雾
75	24%甲基硫菌灵·16%噻唑锌	黄瓜白粉病	48～72 毫升/亩,喷雾
		黄瓜细菌性角斑病	48～72 毫升/亩,喷雾
76	38%甲基硫菌灵·10%咪鲜胺锰盐	苹果炭疽病	480～960 毫克/千克,喷雾
77	35%甲基硫菌灵·35%三环唑	稻瘟病	30～40 克/亩,喷雾
78	8%甲基硫菌灵·12%三唑酮	小麦白粉病	180～300 克/公顷,喷雾
79	3.3%甲基硫菌灵·0.015%萘乙酸	苹果腐烂病	原液,涂抹于病疤
80	20%甲基硫菌灵·20%福美双·30%硫磺	辣椒炭疽病	315～630 克/公顷,喷雾
81	10%甲基硫菌灵·15%福美双·25%硫磺	辣椒炭疽病	900～1125 克/公顷,喷雾
82	15%甲基硫菌灵·15%福美双·20%硫磺	辣椒炭疽病	315～630 克/公顷,喷雾
83	16%甲基硫菌灵·9%福美双·20%硫磺	苹果轮纹病	600～900 克/公顷,喷雾

续表

序号	杀菌剂(混剂)	防治对象	有效成分用药量和使用方法
84	16%甲基硫菌灵·24%福美双·30%硫磺	小麦赤霉病	1470～2100克/公顷,喷雾
85	15%甲基硫菌灵·25%福美双·30%硫磺	辣椒炭疽病	735～945克/公顷,喷雾
86	14%甲基硫菌灵·25%福美双·31%硫磺	辣椒炭疽病	50～90克/亩,喷雾
87	14%甲基硫菌灵·20%福美双·36%硫磺	黄瓜炭疽病	840～1260克/公顷,喷雾
88	14%甲基硫菌灵·25%福美双·31%硫磺	小麦赤霉病	1575～2100克/公顷,喷雾
		小麦白粉病	840～1050克/公顷,喷雾
		辣椒炭疽病	525～945克/公顷,喷雾
		苹果炭疽病	1000～1166.7毫克/千克,喷雾
		西瓜枯萎病	700～875毫克/千克,灌根
89	10%甲基硫菌灵·18%福美双·22%硫磺	苹果炭疽病	1000～1250毫克/千克,喷雾
		辣椒炭疽病	1125克/公顷,喷雾
90	10%甲基硫菌灵·15%福美双·25%硫磺	辣椒炭疽病	900～1125克/公顷,喷雾
91	5%甲基硫菌灵·10%福美双·35%硫磺	苹果轮纹病	642～900毫克/千克,喷雾

(5)乙霉威、苯酰菌胺混剂的防治谱

乙霉威是一种与多菌灵有负交互抗性的杀菌剂。苯酰菌胺与苯并咪唑类化合物不同,对由卵菌引起的病害也有防治效果。乙霉威、苯酰菌胺混剂的防治对象、有效成分用药量和使用方法见表2-6。

表2-6 乙霉威、苯酰菌胺混剂的防治对象、有效成分用药量和使用方法

序号	杀菌剂(混剂)	防治对象	有效成分用药量和使用方法
1	16%乙霉威·10%嘧霉胺	黄瓜灰霉病	375～562.5克/公顷,喷雾
2	8.3%苯酰菌胺·66.7%代森锰锌	黄瓜霜霉病	1125～1687.5克/公顷,喷雾

2.2 类血影蛋白抑制剂

2.2.1 作用机制

类血影蛋白抑制剂可通过与细胞膜和细胞骨架间的特异性蛋白——类血影蛋白的作用,起到抑菌效果。

2.2.2　主要种类

类血影蛋白抑制剂主要有氟吡菌胺(表 2-7)。

表 2-7　类血影蛋白抑制剂的主要种类

通用名	化学名称	结构式
氟吡菌胺	2,6-二氯-*N*-[(3-氯-5-三氟甲基-2-吡啶基)甲基]苯甲酰胺	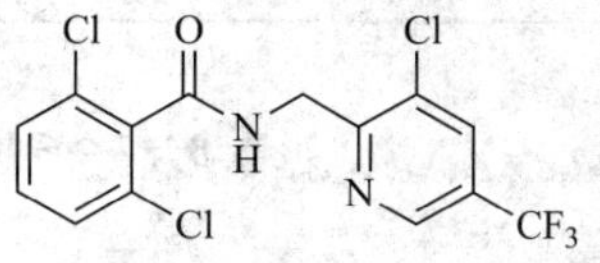

2.2.3　防治谱

氟吡菌胺混剂可用于防治黄瓜霜霉病、番茄晚疫病、马铃薯晚疫病、白菜霜霉病、辣椒疫病和西瓜疫病(表 2-8)。

表 2-8　氟吡菌胺混剂的防治对象、有效成分用药量和使用方法

序号	杀菌剂(混剂)	防治对象	有效成分用药量和使用方法
1	10%氟吡菌胺·50%代森锰锌	马铃薯晚疫病	630～765 克/公顷,喷雾
2	7%氟吡菌胺·63%霜霉威盐酸盐	番茄晚疫病	630～787.5 克/公顷,茎叶喷雾
3	6.25%氟吡菌胺·62.5%霜霉威盐酸盐	马铃薯晚疫病	618.8～773.4 克/公顷,喷雾
		白菜霜霉病	618.8～773.4 克/公顷,喷雾
		番茄晚疫病	618.8～773.4 克/公顷,喷雾
		黄瓜霜霉病	618.8～773.4 克/公顷,喷雾
		辣椒疫病	618.8～773.4 克/公顷,喷雾
		西瓜疫病	618.8～773.4 克/公顷,喷雾

2.3　肌球蛋白抑制剂

2.3.1　作用机制

肌球蛋白抑制剂是由南京农业大学植物保护学院周明国教授团队研发的杀菌剂,可通过作用于肌球蛋白-5,破坏细胞骨架和马达蛋白。国际杀菌剂抗性行动委员会(Fungicide Resistance Action Committee, FRAC)给予氰烯菌酯(Phenamacril)单独的作用机理和抗性风险分类编码。

2.3.2　主要种类

肌球蛋白抑制剂主要有氰烯菌酯(表 2-9)。

表 2-9 肌球蛋白抑制剂的主要种类

通用名	化学名称	结构式
氰烯菌酯	2-氰基-3-苯基-3-氨基丙烯酸乙酯	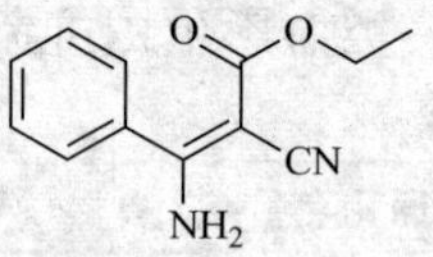

2.3.3 防治谱

氰烯菌酯单剂可用于防治由镰孢菌引起的植物病害，如小麦赤霉病和水稻恶苗病等。

氰烯菌酯与戊唑醇、己唑醇混配，可用于防治小麦赤霉病、小麦纹枯病和小麦白粉病(表 2-10)。

表 2-10 氰烯菌酯及其混剂的防治对象、有效成分用药量和使用方法

序号	杀菌剂(混剂)	防治对象	有效成分用药量和使用方法
1	氰烯菌酯	水稻恶苗病	83～125 毫克/千克，浸种
		小麦赤霉病	100～200 毫升/亩，喷雾
2	10%氰烯菌酯·10%杀螟丹	水稻恶苗病	125～250 毫克/千克，浸种
		水稻干尖线虫病	125～250 毫克/千克，浸种
3	15%氰烯菌酯·5%己唑醇	小麦赤霉病	110～140 毫升/亩，喷雾
		小麦白粉病	110～140 毫升/亩，喷雾
		小麦纹枯病	110～140 毫升/亩，喷雾
4	36%氰烯菌酯·12%戊唑醇	小麦赤霉病	40～60 毫升/亩，喷雾

第 3 章　呼吸作用抑制剂

3.1　琥珀酸脱氢酶抑制剂

3.1.1　作用机制

呼吸链即线粒体电子传递链，是由一系列连续的电子载体结合在线粒体内膜上组成的。线粒体电子传递链由 4 种复合物（Ⅰ～Ⅳ）及细胞色素 C 和辅酶 Q 组成。其中，复合物Ⅱ是三羧酸循环中的琥珀酸脱氢酶，可催化琥珀酸氧化生成延胡索酸。若琥珀酸脱氢酶被抑制，则三羧酸循环被阻断。琥珀酸脱氢酶抑制剂是一类在农业上非常重要的杀菌剂。

3.1.2　主要种类

琥珀酸脱氢酶抑制剂主要有噻呋酰胺、啶酰菌胺、萎锈灵、氟吡菌酰胺、氟唑菌酰胺、拌种灵、氟唑环菌胺、氟酰胺和吡唑萘菌胺（表 3-1）。

表 3-1　琥珀酸脱氢酶抑制剂的主要种类

序号	通用名	化学名称	结构式
1	噻呋酰胺	2′,6′-二溴-2-甲基-4′-三氟甲氧基-4-三氟甲基-1,3-噻二唑-5-羟酰苯胺	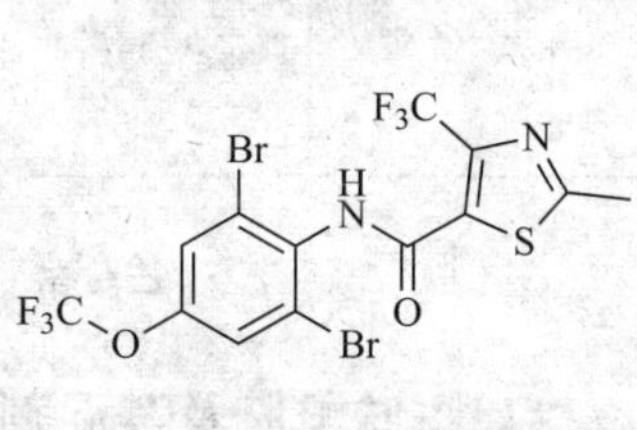
2	啶酰菌胺	2-氯-*N*-(4-氯联苯-2-基)烟酰胺	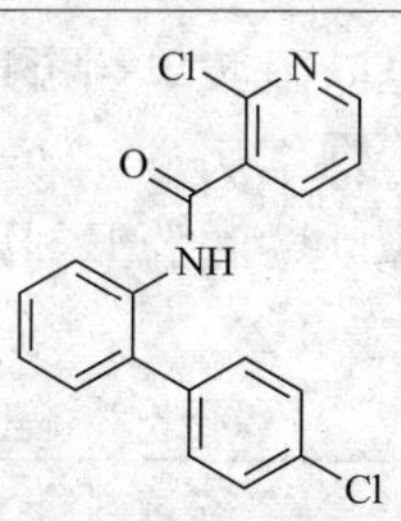
3	萎锈灵	5,6-二氢-2-甲基-1,4-氧硫杂芑-3-甲酰替苯胺	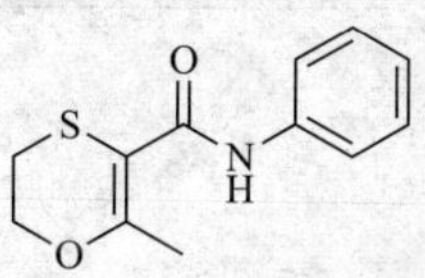

续表

序号	通用名	化学名称	结构式
4	氟吡菌酰胺	*N*-{2-[3-氯-5-(三氟甲基)-2-吡啶基]乙基}-*α*,*α*,*α*-邻三氟甲基苯甲酰胺	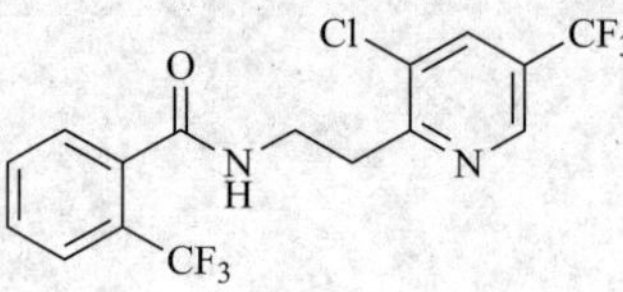
5	氟唑菌酰胺	3-(二氟甲基)-1-甲基-*N*-(3′,4′,5′-三氟联苯-2-基)-1*H*-吡唑-4-甲酰胺	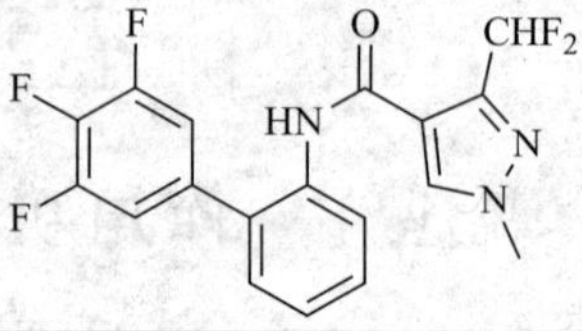
6	拌种灵	2-氨基-4-甲基-5-苯基氨基甲酰基噻唑	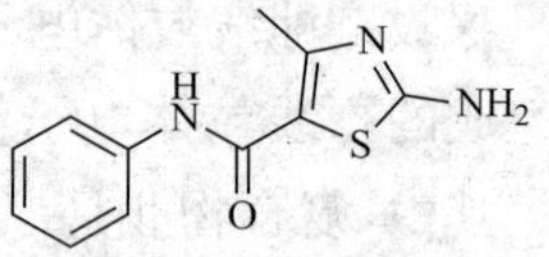
7	氟唑环菌胺	*N*-[2-(1,1′-二环丙基)-2-苯基]-3-二氟甲基-1-甲基-1*H*-吡唑-4-甲酰胺	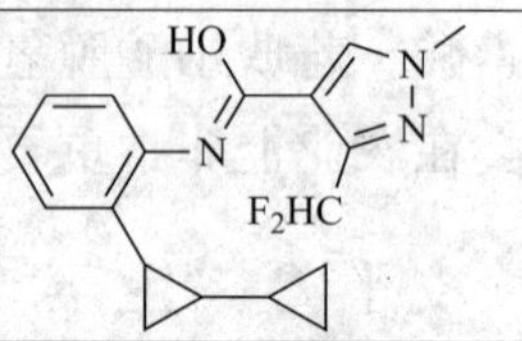
8	氟酰胺	*N*-(3′-异丙氧基苯基)-2-三氟甲基苯甲酰胺	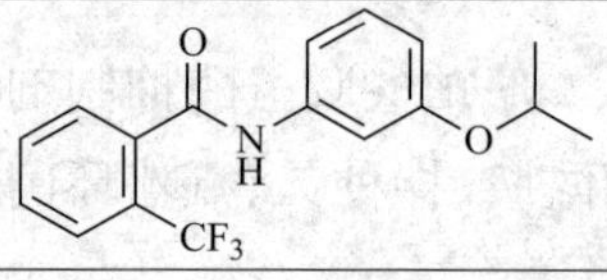
9	吡唑萘菌胺	3-(二氟甲基)-1-甲基-*N*-[1,2,3,4-四氢-9-(1-甲基乙基)-1,4-亚甲基萘-5-基]-1*H*-吡唑-4-甲酰胺	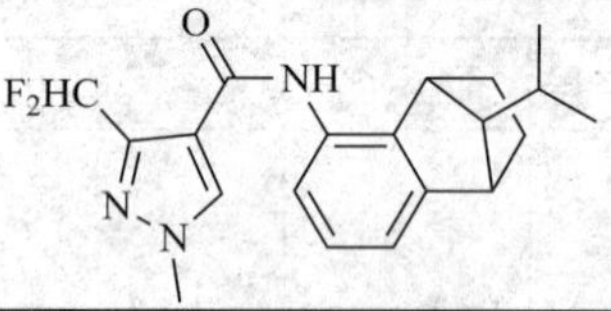

3.1.3 防治谱

(1)噻呋酰胺及其混剂的防治谱

噻呋酰胺单剂可用于防治水稻纹枯病，也可用于防治稻曲病、马铃薯黑痣病和花生白绢病。

噻呋酰胺的混剂以防治水稻纹枯病为主，也可兼治稻曲病、稻瘟病和草坪褐斑病(表 3-2)。

表 3-2 噻呋酰胺及其混剂的防治对象、有效成分用药量和使用方法

序号	杀菌剂(混剂)	防治对象	有效成分用药量和使用方法
1	噻呋酰胺	稻曲病	45～81.5 克/公顷，喷雾
		水稻纹枯病	162～216 克/公顷，喷雾
		马铃薯黑痣病	252～432 克/公顷，喷雾
		花生白绢病	45～108 克/公顷，喷雾

续表

序号	杀菌剂(混剂)	防治对象	有效成分用药量和使用方法
2	25%噻呋酰胺·25%己唑醇	水稻纹枯病	45～75克/公顷,喷雾
3	15%噻呋酰胺·5%己唑醇	水稻纹枯病	90～120克/公顷,喷雾
4	13.9%噻呋酰胺·13.9%己唑醇	水稻纹枯病	90～112克/公顷,喷雾
5	10%噻呋酰胺·40%己唑醇	水稻纹枯病	60～90克/公顷,喷雾
6	10%噻呋酰胺·30%己唑醇	水稻纹枯病	36～60克/公顷,喷雾
7	10%噻呋酰胺·5%己唑醇	水稻纹枯病	54～72克/公顷,喷雾
8	8%噻呋酰胺·32%己唑醇	水稻纹枯病	72～120克/公顷,喷雾
9	2.5%噻呋酰胺·10.5%己唑醇	水稻纹枯病	37～56克/公顷,喷雾
10	25%噻呋酰胺·5%戊唑醇	水稻纹枯病	54～67.5克/公顷,喷雾
11	20%噻呋酰胺·32%戊唑醇	水稻纹枯病	78～101.4克/公顷,喷雾
12	20%噻呋酰胺·10%戊唑醇	稻曲病	67.5～90克/公顷,喷雾
13	15%噻呋酰胺·30%戊唑醇	稻曲病	135～162克/公顷,喷雾
		水稻纹枯病	135～162克/公顷,喷雾
14	10%噻呋酰胺·22%戊唑醇	水稻纹枯病	96～120克/公顷,喷雾
15	20%噻呋酰胺·15%氟环唑	水稻纹枯病	78～105克/公顷,喷雾
16	15%噻呋酰胺·5%氟环唑	水稻纹枯病	90～150克/公顷,喷雾
17	10%噻呋酰胺·20%氟环唑	稻曲病	90～135克/公顷,喷雾
18	20%噻呋酰胺·25%嘧菌酯	稻曲病	135～169克/公顷,喷雾
19	10%噻呋酰胺·20%嘧菌酯	水稻纹枯病	101.25～180克/公顷,喷雾
20	20%噻呋酰胺·4%咪鲜胺	水稻纹枯病	72～108克/公顷,喷雾
21	5%噻呋酰胺·25%咪鲜胺	水稻纹枯病	202～247克/公顷,喷雾
22	4%噻呋酰胺·20%井冈霉素A	水稻纹枯病	72～90克/公顷,喷雾
23	3%噻呋酰胺·13%井冈霉素A	水稻纹枯病	72～96克/公顷,喷雾
24	13.9%噻呋酰胺·13.9%苯醚甲环唑	水稻纹枯病	90～112.6克/公顷,喷雾
25	12%噻呋酰胺·6%嘧啶核苷类抗菌素	稻曲病	81～94.5克/公顷,喷雾
26	10%噻呋酰胺·10%吡唑醚菌酯	草坪褐斑病	187～200毫克/千克,喷雾
27	6%噻呋酰胺·24%三环唑	稻瘟病	180～270克/公顷,喷雾
28	15%噻呋酰胺·15%噻森铜	水稻纹枯病	4～6毫升/亩,喷雾
29	24%噻呋酰胺·6%申嗪霉素	水稻纹枯病	3～5克/亩,喷雾

(2)啶酰菌胺及其混剂的防治谱

啶酰菌胺的防治谱较广,对灰霉病、白粉病和菌核病等植物病害均有良好的防效,可用于防治番茄灰霉病、黄瓜灰霉病、葡萄灰霉病、草莓灰霉病、番茄早疫病、马铃薯早疫病、葡萄穗轴褐枯病和油菜菌核病。

啶酰菌胺与吡唑醚菌酯混配，可用于防治不同植物的灰霉病、黄瓜白粉病、葡萄白腐病、葡萄穗轴褐枯病和香蕉叶斑病(表 3-3)。

表 3-3　啶酰菌胺及其混剂的防治对象、有效成分用药量和使用方法

序号	杀菌剂(混剂)	防治对象	有效成分用药量和使用方法
1	啶酰菌胺	马铃薯早疫病	150～225 克/公顷，喷雾
		番茄灰霉病	225～375 克/公顷，喷雾
		番茄早疫病	150～225 克/公顷，喷雾
		黄瓜灰霉病	250～350 克/公顷，喷雾
		草莓灰霉病	225～337.5 克/公顷，喷雾
		葡萄灰霉病	333～1000 毫克/千克，喷雾
		油菜菌核病	225～375 克/公顷，喷雾
2	26.7%啶酰菌胺・13.3%吡唑醚菌酯	菊花灰霉病	160～200 毫克/千克，喷雾
		黄瓜白粉病	180～240 克/公顷，喷雾
3	25.3%啶酰菌胺・12.7%吡唑醚菌酯	草莓灰霉病	228～285 克/公顷，喷雾
4	25.2%啶酰菌胺・12.8%吡唑醚菌酯	番茄灰霉病	171～285 克/公顷，喷雾
		草莓灰霉病	228～342 克/公顷，喷雾
		葡萄白腐病	152～253 毫克/千克，喷雾
		葡萄灰霉病	190～380 毫克/千克，喷雾
		香蕉叶斑病	253～507 毫克/千克，喷雾
5	25%啶酰菌胺・13%吡唑醚菌酯	黄瓜灰霉病	228～342 克/公顷，喷雾
6	20%啶酰菌胺・10%吡唑醚菌酯	黄瓜灰霉病	225～315 克/公顷，喷雾
7	20%啶酰菌胺・6%嘧菌环胺	葡萄灰霉病	195～234 克/公顷，喷雾
8	18%啶酰菌胺・9%嘧菌酯	番茄灰霉病	180～270 克/公顷，喷雾
9	20%啶酰菌胺・10%醚菌酯	黄瓜白粉病	202～270 克/公顷，喷雾
		草莓白粉病	112.5～225 克/公顷，喷雾
		苹果白粉病	75～150 毫克/千克，喷雾
		葡萄穗轴褐枯病	150～300 毫克/千克，喷雾
		甜瓜白粉病	202.5～270 克/公顷，喷雾
10	24%啶酰菌胺・6%咯菌腈	番茄灰霉病	202.5～270 克/公顷，喷雾
11	24.5%啶酰菌胺・0.5%咯菌腈	黄瓜灰霉病	270～315 克/公顷，喷雾
12	12.9%啶酰菌胺・30.1%异菌脲	番茄灰霉病	450～750 克/公顷，喷雾

(3)萎锈灵及其混剂的防治谱

萎锈灵单剂主要用于种子处理，可防治小麦锈病。

萎锈灵与福美双混配，可用于种子处理，防治水稻立枯病、水稻恶苗病、麦类黑穗病、棉花立枯病和大豆根腐病等病害（表 3-4）。

表 3-4　萎锈灵及其混剂的防治对象、有效成分用药量和使用方法

序号	杀菌剂（混剂）	防治对象	有效成分用药量和使用方法
1	萎锈灵	小麦锈病	81～108 克/公顷，喷雾
2	37.5%萎锈灵·37.5%福美双	水稻恶苗病	150～187.5 克/100 千克种子，拌种；0.75～1.125 克/升水/千克种子，浸种
		水稻立枯病	150～187 克/100 千克种子，拌种
		小麦散黑穗病	187.5～250 克/100 千克种子，拌种
3	20%萎锈灵·20%福美双	水稻恶苗病	120～160 克/100 千克种子，拌种
		水稻立枯病	160～200 克/100 千克种子，拌种
		大麦条纹病	80～120 克/100 千克种子，拌种
		大麦黑穗病	0.2～0.3 升/100 千克种子，拌种
		小麦散黑穗病	112～144 克/100 千克种子，拌种
		玉米茎基腐病	80～120 克/100 千克种子，拌种
		玉米丝黑穗病	160～200 克/100 千克种子，拌种
		棉花立枯病	60～200 克/100 千克种子，拌种
		大豆根腐病	140～260 克/100 千克种子，拌种
4	8%萎锈灵·12%三唑酮	小麦锈病	180～240 克/公顷，喷雾
5	5%萎锈灵·25%吡虫啉	花生白绢病	225～300 克/100 千克种子，种子包衣
		花生根腐病	225～300 克/100 千克种子，种子包衣
6	22.5%萎锈灵·22.5%福美双·18%吡虫啉	棉花立枯病	175～233 克/100 千克种子，种子包衣
7	10%萎锈灵·10%福美双·15%噻虫嗪	花生根腐病	175～199.5 克/100 千克种子，种子包衣
8	6.5%萎锈灵·11.5%福美双·7%克百威	玉米丝黑穗病	1∶(40～50)(药种比)，种子包衣

(4)氟吡菌酰胺及其混剂的防治谱

氟吡菌酰胺单剂可用于防治黄瓜白粉病和番茄根结线虫病。

氟吡菌酰胺与肟菌酯混配，可用于防治黄瓜白粉病、黄瓜炭疽病、黄瓜靶斑病、番茄叶霉病、番茄早疫病、辣椒炭疽病和西瓜蔓枯病。氟吡菌酰胺与戊唑醇混配，可用于防治黄瓜白粉病、黄瓜炭疽病、黄瓜靶斑病、番茄叶霉病、番茄早疫病、西瓜蔓枯病、香蕉黑星病和香蕉叶斑病（表 3-5）。

表 3-5 氟吡菌酰胺及其混剂的防治对象、有效成分用药量和使用方法

序号	杀菌剂(混剂)	防治对象	有效成分用药量和使用方法
1	氟吡菌酰胺	番茄根结线虫病	0.012～0.015 克/株,灌根
		黄瓜白粉病	37.5～75 克/公顷,喷雾
2	21.5%氟吡菌酰胺·21.5%肟菌酯	番茄叶霉病	150～225 克/公顷,喷雾
		番茄早疫病	112.5～187.5 克/公顷,喷雾
		黄瓜靶斑病	112.5～187.5 克/公顷,喷雾
		黄瓜白粉病	37.5～75 克/公顷,喷雾
		黄瓜炭疽病	112.5～187.5 克/公顷,喷雾
		辣椒炭疽病	150～225 克/公顷,喷雾
		西瓜蔓枯病	112.5～187.5 克/公顷,喷雾
3	17.5%氟吡菌酰胺·17.5%戊唑醇	番茄叶霉病	180～240 克/公顷,喷雾
		番茄早疫病	150～180 克/公顷,喷雾
		黄瓜靶斑病	120～150 克/公顷,喷雾
		黄瓜白粉病	30～60 克/公顷,喷雾
		黄瓜炭疽病	150～180 克/公顷,喷雾
		西瓜蔓枯病	150～180 克/公顷,喷雾
		香蕉黑星病	125～200 毫克/千克,喷雾
		香蕉叶斑病	125～200 毫克/千克,喷雾

(5)氟唑菌酰胺混剂的防治谱

氟唑菌酰胺以混配使用为主。氟唑菌酰胺与吡唑醚菌酯混配,可用于防治玉米大斑病、马铃薯早疫病、马铃薯黑痣病、黄瓜白粉病、黄瓜灰霉病、番茄灰霉病、番茄叶霉病、草莓灰霉病、草莓白粉病、辣椒炭疽病、葡萄白粉病、葡萄灰霉病、西瓜白粉病和香蕉黑星病。氟唑菌酰胺与苯醚甲环唑混配,可用于防治黄瓜白粉病、黄瓜靶斑病、番茄叶霉病、番茄灰叶斑病、番茄早疫病、菜豆锈病、辣椒白粉病、梨黑星病、苹果斑点落叶病和西瓜叶枯病(表 3-6)。

表 3-6 氟唑菌酰胺混剂的防治对象、有效成分用药量和使用方法

序号	杀菌剂(混剂)	防治对象	有效成分用药量和使用方法
1	21.2%氟唑菌酰胺·21.2%吡唑醚菌酯	草莓白粉病	10～20 毫升/亩,喷雾
		草莓灰霉病	20～30 毫升/亩,喷雾
		番茄灰霉病	20～30 毫升/亩,喷雾
		番茄叶霉病	20～30 毫升/亩,喷雾
		黄瓜白粉病	10～20 毫升/亩,喷雾
		黄瓜灰霉病	20～30 毫升/亩,喷雾
		辣椒炭疽病	20～26.7 毫升/亩,喷雾

续表

序号	杀菌剂(混剂)	防治对象	有效成分用药量和使用方法
1	21.2%氟唑菌酰胺·21.2%吡唑醚菌酯	马铃薯黑痣病	30~40毫升/亩,沟施、喷洒种薯
		马铃薯早疫病	10~20毫升/亩,喷雾
		芒果炭疽病	125~180克/公顷,喷雾
		葡萄白粉病	90~180克/公顷,喷雾
		葡萄灰霉病	100~180克/公顷,喷雾
		西瓜白粉病	10~20毫升/亩,喷雾
		香蕉黑星病	150~225克/公顷,喷雾
2	14%氟唑菌酰胺·29%吡唑醚菌酯	玉米大斑病	16~24毫升/亩,喷雾
3	6%氟唑菌酰胺·6%氟环唑	水稻纹枯病	40~60毫升/亩,喷雾
		香蕉叶斑病	450~900克/公顷,喷雾
4	7%氟唑菌酰胺·5%苯醚甲环唑	菜豆锈病	40~67毫升/亩,喷雾
		番茄灰叶斑病	40~67毫升/亩,喷雾
		番茄叶霉病	40~67毫升/亩,喷雾
		番茄早疫病	56~70毫升/亩,喷雾
		黄瓜靶斑病	53~67毫升/亩,喷雾
		黄瓜白粉病	56~70毫升/亩,喷雾
		辣椒白粉病	40~67毫升/亩,喷雾
		梨黑星病	180~350克/公顷,喷雾
		苹果斑点落叶病	225~280克/公顷,喷雾
		西瓜叶枯病	40~67毫升/亩,喷雾

(6)拌种灵混剂的防治谱

拌种灵主要与多作用位点杀菌剂(如福美双和代森锰锌等)混配使用,可防治小麦黑穗病、玉米黑穗病、棉花苗期病害、花生锈病、辣椒疮痂病、辣椒炭疽病、高粱黑穗病和红麻炭疽病(表3-7)。

表3-7 拌种灵混剂的防治对象、有效成分用药量和使用方法

序号	杀菌剂(混剂)	防治对象	有效成分用药量和使用方法
1	20%拌种灵·20%福美双	高粱黑穗病	1:(500~750)(药种比),拌种
		红麻炭疽病	400倍液,浸种
		棉花苗期病害	1:500(药种比),拌种
		小麦黑穗病	1:(1200~2500)(药种比),拌种
		玉米黑穗病	1:500(药种比),拌种
		花生锈病	50克/亩,喷雾

续表

序号	杀菌剂(混剂)	防治对象	有效成分用药量和使用方法
2	10%拌种灵·10%福美双	辣椒疮痂病	20～30 克/亩,喷雾
		辣椒炭疽病	20～30 克/亩,喷雾
3	10%拌种灵·10%代森锰锌	辣椒疮痂病	300～450 克/公顷,喷雾
		辣椒炭疽病	300～450 克/公顷,喷雾

(7)其他琥珀酸脱氢酶抑制剂及其混剂的防治谱

氟唑环菌胺及其混剂可用于防治玉米黑粉病、玉米丝黑穗病、马铃薯黑痣病和小麦散黑穗病。氟酰胺及其混剂可用于防治水稻纹枯病、花生白绢病和草坪褐斑病。吡唑萘菌胺及其混剂可用于防治黄瓜白粉病(表 3-8)。

表 3-8 其他琥珀酸脱氢酶抑制剂及其混剂的防治对象、有效成分用药量和使用方法

序号	杀菌剂(混剂)	防治对象	有效成分用药量和使用方法
1	氟唑环菌胺	玉米黑粉病	30～90 毫升/100 千克种子,种子包衣
		玉米丝黑穗病	30～90 毫升/100 千克种子,种子包衣
2	3.55%氟唑环菌胺·4.45%咯菌腈	马铃薯黑痣病	30～70 毫升/100 千克种薯,种薯拌种
			125～250 毫克/千克,浸种
3	4.6%氟唑环菌胺·2.2%咯菌腈·2.2%苯醚甲环唑	小麦散黑穗病	100～200 毫升/100 千克种子,种子包衣
4	氟酰胺	水稻纹枯病	300～375 克/公顷,喷雾
		花生白绢病	225～375 克/公顷,喷雾
		草坪褐斑病	270～335 克/公顷,喷雾
5	30%氟酰胺·30%嘧菌酯	水稻纹枯病	207～270 克/公顷,喷雾
6	10%氟酰胺·10%嘧菌酯	水稻纹枯病	210～300 克/公顷,喷雾
7	吡唑萘菌胺	黄瓜白粉病	146.25～243.75 克/公顷,喷雾
8	11.2%吡唑萘菌胺·17.8%嘧菌酯	黄瓜白粉病	146.25～243.75 克/公顷,喷雾

3.2 细胞色素 bc_1 Qo 位泛醌醇氧化酶抑制剂

3.2.1 作用机制

细胞色素 bc_1 Qo 位泛醌醇氧化酶抑制剂以甲氧基丙烯酸酯类杀菌剂为代表,可通过与细胞色素 b 的 Qo 位泛醌醇氧化酶结合,阻断细胞色素 b 和细胞色素 c_1 间的电子传递,抑制线粒体的呼吸作用,使 ATP 生成受阻。

3.2.2 主要种类

细胞色素 bc_1 Qo 位泛醌醇氧化酶抑制剂主要有嘧菌酯、醚菌酯、吡唑醚菌酯、肟菌酯、噁唑菌酮、烯肟菌胺、啶氧菌酯、烯肟菌酯、唑菌酯、丁香菌酯、氯啶菌酯和氟嘧菌酯(表 3-9)。

表 3-9 细胞色素 bc_1 Qo 位泛醌醇氧化酶抑制剂的主要种类

序号	通用名	化学名称	结构式
1	嘧菌酯	(*E*)-[2-[6-(2-氰基苯氧基)嘧啶-4-基氧]苯基]-3-甲氧基丙烯酸甲酯	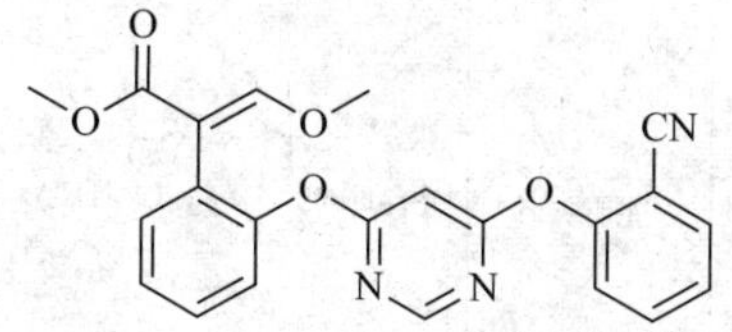
2	醚菌酯	(*E*)-2-甲氧亚氨基-[2-(邻甲基苯氧基甲基)苯基]乙酸甲酯	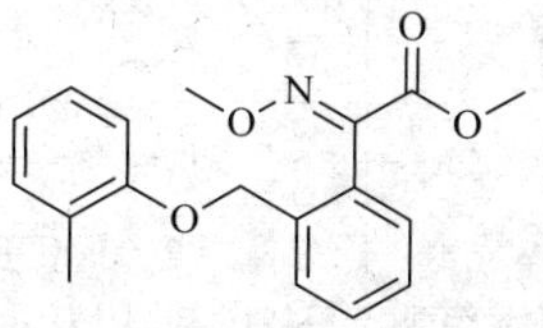
3	吡唑醚菌酯	*N*-[2-[[1-(4-氯苯基)吡唑-3-基]氧甲基]苯基]-*N*-甲氧基氨基甲酸甲酯	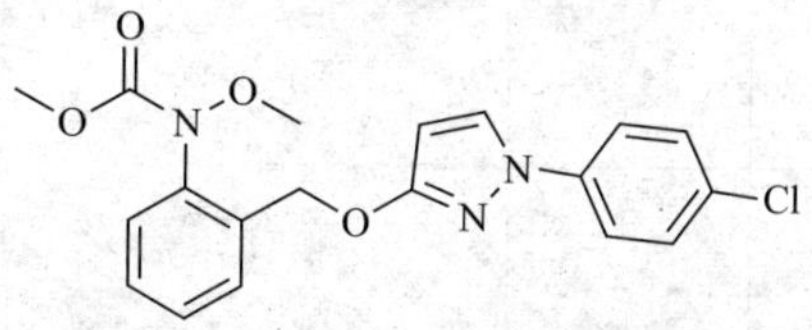
4	肟菌酯	(2*Z*)-2-甲氧基亚氨基-2-[2-[[1-[3-(三氟甲基)苯基]亚乙基氨基]氧甲基]苯基]乙酸甲酯	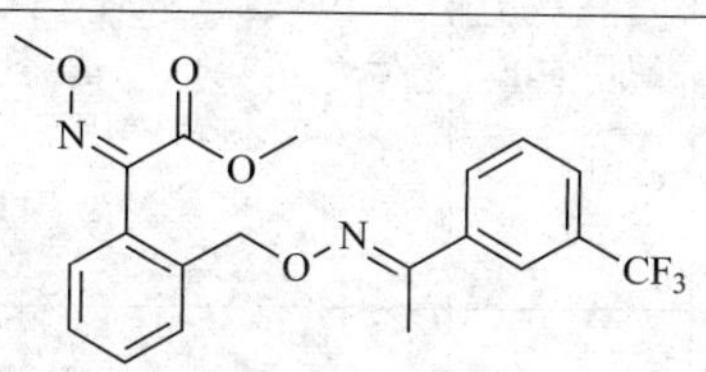
5	噁唑菌酮	3-苯氨基-5-甲基-5-(4-苯氧基苯基)噁唑烷-2,4-二酮	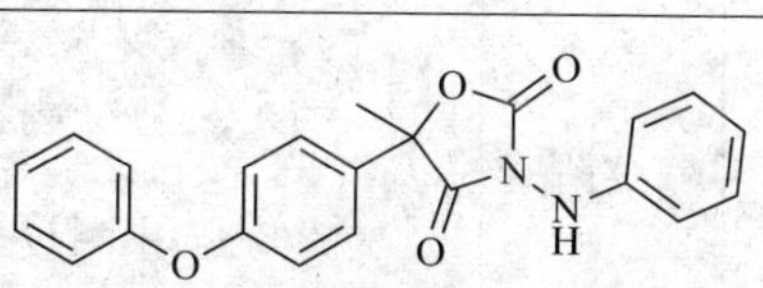
6	烯肟菌胺	(*E*,*E*,*E*)-*N*-甲基-2-[((((1-甲基-3-(2,6-二氯苯基)-2-丙烯基)亚氨基)氧基)甲基)苯基]-2-甲氧基亚氨基乙酰胺	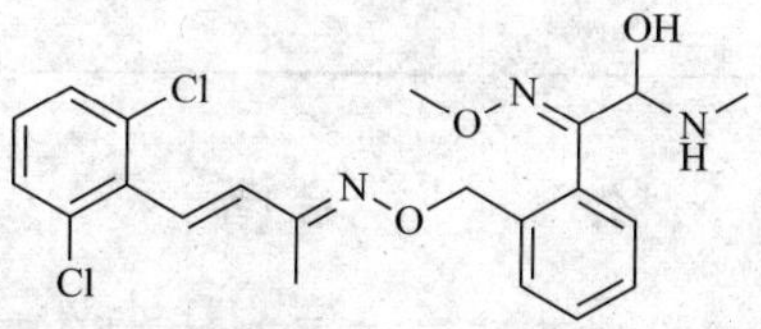
7	啶氧菌酯	(*E*)-3-甲氧基-2-[2-[6-(三氟甲基)-2-吡啶氧甲基]苯基]丙烯酸甲酯	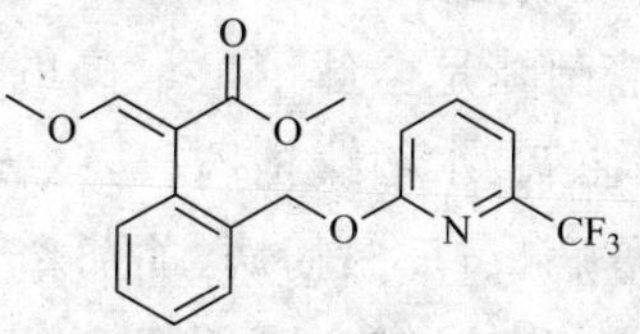

续表

序号	通用名	化学名称	结构式
8	烯肟菌酯	α-[2-[[[[4-(4-氯苯基)-丁-3-烯-2-基]亚氨基]氧基]甲基]苯基]-β-甲氧基丙烯酸甲酯	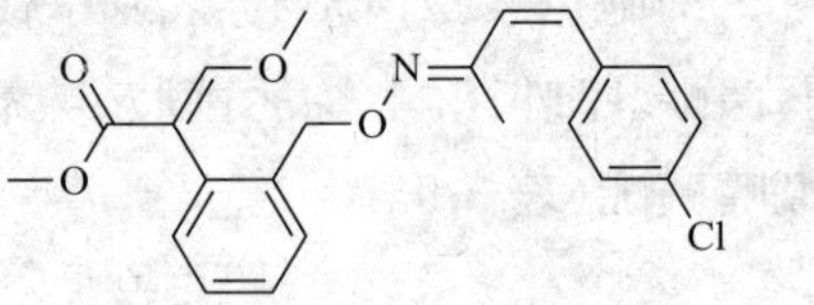
9	唑菌酯	(*E*)-2-[2-[[3-(4-氯苯基)-1-甲基-1*H*-吡唑-5-氧基]甲基]苯基]-3-甲氧基丙烯酸甲酯	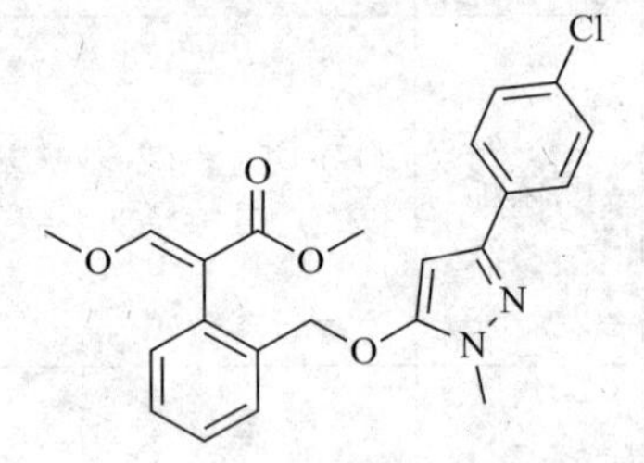
10	丁香菌酯	(*E*)-2-(2-(3-正丁基-4-甲基香豆素-7-基氧基)甲基苯基)-3-甲氧基丙烯酸甲酯	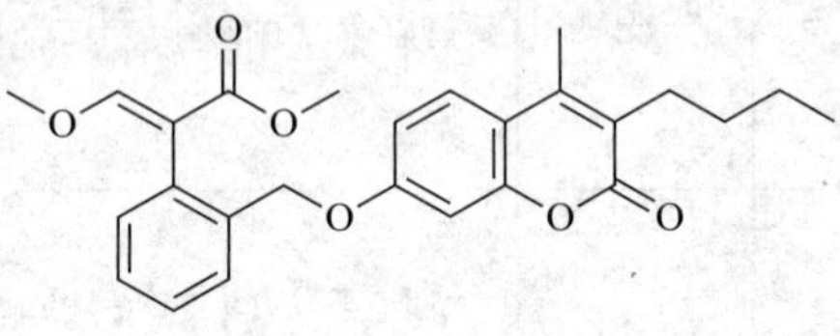
11	氯啶菌酯	*N*-甲氧基-*N*-{2-[((3,5,6-三氯吡啶-2-基)氧)甲基]苯基}氨基甲酸甲酯	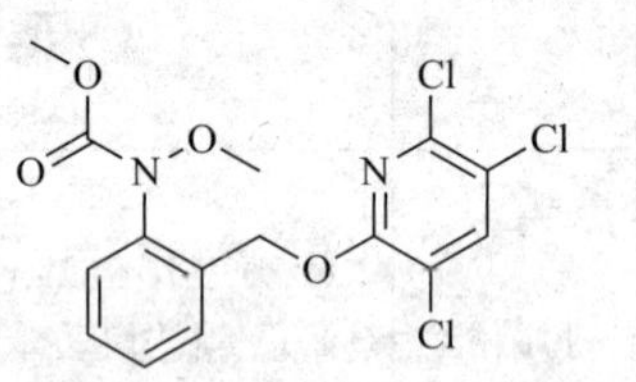
12	氟嘧菌酯	(*E*)-{2-[6-(2-氯苯氧基)-5-氟嘧啶-4-基氧]苯基}(5,6-二氢-1,4,2-二噁嗪-3-基)甲酮*O*-甲基肟	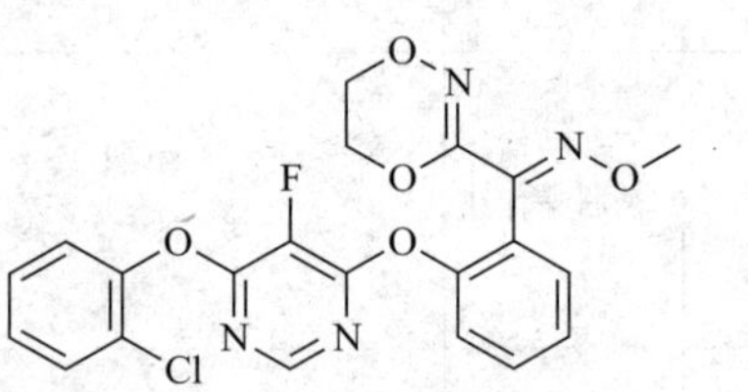

3.2.3 防治谱

(1)嘧菌酯及其混剂的防治谱

嘧菌酯是全球销量最高的甲氧基丙烯酸酯类杀菌剂之一，可用于防治稻瘟病、稻曲病、水稻纹枯病、马铃薯晚疫病、花生叶斑病、番茄晚疫病、番茄叶霉病、黄瓜霜霉病、黄瓜白粉病、葡萄霜霉病、葡萄黑痘病、柑橘炭疽病、香蕉叶斑病和草坪枯萎病，防治谱广，防效高。

嘧菌酯与苯醚甲环唑混配，可用于防治稻瘟病、水稻纹枯病、花生叶斑病、黄瓜炭疽病、黄瓜白粉病、黄瓜靶斑病、辣椒炭疽病、葡萄炭疽病、葡萄白腐病、西瓜白粉病、西瓜蔓枯病、西瓜炭疽病和香蕉叶斑病。嘧菌酯与烯酰吗啉混配，可用于防治黄瓜霜霉病、葡萄霜霉病和马铃薯晚疫病。嘧菌酯与戊唑醇混配，可用于防治水稻纹枯病、黄瓜白粉病、黄瓜炭疽病、番茄早疫病、苹果斑点落叶病、香蕉叶斑病和香蕉黑星病（表3-10）。

表3-10　嘧菌酯及其混剂的防治对象、有效成分用药量和使用方法

序号	杀菌剂（混剂）	防治对象	有效成分用药量和使用方法
1	嘧菌酯	稻瘟病	243.75～262.5克/公顷，喷雾
		水稻纹枯病	120～240克/公顷，喷雾
		稻曲病	90～120克/公顷，喷雾
		马铃薯晚疫病	63.75～75克/公顷，喷雾
		花生叶斑病	180～240克/公顷，喷雾
		番茄晚疫病	281.25～337.5克/公顷，喷雾
		番茄叶霉病	281.25～337.5克/公顷，喷雾
		黄瓜白粉病	225～337.5克/公顷，喷雾
		黄瓜霜霉病	150～225克/公顷，喷雾
		葡萄黑痘病	200～300毫克/千克，喷雾
		葡萄霜霉病	125～250毫克/千克，喷雾
		香蕉叶斑病	167～250毫克/千克，喷雾
		柑橘炭疽病	156.25～312.5毫克/千克，喷雾
		草坪枯萎病	225～375克/公顷，喷雾
2	40%嘧菌酯·20%苯醚甲环唑	黄瓜白粉病	180～225克/公顷，喷雾
3	30%嘧菌酯·15%苯醚甲环唑	水稻纹枯病	101.25～168.75克/公顷，喷雾
		香蕉叶斑病	180～225毫克/千克，喷雾
4	25%嘧菌酯·15%苯醚甲环唑	西瓜白粉病	180～240克/公顷，喷雾
		葡萄白腐病	160～267毫克/千克，喷雾
5	24%嘧菌酯·12%苯醚甲环唑	水稻纹枯病	135～189克/公顷，喷雾
		香蕉叶斑病	180～225毫克/千克，喷雾
6	20%嘧菌酯·12%苯醚甲环唑	番茄炭疽病	117～234克/公顷，喷雾
7	22%嘧菌酯·8%苯醚甲环唑	黄瓜靶斑病	180～360克/公顷，喷雾
		西瓜白粉病	180～225克/公顷，喷雾

续表

序号	杀菌剂(混剂)	防治对象	有效成分用药量和使用方法
8	20%嘧菌酯·12.5%苯醚甲环唑	稻瘟病	146.25~195 克/公顷,喷雾
		水稻纹枯病	146.25~243.75 克/公顷,喷雾
		花生叶斑病	97.5~243.75 克/公顷,喷雾
		辣椒炭疽病	46.25~243.75 克/公顷,喷雾
		黄瓜炭疽病	146.25~243.75 克/公顷,喷雾
		葡萄白腐病	130~162.5 毫克/千克,喷雾
		香蕉叶斑病	162.25~217 毫克/千克,喷雾
		西瓜蔓枯病	146.25~243.75 克/公顷,喷雾
		西瓜炭疽病	195~243.75 克/公顷,喷雾
9	18.5%嘧菌酯·11.5%苯醚甲环唑	水稻纹枯病	157.5~243 克/公顷,喷雾
10	18%嘧菌酯·12%苯醚甲环唑	辣椒炭疽病	135~225 克/公顷,喷雾
		葡萄炭疽病	150~300 毫克/千克,喷雾
		香蕉叶斑病	200~250 毫克/千克,喷雾
		西瓜蔓枯病	135~225 克/公顷,喷雾
11	15%嘧菌酯·20%苯醚甲环唑	香蕉叶斑病	140~175 毫克/千克,喷雾
12	12%嘧菌酯·18%苯醚甲环唑	稻瘟病	180~225 克/公顷,喷雾
		水稻纹枯病	180~225 克/公顷,喷雾
		辣椒炭疽病	90~144 克/公顷,喷雾
13	11.5%嘧菌酯·18.5%苯醚甲环唑	水稻纹枯病	195~243.75 克/公顷,喷雾
14	22.8%嘧菌酯·57.2%烯酰吗啉	黄瓜霜霉病	240~360 克/公顷,喷雾
15	20%嘧菌酯·50%烯酰吗啉	黄瓜霜霉病	262.5~367.5 克/公顷,喷雾
		蔷薇科花卉霜霉病	233.33~350 毫克/千克,喷雾
16	20%嘧菌酯·40%烯酰吗啉	黄瓜霜霉病	153~243 克/公顷,喷雾
17	20%嘧菌酯·30%烯酰吗啉	葡萄霜霉病	135~180 克/公顷,喷雾
18	20%嘧菌酯·20%烯酰吗啉	黄瓜霜霉病	180~300 克/公顷,喷雾
19	20%嘧菌酯·10%烯酰吗啉	黄瓜霜霉病	225~315 克/公顷,喷雾
20	15%嘧菌酯·55%烯酰吗啉	黄瓜霜霉病	420~472.5 克/公顷,喷雾
21	12.5%嘧菌酯·27.5%烯酰吗啉	马铃薯晚疫病	240~300 克/公顷,喷雾
22	12%嘧菌酯·30%烯酰吗啉	黄瓜霜霉病	189~315 克/公顷,喷雾
23	25%嘧菌酯·50%戊唑醇	水稻纹枯病	112.5~168.75 克/公顷,喷雾
		香蕉叶斑病	375~500 毫克/千克,喷雾
24	20%嘧菌酯·30%戊唑醇	黄瓜炭疽病	200~300 毫克/千克,喷雾
		水稻纹枯病	38~112 克/公顷,喷雾

续表

序号	杀菌剂(混剂)	防治对象	有效成分用药量和使用方法
25	15%嘧菌酯·30%戊唑醇	黄瓜白粉病	81～121.5克/公顷,喷雾
26	15%嘧菌酯·25%戊唑醇	水稻纹枯病	90～150克/公顷,喷雾
		黄瓜炭疽病	120～180克/公顷,喷雾
27	12%嘧菌酯·28%戊唑醇	蔷薇科花卉褐斑病	133～200毫克/千克,喷雾
28	11%嘧菌酯·18%戊唑醇	番茄早疫病	130.5～174克/公顷,喷雾
29	10%嘧菌酯·35%戊唑醇	水稻纹枯病	202.5～270克/公顷,喷雾
30	10%嘧菌酯·30%戊唑醇	苹果斑点落叶病	80～100毫克/千克,喷雾
31	10%嘧菌酯·20%戊唑醇	黄瓜白粉病	157.5～202.5克/公顷,喷雾
		香蕉黑星病	120～150毫克/千克,喷雾
32	20%嘧菌酯·15%氟环唑	水稻纹枯病	131.25～157.5克/公顷,喷雾
		香蕉叶斑病	175～233.3毫克/千克,喷雾
33	20%嘧菌酯·12%氟环唑	水稻纹枯病	168～216克/公顷,喷雾
		香蕉叶斑病	213～320克/公顷,喷雾
34	20%嘧菌酯·12%丙环唑	水稻纹枯病	120～216克/公顷,喷雾
35	16%嘧菌酯·24%丙环唑	香蕉叶斑病	200～400毫克/千克,喷雾
		西瓜炭疽病	156～234克/公顷,喷雾
36	15%嘧菌酯·10%丙环唑	草坪褐斑病	562.5～750克/公顷,喷雾
		水稻纹枯病	187.5～225克/公顷,喷雾
37	10.5%嘧菌酯·17.5%丙环唑	玉米大斑病	151.2～210克/公顷,喷雾
38	10%嘧菌酯·15%丙环唑	草坪褐斑病	562.5～750克/公顷,喷雾
		水稻纹枯病	187.5～225克/公顷,喷雾
39	7.2%嘧菌酯·11.8%丙环唑	水稻纹枯病	85.5～142.5克/公顷,喷雾
40	7%嘧菌酯·11.7%丙环唑	香蕉叶斑病	150～250毫克/千克,喷雾
		玉米小斑病	150～210克/公顷,喷雾
41	25%嘧菌酯·15%氰霜唑	黄瓜霜霉病	120～240克/公顷,喷雾
42	25%嘧菌酯·10%氰霜唑	葡萄霜霉病	145.8～194.4毫克/千克,喷雾
43	22%嘧菌酯·13%己唑醇	稻瘟病	105～131.25克/公顷,喷雾
44	20%嘧菌酯·10%己唑醇	葡萄白粉病	50～75毫克/千克,喷雾
		水稻纹枯病	135～202.5克/公顷,喷雾
45	9%嘧菌酯·14%己唑醇	西瓜炭疽病	146.25～243.75克/公顷,喷雾
46	8%嘧菌酯·16%己唑醇	水稻纹枯病	54～72克/公顷,喷雾
47	20%嘧菌酯·30%氟啶胺	马铃薯晚疫病	312.5～375毫升/公顷,喷雾
48	20%嘧菌酯·10%霜霉威盐酸盐	番茄晚疫病	315～360克/公顷,喷雾

续表

序号	杀菌剂(混剂)	防治对象	有效成分用药量和使用方法
49	20%嘧菌酯·3%噻霉酮	稻瘟病	157～199克/公顷,喷雾
50	15%嘧菌酯·1%几丁聚糖	黄瓜霜霉病	120～144克/公顷,喷雾
51	10%嘧菌酯·60%丙森锌	番茄晚疫病	630～1260克/公顷,喷雾
52	20%嘧菌酯·5%宁南霉素	黄瓜霜霉病	7～10毫升/亩,喷雾
53	20%嘧菌酯·30%噻唑锌	黄瓜霜霉病	20～30毫升/亩,喷雾
		马铃薯黑痣病	30～40毫升/亩,喷雾
		水稻纹枯病	20～25毫升/亩,喷雾
54	10%嘧菌酯·50%霜脲氰	黄瓜霜霉病	270～360克/公顷,喷雾
		马铃薯晚疫病	405～540克/公顷,喷雾
		葡萄霜霉病	400～500毫克/千克,喷雾
55	9.5%嘧菌酯·7.5%四氟醚唑	水稻纹枯病	90～110克/公顷,喷雾
56	7.5%嘧菌酯·2.5%咯菌腈	棉花立枯病	18.75～25克/100千克种子,种子包衣
57	6.3%嘧菌酯·23.7%腐霉利	番茄灰霉病	450～495克/公顷,喷雾
58	18%嘧菌酯·18%硝苯菌酯	黄瓜白粉病	20～30毫升/亩,喷雾
		黄瓜霜霉病	20～30毫升/亩,喷雾
59	2%嘧菌酯·28%咪鲜胺	稻曲病	135～180克/公顷,喷雾
		稻瘟病	135～180克/公顷,喷雾
		水稻纹枯病	135～180克/公顷,喷雾

(2)醚菌酯及其混剂的防治谱

醚菌酯单剂可用于防治小麦锈病、黄瓜白粉病、苹果黑星病、苹果白粉病、苹果斑点落叶病、梨黑星病、草莓白粉病和香蕉叶斑病。

醚菌酯与苯醚甲环唑混配,可用于防治黄瓜白粉病、辣椒炭疽病、苹果斑点落叶病、西瓜炭疽病、香蕉叶斑病和观赏花卉白粉病。醚菌酯与戊唑醇混配,可用于防治苹果轮纹病、苹果斑点落叶病、苹果褐斑病、梨黑星病和草坪褐斑病(表3-11)。

表3-11 醚菌脂及其混剂的防治对象、有效成分用药量和使用方法

序号	杀菌剂(混剂)	防治对象	有效成分用药量和使用方法
1	醚菌酯	小麦锈病	225～315克/公顷,喷雾
		黄瓜白粉病	130～150克/公顷,喷雾
		苹果黑星病	60～90克/公顷,喷雾
		苹果白粉病	100～166.7毫克/千克,喷雾
		苹果斑点落叶病	125～166.7毫克/千克,喷雾
		梨黑星病	100～166.7毫克/千克,喷雾
		草莓白粉病	100～166.7毫克/千克,喷雾
		香蕉叶斑病	250～333.3毫克/千克,喷雾

续表

序号	杀菌剂(混剂)	防治对象	有效成分用药量和使用方法
2	54%醚菌酯·18%苯醚甲环唑	苹果斑点落叶病	80～133毫克/千克,喷雾
3	50%醚菌酯·30%苯醚甲环唑	西瓜白粉病	120～180克/公顷,喷雾
4	40%醚菌酯·20%苯醚甲环唑	观赏花卉白粉病	150～300毫克/千克,喷雾
5	32%醚菌酯·20%苯醚甲环唑	蔷薇科花卉白粉病	325～650毫克/千克,喷雾
6	30%醚菌酯·10%苯醚甲环唑	苹果斑点落叶病	80～133毫克/千克,喷雾
		黄瓜白粉病	120～180克/公顷,喷雾
		西瓜炭疽病	108～180毫克/千克,喷雾
7	26.7%醚菌酯·13.3%苯醚甲环唑	香蕉叶斑病	200～266.67毫克/千克,喷雾
		观赏花卉白粉病	200～266.67毫克/千克,喷雾
8	20%醚菌酯·10%苯醚甲环唑	辣椒炭疽病	112.5～135克/公顷,喷雾
		黄瓜白粉病	135～180克/公顷,喷雾
9	14%醚菌酯·9%苯醚甲环唑	黄瓜白粉病	225～300克/公顷,喷雾
10	35%醚菌酯·35%戊唑醇	苹果斑点落叶病	100～150毫克/千克,喷雾
11	30%醚菌酯·15%戊唑醇	苹果褐斑病	112.5～225毫克/千克,喷雾
12	30%醚菌酯·40%戊唑醇	苹果斑点落叶病	117～140毫克/千克,喷雾
13	25%醚菌酯·15%戊唑醇	草坪褐斑病	160～200毫克/千克,喷雾
14	20%醚菌酯·50%戊唑醇	苹果斑点落叶病	87.5～117毫克/千克,喷雾
15	15%醚菌酯·30%戊唑醇	苹果轮纹病	112.5～225毫克/千克,喷雾
16	15%醚菌酯·15%戊唑醇	苹果斑点落叶病	100～150毫克/千克,喷雾
17	10%醚菌酯·20%戊唑醇	梨黑星病	100～150毫克/千克,喷雾
18	50%醚菌酯·25%氟环唑	苹果斑点落叶病	150～187.5毫克/千克,喷雾
19	25%醚菌酯·25%氟环唑	黄瓜白粉病	75～150克/公顷,喷雾
20	25%醚菌酯·15%氟环唑	香蕉叶斑病	200～400毫克/千克,喷雾
21	20%醚菌酯·10%氟环唑	小麦白粉病	135～202.5克/公顷,喷雾
		黄瓜白粉病	135～180克/公顷,喷雾
22	20%醚菌酯·30%氟环唑	苹果斑点落叶病	100～142.9毫克/千克,喷雾
23	11.5%醚菌酯·11.5%氟环唑	水稻纹枯病	112.5～187.5克/公顷,喷雾
		稻瘟病	150～187.5克/公顷,喷雾
24	12.7%醚菌酯·57.3%丙森锌	苹果褐斑病	466.7～700毫克/千克,喷雾
25	10%醚菌酯·50%丙森锌	黄瓜霜霉病	450～810克/公顷,喷雾
26	10%醚菌酯·45%丙森锌	苹果斑点落叶病	275～550毫克/千克,喷雾

续表

序号	杀菌剂(混剂)	防治对象	有效成分用药量和使用方法
27	8%醚菌酯·40%丙森锌	苹果斑点落叶病	300～600 毫克/千克,喷雾
28	4%醚菌酯·52%丙森锌	苹果斑点落叶病	1000～1167 毫克/千克,喷雾
29	25%醚菌酯·10%己唑醇	苹果斑点落叶病	70～116.7 毫克/千克,喷雾
30	25%醚菌酯·5%己唑醇	黄瓜白粉病	30～60 克/公顷,喷雾
31	24%醚菌酯·8%己唑醇	黄瓜白粉病	40.5～54 克/公顷,喷雾
32	15%醚菌酯·25%己唑醇	黄瓜白粉病	36～48 克/公顷,喷雾
33	30%醚菌酯·50%烯酰吗啉	黄瓜霜霉病	180～300 克/公顷,喷雾
34	15%醚菌酯·35%烯酰吗啉	黄瓜霜霉病	225～375 克/公顷,喷雾
35	15%醚菌酯·20%烯酰吗啉	黄瓜霜霉病	262.5～315 克/公顷,喷雾
36	20%醚菌酯·10%氟菌唑	梨黑星病	75～150 毫克/千克,喷雾
37	12%醚菌酯·8%四氟醚唑	草莓白粉病	10～20 毫升/亩,喷雾
38	10%醚菌酯·60%代森联	观赏花卉白粉病	777.8～875 毫克/千克,喷雾
		苹果斑点落叶病	777.8～875 毫克/千克,喷雾
39	10%醚菌酯·3%中生菌素	黄瓜白粉病	87.75～117 克/公顷,喷雾
40	6%醚菌酯·20%稻瘟酰胺	稻瘟病	234～351 克/公顷,喷雾
		水稻纹枯病	234～351 克/公顷,喷雾

(3)吡唑醚菌酯及其混剂的防治谱

吡唑醚菌酯为新型广谱杀菌剂,可用于防治稻瘟病、玉米大斑病、玉米茎基腐病、棉花猝倒病、棉花立枯病、大豆叶斑病、白菜炭疽病、黄瓜霜霉病、黄瓜白粉病、黄瓜炭疽病、苹果树腐烂病、苹果斑点落叶病、苹果褐斑病、西瓜炭疽病、香蕉黑星病、香蕉炭疽病、香蕉轴腐病、茶树炭疽病、芒果炭疽病和草坪褐斑病。

吡唑醚菌酯与苯醚甲环唑混配,可用于防治苹果斑点落叶病、葡萄白粉病、西瓜蔓枯病、香蕉黑星病、香蕉叶斑病和蔷薇科花卉白粉病。吡唑醚菌酯与烯酰吗啉混配,可用于防治马铃薯早疫病、马铃薯晚疫病、黄瓜霜霉病、黄瓜疫病、甜瓜霜霉病和香蕉黑星病。吡唑醚菌酯与代森联混配,可用于防治棉花立枯病、马铃薯早疫病、马铃薯晚疫病、花生叶斑病、黄瓜霜霉病、黄瓜疫病、姜叶斑病、辣椒疫病、白菜炭疽病、大蒜叶枯病、番茄早疫病、番茄晚疫病、苹果炭疽病、苹果轮纹病、苹果斑点落叶病、柑橘疮痂病、柑橘炭疽病、荔枝霜疫霉病、葡萄霜霉病、葡萄白腐病、桃褐斑穿孔病和甜瓜霜霉病(表 3-12)。

表3-12 吡唑醚菌酯及其混剂的防治对象、有效成分用药量和使用方法

序号	杀菌剂(混剂)	防治对象	有效成分用药量和使用方法
1	吡唑醚菌酯	稻瘟病	75～99克/公顷,喷雾
		玉米大斑病	112.5～187.5克/公顷,喷雾
		玉米茎基腐病	5～6克/100千克种子,种子包衣
		棉花猝倒病	5～6克/100千克种子,种子包衣
		棉花立枯病	5～6克/100千克种子,种子包衣
		大豆叶斑病	112.5～150克/公顷,喷雾
		白菜炭疽病	112.5～187.5克/公顷,喷雾
		黄瓜白粉病	75～180克/公顷,喷雾
		黄瓜霜霉病	75～180克/公顷,喷雾
		黄瓜炭疽病	75～150克/公顷,喷雾
		苹果斑点落叶病	50～200毫克/千克,喷雾
		苹果褐斑病	50～60毫克/千克,喷雾
		苹果树腐烂病	166.7～250毫克/千克,喷雾
		芒果炭疽病	125～250毫克/千克,喷雾
		西瓜炭疽病	56.25～112.5克/公顷,喷雾
		香蕉黑星病	83.3～250毫克/千克,喷雾
		香蕉炭疽病	125～250毫克/千克,浸果
		香蕉轴腐病	125～250毫克/千克,浸果
		香蕉叶斑病	125～250毫克/千克,喷雾
		草坪褐斑病	125～250毫克/千克,喷雾
		茶树炭疽病	125～250毫克/千克,喷雾
2	25%吡唑醚菌酯·25%苯醚甲环唑	香蕉黑星病	133.3～200毫克/千克,喷雾
3	25%吡唑醚菌酯·15%苯醚甲环唑	葡萄白粉病	200～266.7毫克/千克,喷雾
		西瓜蔓枯病	120～150克/公顷,喷雾
4	20%吡唑醚菌酯·10%苯醚甲环唑	香蕉黑星病	125～150毫克/千克,喷雾
		苹果斑点落叶病	85～120毫克/千克,喷雾
5	15%吡唑醚菌酯·15%苯醚甲环唑	蔷薇科花卉白粉病	120～150毫克/千克,喷雾
		香蕉叶斑病	120～150毫克/千克,喷雾
6	10%吡唑醚菌酯·20%苯醚甲环唑	香蕉黑星病	150～200毫克/千克,喷雾
7	20%吡唑醚菌酯·36%烯酰吗啉	黄瓜霜霉病	168～252克/公顷,喷雾
8	15%吡唑醚菌酯·30%烯酰吗啉	葡萄霜霉病	187.5～375毫克/千克,喷雾
9	13%吡唑醚菌酯·24%烯酰吗啉	葡萄霜霉病	92.5～185毫克/千克,喷雾
10	10%吡唑醚菌酯·38%烯酰吗啉	黄瓜霜霉病	216～288克/公顷,喷雾

续表

序号	杀菌剂(混剂)	防治对象	有效成分用药量和使用方法
11	9.5%吡唑醚菌酯·17.5%烯酰吗啉	黄瓜霜霉病	202.5～344.25 克/公顷,喷雾
		香蕉黑星病	125～250 毫克/千克,喷雾
12	6.7%吡唑醚菌酯·12%烯酰吗啉	马铃薯晚疫病	210～350 克/公顷,喷雾
		马铃薯早疫病	210～350 克/公顷,喷雾
		辣椒疫病	280～350 克/公顷,喷雾
		黄瓜霜霉病	210～350.6 克/公顷,喷雾
		黄瓜疫病	210～350 克/公顷,喷雾
		甜瓜霜霉病	210～350 克/公顷,喷雾
13	6%吡唑醚菌酯·66%代森联	黄瓜霜霉病	324～540 克/公顷,喷雾
		苹果炭疽病	400～600 毫克/千克,喷雾
14	5%吡唑醚菌酯·55%代森联	马铃薯晚疫病	360～540 克/公顷,喷雾
		马铃薯早疫病	360～540 克/公顷,喷雾
		棉花立枯病	540～1080 克/公顷,喷雾
		花生叶斑病	540～900 克/公顷,喷雾
		大蒜叶枯病	540～900 克/公顷,喷雾
		番茄晚疫病	360～540 克/公顷,喷雾
		番茄早疫病	360～540 克/公顷,喷雾
		白菜炭疽病	360～540 毫克/千克,喷雾
		黄瓜霜霉病	360～540 克/公顷,喷雾
		黄瓜疫病	540～900 克/公顷,喷雾
		姜叶斑病	540～900 克/公顷,喷雾
		辣椒疫病	360～900 克/公顷,喷雾
		荔枝霜疫霉病	300～600 毫克/千克,喷雾
		柑橘疮痂病	300～600 毫克/千克,喷雾
		柑橘炭疽病	400～800 克/公顷,喷雾
		苹果斑点落叶病	300～600 毫克/千克,喷雾
		苹果轮纹病	300～600 毫克/千克,喷雾
		苹果炭疽病	300～600 毫克/千克,喷雾
		葡萄白腐病	300～600 毫克/千克,喷雾
		葡萄霜霉病	300～600 毫克/千克,喷雾
		桃褐斑穿孔病	300～600 毫克/千克,喷雾
		甜瓜霜霉病	900～1080 克/公顷,喷雾
15	24%吡唑醚菌酯·12%戊唑醇	香蕉叶斑病	120～360 毫克/千克,喷雾

续表

序号	杀菌剂(混剂)	防治对象	有效成分用药量和使用方法
16	20%吡唑醚菌酯·40%戊唑醇	苹果褐斑病	120～150毫克/千克,土壤喷雾
17	13.3%吡唑醚菌酯·26.7%戊唑醇	苹果褐斑病	89～114毫克/千克,喷雾
		蔷薇科花卉褐斑病	133～160毫克/千克,喷雾
18	10%吡唑醚菌酯·30%戊唑醇	苹果褐斑病	80～160毫克/千克,喷雾
19	8%吡唑醚菌酯·37%戊唑醇	苹果斑点落叶病	90～112.5毫克/千克,喷雾
20	17%吡唑醚菌酯·51%二氰蒽醌	苹果炭疽病	170～227毫克/千克,喷雾
21	16%吡唑醚菌酯·48%二氰蒽醌	苹果炭疽病	160～213毫克/千克,雾喷
22	10%吡唑醚菌酯·30%二氰蒽醌	苹果轮纹病	160～200毫克/千克,喷雾
23	4%吡唑醚菌酯·12%二氰蒽醌	苹果炭疽病	213～427毫克/千克,喷雾
		苹果轮纹病	160～320毫克/千克,喷雾
		山药炭疽病	320～400克/公顷,喷雾
		枣树炭疽病	213～427毫克/千克,喷雾
24	20%吡唑醚菌酯·30%喹啉铜	辣椒疫病	10～12克/亩,喷雾
		马铃薯晚疫病	10～12克/亩,喷雾
25	7%吡唑醚菌酯·28%喹啉铜	苹果轮纹病	6000～8000倍液,喷雾
26	3%吡唑醚菌酯·21%壬菌铜	苹果轮纹病	3200～4800倍液,喷雾
		苹果炭疽病	3200～4800倍液,喷雾
		葡萄霜霉病	3200～4800倍液,喷雾
27	25%吡唑醚菌酯·10%氟环唑	玉米大斑病	157.5～210克/公顷,喷雾
		香蕉叶斑病	87.5～117毫克/千克,喷雾
		香蕉黑星病	160～240毫克/千克,喷雾
28	12.3%吡唑醚菌酯·4.7%氟环唑	小麦白粉病	110～160克/公顷,喷雾
		玉米大斑病	110～160克/公顷,喷雾
		大豆叶斑病	110～160克/公顷,喷雾
		花生褐斑病	110～160克/公顷,喷雾
29	26.7%吡唑醚菌酯·13.3%氟硅唑	梨黑星病	73～89毫克/千克,喷雾
30	25%吡唑醚菌酯·2%氨基寡糖素	葡萄霜霉病	90～135毫克/千克,喷雾
31	21.2%吡唑醚菌酯·21.2%氟唑菌酰胺	番茄灰霉病	175～225克/公顷,喷雾
32	15%吡唑醚菌酯·15%噁唑菌酮	葡萄霜霉病	85～100毫克/千克,喷雾
		菊花霜霉病	100～120毫克/千克,喷雾
33	15%吡唑醚菌酯·30%霜脲氰	葡萄霜霉病	112.5～150毫克/千克,喷雾
34	15%吡唑醚菌酯·25%丙环唑	苹果褐斑病	100～133毫克/千克,喷雾

续表

序号	杀菌剂(混剂)	防治对象	有效成分用药量和使用方法
35	15%吡唑醚菌酯·5%四氟醚唑	玫瑰白粉病	10～15 毫升/亩,喷雾
		黄瓜白粉病	10～15 毫升/亩,喷雾
36	10%吡唑醚菌酯·50%克菌丹	苹果褐斑病	240～300 毫克/千克,喷雾
37	10%吡唑醚菌酯·30%咪鲜胺	苹果炭疽病	142～200 毫克/千克,喷雾
38	7.4%吡唑醚菌酯·59.6%丙森锌	黄瓜霜霉病	1105.5～1407 克/公顷,喷雾
39	15%吡唑醚菌酯·35%噻唑锌	香蕉叶斑病	1600～2000 倍液,喷雾
40	7%吡唑醚菌酯·5%己唑醇	黄瓜白粉病	63～117 克/公顷,喷雾
41	4%吡唑醚菌酯·20%双胍三辛烷基苯磺酸盐	葡萄白粉病	120～240 毫克/千克,喷雾
		葡萄灰霉病	120～240 毫克/千克,喷雾
42	3%吡唑醚菌酯·12%松脂酸铜	黄瓜霜霉病	30～40 毫升/亩,喷雾

(4)肟菌酯及其混剂的防治谱

肟菌酯单剂可用于防治水稻纹枯病、马铃薯晚疫病、辣椒炭疽病、香蕉叶斑病和苹果褐斑病。

肟菌酯与戊唑醇混配,可用于防治水稻纹枯病、稻曲病、草坪币斑病和草坪褐斑病(表 3-13)。

表 3-13　肟菌酯及其混剂的防治对象、有效成分用药量和使用方法

序号	杀菌剂(混剂)	防治对象	有效成分用药量和使用方法
1	肟菌酯	水稻纹枯病	112.5～168.75 克/公顷,喷雾
		马铃薯晚疫病	112.5～168.75 克/公顷,喷雾
		辣椒炭疽病	112.5～168.75 克/公顷,喷雾
		香蕉叶斑病	67～80 毫克/千克,喷雾
		苹果褐斑病	61.5～72.7 毫克/千克,喷雾
2	16%肟菌酯·32%戊唑醇	水稻纹枯病	144～180 克/公顷,喷雾
		稻曲病	144～180 克/公顷,喷雾
3	9%肟菌酯·18%戊唑醇	草坪币斑病	540～1080 克/公顷,喷雾
		草坪褐斑病	540～1080 克/公顷,喷雾
4	20%肟菌酯·20%苯醚甲环唑	香蕉叶斑病	114～133 毫克/千克,喷雾
		西瓜炭疽病	120～180 克/公顷,喷雾
5	15%肟菌酯·25%苯醚甲环唑	苹果褐斑病	80～100 毫克/千克,喷雾
6	17.5%肟菌酯·52.5%二氰蒽醌	苹果轮纹病	200～233.3 毫克/千克,喷雾
7	10%肟菌酯·60%代森联	苹果褐斑病	350～467 毫克/千克,喷雾
8	15%肟菌酯·35%喹啉铜	苹果褐斑病	5000～7000 倍液,喷雾
9	10%肟菌酯·10%四氟醚唑	草莓白粉病	5～10 毫升/亩,喷雾

续表

序号	杀菌剂(混剂)	防治对象	有效成分用药量和使用方法
10	1.4%肟菌酯·23.6%异菌脲	草坪褐斑病	2450～4900克/公顷,喷雾
		草坪枯萎病	3063～6250克/公顷,喷雾
		草坪叶斑病	2450～4900克/公顷,喷雾

(5)噁唑菌酮及其混剂的防治谱

噁唑菌酮单剂可用于防治马铃薯晚疫病和黄瓜霜霉病。

噁唑菌酮与霜脲氰混配,可用于防治马铃薯晚疫病、马铃薯早疫病、黄瓜霜霉病、番茄早疫病、番茄晚疫病和辣椒疫病。噁唑菌酮与氟噻唑吡乙酮混配,可用于防治马铃薯晚疫病、马铃薯早疫病、黄瓜霜霉病、番茄晚疫病、番茄早疫病、辣椒疫病和葡萄霜霉病。噁唑菌酮与代森锰锌混配,可用于防治番茄早疫病、白菜黑斑病、苹果轮纹病、苹果斑点落叶病、葡萄霜霉病、柑橘疮痂病和西瓜炭疽病(表3-14)。

表3-14 噁唑菌酮及其混剂的防治对象、有效成分用药量和使用方法

序号	杀菌剂(混剂)	防治对象	有效成分用药量和使用方法
1	噁唑菌酮	马铃薯晚疫病	10～15克/亩,喷雾
		黄瓜霜霉病	10～20克/亩,喷雾
2	22.5%噁唑菌酮·30%霜脲氰	马铃薯晚疫病	157.5～315克/公顷,喷雾
		马铃薯早疫病	236～315克/公顷,喷雾
		番茄早疫病	236～315克/公顷,喷雾
		番茄晚疫病	157.5～315克/公顷,喷雾
		黄瓜霜霉病	157.5～315克/公顷,喷雾
		辣椒疫病	256～354克/公顷,喷雾
3	20%噁唑菌酮·20%烯酰吗啉	马铃薯晚疫病	10～20克/亩,喷雾
4	15%噁唑菌酮·15%氟硅唑	苹果轮纹病	75～100毫克/千克,喷雾
5	10%噁唑菌酮·10.67%氟硅唑	苹果轮纹病	68～103毫克/千克,喷雾
		香蕉叶斑病	138～207毫克/千克,喷雾
		枣锈病	82～103毫克/千克,喷雾
6	40%噁唑菌酮·24%氰霜唑	菊花霜霉病	85～98毫克/千克,喷雾
		葡萄霜霉病	85～98毫克/千克,喷雾
7	28.2%噁唑菌酮·2.8%氟噻唑吡乙酮	番茄晚疫病	27～33毫升/亩,喷雾
		番茄早疫病	27～33毫升/亩,喷雾
		黄瓜霜霉病	27～33毫升/亩,喷雾
		辣椒疫病	33～44毫升/亩,喷雾
		马铃薯晚疫病	27～33毫升/亩,喷雾
		马铃薯早疫病	27～33毫升/亩,喷雾
		葡萄霜霉病	1500～2000倍液,喷雾

续表

序号	杀菌剂(混剂)	防治对象	有效成分用药量和使用方法
8	6.25%噁唑菌酮·62.5%代森锰锌	白菜黑斑病	464～773克/公顷,喷雾
		番茄早疫病	773～966克/公顷,喷雾
		柑橘疮痂病	458～687毫克/千克,喷雾
		苹果斑点落叶病	1000～1500倍液,喷雾
		苹果轮纹病	1000～1500倍液,喷雾
		葡萄霜霉病	800～1200倍液,喷雾
		西瓜炭疽病	464～580克/公顷,喷雾

(6)烯肟菌胺混剂的防治谱

烯肟菌胺一般不单独使用;与戊唑醇混配使用,可防治稻瘟病、稻曲病、水稻纹枯病、小麦锈病、花生叶斑病和黄瓜白粉病(表3-15)。

表3-15 烯肟菌胺混剂的防治对象、有效成分用药量和使用方法

序号	杀菌剂(混剂)	防治对象	有效成分用药量和使用方法
1	10%烯肟菌胺·10%戊唑醇	水稻纹枯病	30～50毫升/亩,喷雾
		花生叶斑病	30～40毫升/亩,喷雾
		黄瓜白粉病	33～50毫升/亩,喷雾
		稻曲病	40～53毫升/亩,喷雾
		稻瘟病	50～67毫升/亩,喷雾
		小麦锈病	13～20毫升/亩,喷雾
2	6%烯肟菌胺·18%戊唑醇	水稻纹枯病	35～50毫升/亩,喷雾
3	2.5%烯肟菌胺·22.5%三环唑	稻瘟病	60～90克/亩,喷雾
4	9%烯肟菌胺·27%氟环唑	香蕉叶斑病	240～360毫克/千克,喷雾
5	8%烯肟菌胺·16%苯醚甲环唑	西瓜蔓枯病	30～40毫升/亩,喷雾

(7)其他细胞色素 bc_1 Qo位泛醌醇氧化酶抑制剂及其混剂的防治谱

其他细胞色素 bc_1 Qo位泛醌醇氧化酶抑制剂如啶氧菌酯、烯肟菌酯、丁香菌酯、氯啶菌酯和氟嘧菌酯的防治对象、有效成分用药量和使用方法见表3-16。

表3-16 其他细胞色素 bc_1 Qo位泛醌醇氧化酶抑制剂及其混剂的防治对象、有效成分用药量和使用方法

序号	杀菌剂(混剂)	防治对象	有效成分用药量和使用方法
1	啶氧菌酯	香蕉黑星病	143～167毫克/千克,喷雾
		香蕉叶斑病	143～167毫克/千克,喷雾
		枣锈病	143～167毫克/千克,喷雾

续表

序号	杀菌剂(混剂)	防治对象	有效成分用药量和使用方法
2	7%啶氧菌酯·12%丙环唑	花生褐斑病	200～250 克/公顷,喷雾
		花生锈病	200～250 克/公顷,喷雾
		小麦锈病	150～200 克/公顷,喷雾
3	烯肟菌酯	黄瓜霜霉病	100～200 克/公顷,喷雾
4	12.5%烯肟菌酯·12.5%霜脲氰	葡萄霜霉病	100～200 克/公顷,喷雾
5	12%烯肟菌酯·6%氟环唑	苹果斑点落叶病	100～200 毫克/千克,喷雾
6	5%唑菌酯·20%氟吗啉	黄瓜霜霉病	27～53 毫升/亩,喷雾
7	丁香菌酯	苹果树腐烂病	650～1000 倍液,涂抹
8	10%丁香菌酯·30%戊唑醇	苹果褐斑病	148～200 毫克/千克,喷雾
9	氯啶菌酯	小麦白粉病	15～25 毫升/亩,喷雾
10	18%氟嘧菌酯·25%戊唑醇	黄瓜白粉病	20～30 毫升/亩,喷雾
11	4.6%氟嘧菌酯·46.4%百菌清	黄瓜霜霉病	990～1320 克/公顷,喷雾
		番茄晚疫病	990～1320 克/公顷,喷雾

3.3 细胞色素 bc_1 Qi 位质体醌还原酶抑制剂

3.3.1 作用机制

细胞色素 bc_1 Qi 位质体醌还原酶抑制剂的作用机制为阻断卵菌纲病菌体内线粒体细胞色素 bc_1 复合体的电子传递,干扰能量的供应。由于此类抑制剂的结合部位为酶的 Qi 位点,故又称为 QiI(Quinone Inside Inhibitors)类杀菌剂。

3.3.2 主要种类

细胞色素 bc_1 Qi 位质体醌还原酶抑制剂主要有氰霜唑(表 3-17)。

表 3-17 细胞色素 bc_1 Qi 位质体醌还原酶抑制剂的主要种类

通用名	化学名称	结构式
氰霜唑	4-氯-1-(二甲基氨基磺酰基)-5-(对甲苯基)咪唑-2-甲腈	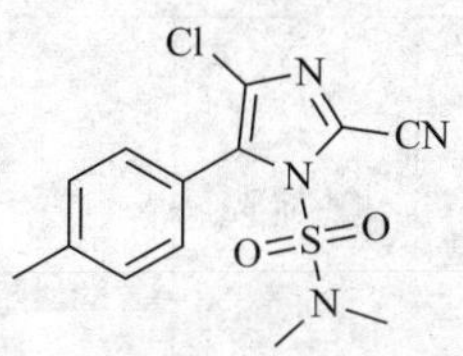

3.3.3 防治谱

氰霜唑单剂可用于防治马铃薯晚疫病、黄瓜霜霉病、番茄晚疫病、葡萄霜霉病、西瓜疫病和荔枝霜疫霉病。

氰霜唑与百菌清、霜脲氰混配使用,可防治卵菌病害(表 3-18)。

表 3-18 氰霜唑及其混剂的防治对象、有效成分用药量和使用方法

序号	杀菌剂(混剂)	防治对象	有效成分用药量和使用方法
1	氰霜唑	马铃薯晚疫病	48～60 克/公顷,喷雾
		黄瓜霜霉病	75～120 克/公顷,喷雾
		番茄晚疫病	80～105 克/公顷,喷雾
		荔枝霜疫霉病	40～50 毫克/千克,喷雾
		葡萄霜霉病	40～50 毫克/千克,喷雾
		西瓜疫病	80～100 克/公顷,喷雾
2	6.5%氰霜唑·32.5%百菌清	番茄晚疫病	432～540 克/公顷,喷雾
		黄瓜霜霉病	432～540 克/公顷,喷雾
3	3.2%氰霜唑·39.8%百菌清	黄瓜霜霉病	453.6～842.4 克/公顷,喷雾
4	10%氰霜唑·30%霜脲氰	黄瓜霜霉病	150～180 克/亩,喷雾

3.4 氧化磷酸化解偶联剂

3.4.1 作用机制

氧化磷酸化解偶联剂通过作用于线粒体内呼吸链尾端的 ATP 合成酶的多个特异性位点,在呼吸链的尾端解除氧化与磷酸化的关联,最大程度消耗电子传递积累的电化学势能,从而达到抑菌的效果。

3.4.2 主要种类

氧化磷酸化解偶联剂类杀菌剂主要有氟啶胺和硝苯菌酯等(表 3-19)。

表 3-19 氧化磷酸化解偶联剂的主要种类

序号	通用名	化学名称	结构式
1	氟啶胺	*N*-[3-氯-5-(三氟甲基)-2-吡啶基]-3-氯-4-(三氟甲基)-2,6-二硝基苯胺	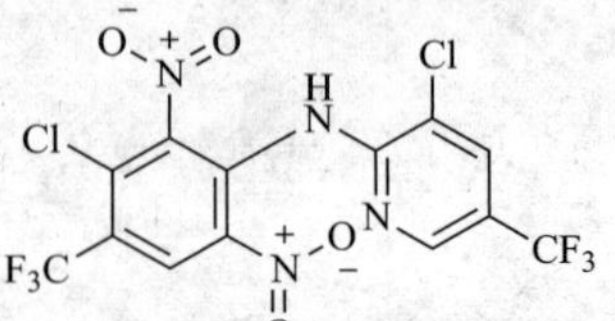

续表

序号	通用名	化学名称	结构式
2	硝苯菌酯	2,4-二硝基-6-(1-甲基庚基)苯巴豆酸酯	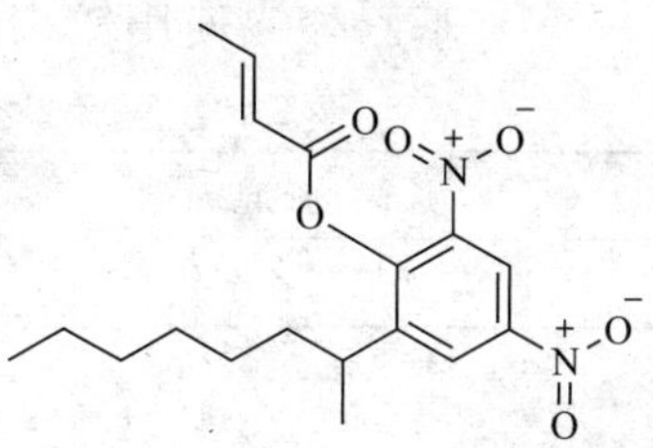

3.4.3　防治谱

氟啶胺可用于防治马铃薯晚疫病、马铃薯早疫病、白菜根肿病、辣椒炭疽病和辣椒疫病，也可与霜脲氰、异菌脲、霜霉威盐酸盐等混配使用。

硝苯菌酯可用于防治黄瓜白粉病(表 3-20)。

表 3-20　氟啶胺、硝苯菌酯及其混剂的防治对象、有效成分用药量和使用方法

序号	杀菌剂(混剂)	防治对象	有效成分用药量和使用方法
1	氟啶胺	马铃薯晚疫病	200～250 克/公顷，喷雾
		马铃薯早疫病	187.5～262.5 克/公顷，喷雾
		白菜根肿病	2000～2500 克/公顷，喷雾
		辣椒炭疽病	187.5～262.5 克/公顷，喷雾
		辣椒疫病	187.5～250 克/公顷，喷雾
2	30%氟啶胺·20%霜脲氰	番茄晚疫病	300～375 克/公顷，喷雾
3	20%氟啶胺·20%异菌脲	油菜菌核病	240～300 克/公顷，喷雾
4	8%氟啶胺·40%霜霉威盐酸盐	马铃薯晚疫病	432～576 克/公顷，喷雾
5	硝苯菌酯	黄瓜白粉病	28～40 毫升/亩，喷雾

3.5　ATP 合成酶抑制剂

3.5.1　作用机制

ATP 合成酶广泛分布于线粒体内膜，可参与氧化磷酸化，在跨膜质子动力势的推动下合成 ATP。ATP 合成酶受抑制后可引起菌体死亡。

3.5.2　主要种类

ATP 合成酶抑制剂主要有三苯基乙酸锡。

3.5.3 防治谱

三苯基乙酸锡使用较少，可用于防治甜菜褐斑病（表 3-21）。

表 3-21 三苯基乙酸锡的防治对象、有效成分用药量和使用方法

杀菌剂（混剂）	防治对象	有效成分用药量和使用方法
三苯基乙酸锡	甜菜褐斑病	405～452.25 克/公顷，喷雾

3.6 ATP 合成抑制剂

3.6.1 作用机制

ATP 合成抑制剂以硅噻菌胺为代表，能够抑制 ATP 从线粒体向细胞溶质的传递。

3.6.2 主要种类

ATP 合成抑制剂主要有硅噻菌胺（表 3-22）。

表 3-22 ATP 合成抑制剂的主要种类

通用名	化学名称	结构式
硅噻菌胺	*N*-烯丙基-4，5-二甲基-2-三甲基硅噻吩-3-甲酰胺	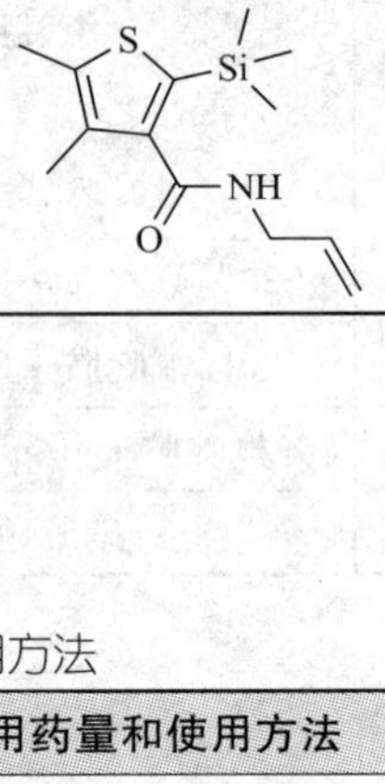

3.6.3 防治谱

硅噻菌胺可用于拌种，防治小麦全蚀病（表 3-23）。

表 3-23 硅噻菌胺的防治对象、有效成分用药量和使用方法

杀菌剂（混剂）	防治对象	有效成分用药量和使用方法
硅噻菌胺	小麦全蚀病	167～333 毫升/100 千克种子，拌种

3.7 细胞色素 bc_1 Qx 位泛醌还原酶抑制剂

3.7.1 作用机制

细胞色素 bc_1 Qx 位泛醌还原酶抑制剂可通过抑制真菌线粒体呼吸传递链复合物Ⅲ上的 bc_1 Qx 位泛醌还原酶，抑制真菌活性。

3.7.2　主要种类

细胞色素 bc_1 Qx 位泛醌还原酶抑制剂主要有唑嘧菌胺(表 3-24)。

表 3-24　细胞色素 bc_1 Qx 位泛醌还原酶抑制剂的主要种类

杀菌剂(混剂)	防治对象	有效成分用药量和使用方法
唑嘧菌胺	5-乙基-6-庚基[1,2,4]三唑[1,5]嘧啶-7-胺	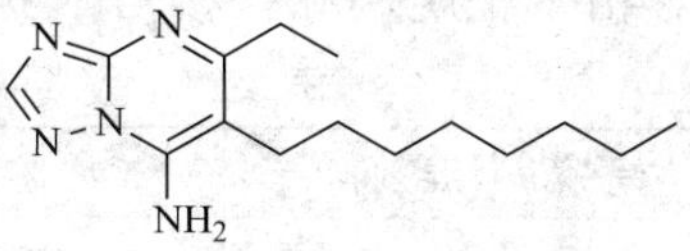

3.7.3　防治谱

唑嘧菌胺与烯酰吗啉混配,可用于防治马铃薯晚疫病、黄瓜霜霉病、番茄晚疫病、辣椒疫病和葡萄霜霉病(表 3-25)。

表 3-25　唑嘧菌胺混剂的防治对象、有效成分用药量和使用方法

杀菌剂(混剂)	防治对象	有效成分用药量和使用方法
27%唑嘧菌胺·20%烯酰吗啉	马铃薯晚疫病	315～472.5 克/公顷,喷雾
	番茄晚疫病	315～472.5 克/公顷,喷雾
	黄瓜霜霉病	283.8～425.7 克/公顷,喷雾
	辣椒疫病	472.5～630 克/公顷,喷雾
	葡萄霜霉病	262.5～525 毫克/千克,喷雾

3.8　复合物Ⅰ抑制剂

3.8.1　作用机制

复合物Ⅰ抑制剂可通过抑制 NADH 脱氢酶的活性和线粒体电子传递,发挥抑菌效果。

3.8.2　主要种类

复合物Ⅰ抑制剂主要有敌磺钠(表 3-26)。

表 3-26　复合物Ⅰ抑制剂的主要种类

通用名	化学名称	结构式
敌磺钠	对二甲氨基苯重氮磺酸钠	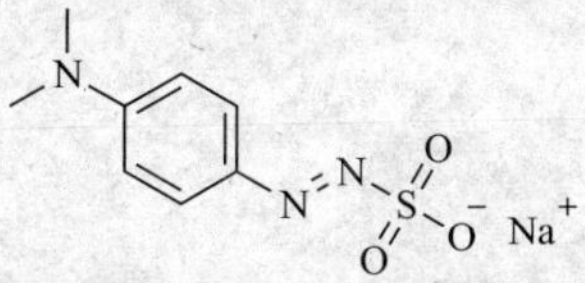

3.8.3 防治谱

敌磺钠单剂可用于防治水稻立枯病、棉花立枯病、马铃薯环腐病、黄瓜枯萎病、黄瓜立枯病、甜菜根腐病、甜菜立枯病、西瓜枯萎病、西瓜立枯病、烟草黑胫病、松杉苗木根腐病和松杉苗木立枯病(表 3-27)。

表 3-27 敌磺钠的防治对象、有效成分用药量和使用方法

杀菌剂(混剂)	防治对象	有效成分用药量和使用方法
敌磺钠	黄瓜枯萎病	250～500 克/亩,泼浇、喷雾
	黄瓜立枯病	250～500 克/亩,泼浇、喷雾
	马铃薯环腐病	1:333(药种比),拌种
	棉花立枯病	1:333(药种比),拌种
	水稻立枯病	1250 克/亩,泼浇、喷雾
	松杉苗木根腐病	1:(200～500)(药种比),拌种
	松杉苗木立枯病	1:(200～500)(药种比),拌种
	甜菜根腐病	1:(92～147)(药种比),拌种
	甜菜立枯病	1:(92～147)(药种比),拌种
	西瓜枯萎病	250～500 克/亩,泼浇、喷雾
	西瓜立枯病	250～500 克/亩,泼浇、喷雾
	烟草黑胫病	285 克/亩,泼浇、喷雾

第 4 章　氨基酸和蛋白质合成抑制剂

4.1　甲硫氨酸生物合成抑制剂

4.1.1　作用机制

甲硫氨酸又称蛋氨酸，不仅是生物体中蛋白质的基本单元，而且是必需氨基酸中唯一的含硫氨基酸，与生物体中各种含硫化合物的代谢密切相关。若甲硫氨酸的生物合成受抑制，可导致菌体的死亡。

4.1.2　主要种类

甲硫氨酸生物合成抑制剂主要有嘧霉胺和嘧菌环胺(表 4-1)。

表 4-1　甲硫氨酸生物合成抑制剂的主要种类

序号	通用名	化学名称	结构式
1	嘧霉胺	*N*-(4,6-二甲基嘧啶-2-基)苯胺	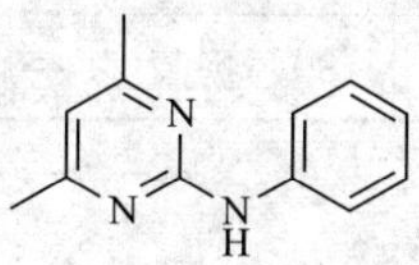
2	嘧菌环胺	4-环丙基-6-甲基-*N*-苯基嘧啶-2-胺	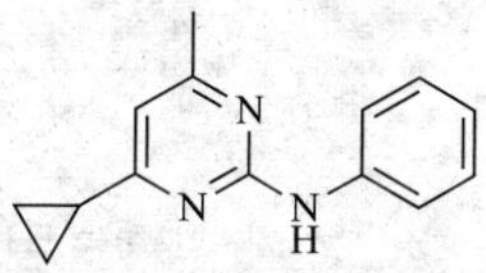

4.1.3　防治谱

(1)嘧霉胺及其混剂的防治谱

嘧霉胺单剂可用于防治黄瓜灰霉病、番茄灰霉病、葡萄灰霉病和草莓灰霉病。嘧霉胺与百菌清、异菌脲等混配，可用于防治植物灰霉病(表 4-2)。

表 4-2　嘧霉胺及其混剂的防治对象、有效成分用药量和使用方法

序号	杀菌剂(混剂)	防治对象	有效成分用药量和使用方法
1	嘧霉胺	黄瓜灰霉病	270～360 克/公顷，喷雾
		番茄灰霉病	360～540 克/公顷，喷雾
		葡萄灰霉病	450～562.5 克/公顷，喷雾
		草莓灰霉病	375～562.5 克/公顷，喷雾

续表

序号	杀菌剂(混剂)	防治对象	有效成分用药量和使用方法
2	15%嘧霉胺·25%百菌清	番茄灰霉病	1800～2100 克/公顷,喷雾
3	13%嘧霉胺·27%百菌清	番茄灰霉病	600～800 克/公顷,喷雾
4	22%嘧霉胺·3%中生菌素	黄瓜灰霉病	375～450 克/公顷,喷雾
5	15%嘧霉胺·25%异菌脲	葡萄灰霉病	400～533 毫克/千克,喷雾
		菊花灰霉病	360～540 克/公顷,喷雾
6	15%嘧霉胺·15%福美双	番茄灰霉病	315～900 克/公顷,喷雾
		黄瓜灰霉病	315～900 克/公顷,喷雾
7	5%嘧霉胺·20%氨基寡糖素	番茄灰霉病	375～563 克/公顷,喷雾

(2)嘧菌环胺及其混剂的防治谱

嘧菌环胺及其混剂可用于防治葡萄灰霉病和百合灰霉病(表 4-3)。

表 4-3 嘧菌环胺及其混剂的防治对象、有效成分用药量和使用方法

序号	杀菌剂(混剂)	防治对象	有效成分用药量和使用方法
1	嘧菌环胺	葡萄灰霉病	500～800 毫克/千克,喷雾
2	37%嘧菌环胺·25%咯菌腈	百合灰霉病	186～558 克/公顷,喷雾
3	30%嘧菌环胺·20%异菌脲	百合灰霉病	168～225 克/公顷,喷雾

4.2 蛋白质合成抑制剂

4.2.1 作用机制

蛋白质的生物合成包括氨基酸的活化和转移、mRNA 装配、密码子识别、肽键形成、移位、肽链延伸、终止及释放。杀菌剂几乎可作用于蛋白质生物合成的每一步。蛋白质合成抑制剂类杀菌剂主要有农用抗生素类,如春雷霉素、链霉素、土霉素和氯霉素等。

4.2.2 主要种类

我国目前使用较多的蛋白质合成抑制剂为春雷霉素(表 4-4)。

表 4-4　蛋白质合成抑制剂的主要种类

通用名	化学名称	结构式
春雷霉素	[5-氨基-2-甲基-6-(2,3,4,5,6-五羧基环己基氧代)四氢吡喃-3-基]氨基-α-亚氨乙酸	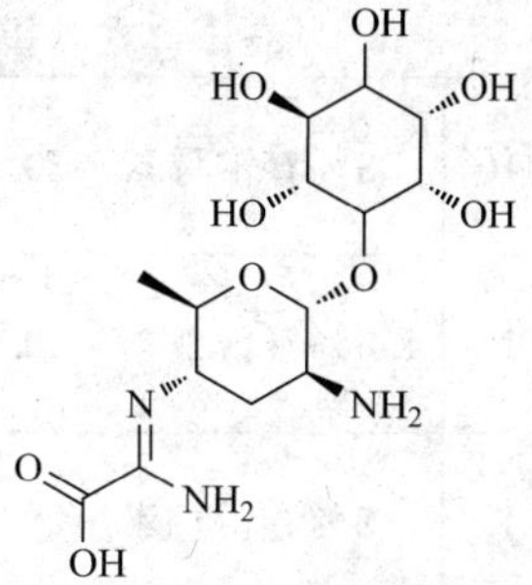

4.2.3　防治谱

春雷霉素单剂可用于防治稻瘟病、柑橘溃疡病、黄瓜枯萎病、烟草野火病、番茄叶霉病和黄瓜细菌性角斑病。

春雷霉素与稻瘟灵、三环唑、戊唑醇等混配，可用于防治稻瘟病。春雷霉素与王铜混配，可用于防治黄瓜霜霉病、番茄叶霉病、黄瓜细菌性角斑病、柑橘溃疡病、菊花软腐病和荔枝霜疫霉病(表 4-5)。

表 4-5　春雷霉素及其混剂的防治对象、有效成分用药量和使用方法

序号	杀菌剂(混剂)	防治对象	有效成分用药量和使用方法
1	春雷霉素	稻瘟病	30～37.5 克/公顷，喷雾
		柑橘溃疡病	66.7 毫克/千克，喷雾
		黄瓜枯萎病	200～400 毫克/千克，灌根
		烟草野火病	37.5～50 克/公顷，喷雾
		番茄叶霉病	42～52.5 克/公顷，喷雾
		黄瓜细菌性角斑病	42～52.5 克/公顷，喷雾
2	20%春雷霉素·30%稻瘟灵	稻瘟病	240～384 克/公顷，喷雾
3	20%春雷霉素·2%三环唑	稻瘟病	165～198 克/公顷，喷雾
4	5%春雷霉素·15%戊唑醇	稻瘟病	90～120 克/公顷，喷雾
5	5%春雷霉素·35%噻唑锌	稻瘟病	240～300 克/公顷，喷雾
6	2%春雷霉素·2%中生菌素	黄瓜细菌性角斑病	45～60 克/公顷，喷雾
7	2.5%春雷霉素·12.5%已唑醇	水稻纹枯病	90～112.5 克/公顷，喷雾
8	2%春雷霉素·45%王铜	番茄叶霉病	661.5～877.5 克/公顷，喷雾
		黄瓜霜霉病	500～750 克/公顷，喷雾
		柑橘溃疡病	625～1000 毫克/千克，喷雾
		荔枝霜疫霉病	587.5～783.3 毫克/千克，喷雾
		菊花软腐病	350～450 克/公顷，喷雾

续表

序号	杀菌剂(混剂)	防治对象	有效成分用药量和使用方法
9	5%春雷霉素·45%王铜	黄瓜细菌性角斑病	30～40 克/亩,喷雾
10	3%春雷霉素·30%喹啉铜	咖啡细菌性叶斑病	100～150 克/公顷,喷雾
		黄瓜细菌性角斑病	10～15 毫升/亩,喷雾
11	4.5%春雷霉素·40.5%喹啉铜	柑橘溃疡病	150～180 克/公顷,喷雾
		西瓜细菌性角斑病	15～25 毫升/亩,喷雾
12	2%春雷霉素·28%壬菌铜	菊花细菌性角斑病	30～40 毫升/亩,喷雾
		黄瓜细菌性角斑病	30～40 毫升/亩,喷雾
13	2%春雷霉素·8%咪鲜胺锰盐	烟草赤星病	105～120 克/公顷,喷雾
14	0.5%春雷霉素·50%硫磺	稻瘟病	1060.5～1212 克/公顷,喷雾

第 5 章　信号转换抑制剂

5.1　作用机制

信号转换抑制剂，如磷酸单戊酯蛋白/组氨酸抑制剂，主要通过影响与渗透压调节信号相关的组氨酸激酶的活性而起到抑菌的目的。此类抑制剂可抑制蛋白激酶的活性，使之无法正常对底物进行磷酸化作用，进而激活下游 HOG-MAPK 信号通路，使甘油合成失控，细胞内渗透压加大，最终导致细胞肿胀、死亡。

5.2　主要种类

信号转换抑制剂主要有咯菌腈、腐霉利、异菌脲和菌核净等(表 5-1)

表 5-1　信号转换抑制剂的主要种类

序号	通用名	化学名称	结构式
1	咯菌腈	4-(2,2-二氟-1,3-苯并二氧-4-基)吡咯-3-腈	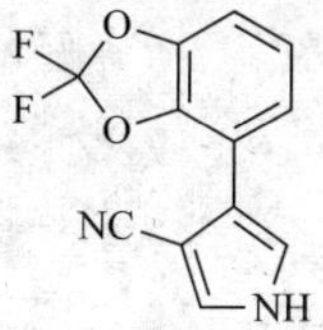
2	腐霉利	*N*-(3,5-二氯苯基)-1,2-二甲基环丙烷-1,2-二甲酰基亚胺	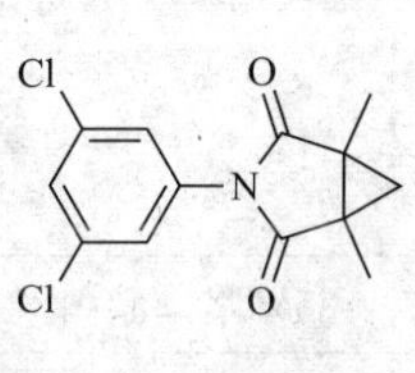
3	异菌脲	3-(3,5-二氯苯基)-1-异丙基氨基甲酰基乙内酰脲	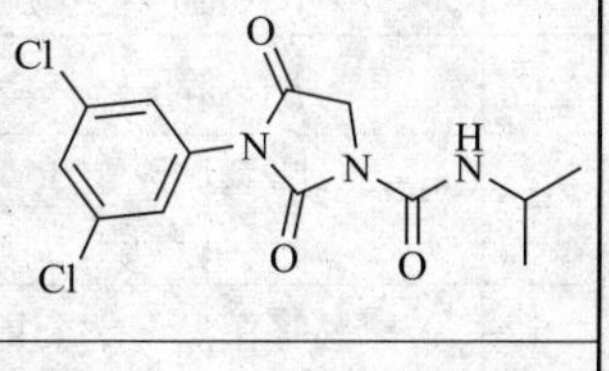
4	菌核净	*N*-(3,5-二氯苯基)丁二酰亚胺	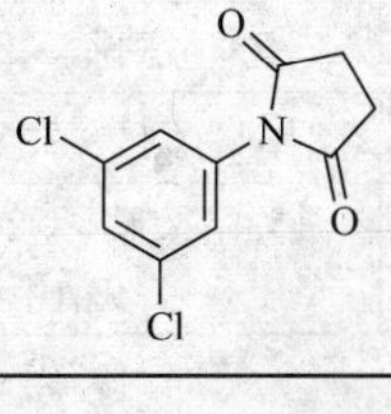

5.3 防治谱

5.3.1 咯菌腈及其混剂的防治谱

咯菌腈单剂可用于防治水稻恶苗病、小麦根腐病、小麦腥黑穗病、玉米茎基腐病、棉花立枯病、马铃薯黑痣病、大豆根腐病、花生根腐病、向日葵菌核病、西瓜枯萎病、草坪褐斑病、人参立枯病和菊花灰霉病。

咯菌腈与嘧菌环胺、氟唑环菌胺、戊唑醇、咪鲜胺和苯醚甲环唑等混配，可用于拌种或包衣，防治土传病害(表 5-2)。

表 5-2 咯菌腈及其混剂的防治对象、有效成分用药量和使用方法

序号	杀菌剂(混剂)	防治对象	有效成分用药量和使用方法
1	咯菌腈	水稻恶苗病	15～25 克/100 千克种子，拌种
		小麦根腐病	3.75～5 克/100 千克种子，种子包衣
		小麦腥黑穗病	2.5～5 克/100 千克种子，种子包衣
		玉米茎基腐病	2.5～5 克/100 千克种子，种子包衣
		棉花立枯病	15～25 克/100 千克种子，拌种
		马铃薯黑痣病	2.5～5 克/100 千克种子，种子包衣
		大豆根腐病	15～20 克/100 千克种子，种子包衣
		花生根腐病	15～20 克/100 千克种子，种子包衣
		向日葵菌核病	15～20 克/100 千克种子，种子包衣
		西瓜枯萎病	10～15 克/100 千克种子，种子包衣
		草坪褐斑病	125～375 克/公顷，喷雾
		人参立枯病	5～10 克/100 千克种子，种子包衣
		菊花灰霉病	83.3～125 毫克/千克，喷雾
2	25%咯菌腈·37%嘧菌环胺	百合灰霉病	186～558 克/公顷，喷雾
3	2.5%咯菌腈·22.5%噻虫嗪	小麦全蚀病	100～150 克/100 千克种子，种子包衣
4	2%咯菌腈·20%噻虫嗪	水稻恶苗病	120～220 克/100 千克种子，种子包衣
5	4.45%咯菌腈·3.55%氟唑环菌胺	马铃薯黑痣病	2.7～6.3 克/100 千克种薯，种薯拌种
6	4%咯菌腈·6%戊唑醇	小麦散黑穗病	3～5 克/100 千克种子，种子包衣
7	2.5%咯菌腈·2.5%咪鲜胺	水稻恶苗病	10～15 克/100 千克种子，种子包衣
8	2.4%咯菌腈·2.4%苯醚甲环唑	小麦散黑穗病	5～15 克/100 千克种子，种子包衣
9	1%咯菌腈·22%噻虫嗪·2%精甲霜灵	花生根腐病	150～250 克/100 千克种子，种子包衣

续表

序号	杀菌剂(混剂)	防治对象	有效成分用药量和使用方法
10	2.2%咯菌腈·2.2%苯醚甲环唑·22.4%噻虫嗪	小麦全蚀病	160～240 克/100 千克种子,种子包衣
		小麦散黑穗病	54～162 克/100 千克种子,种子包衣
11	1%咯菌腈·1%苯醚甲环唑·20%噻虫嗪	花生根腐病	110～145.2 克/100 千克种子,种子包衣
12	2.2%咯菌腈·6.6%氟唑环菌胺·2.2%苯醚甲环唑	小麦散黑穗病	10～20 克/100 千克种子,拌种
13	1%咯菌腈·20%吡虫啉·2%苯醚甲环唑	小麦全蚀病	138～184 克/100 千克种子,种子包衣
		小麦纹枯病	138～184 克/100 千克种子,种子包衣

5.3.2　异菌脲及其混剂的防治谱

异菌脲单剂可用于防治油菜菌核病、番茄灰霉病、番茄早疫病、辣椒立枯病、苹果斑点落叶病、苹果褐斑病、苹果轮斑病、葡萄灰霉病、香蕉冠腐病、香蕉轴腐病、烟草赤星病和人参黑斑病。

异菌脲与戊唑醇混配,可用于防治苹果斑点落叶病。异菌脲与嘧霉胺混配,可用于防治不同植物的灰霉病(表 5-3)。

表 5-3　异菌脲及其混剂的防治对象、有效成分用药量和使用方法

序号	杀菌剂(混剂)	防治对象	有效成分用药量和使用方法
1	异菌脲	油菜菌核病	600～750 克/公顷,喷雾
		番茄灰霉病	562.5～750 克/公顷,喷雾
		番茄早疫病	562.5 克/公顷,喷雾
		辣椒立枯病	1～2 克/平方米,泼浇
		苹果褐斑病	333.3～500 毫克/千克,喷雾
		苹果轮斑病	333.3～500 毫克/千克,喷雾
		香蕉冠腐病	1500 毫克/千克,浸果
		葡萄灰霉病	450～600 克/公顷,喷雾
		香蕉轴腐病	1500 毫克/千克,浸果
		苹果斑点落叶病	225～400 克/公顷,喷雾
		烟草赤星病	750～937.5 克/公顷,喷雾
		人参黑斑病	975～1275 克/公顷,喷雾
2	20%异菌脲·10%戊唑醇	苹果斑点落叶病	50～60 毫克/千克,喷雾
3	20%异菌脲·5%戊唑醇	苹果斑点落叶病	62.5～83.3 毫克/千克,喷雾
4	15%异菌脲·10%戊唑醇	苹果斑点落叶病	125～250 毫克/千克,喷雾
5	12%异菌脲·8%戊唑醇	苹果斑点落叶病	100～200 毫克/千克,喷雾

续表

序号	杀菌剂(混剂)	防治对象	有效成分用药量和使用方法
6	40%异菌脲·40%嘧霉胺	番茄灰霉病	360～540 克/公顷,喷雾
7	30%异菌脲·30%嘧霉胺	菊花灰霉病	360～540 克/公顷,喷雾
8	20%异菌脲·20%嘧霉胺	葡萄灰霉病	200～400 毫克/千克,喷雾
9	16%异菌脲·16%咪鲜胺	香蕉冠腐病	320～400 毫克/千克,浸果
10	10%异菌脲·10%咪鲜胺	香蕉冠腐病	333～400 毫克/千克,浸果
11	8%异菌脲·8%咪鲜胺	香蕉冠腐病	266.7～533 毫克/千克,浸果
		香蕉叶斑病	200～266.7 毫克/千克,喷雾
12	15%异菌脲·25%腐霉利	番茄灰霉病	240～480 克/公顷,喷雾
13	10%异菌脲·25%腐霉利	番茄灰霉病	315～525 克/公顷,喷雾
14	10%异菌脲·20%腐霉利	番茄灰霉病	405～495 千克/公顷,喷雾
15	20%异菌脲·40%甲基硫菌灵	黄瓜炭疽病	360～540 克/公顷,喷雾
16	8%异菌脲·22%甲基硫菌灵	苹果轮纹病	500～750 毫克,喷雾
17	10%异菌脲·40%福美双	番茄灰霉病	705～937.5 克/公顷,喷雾
18	8%异菌脲·42%福美双	番茄灰霉病	700～900 克/公顷,喷雾
		黄瓜灰霉病	600～1200 克/公顷,喷雾
		苹果斑点落叶病	500～750 克/公顷,喷雾
19	6%异菌脲·9%百菌清	番茄灰霉病	562.5～675 克/公顷,点燃放烟
20	5%异菌脲·15%百菌清	番茄灰霉病	450～750 克/公顷,喷雾
21	23.6%异菌脲·1.4%肟菌脂	草坪褐斑病	2450～4900 克/公顷,喷雾
		草坪枯萎病	3063～6250 克/公顷,喷雾
		草坪叶斑病	2450～4900 克/公顷,喷雾
22	30.1%异菌脲·12.9%啶酰菌胺	番茄灰霉病	450～750 克/公顷,喷雾
23	20%异菌脲·30%嘧菌环胺	观赏百合灰霉病	168～225 克/公顷,喷雾
24	20%异菌脲·20%烯酰吗啉	葡萄霜霉病	267～400 毫克/千克,喷雾
25	15%异菌脲·30%氟啶胺	番茄灰霉病	270～337.5 克/公顷,喷雾
26	12.5%异菌脲·37.5%代森锰锌	苹果斑点落叶病	625～833 毫克/千克,喷雾
27	10%异菌脲·70%丙森锌	苹果斑点落叶病	800～1000 毫克/千克,喷雾
28	5%异菌脲·15%多菌灵	苹果斑点落叶病	750～1125 克/公顷,喷雾
		苹果轮纹病	750～1125 克/公顷,喷雾
29	2%异菌脲·0.5%阿维菌素	黄瓜根结线虫病	1105～1312.5 克/公顷,沟施

5.3.3　腐霉利及其混剂的防治谱

腐霉利单剂可用于防治油菜菌核病、黄瓜灰霉病、番茄灰霉病、韭菜灰霉病和葡萄灰霉病。

腐霉利与百菌清、福美双混配，可用于防治不同植物的灰霉病(表 5-4)。

表 5-4　腐霉利及其混剂的防治对象、有效成分用药量和使用方法

序号	杀菌剂(混剂)	防治对象	有效成分用药量和使用方法
1	腐霉利	油菜菌核病	225～600 克/公顷，喷雾
		番茄灰霉病	300～1012.5/公顷，喷雾、点燃放烟
		黄瓜灰霉病	375～900 克/公顷，喷雾
		韭菜灰霉病	300～787.5 克/公顷，喷雾、点燃放烟
		葡萄灰霉病	250～500 毫克/千克、562.5～1125 克/公顷，喷雾
2	16.7%腐霉利·33.3%百菌清	番茄灰霉病	562.5～900 克/公顷，喷雾
3	10%腐霉利·10%百菌清	番茄灰霉病	600～900 克/公顷，点燃放烟
		黄瓜霜霉病	600～900 克/公顷，点燃放烟
4	5%腐霉利·20%百菌清	番茄灰霉病	750～937.5 克/公顷，点燃放烟
5	5%腐霉利·15%百菌清	黄瓜霜霉病	600～900 克/公顷，点燃放烟
6	5%腐霉利·5%百菌清	番茄灰霉病	450～600 克/公顷，点燃放烟
7	3%腐霉利·12%百菌清	番茄灰霉病	450～675 克/公顷，点燃放烟
8	10%腐霉利·15%福美双	番茄灰霉病	225～300 克/公顷，喷雾
9	10%腐霉利·40%福美双	番茄灰霉病	600～900 克/公顷，喷雾
10	5%腐霉利·20%福美双	番茄灰霉病	225～375 克/公顷，喷雾
11	35%腐霉利·5%戊唑醇	番茄灰霉病	252～336 克/公顷，喷雾
12	14%腐霉利·2%己唑醇	番茄灰霉病	160～200 毫克/千克，喷雾

5.3.4　菌核净及其混剂的防治谱

菌核净单剂可用于防治水稻纹枯病、油菜菌核病和烟草赤星病。

菌核净与福美双混配，可用于防治油菜菌核病和番茄灰霉病(表 5-5)。

表 5-5　菌核净及其混剂的防治对象、有效成分用药量和使用方法

序号	杀菌剂(混剂)	防治对象	有效成分用药量和使用方法
1	菌核净	水稻纹枯病	80～100 克/亩，喷雾
		烟草赤星病	70～125 克/亩，喷雾
		油菜菌核病	40～60 克/亩，喷雾

续表

序号	杀菌剂(混剂)	防治对象	有效成分用药量和使用方法
2	20%菌核净·25%王铜	烟草赤星病	40～60 克/亩,喷雾
3	35%菌核净·35%戊唑醇	稻曲病	12～15 克/亩,喷雾
		水稻纹枯病	12～15 克/亩,喷雾
4	8%菌核净·40%福美双	番茄灰霉病	32～75 克/亩,喷雾
5	10%菌核净·40%福美双	油菜菌核病	35～50 克/亩,喷雾

第 6 章　类脂类和膜合成抑制剂

6.1　磷脂生物合成甲基转移酶抑制剂

6.1.1　作用机制

磷脂生物合成甲基转移酶抑制剂可作用于磷脂的生物合成过程，通过抑制磷脂 *N*-甲基转移酶的活性，阻断磷脂的生物合成。在菌体内，以 *S*-腺苷甲硫氨酸为甲基供体，磷脂 *N*-甲基转移酶催化磷脂酰乙醇胺甲基转移反应，最终合成得到磷脂酰胆碱。

磷脂生物合成甲基转移酶抑制剂以有机磷杀菌剂为代表，其分子结构与磷脂酰乙醇胺相似，可以替代磷脂酰乙醇胺接受 *S*-腺苷甲硫氨酸提供的甲基，阻止其形成磷脂酰胆碱，进而破坏菌体生物膜的结构，抑制菌体的生长。

6.1.2　主要种类

磷脂生物合成甲基转移酶抑制剂主要有异稻瘟净、稻瘟灵和敌瘟磷等（表 6-1）。

表 6-1　磷脂生物合成甲基转移酶抑制剂的主要种类

序号	通用名	化学名称	结构式
1	异稻瘟净	*O*,*O*-异丙基-*S*-苄基硫代磷酸酯	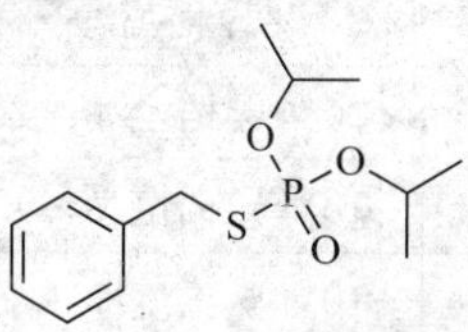
2	稻瘟灵	1,3-二硫戊环-2-叉-丙二酸二异丙酯	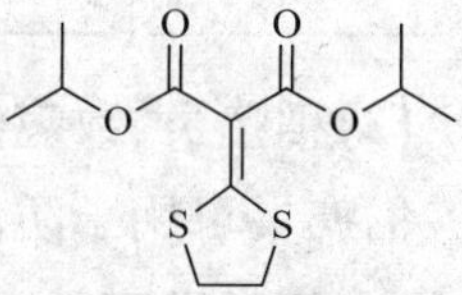
3	敌瘟磷	*O*-乙基-*S*,*S*-二苯基二硫代磷酸酯	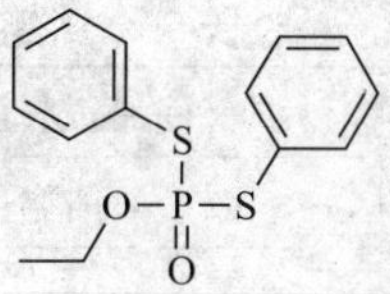

6.1.3 防治谱

(1)异稻瘟净及其混剂的防治谱

异稻瘟净及其混剂可用于防治稻瘟病(表 6-2)。

表 6-2 异稻瘟净及其混剂的防治对象、有效成分用药量和使用方法

序号	杀菌剂(混剂)	防治对象	有效成分用药量和使用方法
1	异稻瘟净	稻瘟病	900～1200 克/公顷,喷雾
2	22%异稻瘟净·8%三环唑	稻瘟病	450～540 克/公顷,喷雾
3	20%异稻瘟净·10%三环唑	稻瘟病	315～450 克/公顷,喷雾
4	15%异稻瘟净·5%三环唑	稻瘟病	285～135 克/公顷,喷雾
5	14%异稻瘟净·6%三环唑	稻瘟病	300～450 克/公顷,喷雾
6	13.3%异稻瘟净·6.7%三环唑	稻瘟病	300～450 克/公顷,喷雾
7	13.5%异稻瘟净·6.5%三环唑	稻瘟病	300～450 克/公顷,喷雾
8	13%异稻瘟净·7%三环唑	稻瘟病	300～450 克/公顷,喷雾
9	12%异稻瘟净·8%三环唑	稻瘟病	3620～450 克/公顷,喷雾
10	10%异稻瘟净·10%三环唑	稻瘟病	300～450 克/公顷,喷雾
11	8%异稻瘟净·12%三环唑	稻瘟病	285～435 克/公顷,喷雾
12	30%异稻瘟净·10%稻瘟灵	稻瘟病	600～1200 克/公顷,喷雾
13	25%异稻瘟净·5%稻瘟灵	稻瘟病	720～900 克/公顷,喷雾
14	24%异稻瘟净·6%稻瘟灵	稻瘟病	900～1200 克/公顷,喷雾
15	22.5%异稻瘟净·12.5%稻瘟灵	稻瘟病	525～630 克/公顷,喷雾
16	22.5%异稻瘟净·7.5%稻瘟灵	稻瘟病	675～1125 克/公顷,喷雾
17	20%异稻瘟净·20%稻瘟灵	稻瘟病	600～900 克/公顷,喷雾
18	18%异稻瘟净·17%稻瘟灵	稻瘟病	525～630 克/公顷,喷雾
19	10%异稻瘟净·30%稻瘟灵	稻瘟病	600～900 克/公顷,喷雾
20	10%异稻瘟净·20%稻瘟灵	稻瘟病	562.5～675 克/公顷,喷雾

(2)稻瘟灵、敌瘟磷及其混剂的防治谱

稻瘟灵可用于防治稻瘟病,与己唑醇、氟环唑等混配也可用于防治水稻纹枯病、稻曲病。敌瘟磷可用于防治稻瘟病(表 6-3)。

表 6-3 稻瘟灵、敌瘟磷及其混剂的防治对象、有效成分用药量和使用方法

序号	杀菌剂(混剂)	防治对象	有效成分用药量和使用方法
1	稻瘟灵	稻瘟病	270～900 克/公顷,喷雾
2	35%稻瘟灵·7%己唑醇	稻瘟病	504～630 克/公顷,喷雾
		水稻纹枯病	504～630 克/公顷,喷雾

续表

序号	杀菌剂(混剂)	防治对象	有效成分用药量和使用方法
3	30%稻瘟灵·3%己唑醇	稻瘟病	297～396 克/公顷,喷雾
		稻曲病	297～396 克/公顷,喷雾
		水稻纹枯病	297～396 克/公顷,喷雾
4	30%稻瘟灵·5%己唑醇	稻瘟病	315～420 克/公顷,喷雾
5	27%稻瘟灵·3%己唑醇	稻曲病	270～360 克/公顷,喷雾
		稻瘟病	270～360 克/公顷,喷雾
		水稻纹枯病	270～360 克/公顷,喷雾
6	39%稻瘟灵·13%咪鲜胺	稻瘟病	413.4～647.4 克/公顷,喷雾
7	30%稻瘟灵·10%咪鲜胺	稻瘟病	420～660 克/公顷,喷雾
8	20%稻瘟灵·12%咪鲜胺	稻瘟病	336～528 克/公顷,喷雾
9	36%稻瘟灵·4%氟环唑	稻瘟病	240～480 克/公顷,喷雾
		稻曲病	240～480 克/公顷,喷雾
		水稻纹枯病	240～480 克/公顷,喷雾
10	20%稻瘟灵·15%丙环唑	稻瘟病	157.5～210 克/公顷,喷雾
11	20%稻瘟灵·30%硫磺	稻瘟病	675～900 克/公顷,喷雾
12	20%稻瘟灵·40%三环唑	稻瘟病	540～630 克/公顷,喷雾
13	敌瘟磷	稻瘟病	500～600 克/公顷,喷雾

6.2　类脂过氧化作用抑制剂

6.2.1　作用机制

正常状态下,细胞内的自由基处于动态平衡状态,可维持细胞内多种生理过程。一旦这种平衡状态被打乱,形成自由基连锁反应,便会导致一系列的代谢失调,细胞生物膜发生透性改变,最终造成细胞损伤。脂肪酸不仅是细胞内一种重要的供能代谢物质,也是生物膜脂质的重要组成成分。生物膜脂质中多不饱和脂肪酸的两个双键之间的亚甲基比较活泼,容易在自由基或辐射作用下失去氢原子,形成脂质自由基;有氧情况下还可以生成脂质过氧自由基,进而引发链式反应,这种反应又称为脂质过氧化反应。

类脂过氧化作用抑制剂,如五氯硝基苯,可诱导线粒体膜和内质网膜上的脂质过氧化反应。这种诱导作用可以被醋酸维生素 E 和胡椒基丁醚逆转,同时杀菌剂对病菌的抑制作用也可被消除。

6.2.2 主要种类

类脂过氧化作用抑制剂主要有五氯硝基苯和甲基立枯磷等(表 6-4)。

表 6-4 类脂过氧化作用抑制剂的主要种类

序号	通用名	化学名称	结构式
1	五氯硝基苯	五氯硝基苯	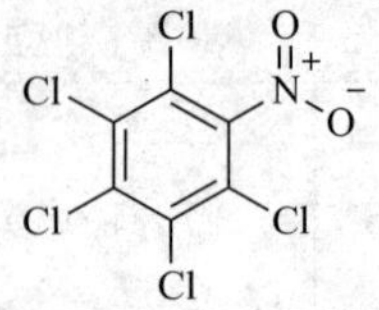
2	甲基立枯磷	*O*-(2,6-二氯-4-甲基苯基)-*O*,*O*-二甲基硫代磷酸酯	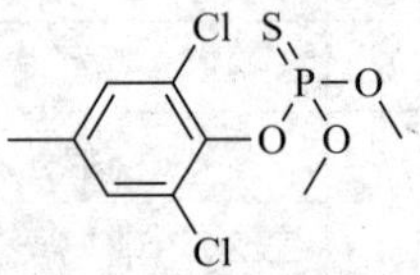

6.2.3 防治谱

(1)五氯硝基苯及其混剂的防治谱

五氯硝基苯可用于拌种和土壤处理,防治小麦黑穗病、棉花立枯病、棉花炭疽病和茄子猝倒病。

五氯硝基苯与福美双混配,可用于拌种,防治茄子立枯病、茄子猝倒病、棉花立枯病、棉花炭疽病和棉花红腐病(表 6-5)。

表 6-5 五氯硝基苯及其混剂的防治对象、有效成分用药量和使用方法

序号	杀菌剂(混剂)	防治对象	有效成分用药量和使用方法
1	五氯硝基苯	小麦黑穗病	150～200 克/100 千克种子,拌种
		棉花立枯病	300～600 克/100 千克种子,拌种
		棉花炭疽病	400～600 克/100 千克种子,拌种
		茄子猝倒病	34000～40000 克/公顷,土壤处理
2	20%五氯硝基苯·25%福美双	茄子立枯病	3.15～4.05 克/平方米,土壤处理
		茄子猝倒病	3.15～4.05 克/平方米,土壤处理
3	20%五氯硝基苯·20%福美双	棉花红腐病	200～400 克/100 千克种子,拌种
		棉花立枯病	200～400 克/100 千克种子,拌种
		棉花炭疽病	200～400 克/100 千克种子,拌种
4	10%五氯硝基苯·10%福美双	棉花立枯病	250～300 克/100 千克种子,拌种
5	30%五氯硝基苯·15%溴菌腈	棉花立枯病	225～360 克/100 千克种子,拌种
		棉花炭疽病	225～360 克/100 千克种子,拌种
6	10%五氯硝基苯·10%福美双·5%克百威	棉花立枯病	1∶(30～40)(药种比),种子包衣

(2)甲基立枯磷及其混剂的防治谱

甲基立枯磷单剂可用于防治水稻立枯病和棉花立枯病。

甲基立枯磷与福美双混配,可用于防治棉花立枯病和棉花炭疽病(表 6-6)。

表 6-6　甲基立枯磷及其混剂的防治对象、有效成分用药量和使用方法

序号	杀菌剂(混剂)	防治对象	有效成分用药量和使用方法
1	甲基立枯磷	水稻立枯病	450～660 克/公顷,苗床喷雾
		棉花立枯病	200～300 克/100 千克种子,拌种
2	5%甲基立枯磷·10%福美双	棉花立枯病	250～375 克/100 千克种子,种子包衣
		棉花炭疽病	250～375 克/100 千克种子,种子包衣
3	5%甲基立枯磷·15%福美双	棉花立枯病	1:(30～50)(药种比),种子包衣
		棉花炭疽病	1:(30～50)(药种比),种子包衣

6.3　细胞膜渗透性和脂肪酸合成抑制剂

6.3.1　作用机制

细胞膜渗透性和脂肪酸合成抑制剂主要是通过抑制脂肪酸的生物合成,影响细胞膜的渗透性,进而抑制菌丝生长以及孢子囊的形成和萌发。

6.3.2　主要种类

细胞膜渗透性和脂肪酸合成抑制剂主要有霜霉威(霜霉威盐酸盐)(表 6-7)。

表 6-7　细胞膜渗透性和脂肪酸合成抑制剂的主要种类

通用名	化学名称	结构式
霜霉威	*N*-[3-(二甲基氨基)丙基]氨基甲酸丙酯	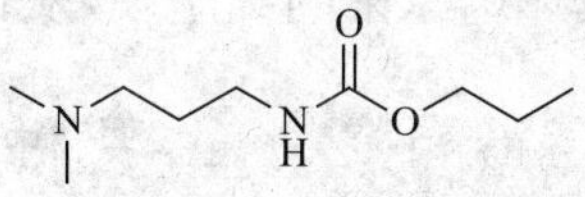

6.3.3　防治谱

霜霉威(霜霉威盐酸盐)单剂可用于防治黄瓜霜霉病、黄瓜猝倒病、黄瓜疫病、花椰菜霜霉病、菠菜霜霉病、甜椒疫病和烟草黑胫病。

霜霉威(霜霉威盐酸盐)与铜制剂混配可用于防治烟草黑胫病(表 6-8)。

表 6-8 霜霉威(霜霉威盐酸盐)及其混剂的防治对象、有效成分用药量和使用方法

序号	杀菌剂(混剂)	防治对象	有效成分用药量和使用方法
1	霜霉威(霜霉威盐酸盐)	黄瓜霜霉病	562.5～1950 克/公顷,喷雾
		黄瓜猝倒病	3.6～5.4 克/平方米,苗床浇灌
		黄瓜疫病	3.6～5.4 克/平方米,苗床浇灌
		花椰菜霜霉病	866～1083 克/公顷,喷雾
		烟草黑胫病	758～1516 克/公顷,喷雾
		菠菜霜霉病	948～1300 克/公顷,喷雾
		甜椒疫病	758～1350 克/公顷,喷雾
2	63%霜霉威盐酸盐·7%氟吡菌胺	番茄晚疫病	630～787.5 克/公顷,茎叶喷雾
3	54%霜霉威盐酸盐·9%苯醚甲环唑	葡萄霜霉病	458～573 毫克/千克,喷雾
4	50%霜霉威盐酸盐·10%精甲霜灵	番茄晚疫病	405～540 克/公顷,喷雾
5	40%霜霉威盐酸盐·8%氟啶胺	马铃薯晚疫病	432～576 克/公顷,喷雾
6	28%霜霉威·23%乙酸铜	烟草黑胫病	267.75～306 克/公顷,喷淋
7	25%霜霉威·23%络氨铜	烟草黑胫病	320～480 毫克/千克,喷雾
8	14%霜霉威·14%霜脲氰	马铃薯晚疫病	630～765 克/公顷,喷雾
9	10%霜霉威·15%甲霜灵	黄瓜霜霉病	470～870 克/公顷,喷雾
10	1.8%霜霉威盐酸盐·15%辛菌胺醋酸盐	黄瓜霜霉病	300～480 克/公顷,喷雾

6.4 病原菌细胞膜微生物破坏类杀菌剂

6.4.1 作用机制

病原菌细胞膜微生物破坏类杀菌剂可通过产生微生物源抗生素和细菌素等破坏病原菌的细胞膜,从而起到抗菌作用。

6.4.2 主要种类

病原菌细胞膜微生物破坏类杀菌剂主要有枯草芽孢杆菌、蜡质芽孢杆菌、解淀粉芽孢杆菌、多粘类芽孢杆菌、海洋芽孢杆菌、甲基营养型芽孢杆菌和坚强芽孢杆菌。

6.4.3 防治谱

(1)枯草芽孢杆菌及其混剂的防治谱

枯草芽孢杆菌是应用最为广泛的一种生防菌剂,可用于防治稻瘟病、水稻纹

枯病、稻曲病、水稻白叶枯病、小麦赤霉病、小麦白粉病、小麦锈病、玉米大斑病、马铃薯晚疫病、棉花黄萎病、白菜软腐病、白菜根肿病、黄瓜枯萎病、黄瓜白粉病、黄瓜灰霉病、黄瓜霜霉病、辣椒枯萎病、番茄立枯病、番茄灰霉病、番茄青枯病、草莓灰霉病、草莓白粉病、草莓绿霉病、柑橘溃疡病、柑橘青霉病、苹果白粉病、烟草黑胫病、烟草赤星病、烟草青枯病、烟草野火病、人参根腐病、人参立枯病、人参黑斑病、人参灰霉病和三七根腐病。

枯草芽孢杆菌与井冈霉素混配，可用于防治水稻纹枯病和稻曲病(表 6-9)。

表 6-9　枯草芽孢杆菌及其混剂的防治对象、有效成分用药量和使用方法

序号	杀菌剂(混剂)	防治对象	有效成分用药量和使用方法
1	枯草芽孢杆菌	稻瘟病	300～600 克/公顷，喷雾
		水稻纹枯病	1000～1500 克/公顷，喷雾
		稻曲病	1125～1875 克/公顷，喷雾
		水稻白叶枯病	750～900 克/公顷，喷雾
		小麦赤霉病	225～300 克/公顷，喷雾
		小麦白粉病	225～300 克/公顷，喷雾
		小麦锈病	225～300 克/公顷，喷雾
		玉米大斑病	1050～1200 克/公顷，喷雾
		马铃薯晚疫病	150～210 克/公顷，喷雾
		棉花黄萎病	1125～1500 克/公顷，喷雾
		白菜软腐病	750～900 克/公顷，喷雾
		白菜根肿病	500～650 倍液，蘸根、灌根、拌种
		黄瓜枯萎病	5000～10000 克/100 千克种子，种子包衣
		黄瓜白粉病	1350～2250 克/公顷，喷雾
		黄瓜灰霉病	525～825 克/公顷，喷雾
		黄瓜霜霉病	675～900 克/公顷，喷雾
		辣椒枯萎病	2～4 克/100 克种子，拌种； 3000～4500 克/公顷，灌根
		番茄立枯病	100～167 克/亩，灌根
		番茄灰霉病	900～1200 克/公顷，喷雾
		番茄青枯病	300～500 倍液，灌根
		草莓灰霉病	300～450 克/公顷，喷雾
		草莓白粉病	900～1350 克/公顷，喷雾
		草莓绿霉病	300～600 克/公顷，喷雾
		柑橘溃疡病	750～900 克/公顷，喷雾

续表

序号	杀菌剂(混剂)	防治对象	有效成分用药量和使用方法
1	枯草芽孢杆菌	柑橘青霉病	3000～5000 倍液，浸果
		苹果白粉病	600～750 克/公顷，喷雾
		烟草黑胫病	225～306 克/公顷，喷淋茎基部
		烟草赤星病	1125～1500 克/公顷，喷雾
		烟草青枯病	750～900 克/公顷，喷雾
		烟草野火病	750～900 克/公顷，喷雾
		人参黑斑病	60～80 克/亩，喷雾
		人参灰霉病	60～80 克/亩，喷雾
		人参根腐病	2～3 克/平方米，浇灌
		人参立枯病	2～3 克/平方米，浇灌
		三七根腐病	2250～3000 克/公顷，喷雾
2	240 亿个/克枯草芽孢杆菌·6%井冈霉素	稻曲病	90～108 克/公顷，喷雾
		水稻纹枯病	90～108 克/公顷，喷雾
3	200 亿芽孢/毫升枯草芽孢杆菌·5%井冈霉素	稻曲病	100～120 毫升/亩，喷雾
4	200 亿 CFU/克枯草芽孢杆菌·20%井冈霉素 A	稻曲病	90～105 克/公顷，喷雾
		水稻纹枯病	90～105 克/公顷，喷雾
5	100 亿孢子/克枯草芽孢杆菌·20%井冈霉素 A	稻曲病	135～180 克/公顷，喷雾
6	100 亿活芽孢/毫升枯草芽孢杆菌·2.5%井冈霉素	稻曲病	3000～4500 毫升/公顷，喷雾
		水稻纹枯病	3000～4500 毫升/公顷，喷雾

(2)解淀粉芽孢杆菌的防治谱

解淀粉芽孢杆菌可用于防治稻瘟病、稻曲病、水稻纹枯病、棉花黄萎病、番茄枯萎病、黄瓜角斑病、西瓜枯萎病和烟草青枯病(表 6-10)。

表 6-10　解淀粉芽孢杆菌的防治对象、有效成分用药量和使用方法

序号	杀菌剂	防治对象	有效成分用药量和使用方法
1	解淀粉芽孢杆菌 B7900	黄瓜角斑病	75～100 克/亩，喷雾
		棉花黄萎病	100～125 克/亩，喷雾
		稻瘟病	100～120 克/亩，喷雾
		稻曲病	15～20 克/亩，喷雾
		水稻纹枯病	15～20 克/亩，喷雾
		西瓜枯萎病	80～100 克/亩，移栽、定植期灌根
		烟草青枯病	100～200 克/亩，灌根

续表

序号	杀菌剂	防治对象	有效成分用药量和使用方法
2	解淀粉芽孢杆菌 PQ21	烟草青枯病	100～200 克/亩，灌根
3	解淀粉芽孢杆菌 B1619	番茄枯萎病	20～32 千克/亩，撒施

(3)蜡质芽孢杆菌及其混剂的防治谱

蜡质芽孢杆菌单剂可用于防治稻瘟病、稻曲病、水稻纹枯病、茄子青枯病和姜瘟病。

蜡质芽孢杆菌与井冈霉素混配，可用于防治水稻纹枯病和稻曲病(表 6-11)。

表 6-11　蜡质芽孢杆菌及其混剂的防治对象、有效成分用药量和使用方法

序号	杀菌剂(混剂)	防治对象	有效成分用药量和使用方法
1	蜡质芽孢杆菌	茄子青枯病	100～300 倍液，灌根
		稻曲病	150～200 克/亩，喷雾
		稻瘟病	150～200 克/亩，喷雾
		水稻纹枯病	150～200 克/亩，喷雾
		姜瘟病	240～320 克/100 千克种姜，浸泡种姜 30 分钟；400～800 克/亩，顺垄灌根
2	8 亿个/克蜡质芽孢杆菌·2%井冈霉素	稻曲病	150～180 克/公顷，喷雾
		稻瘟病	150～180 克/公顷，喷雾
		水稻纹枯病	240～300 克/公顷，喷雾
		小麦赤霉病	300～390 克/公顷，喷雾
		小麦纹枯病	300～390 克/公顷，喷雾
3	10 亿个/毫升蜡质芽孢杆菌·5%井冈霉素 A	水稻纹枯病	52.5～67.5 克/公顷，喷雾
4	10 亿个/毫升蜡质芽孢杆菌·2.5%井冈霉素 A	水稻纹枯病	56～93 克/公顷，喷雾
5	32 亿个/克蜡质芽孢杆菌·8%井冈霉素	水稻纹枯病	300～360 克/公顷，喷雾
6	16 亿个/克蜡质芽孢杆菌·4%井冈霉素	水稻纹枯病	240～300 克/公顷，喷雾
7	32%蜡质芽孢杆菌·5%井冈霉素	稻曲病	360.75～444 克/公顷，喷雾
		水稻纹枯病	277.5～360.75 克/公顷，喷雾
8	32%蜡质芽孢杆菌·8%井冈霉素	水稻纹枯病	300～360 克/公顷，喷雾
9	10%蜡质芽孢杆菌·2%井冈霉素	水稻纹枯病	360～450 克/公顷，喷雾

续表

序号	杀菌剂(混剂)	防治对象	有效成分用药量和使用方法
10	10%蜡质芽孢杆菌·2.5%井冈霉素	水稻纹枯病	56.25～93.75 克/公顷,喷雾
11	5%蜡质芽孢杆菌·10%井冈霉素	稻曲病	90～135 克/公顷,喷雾
		水稻纹枯病	112.5～157.5 克/公顷,喷雾
12	1 亿 CFU/克蜡质芽孢杆菌·2%井冈霉素	水稻纹枯病	30～50 毫升/亩,喷雾

(4)甲基营养型芽孢杆菌和坚强芽孢杆菌的防治谱

甲基营养型芽孢杆菌可用于防治水稻细菌性条斑病、黄瓜灰霉病、黄瓜细菌性角斑病和柑橘溃疡病。坚强芽孢杆菌可以用于防治烟草根结线虫病(表 6-12)。

表 6-12 甲基营养型芽孢杆菌和坚强芽孢杆菌的防治对象、有效成分用药量和使用方法

序号	杀菌剂	防治对象	有效成分用药量和使用方法
1	甲基营养型芽孢杆菌 LW-6	柑橘溃疡病	80～120 克/亩,喷雾
		黄瓜细菌性角斑病	80～120 克/亩,喷雾
		水稻细菌性条斑病	80～120 克/亩,喷雾
		黄瓜灰霉病	62.5～100 克/亩,喷雾
2	坚强芽孢杆菌	烟草根结线虫病	400～800 克/亩,穴施

6.5 氧化固醇结合蛋白抑制剂

6.5.1 作用机制

氧化固醇结合蛋白(Oxysterol-binding proteins related proteins,ORPs)是真核生物中广泛存在的一类保守的蛋白,主要参与细胞内脂类的合成、转运以及信号转导等。氧化固醇结合蛋白(ORPs)抑制剂的作用位点新颖,对由卵菌纲病原菌引起的植物病害具有良好的防效。

6.5.2 主要种类

氧化固醇结合蛋白抑制剂主要有氟噻唑吡乙酮。

6.5.3 防治谱

氟噻唑吡乙酮可用于防治马铃薯晚疫病、黄瓜霜霉病、番茄晚疫病、辣椒疫病

和葡萄霜霉病等卵菌病害(表 6-13)。

表 6-13　氟噻唑吡乙酮的防治对象、有效成分用药量和使用方法

杀菌剂	防治对象	有效成分用药量和使用方法
氟噻唑吡乙酮	番茄晚疫病	1～2 毫升/亩,喷雾
	黄瓜霜霉病	1～2 毫升/亩,喷雾
	辣椒疫病	1～2 毫升/亩,喷雾
	马铃薯晚疫病	1～2 毫升/亩,喷雾
	葡萄霜霉病	1～2 毫升/亩,喷雾

第 7 章　膜的立体生物合成抑制剂

膜的立体生物合成抑制剂又称麦角甾醇类生物合成抑制剂。这一类抑制剂的生物化学基础为真菌的甾醇与植物和动物甾醇的差异性。绝大多数真菌细胞膜的共同主要成分是麦角甾醇，而哺乳动物体内存在的是胆甾醇，植物体内普遍存在的是谷甾醇和豆甾醇。

麦角甾醇的生物合成起始于异戊烯。异戊烯经多步合成角鲨烯，再由角鲨烯转化成麦角甾醇。此过程中共有 7 种酶的作用。

角鲨烯是麦角甾醇生物合成中第一个特征性前体。它首先在环氧化角鲨烯酶的催化下，被氧化成 2,3-环氧角鲨烯。目前，针对角鲨烯环氧化酶的抑制剂只有医用的烯丙胺类抗真菌药物，农用杀菌剂未见相关报道。

2,3-环氧角鲨烯可经一种特殊的环化酶催化生成羊毛甾醇（真菌和哺乳动物体内）或环阿屯醇（植物体内）。此时，甾醇的合成在结构上已出现了差别。此后，羊毛甾醇在大多数真菌中进行 24-位侧链的甲基化，然后脱去 14-位甲基。

14-位脱甲基是有机体合成甾醇过程中相当重要的一步，由三个连续的羟甲基化反应开始，随后可通过消除甲酸生成 Δ^{14}-双键。14-位脱甲基化酶是细胞色素 P450 单加氧酶中的一种，是甾醇脱甲基抑制剂的靶标。羊毛甾醇脱甲基化的底物是 24-亚甲基二氢羊毛甾醇，脱甲基化作用受抑制的情况下，相应的甾醇前体在真菌体内高水平积累。此时，病菌虽可形成生物膜，但由于无法满足所需甾醇结构的要求，这些膜将失去原有的功能，真菌的生长也将因此而停止。

7.1　立体生物合成 C_{14}-脱甲基化作用抑制剂

7.1.1　作用机制

立体生物合成 C_{14}-脱甲基化作用抑制剂的作用机制主要是阻断 14-位的脱甲基化。在真菌体内，羊毛甾醇 14-位的脱甲基化过程是麦角甾醇生物合成的关键步骤，需要由底物专一的 C-14-α 脱甲基化酶催化氧化。C-14-α 脱甲基化酶在真菌微粒体细胞 P450 酶系中活性最高，可催化 24-亚甲基-24,25-二氢羊毛甾醇生成 14-α-去甲基羊毛甾醇。当这一脱甲基催化氧化反应受到抑制剂的作用时，抑制剂分子中所含杂环中的氮原子与 C-14-α 脱甲基化酶的卟啉血红素铁结合。该血红素正常情况下与氧配位，形成氧络合物，用于满足酶催化的脱甲基化的要求。

氧化脱甲基化的过程就是铁卟啉氧络合物将活泼的氧转移到底物上的过程。以三唑类杀菌剂为例,其中 sp^2 杂化的氮原子具有孤对电子,可以与铁卟啉中心的铁原子配位,阻碍铁卟啉氧络合物的形成,从而阻断脱甲基化的进程。

虽然所有的真菌都需要甾醇,但某些低等真菌的甾醇并非全部由自身合成。卵菌纲致病菌所需的甾醇在不同程度上是由代谢外源植物所产生的前体衍生物得到的。例如,霜霉菌不能由环氧角鲨烯合成甾醇,但却能将环阿屯醇代谢成麦角甾醇。因此,尽管立体生物合成 C_{14}-脱甲基化作用抑制剂对子囊菌、担子菌和半知菌有效,但对卵菌纲致病菌无效。

7.1.2　主要种类

立体生物合成 C_{14}-脱甲基化作用抑制剂主要有戊唑醇、苯醚甲环唑、咪鲜胺、腈菌唑、丙环唑、三唑酮、己唑醇、烯唑醇、氟环唑、氟硅唑、抑霉唑、三唑醇、氟菌唑、联苯三唑醇、腈苯唑、粉唑醇、亚胺唑、四氟醚唑和灭菌唑(表 7-1)。

表 7-1　立体生物合成 C_{14}-脱甲基化作用抑制剂的主要种类

序号	通用名	化学名称	结构式
1	戊唑醇	(*RS*)-1-(4-氯苯基)-4,4-二甲基-3-(1*H*-1,2,4-三唑-1-基甲基)戊-3-醇	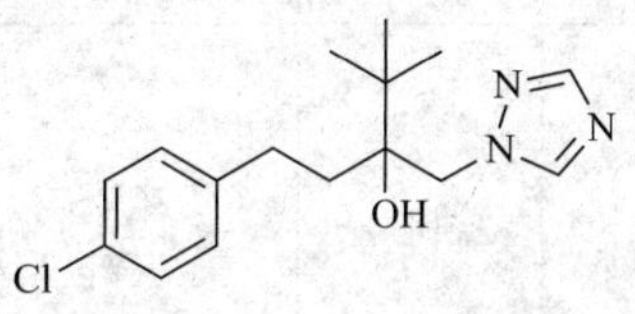
2	苯醚甲环唑	(顺反)3-氯-4-[4-甲基-2-(1*H*-1,2,4-三唑-1-基甲基)-1,3-二噁戊烷-2-基]苯基-4-氯苯基醚	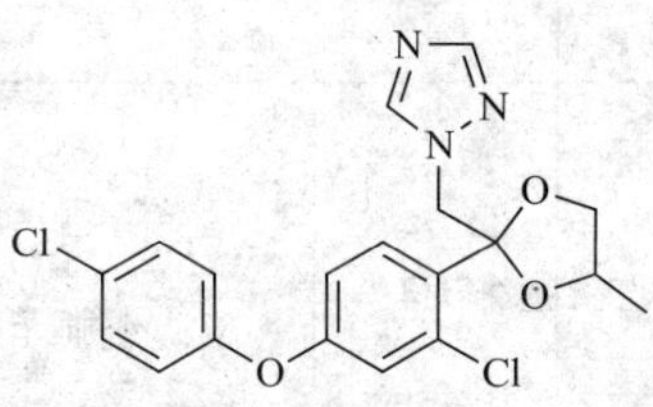
3	咪鲜胺	*N*-丙基-*N*-[2-(2,4,6-三氯苯氧基)乙基]咪唑-1-甲酰胺	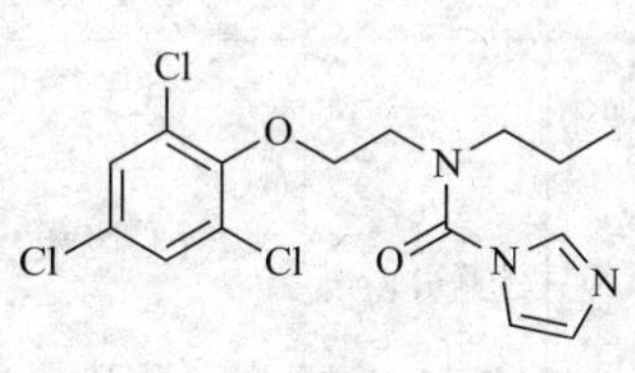
4	腈菌唑	2-(4-氯苯基)-2-(1*H*-1,2,4-三唑-1-甲基)己腈	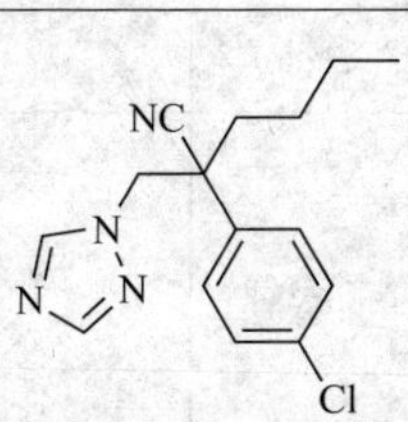

续表

序号	通用名	化学名称	结构式
5	丙环唑	(±)1-[2-(2,4-二氯苯基)-4-丙基-1,3-二氧戊环-2-基甲基]-1*H*-1,2,4-三唑	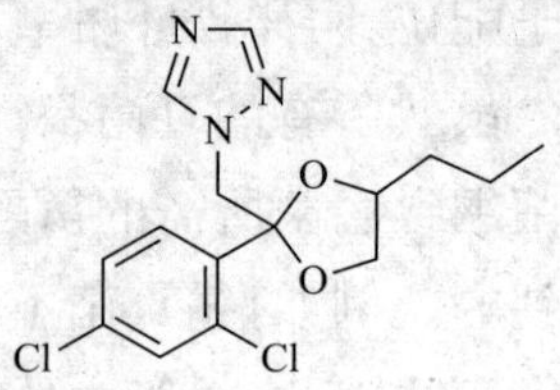
6	三唑酮	1-(4-氯苯氧基)-1-(1*H*-1,2,4-三唑-1-基)-3,3-二甲基丁-2-酮	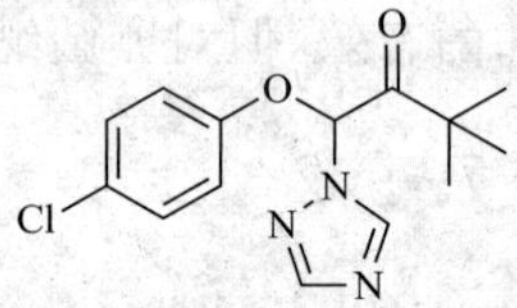
7	己唑醇	(*RS*)-2-(2,4-二氯苯基)-1-(1*H*-1,2,4-三唑-1-基)己-2-醇	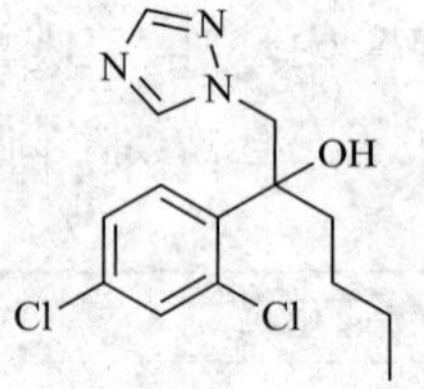
8	烯唑醇	(*E*)-(*RS*)-1-(2,4-二氯苯基)-2-(1*H*-1,2,4-三唑-1-基)-4,4-二甲基戊-1-烯-3-醇	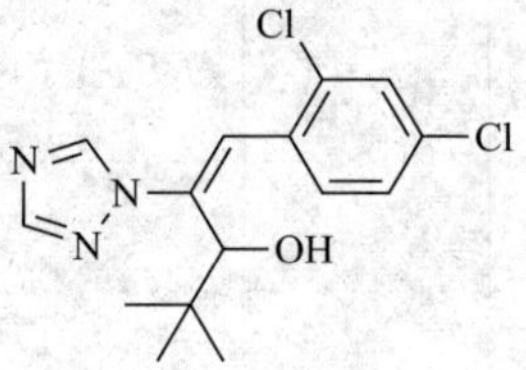
9	氟环唑	(2*RS*,3*SR*)-1-[3-(2-氯苯基)-2,3-氧桥-2-(4-氟苯基)丙基]-1*H*-1,2,4-三唑	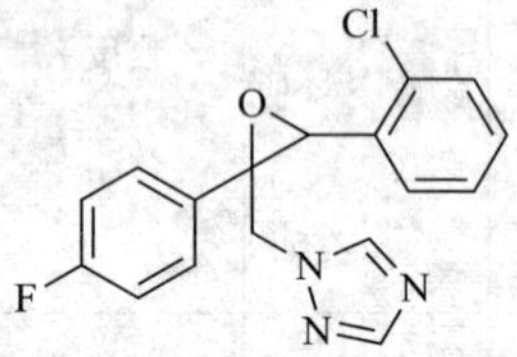
10	氟硅唑	双(4-氟苯基)-(1*H*-1,2,4-三唑-1-基甲基)甲硅烷	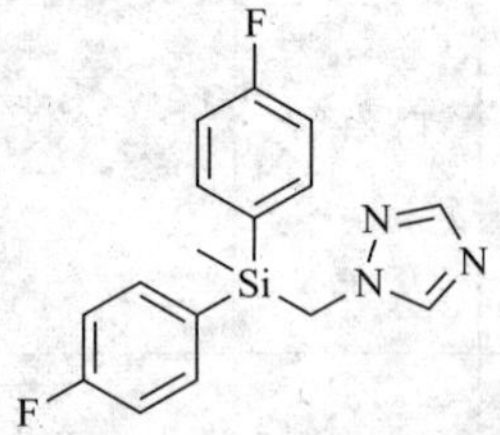
11	抑霉唑	1-[2-(2,4-二氯苯基)-2-(2-丙烯氧基)乙基]-1*H*-咪唑	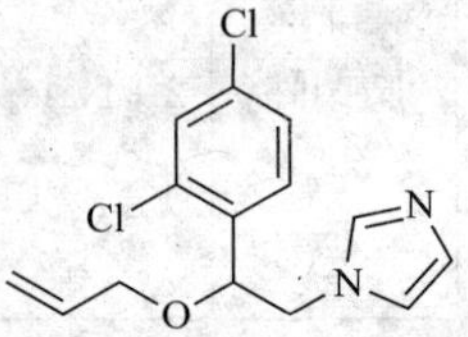

续表

序号	通用名	化学名称	结构式
12	三唑醇	1-(4-氯苯氧基)-1-(1*H*-1,2,4-三唑-1-基)-3,3-二甲基-丁-2-醇	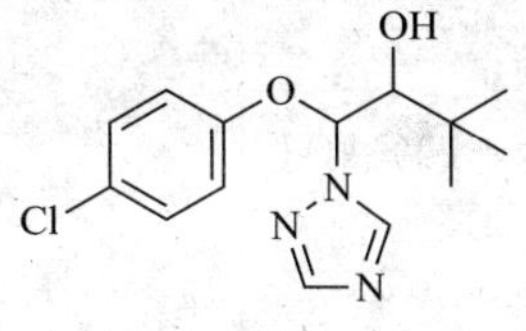
13	氟菌唑	(*E*)-1-[1-(4-氯-2-三氟甲基苯基)亚氨基-2-丙氧基乙基]-1*H*-咪唑	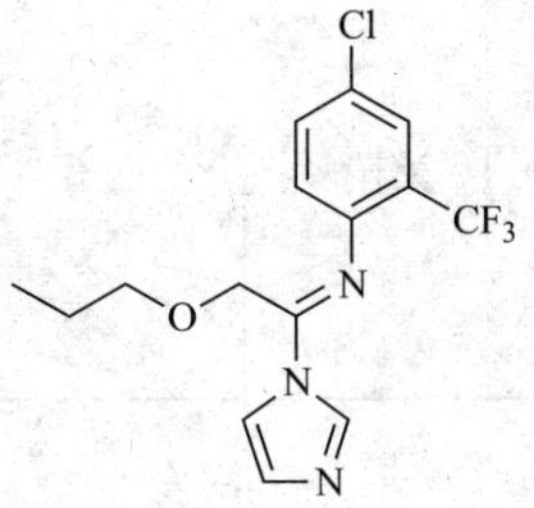
14	联苯三唑醇	1-联苯氧基-3,3-二甲基-1-(1*H*-1,2,4-三唑-1-基)丁-2-醇	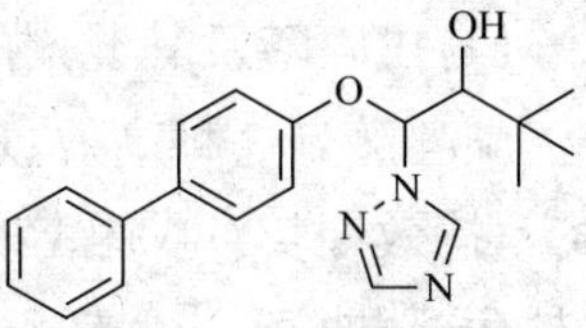
15	腈苯唑	4-(4-氯苯基)-2-苯基-2-(1*H*-1,2,4-三唑-1-基甲基)丁腈	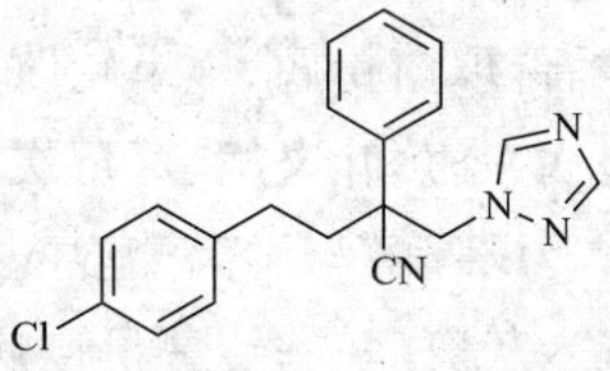
16	粉唑醇	(*RS*)-2,4′-二氟-α-(1*H*-1,2,4-三唑-1-基甲基)二苯基甲醇	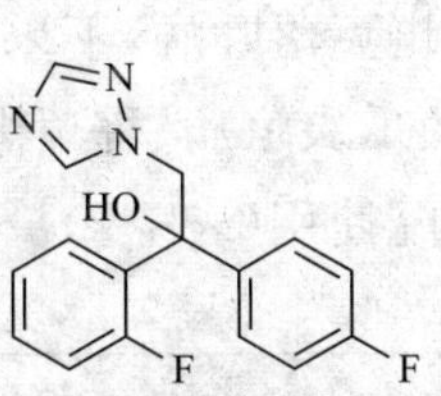
17	亚胺唑	4-氯苄基-*N*-(2,4-二氯苯基)-2(1*H*-1,2,4-三唑-1-基)硫代乙酰胺酯	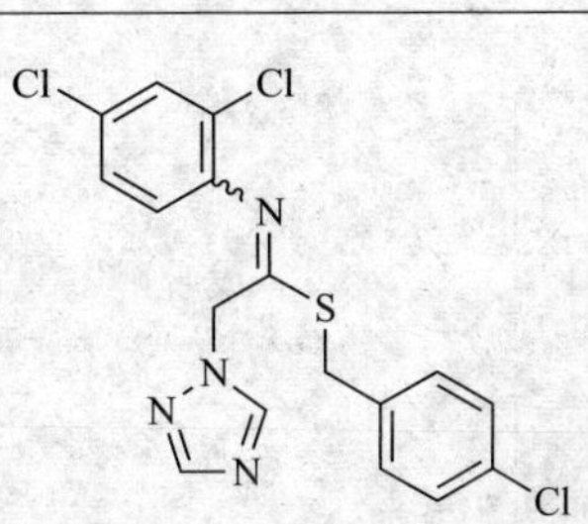

续表

序号	通用名	化学名称	结构式
18	四氟醚唑	(±)-2-(2,4-二氯苯基)-3-(1*H*-1,2,4-三唑-1-基)丙基-1,1,2,2-四氟乙基醚	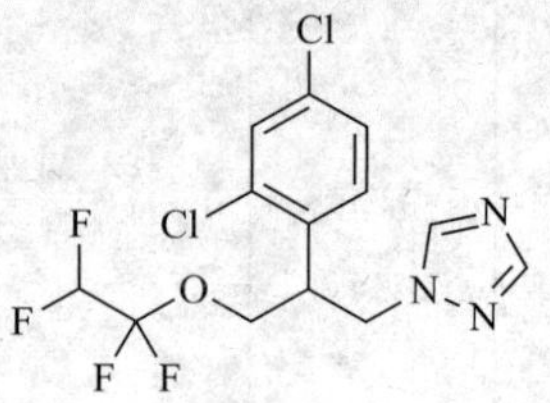
19	灭菌唑	(*E*)-5-(4-氯亚苄基)-2,2-二甲基-1-(1*H*-1,2,4-三唑-1-基甲基)环戊醇	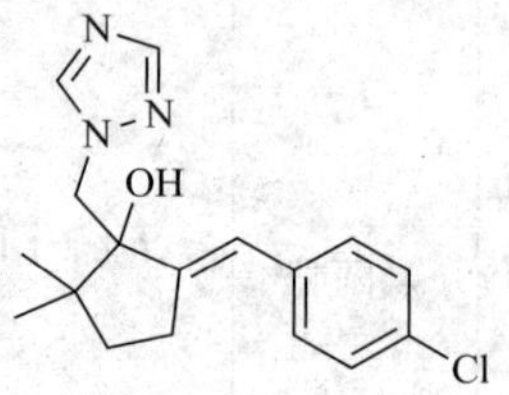

7.1.3 防治谱

(1)戊唑醇及其混剂的防治谱

戊唑醇是一种高效、广谱、内吸性三唑类杀菌剂,具有保护和治疗作用,防治谱广,持效期长。戊唑醇单剂可用于防治稻瘟病、水稻纹枯病、水稻恶苗病、水稻立枯病、稻曲病、小麦锈病、小麦全蚀病、小麦白粉病、小麦散黑穗病、小麦纹枯病、小麦赤霉病、玉米丝黑穗病、高粱丝黑穗病、棉花枯萎病、花生叶斑病、黄瓜白粉病、苦瓜白粉病、苹果轮纹病、苹果树腐烂病、苹果炭疽病、苹果斑点落叶病、梨黑星病、香蕉叶斑病、草莓炭疽病和葡萄白腐病。

戊唑醇与肟菌酯混配,可用于防治稻瘟病、稻曲病、水稻纹枯病、玉米大斑病、玉米灰斑病、马铃薯早疫病、黄瓜白粉病、黄瓜炭疽病、辣椒炭疽病、番茄早疫病、苹果斑点落叶病、苹果褐斑病、柑橘疮痂病、柑橘炭疽病、葡萄白腐病、葡萄黑痘病、西瓜炭疽病、香蕉黑星病和香蕉叶斑病。戊唑醇也可与丙森锌、福美双、克菌丹混配使用(表7-2)。

表7-2 戊唑醇及其混剂的防治对象、有效成分用药量和使用方法

序号	杀菌剂(混剂)	防治对象	有效成分用药量和使用方法
1	戊唑醇	稻曲病	64～129克/公顷,喷雾
		水稻纹枯病	64～129克/公顷,喷雾
		水稻恶苗病	5～6克/100千克种子,种子包衣
		水稻立枯病	5～6克/100千克种子,种子包衣
		稻瘟病	67.5～90克/公顷,喷雾
		小麦全蚀病	2～4克100千克/种子,种子包衣

续表

序号	杀菌剂(混剂)	防治对象	有效成分用药量和使用方法
1	戊唑醇	小麦白粉病	96～180克/公顷,喷雾
		小麦锈病	60～129克/公顷,喷雾
		小麦散黑穗病	1.8～3克/100千克种子,种子包衣
		小麦纹枯病	2～4克/100千克种子,种子包衣
		小麦赤霉病	105～120克/公顷,喷雾
		玉米丝黑穗病	6～12克/100千克种子,种子包衣
		高粱丝黑穗病	6～9克/100千克种子,种子包衣
		棉花枯萎病	2～4克/100千克种子,拌种
		花生叶斑病	93～180毫克/千克,喷雾
		苦瓜白粉病	75～116克/公顷,喷雾
		黄瓜白粉病	90～135克/公顷,喷雾
		苹果轮纹病	80～160毫克/千克,喷雾
		苹果树腐烂病	123～143毫克/千克,喷雾
		梨黑星病	83～215毫克/千克,喷雾
		苹果炭疽病	80～133毫克/千克,喷雾
		苹果斑点落叶病	60～167毫克/千克,喷雾
		香蕉叶斑病	167～250毫克/千克,喷雾
		草莓炭疽病	75～105克/公顷,喷雾
		葡萄白腐病	75～125克/公顷,喷雾
2	50%戊唑醇·25%肟菌酯	稻曲病	112.5～168克/公顷,喷雾
		稻瘟病	168～225克/公顷,喷雾
		水稻纹枯病	112.5～168克/公顷,喷雾
		玉米大斑病	169～225克/公顷,喷雾
		玉米灰斑病	169～225克/公顷,喷雾
		马铃薯早疫病	112～168克/公顷,喷雾
		黄瓜白粉病	112～168克/公顷,喷雾
		黄瓜炭疽病	112～168克/公顷,喷雾
		辣椒炭疽病	112～168克/公顷,喷雾
		番茄早疫病	112～168克/公顷,喷雾
		苹果斑点落叶病	125～187毫克/千克,喷雾
		苹果褐斑病	125～187毫克/千克,喷雾
		柑橘疮痂病	125～187毫克/千克,喷雾
		柑橘炭疽病	125～187毫克/千克,喷雾

续表

序号	杀菌剂(混剂)	防治对象	有效成分用药量和使用方法
2	50%戊唑醇·25%肟菌酯	葡萄白腐病	125～150 毫克/千克,喷雾
		葡萄黑痘病	125～150 毫克/千克,喷雾
		西瓜炭疽病	112～168 克/公顷,喷雾
		香蕉黑星病	166～300 毫克/千克,喷雾
		香蕉叶斑病	166～300 毫克/千克,喷雾
3	30%戊唑醇·10%肟菌酯	稻曲病	135～162 克公顷,喷雾
		水稻纹枯病	135～162 克公顷,喷雾
4	30%戊唑醇·40%丙森锌	苹果斑点落叶病	175～233 毫克/千克,喷雾
		水稻纹枯病	180～210 克/公顷,喷雾
5	10%戊唑醇·60%丙森锌	苹果斑点落叶病	350～700 毫克/千克,喷雾
		苹果褐斑病	280～466 毫克/千克,喷雾
6	10%戊唑醇·50%丙森锌	苹果斑点落叶病	400～666 毫克/千克,喷雾
7	10%戊唑醇·38%丙森锌	苹果斑点落叶病	240～480 毫克/千克,喷雾
8	5%戊唑醇·65%丙森锌	苹果斑点落叶病	433～875 毫克/千克,喷雾
9	5%戊唑醇·60%丙森锌	苹果斑点落叶病	350～700 毫克/千克,喷雾
10	5%戊唑醇·50%丙森锌	苹果斑点落叶病	688～917 毫克/千克,喷雾
11	8%戊唑醇·2%中生菌素	苹果斑点落叶病	83.3～125 毫克/千克,喷雾
12	20%戊唑醇·40%二氰蒽醌	苹果轮纹病	240～300 毫克/千克,喷雾
13	15%戊唑醇·20%二氰蒽醌	苹果褐斑病	175～233 毫克/千克,喷雾
14	5%戊唑醇·25%福美双	小麦赤霉病	270～405/公顷,喷雾
15	2%戊唑醇·4%福美双	小麦散黑穗病	6～8 克/100 千克种子,种子包衣
		玉米丝黑穗病	18～30 克/100 千克种子,种子包衣
16	1.5%戊唑醇·4.5%福美双	小麦散黑穗病	1:(560～840)(药种比),种子包衣
17	0.6%戊唑醇·10.4%福美双	玉米丝黑穗病	1:(40～60)(药种比),种子包衣
18	0.6%戊唑醇·10%福美双	玉米丝黑穗病	177～212 克/100 千克种子,种子包衣
19	0.6%戊唑醇·9%福美双	玉米丝黑穗病	160～240 克/100 千克种子,种子包衣
20	0.4%戊唑醇·9.8%福美双	小麦散黑穗病	1008～180 克/100 千克种子、1:60(药种比),种子包衣
		玉米丝黑穗病	167～255 克/100 千克/种子,种子包衣
21	0.3%戊唑醇·15.7%福美双	小麦黑穗病	320～533 克/100 千克种子,种子包衣
		小麦纹枯病	320～533 克/100 千克种子,种子包衣
22	0.3%戊唑醇·10.7%福美双	玉米丝黑穗病	220～275 千克/种子,种子包衣
23	43%戊唑醇·2%几丁聚糖	苹果斑点落叶病	64～90 毫克/千克,喷雾
24	32%戊唑醇·16%吡唑醚菌酯	苹果斑点落叶病	100～150 毫克/千克,喷雾

续表

序号	杀菌剂(混剂)	防治对象	有效成分用药量和使用方法
25	30%戊唑醇·10%丁香菌酯	水稻纹枯病	48～60 克/公顷,喷雾
26	30%戊唑醇·3%氨基寡糖素	苹果斑点落叶病	83～110 毫克/千克,喷雾
27	31.5%戊唑醇·10.5%百菌清	花生叶斑病	113.4～151.2 克/公顷,喷雾
		苹果轮纹病	400～500 毫克/千克,喷雾
28	12.5%戊唑醇·62.5%百菌清	小麦白粉病	450～562.5 克/公顷,喷雾
		小麦赤霉病	506.25～596.25 克/公顷,喷雾
29	8%戊唑醇·35%百菌清	黄瓜白粉病	344～430 克/公顷,喷雾
30	0.5%戊唑醇·7%克百威	玉米丝黑穗病	1:(40～50)(药种比),种子包衣
31	0.3%戊唑醇·7%克百威	玉米丝黑穗病	1:(35～45)(药种比),种子包衣
32	6.4%戊唑醇·63.6%代森锰锌	苹果斑点落叶病	467～700 毫克/千克,喷雾
33	5%戊唑醇·45%代森锰锌	苹果褐斑病	250～500 毫克/千克,喷雾
34	2.3%戊唑醇·22.7%代森锰锌	苹果斑点落叶病	357～500 毫克/千克,喷雾
35	1.12 戊唑醇·32.88%吡虫啉	小麦全蚀病	130.4～149 克/100 千克种子,种子包衣
36	1.1%戊唑醇·30.8%吡虫啉	水稻恶苗病	95.7～287.1 克/100 千克种子,种子包衣
		小麦散黑穗病	95.7～159.5 克/100 千克种子,种子包衣
		小麦纹枯病	95.7～159.5 克/100 千克种子,种子包衣
37	1.1%戊唑醇·19.9%吡虫啉	玉米丝黑穗病	98.4～196.8 克/100 千克种子,种子包衣
38	0.8%戊唑醇·10.2%吡虫啉	小麦散黑穗病	110～183 克/100 千克种子,种子包衣
39	0.4%戊唑醇·5%吡虫啉	玉米丝黑穗病	160～240 克/100 千克种子,种子包衣
40	0.2%戊唑醇·10.8%吡虫啉	玉米丝黑穗病	200～240 克/100 千克种子,种子包衣
41	26%戊唑醇·4%井冈霉素	稻曲病	15～17 毫升/亩,喷雾
		水稻纹枯病	15～20 毫升/亩,喷雾
42	10%戊唑醇·5%井冈霉素 A	水稻纹枯病	135～180 克/公顷,喷雾
43	5%戊唑醇·12%井冈霉素 A	稻曲病	180～240 克/公顷,喷雾
		水稻纹枯病	180～240 克/公顷,喷雾
44	4%戊唑醇·10%井冈霉素 A	稻曲病	95～137 克/公顷,喷雾
		水稻纹枯病	63～105 克/公顷,喷雾
45	28%戊唑醇·2%宁南霉素	香蕉叶斑病	150～250 毫克/千克,喷雾
46	25%戊唑醇·2%噻霉酮	苹果斑点落叶病	54～67 毫克/千克,喷雾
		小麦赤霉病	101.25～141.75 克/千克,喷雾
47	20%戊唑醇·10%多抗霉素	苹果褐斑病	100～150 毫克/千克,喷雾
48	12%戊唑醇·36%氰烯菌酯	小麦赤霉病	288～432 克/公顷,喷雾
49	12%戊唑醇·24%喹啉铜	苹果斑点落叶病	144～180 毫克/千克,喷雾

续表

序号	杀菌剂(混剂)	防治对象	有效成分用药量和使用方法
50	10%戊唑醇·30%噻唑锌	水稻纹枯病	360～420克/公顷,喷雾
51	10%戊唑醇·20%噻森铜	白菜黑斑病	15～20克/亩,喷雾
		水稻纹枯病	6～15克/亩,喷雾
52	10%戊唑醇·10%烯肟菌胺	水稻纹枯病	90～150克/公顷,喷雾
53	10%戊唑醇·5%丙硫唑	小麦赤霉病	90～135克/公顷,喷雾
54	8%戊唑醇·32%克菌丹	番茄叶霉病	240～360克/公顷,喷雾
		苹果轮纹病	267～400毫克/千克,喷雾
		葡萄白腐病	267～400毫克/千克,喷雾
		葡萄霜霉病	267～400毫克/千克,喷雾
		葡萄炭疽病	267～400毫克/千克,喷雾
55	16%戊唑醇·64%克菌丹	苹果褐斑病	330～500毫克/千克,喷雾
56	5%戊唑醇·65%代森联	苹果斑点落叶病	1000～1167毫克/千克,喷雾
57	2%戊唑醇·6%氟虫腈	玉米丝黑穗病	35.6～42克/100千克种子,种子包衣
58	0.6%戊唑醇·9.4%噻虫嗪	玉米丝黑穗病	143～200克/100千克种子,种子包衣
59	0.6%戊唑醇·7%丁硫克百威·13%福美双	玉米丝黑穗病	463～515克/100千克种子,种子包衣
60	0.4%戊唑醇·13.6%福美双·6%丁硫克百威	玉米丝黑穗病	1:(40～60)(药种比),种子包衣
61	0.3%戊唑醇·7%克百威·1.8%三唑酮	玉米丝黑穗病	1:(40～50)(药种比),种子包衣
62	0.2%戊唑醇·7%克百威·0.9%三唑酮	玉米丝黑穗病	1:(35～45)(药种比),种子包衣
63	3%戊唑醇·35%克百威·25%福美双	玉米丝黑穗	1:(200～300)(药种比),种子包衣
64	0.8%戊唑醇·0.2%氯氰菊酯·5%福美双	玉米丝黑穗病	100～120克/100千克种子,种子包衣
65	0.6%戊唑醇·14.4%福美双·5%吡虫啉	玉米丝黑穗病	333～400克/100千克种子,种子包衣
66	0.3%戊唑醇·15%福美双·5%毒死蜱	玉米丝黑穗病	338～570克/100千克种子,种子包衣
67	0.3%戊唑醇·4.8%甲基异柳磷·1.8%三唑酮	玉米丝黑穗病	1:(40～50)(药种比),种子包衣
68	0.12%戊唑醇·3.88%甲基异柳磷·10%福美双	小麦纹枯病	1:50(药种比),种子包衣

(2)苯醚甲环唑及其混剂的防治谱

苯醚甲环唑是一种应用广泛的三唑类杀菌剂。苯醚甲环唑单剂可用于防治小麦全蚀病、小麦散黑穗病、小麦纹枯病、黄瓜白粉病、苦瓜白粉病、芹菜斑枯病、芹菜叶斑病、菜豆锈病、白菜黑斑病、大蒜叶枯病、番茄早疫病、洋葱紫斑病、辣椒炭疽病、芦笋茎枯病、苹果斑点落叶病、梨黑星病、葡萄炭疽病、柑橘疮痂病、石榴麻皮病、西瓜炭疽病、荔枝炭疽病、香蕉叶斑病、香蕉黑星病和茶炭疽病。

苯醚甲环唑与代森锰锌混配,可用于防治苹果轮纹病、苹果斑点落叶病和梨黑星病。苯醚甲环唑与丙环唑混配,可用于防治水稻纹枯病、小麦纹枯病、小麦白粉病、小麦赤霉病、小麦锈病、大豆锈病、花生叶斑病和香蕉叶斑病(表 7-3)。

表 7-3　苯醚甲环唑及其混剂的防治对象、有效成分用药量和使用方法

序号	杀菌剂(混剂)	防治对象	有效成分用药量和使用方法
1	苯醚甲环唑	小麦全蚀病	1∶(167～200)(药种比),种子包衣
		小麦散黑穗病	6～9 克/100 千克种子,种子包衣
		小麦纹枯病	6～9 克/100 千克种子,种子包衣
		芹菜斑枯病	52.5～67.5 克/公顷,喷雾
		菜豆锈病	75～125 克/公顷,喷雾
		白菜黑斑病	52.5～75 克/公顷,喷雾
		大蒜叶枯病	45～90 克/公顷,喷雾
		番茄早疫病	100.5～150 克/公顷,喷雾
		黄瓜白粉病	75～125 克/公顷,喷雾
		苦瓜白粉病	105～150 克/公顷,喷雾
		芹菜叶斑病	100～125 克/公顷,喷雾
		洋葱紫斑病	45～112.5 克/公顷,喷雾
		辣椒炭疽病	75～125 克/公顷,喷雾
		芦笋茎枯病	66.7～100 毫克/千克,喷雾
		苹果斑点落叶病	50～66.67 毫克/千克,喷雾
		西瓜炭疽病	75～112.5 克/公顷,喷雾
		梨黑星病	14.3～16.7 毫克/千克,喷雾
		香蕉叶斑病	83.3～125 毫克/千克,喷雾
		香蕉黑星病	83.3～125 毫克/千克,喷雾
		荔枝炭疽病	100～150 毫克/千克,喷雾
		葡萄炭疽病	75～125 毫克/千克,喷雾
		柑橘疮痂病	50～150 毫克/千克,喷雾
		石榴麻皮病	50～100 毫克/千克,喷雾
		茶炭疽病	66.7～100 毫克/千克,喷雾

续表

序号	杀菌剂(混剂)	防治对象	有效成分用药量和使用方法
2	10%苯醚甲环唑·20%代森锰锌	苹果轮纹病	50～75毫克/千克,喷雾
3	8%苯醚甲环唑·56%代森锰锌	苹果斑点落叶病	290～355毫克/千克,喷雾
4	5%苯醚甲环唑·50%代森锰锌	梨黑星病	122～157毫克/千克,喷雾
5	2%苯醚甲环唑·28%代森锰锌	苹果轮纹病	200～300毫克/千克,喷雾
6	25%苯醚甲环唑·25%丙环唑	水稻纹枯病	60～120克/公顷,喷雾
7	30%苯醚甲环唑·30%丙环唑	水稻纹枯病	90～126克/公顷,喷雾
8	18%苯醚甲环唑·15%丙环唑	香蕉叶斑病	165～220毫克/千克,喷雾
9	15%苯醚甲环唑·15%丙环唑	水稻纹枯病	60～120克/公顷,喷雾
		小麦纹枯病	67.5～135克/公顷,喷雾
		小麦白粉病	67.5～90克/公顷,喷雾
		小麦赤霉病	67.5～90克/公顷,喷雾
		小麦锈病	67.5～90克/公顷,喷雾
		大豆锈病	90～135克/公顷,喷雾
		花生叶斑病	90～135克/公顷,喷雾
10	20%苯醚甲环唑·20%戊唑醇	水稻纹枯病	90～120克/公顷,喷雾
11	20%苯醚甲环唑·25%戊唑醇	梨黑星病	61.4～122.8毫克/千克,喷雾
12	2%苯醚甲环唑·18%戊唑醇	梨黑星病	80～133.3毫克/千克,喷雾
13	25%苯醚甲环唑·57.5%吡虫啉	小麦全蚀病	180～240克/100千克种子,种子包衣
14	3%苯醚甲环唑·32%吡虫啉	小麦全蚀病	140～210克/100千克种子,拌种
15	1.5%苯醚甲环唑·24.5%吡虫啉	水稻纹枯病	208克/100千克种子,种子包衣
		小麦纹枯病	236.36～313.25克/100千克种子,种子包衣
16	20%苯醚甲环唑·55%二氰蒽醌	梨黑星病	50～75毫克/千克,喷雾
17	5%苯醚甲环唑·60%二氰蒽醌	苹果炭疽病	233～350毫克/千克,喷雾
18	14%苯醚甲环唑·2%中生菌素	苹果斑点落叶病	45.7～64毫克/千克,喷雾
19	5%苯醚甲环唑·3%中生菌素	苹果斑点落叶病	40～53毫克/千克,喷雾
20	15%苯醚甲环唑·15%抑霉唑	苹果炭疽病	83.3～100毫克/千克,喷雾
21	5%苯醚甲环唑·5%抑霉唑	苹果炭疽病	83～100毫克/千克,喷雾
22	6%苯醚甲环唑·64%丙森锌	苹果轮纹病	350～467毫克/千克,喷雾
23	5%苯醚甲环唑·45%丙森锌	苹果斑点落叶病	227～278毫克/千克,喷雾
24	35%苯醚甲环唑·5%氟硅唑	香蕉黑星病	100～119.4毫克/千克,喷雾
25	27%苯醚甲环唑·3%氰烯菌酯	小麦全蚀病	15.6～16.8克/100千克种子,种子包衣
26	25%苯醚甲环唑·5%己唑醇	水稻纹枯病	90～108克/公顷,喷雾
27	15%苯醚甲环唑·15%氟环唑	柑橘炭疽病	75～100毫克/千克,喷雾

续表

序号	杀菌剂(混剂)	防治对象	有效成分用药量和使用方法
28	10%苯醚甲环唑·2%噻霉酮	梨炭疽病	24～30 毫克/千克,喷雾
29	5%苯醚甲环唑·7%氟唑菌酰胺	番茄早疫病	100.8～126 克/公顷,喷雾
30	5%苯醚甲环唑·40%代森联	苹果斑点落叶病	409～500 毫克/千克,喷雾
		黄瓜白粉病	100.8～126 克/公顷,喷雾
		苹果斑点落叶病	63.15～75 毫克/千克,喷雾
31	5%苯醚甲环唑·20%溴菌腈	西瓜炭疽病	225～300 克/公顷,喷雾
32	5%苯醚甲环唑·50%克菌丹	苹果斑点落叶病	458.3～687.5 毫克/千克,喷雾
		蔷薇科花卉炭疽病	458.3～687.5 毫克/千克,喷雾
33	4%苯醚甲环唑·56%福美双	烟草炭疽病	900～1350 克/公顷,喷雾
34	4%苯醚甲环唑·30%噻虫嗪	小麦全蚀病	27～39 克/100 千克种子,种子包衣
35	4%苯醚甲环唑·8%井冈霉素 A	水稻纹枯病	54～72 克/公顷,喷雾
		稻曲病	54～72 克/公顷,喷雾
36	8%苯醚甲环唑·2%多抗霉素	小麦赤霉病	37.5～45 克/公顷,喷雾
		苹果斑点落叶病	67～100 毫克/千克,喷雾
37	8%苯醚甲环唑·4%嘧啶核苷类抗菌素	苹果斑点落叶病	60～120 毫克/千克,喷雾
38	0.75%苯醚甲环唑·7.25%毒死蜱	玉米丝黑穗病	123～160 克/100 千克种子,种子包皮

(3)咪鲜胺及其混剂的防治谱

咪鲜胺是一种咪唑类 C_{14}-脱甲基化作用抑制剂,对柑橘和热带水果的储藏期病害具有很好的防治效果。咪鲜胺(咪鲜胺锰盐)单剂可用于防治稻瘟病、水稻恶苗病、辣椒灰霉病、大蒜叶枯病、蘑菇湿泡病、茭白胡麻叶斑病、葡萄黑痘病、柑橘炭疽病、柑橘绿霉病、柑橘青霉病、柑橘蒂腐病、柑橘树脂病、西瓜枯萎病、香蕉冠腐病、芒果炭疽病和烟草赤星病。

咪鲜胺与戊唑醇混配,可用于防治稻瘟病、稻曲病、小麦赤霉病和香蕉黑星病。咪鲜胺与苯醚甲环唑混配,可用于防治水稻纹枯病、黄瓜炭疽病、黄瓜靶斑病、梨黑星病、香蕉叶斑病、草坪枯萎病和蔷薇科花卉炭疽病。咪鲜胺与氟硅唑混配,可用于防治黄瓜炭疽病、苹果炭疽病、葡萄白腐病和葡萄炭疽病。咪鲜胺与三环唑混配,可用于防治稻瘟病。咪鲜胺与双胍三辛烷基苯磺酸盐混配,可用于浸果,防治柑橘绿霉病、柑橘青霉病、柑橘酸腐病和柑橘炭疽病(表 7-4)。

表 7-4 咪鲜胺及其混剂的防治对象、有效成分用药量和使用方法

序号	杀菌剂(混剂)	防治对象	有效成分用药量和使用方法
1	咪鲜胺(咪鲜胺锰盐)	稻瘟病	300～375 克/公顷,喷雾
		水稻恶苗病	62.5～125 毫克/千克,浸种
		大蒜叶枯病	375～450 克/公顷,喷雾
		辣椒灰霉病	225～300 克/公顷,喷雾
		蘑菇湿泡病	0.4～0.6 克/平方米,喷雾
		茭白胡麻叶斑病	187.5～300 克/公顷,喷雾
		西瓜枯萎病	333～625 毫克/千克,喷雾
		芒果炭疽病	500～1000 毫克/千克,浸果
		香蕉冠腐病	500～1000 毫克/千克,浸果
		柑橘炭疽病	250～500 毫克/千克,浸果
		柑橘绿霉病	250～500 毫克/千克,浸果
		柑橘青霉病	250～500 毫克/千克,浸果
		柑橘蒂腐病	250～500 毫克/千克,浸果
		柑橘树脂病	167～250 毫克/千克,喷雾
		葡萄黑痘病	250～333.3 毫克/千克,喷雾
		烟草赤星病	263～350 克/公顷,喷雾
2	45%咪鲜胺·1%几丁聚糖	柑橘炭疽病	184～230 毫克/千克,浸果
3	37.5%咪鲜胺锰盐·12.5%戊唑醇	苹果炭疽病	200～333.3 毫克/千克,喷雾
4	30%咪鲜胺·15%戊唑醇	小麦赤霉病	135～168.75 克/公顷,喷雾
		稻瘟病	168.75～236.25 克/公顷,喷雾
5	26.7%咪鲜胺·13.3%戊唑醇	稻曲病	150～210 克/公顷,喷雾
		稻瘟病	150～210 克/公顷,喷雾
		小麦赤霉病	120～150 克/公顷,喷雾
		香蕉黑星病	266.7～400 毫克/千克,喷雾
6	24.5%咪鲜胺·12.5%戊唑醇	小麦赤霉病	166.5～222 克/公顷,喷雾
7	20%咪鲜胺·30%戊唑醇	香蕉叶斑病	250～333 毫克/千克,喷雾
8	20%咪鲜胺锰盐·10%戊唑醇	苹果炭疽病	150～300 毫克/千克,喷雾
9	20%咪鲜胺锰盐·4%戊唑醇	水稻纹枯病	180～216 克/公顷,喷雾
		小麦赤霉病	144～180 克/公顷,喷雾
10	15%咪鲜胺·15%戊唑醇	稻曲病	198～270 克/公顷,喷雾
		稻瘟病	153～225 克/公顷,喷雾
		水稻纹枯病	198～70 克/公顷,喷雾
11	15%咪鲜胺·8%戊唑醇	小麦赤霉病	138～172.5 克/公顷,喷雾

续表

序号	杀菌剂(混剂)	防治对象	有效成分用药量和使用方法
12	13.3%咪鲜胺·26.7%戊唑醇	小麦赤霉病	150～210克/公顷,喷雾
		稻瘟病	150～180克/公顷,喷雾
13	40%咪鲜胺·30%苯醚甲环唑	梨黑星病	140～175毫克/千克,喷雾
14	25%咪鲜胺·10%苯醚甲环唑	黄瓜靶斑病	315～472.5克/公顷,喷雾
15	20%咪鲜胺锰盐·8%苯醚甲环唑	水稻纹枯病	168～210克/公顷,喷雾
16	17.5%咪鲜胺·7.5%苯醚甲环唑	草坪枯萎病	562.5～937克/公顷,喷雾
		香蕉叶斑病	167～250毫克/千克,喷雾
17	15%咪鲜胺·5%苯醚甲环唑	蔷薇科花卉炭疽病	100～200毫克/千克,喷雾
		黄瓜炭疽病	90～150克/公顷,喷雾
18	34.4%咪鲜胺·8.6%氟硅唑	葡萄炭疽病	150～225毫克/千克,喷雾
19	24%咪鲜胺·6%氟硅唑	葡萄炭疽病	150～200毫克/千克,喷雾
20	20%咪鲜胺·5%氟硅唑	葡萄白腐病	200～250毫克/千克,喷雾
		黄瓜炭疽病	160～200克/公顷,喷雾
21	16%咪鲜胺·4%氟硅唑	黄瓜炭疽病	120～200克/公顷,喷雾
		黄瓜炭疽病	165～210克/公顷,喷雾
22	15%咪鲜胺·5%氟硅唑	苹果炭疽病	125～166.7毫克/千克,喷雾
23	20%咪鲜胺·8%己唑醇	蔷薇科花卉白粉病	140～280毫克/千克,喷雾
24	20%咪鲜胺·5%己唑醇	水稻纹枯病	60～90克/公顷,喷雾
25	18.5%咪鲜胺锰盐·1.5%己唑醇	稻瘟病	120～150克/公顷,喷雾
		水稻纹枯病	60～120克/公顷,喷雾
26	32%咪鲜胺·8%氟环唑	稻瘟病	240～270克/公顷,喷雾
		水稻纹枯病	240～270克/公顷,喷雾
27	20%咪鲜胺·10%氟环唑	水稻纹枯病	135～180克/公顷,喷雾
28	20%咪鲜胺·10%氟环唑	水稻纹枯病	135～180克/公顷,喷雾
29	20%咪鲜胺锰盐·50%丙森锌	黄瓜炭疽病	945～1260克/公顷,喷雾
30	20%咪鲜胺锰盐·40%丙森锌	苹果炭疽病	600～750毫克/千克,喷雾
31	10%咪鲜胺锰盐·20%丙森锌	黄瓜炭疽病	360～450克/公顷,喷雾
32	14%咪鲜胺锰盐·14%三环唑	菜苔炭疽病	210～262克/公顷,喷雾
33	10%咪鲜胺·30%三环唑	稻瘟病	180～270克/公顷,喷雾
34	5%咪鲜胺·15%三环唑	稻瘟病	150～180克/公顷,喷雾
35	20%咪鲜胺·30%丙环唑	香蕉叶斑病	250～500毫克/千克,喷雾
36	20%咪鲜胺·10%丙环唑	稻曲病	270～360克/公顷,喷雾
		稻瘟病	270～360克/公顷,喷雾
		水稻纹枯病	270～360克/公顷,喷雾

续表

序号	杀菌剂(混剂)	防治对象	有效成分用药量和使用方法
37	10%咪鲜胺·15%腈菌唑	香蕉叶斑病	200～250毫克/千克,喷雾
38	10%咪鲜胺·2.5%腈菌唑	香蕉叶斑病	156～208毫克/千克,喷雾
39	5.5%咪鲜胺·4.5%腈菌唑	橡胶树炭疽病	150～180克/公顷,热雾机喷雾
40	2.5%咪鲜胺·10%腈菌唑	香蕉叶斑病	156～208毫克/千克,喷雾
41	2.5%咪鲜胺·12.5%腈菌唑	香蕉叶斑病	166～250毫克/千克,喷雾
42	45%咪鲜胺·1%几丁聚糖	柑橘炭疽病	153～230毫克/千克,浸果
43	28%咪鲜胺锰盐·10%嘧啶核苷类抗菌素	稻曲病	285～342克/公顷,喷雾
		稻瘟病	285～342克/公顷,喷雾
		水稻纹枯病	285～342克/公顷,喷雾
44	15%咪鲜胺·15%溴菌腈	西瓜炭疽病	190～200克/公顷,喷雾
45	15%咪鲜胺·10%稻瘟酰胺	稻瘟病	225～300克/公顷,喷雾
46	15%咪鲜胺·5%抑霉唑	苹果炭疽病	250～333毫克/千克,喷雾
47	12%咪鲜胺锰盐·40%代森联	芒果炭疽病	433～867毫克/千克,喷雾
48	10%咪鲜胺锰盐·10%甲霜灵	水稻立枯病	200～400毫克/千克,拌种
49	8%咪鲜胺·8%井冈霉素	水稻纹枯病	96～132克/公顷,喷雾
50	5%咪鲜胺·30%乙蒜素	稻瘟病	132～157克/公顷,喷雾
51	4%咪鲜胺·12%三唑酮	橡胶树白粉病	240～360克/公顷,热雾机喷雾
		橡胶树炭疽病	240～360克/公顷,热雾机喷雾
52	3%咪鲜胺·15%松脂酸铜	稻瘟病	216～270克/公顷,喷雾
53	1%咪鲜胺·2.5%甲霜灵	水稻恶苗病	1:(80～100)(药种比),拌种
		水稻立枯病	1:(80～100)(药种比),拌种
54	22%咪鲜胺锰盐·20%双胍三辛烷基苯磺酸盐	柑橘绿霉病	560～840毫克/千克,浸果
		柑橘青霉病	560～840毫克/千克,浸果
		柑橘酸腐病	560～840毫克/千克,浸果
		柑橘炭疽病	560～840毫克/千克,浸果
55	8%咪鲜胺·8%异菌脲	香蕉冠腐病	320～400毫克/千克,浸果2分钟
56	28%咪鲜胺·2%嘧菌酯	稻曲病	135～180克/公顷,喷雾
		稻瘟病	135～180克/公顷,喷雾

(4)腈菌唑及其混剂的防治谱

腈菌唑单剂可用于防治小麦白粉病、黄瓜白粉病、豇豆锈病、苹果白粉病、苹果斑点落叶病、梨黑星病、柑橘疮痂病、柑橘炭疽病、葡萄炭疽病、荔枝炭疽病、香蕉叶斑病、香蕉黑星病、烟草白粉病和烟草赤星病。

腈菌唑与代森锰锌混配,可用于防治黄瓜白粉病、苹果斑点落叶病、苹果轮纹病和梨黑星病。腈菌唑与福美双混配，可用于防治小麦白粉病、黄瓜白粉病、黄瓜黑星病和梨黑星病（表 7-5）。

表 7-5　腈菌唑及其混剂的防治对象、有效成分用药量和使用方法

序号	杀菌剂（混剂）	防治对象	有效成分用药量和使用方法
1	腈菌唑	小麦白粉病	60～90 克/公顷，喷雾
		黄瓜白粉病	45～60 克/公顷，喷雾
		豇豆锈病	88～133 毫克/千克，喷雾
		苹果白粉病	50～66.7 毫克/千克，喷雾
		苹果斑点落叶病	57～66 毫克/千克，喷雾
		梨黑星病	40～50 毫克/千克，喷雾
		柑橘疮痂病	83～100 毫克/千克，喷雾
		柑橘炭疽病	83～100 毫克/千克，喷雾
		荔枝炭疽病	66～100 毫克/千克，喷雾
		葡萄炭疽病	66～100 毫克/千克，喷雾
		香蕉叶斑病	150～200 毫克/千克，喷雾
		香蕉黑星病	62～83 毫克/千克，喷雾
		烟草白粉病	45～75 克/公顷，喷雾
		烟草赤星病	56～75 克/公顷，喷雾
2	5%腈菌唑・20%代森锰锌	梨黑星病	166～200 毫克/千克，喷雾
3	5%腈菌唑・35%代森锰锌	梨黑星病	333～500 毫克/千克，喷雾
4	3%腈菌唑・57%代森锰锌	黄瓜白粉病	675～843 克/公顷，喷雾
5	2.25%腈菌唑・60%代森锰锌	黄瓜白粉病	1867～2340 克/公顷，喷雾
		梨黑星病	1000～1500 毫克/千克，喷雾
		黄瓜霜霉病	675～846 克/公顷，喷雾
6	2%腈菌唑・30%代森锰锌	苹果斑点落叶病	160～320 毫克/千克，喷雾
7	2%腈菌唑・48%代森锰锌	黄瓜白粉病	1650～2100 克/公顷，喷雾
		梨黑星病	285～333 毫克/千克，喷雾
		苹果轮纹病	384～625 毫克/千克，喷雾
8	2%腈菌唑・23%代森锰锌	梨黑星病	250～357 毫克/千克，喷雾
9	6%腈菌唑・34%福美双	黄瓜白粉病	360～480 克/公顷，喷雾
10	5%腈菌唑・15%福美双	黄瓜黑星病	200～400 克/公顷，喷雾
11	2%腈菌唑・18%福美双	小麦白粉病	120～150 克/公顷，喷雾
		黄瓜黑星病	210～390 克/公顷，喷雾
		黄瓜白粉病	240～360 克/公顷，喷雾
		梨黑星病	133～200 毫克/千克，喷雾

续表

序号	杀菌剂(混剂)	防治对象	有效成分用药量和使用方法
12	5%腈菌唑·40%丙森锌	苹果斑点落叶病	225～450 毫克/千克，喷雾
13	2%腈菌唑·10%三唑酮	小麦白粉病	45～54 克/公顷，喷雾
14	0.6%腈菌唑·0.2%戊唑醇	小麦全蚀病	20～26 克/100 千克种子，种子包衣
		玉米丝黑穗病	13～20 克/100 千克种子，种子包衣

(5)丙环唑及其混剂的防治谱

丙环唑是一种具有保护和治疗作用的内吸性三唑类杀菌剂。丙环唑单剂可用于防治稻瘟病、水稻纹枯病、小麦白粉病、小麦锈病、小麦纹枯病、小麦根腐病、小麦条锈病、茭白胡麻斑病、莲藕叶斑病、苹果褐斑病、香蕉叶斑病、人参黑斑病和草坪褐斑病。

丙环唑与戊唑醇混配，可用于防治水稻纹枯病和香蕉叶斑病。丙环唑与井冈霉素混配，可用于防治稻瘟病、稻曲病和水稻纹枯病。丙环唑与三环唑混配，可用于防治稻瘟病和水稻纹枯病(表 7-6)。

表 7-6　丙环唑及其混剂的防治对象、有效成分用药量和使用方法

序号	杀菌剂(混剂)	防治对象	有效成分用药量和使用方法
1	丙环唑	稻瘟病	90～180 克/公顷，喷雾
		水稻纹枯病	112～225 克/公顷，喷雾
		小麦白粉病	93～249 克/公顷，喷雾
		小麦锈病	124～155 克/公顷，喷雾
		小麦纹枯病	112～225 克/公顷，喷雾
		小麦根腐病	124～249 克/公顷，喷雾
		小麦条锈病	112～150 克/公顷，喷雾
		茭白胡麻斑病	56～75 克/公顷，喷雾
		莲藕叶斑病	75～112 克/公顷，喷雾
		香蕉叶斑病	250～500 毫克/千克，喷雾
		苹果褐斑病	100～166 毫克/千克，喷雾
		人参黑斑病	25～35 毫升/亩，喷雾
		草坪褐斑病	312～936 克/公顷，喷雾
2	25%丙环唑·15%戊唑醇	香蕉叶斑病	200～500 毫克/千克，喷雾
3	15%丙环唑·15%戊唑醇	水稻纹枯病	90～112 克/公顷，喷雾
4	20%丙环唑·4%井冈霉素	稻曲病	108～162 克/公顷，喷雾
		稻瘟病	108～162 克/公顷，喷雾
		水稻纹枯病	108～162 克/公顷，喷雾

续表

序号	杀菌剂(混剂)	防治对象	有效成分用药量和使用方法
5	13%丙环唑·18%福美双	小麦白粉病	260～316 克/公顷,喷雾
		小麦赤霉病	260～316 克/公顷,喷雾
6	12.5%丙环唑·40%三环唑	稻瘟病	315～393 克/公顷,喷雾
		水稻纹枯病	315～393 克/公顷,喷雾
7	10%丙环唑·20%稻瘟酰胺	稻瘟病	202～225 克/公顷,喷雾

(6)三唑酮及其混剂的防治谱

三唑酮单剂可用于防治水稻纹枯病、水稻叶尖枯病、小麦白粉病、小麦锈病、玉米丝黑穗病、烟草白粉病、菊花白粉病和橡胶树白粉病。

三唑酮与福美双混配,可用于防治水稻恶苗病和小麦白粉病。三唑酮与乙蒜素混配,可用于防治稻瘟病、棉花枯萎病、黄瓜枯萎病和苹果轮纹病。三唑酮与井冈霉素混配,可用于防治稻曲病、水稻纹枯病、小麦纹枯病和小麦白粉病。三唑酮与硫磺混配,可用于防治水稻纹枯病、小麦锈病、小麦白粉病、小麦霜霉病和黄瓜白粉病(表 7-7)。

表 7-7　三唑酮及其混剂的防治对象、有效成分用药量和使用方法

序号	杀菌剂(混剂)	防治对象	有效成分用药量和使用方法
1	三唑酮	小麦白粉病	8～10 克/亩,喷雾
		小麦锈病	9～12 克/亩,喷雾
		烟草白粉病	5～10 克/亩,喷雾
		水稻纹枯病	6～8 克/亩,喷雾
		玉米丝黑穗病	50～75 克/100 千克种子,拌种
		水稻叶尖枯病	10～12 克/亩,喷雾
		菊花白粉病	6～8 克/亩,喷雾
		橡胶树白粉病	5～10 克/亩,烟雾机喷烟雾
2	5%三唑酮·40%福美双	水稻恶苗病	750～1500 毫克/千克,浸种
3	8%三唑酮·17%福美双	小麦白粉病	225～300 克/公顷,喷雾
4	2%三唑酮·30%乙蒜素	黄瓜枯萎病	360～450 克/公顷,喷雾
		棉花枯萎病	200～300 克/公顷,喷雾
		苹果轮纹病	266～355 毫克/千克,喷雾
		稻瘟病	360～450 克/公顷,喷雾
5	5%三唑酮·10%井冈霉素	水稻纹枯病	180～300 克/公顷,喷雾
6	20%三唑酮·8%井冈霉素	小麦纹枯病	280～420 克/公顷,喷雾

续表

序号	杀菌剂(混剂)	防治对象	有效成分用药量和使用方法
7	9.3%三唑酮·6.2%井冈霉素	稻曲病	232～279 克/公顷,喷雾
		水稻纹枯病	232～279 克/公顷,喷雾
8	7%三唑酮·8%井冈霉素	小麦白粉病	225～300 克/公顷,喷雾
		小麦纹枯病	225～300 克/公顷,喷雾
9	4%三唑酮·46%硫磺	小麦白粉病	600～750 克/公顷,喷雾
10	5%三唑酮·45%硫磺	小麦锈病	750～900 克/公顷,喷雾
		小麦白粉病	600～750 克/公顷,喷雾
		小麦霜霉病	750～1200 克/公顷,喷雾
		黄瓜白粉病	375～600 克/公顷,喷雾
11	5%三唑酮·40%硫磺	黄瓜白粉病	1500～2000 倍液,喷雾
12	5%三唑酮·25%硫磺	水稻纹枯病	675～900 克/公顷,喷雾
13	5%三唑酮·15%硫磺	小麦白粉病	300～450 克/公顷,喷雾
14	10%三唑酮·10%硫磺	小麦白粉病	150～300 克/公顷,喷雾
		小麦锈病	150～225 克/公顷,喷雾
15	10%三唑酮·30%代森锰锌	黄瓜白粉病	600～675 克/公顷,喷雾
16	8%三唑酮·25%代森锰锌	梨黑星病	275～412 毫克/千克,喷雾
17	10%三唑酮·23%代森锰锌	梨黑星病	275～412 毫克/千克,喷雾
18	6%三唑酮·2%井冈霉素·8%三环唑	稻曲病	360～480 克/公顷,喷雾
		稻瘟病	300～480 克/公顷,喷雾
		水稻纹枯病	300～420 克/公顷,喷雾

(7)己唑醇及其混剂的防治谱

己唑醇单剂可用于防治水稻纹枯病、稻曲病、黄瓜白粉病、苹果白粉病、苹果斑点落叶病、梨黑星病和葡萄白粉病。

己唑醇与三环唑混配,可用于防治稻瘟病。己唑醇与井冈毒素、春雷毒素等混配,可用于防治水稻纹枯病(表 7-8)。

表 7-8　己唑醇及其混剂的防治对象、有效成分用药量和使用方法

序号	杀菌剂(混剂)	防治对象	有效成分用药量和使用方法
1	己唑醇	水稻纹枯病	60～72 克/公顷,喷雾
		稻曲病	52～75 克/公顷,喷雾
		黄瓜白粉病	30～37 克/公顷,喷雾
		梨黑星病	40～50 毫克/千克,喷雾
		苹果斑点落叶病	42～60 毫克/千克,喷雾
		苹果白粉病	40～50 毫克/千克,喷雾
		葡萄白粉病	20～30 毫克/千克,喷雾

续表

序号	杀菌剂(混剂)	防治对象	有效成分用药量和使用方法
2	4.5%己唑醇·22.5%三环唑	稻瘟病	270～360 克/公顷,喷雾
3	10%己唑醇·20%三环唑	稻瘟病	315～405 克/公顷,喷雾
4	2.5%己唑醇·8.5%井冈毒素	水稻纹枯病	49.5～57 克/公顷,喷雾
5	1.2%己唑醇·2.3%井冈毒素	水稻纹枯病	31.5～36 克/公顷,喷雾
6	20%己唑醇·20%氟醚菌酰胺	水稻纹枯病	75～90 克/公顷,喷雾
7	12.5%己唑醇·2.5%春雷毒素	水稻纹枯病	90～112 克/公顷,喷雾
8	10%己唑醇·35%双胍三辛烷基苯磺酸盐	西瓜蔓枯病	225～300 毫克/千克,喷雾
		西瓜炭疽病	225～300 毫克/千克,喷雾
9	5%己唑醇·40%丙森锌	苹果斑点落叶病	225～300 毫克/千克,喷雾
10	5%己唑醇·15%氰烯菌酯	小麦白粉病	330～420 毫克/千克,喷雾
		小麦赤霉病	330～420 毫克/千克,喷雾
		小麦纹枯病	330～420 毫克/千克,喷雾
11	5%己唑醇·5%多抗霉素	苹果斑点落叶病	50～68 毫克/千克,喷雾
12	4%己唑醇·56%丙森锌	苹果褐斑病	343～420 毫克/千克,喷雾
13	4%己唑醇·16%壬菌铜	冬瓜白粉病	2000～3000 倍液,喷雾
		玫瑰白粉病	2000～3000 倍液,喷雾

(8)烯唑醇及其混剂的防治谱

烯唑醇单剂可用于防治水稻纹枯病、小麦条锈病、小麦白粉病、小麦纹枯病、花生叶斑病、芦笋茎枯病、苹果斑点落叶病、梨黑星病、柑橘疮痂病、葡萄黑痘病、葡萄炭疽病和香蕉叶斑病。

烯唑醇与福美双混配,可用于防治梨黑星病和玉米丝黑穗病。烯唑醇与代森锰锌混配,可用于防治苹果斑点落叶病和梨黑星病(表 7-9)。

由于烯唑醇和植物生长调节剂烯效唑的结构较为相似,高浓度时具有较强的植物生长抑制作用,因此在种子处理和大田双子叶作物上使用时要注意用药量。

表 7-9　烯唑醇及其混剂的防治对象、有效成分用药量和使用方法

序号	杀菌剂(混剂)	防治对象	有效成分用药量和使用方法
1	烯唑醇	水稻纹枯病	46～93 克/公顷,喷雾
		小麦白粉病	60～120 克/公顷,喷雾
		小麦条锈病	56～93 克/公顷,喷雾
		小麦纹枯病	84～112 克/公顷,喷雾
		花生叶斑病	47～72 克/公顷,喷雾
		芦笋茎枯病	56～70 克/公顷,喷雾

续表

序号	杀菌剂(混剂)	防治对象	有效成分用药量和使用方法
1	烯唑醇	苹果斑点落叶病	50～125 毫克/千克,喷雾
		梨黑星病	25～62 毫克/千克,喷雾
		柑橘疮痂病	63～83 毫克/千克,喷雾
		香蕉叶斑病	62～125 毫克/千克,喷雾
		葡萄黑痘病	41～62 毫克/千克,喷雾
		葡萄炭疽病	41～62 毫克/千克,喷雾
2	2.5%烯唑醇·39.5%福美双	梨黑星病	168～210 毫克/千克,喷雾
3	2%烯唑醇·13%福美双	梨黑星病	125～187 毫克/千克,喷雾
		玉米丝黑穗病	1∶(30～40)(药种比),种子包衣
4	5%烯唑醇·42%甲基硫菌灵	梨黑星病	235～313 毫克/千克,喷雾
5	5%烯唑醇·10%三唑酮	小麦白粉病	90～120 克/公顷,喷雾
6	3%烯唑醇·15%三环唑	稻瘟病	108～135 克/公顷,喷雾
7	3%烯唑醇·37%代森锰锌	梨黑星病	400～667 毫克/千克,喷雾
8	2.5%烯唑醇·30%代森锰锌	梨黑星病	541～812 毫克/千克,喷雾
		苹果斑点落叶病	541～812 毫克/千克,喷雾
9	2%烯唑醇·10%井冈霉素	稻曲病	81～135 克/公顷,喷雾
		水稻纹枯病	90～108 克/公顷,喷雾
10	1%烯唑醇·14%三环唑·5%井冈霉素	稻曲病	225～270 克/公顷,喷雾
		稻瘟病	225～270 克/公顷,喷雾
		水稻纹枯病	225～270 克/公顷,喷雾

(9)氟环唑及其混剂的防治谱

氟环唑单剂可用于防治水稻纹枯病、稻曲病、小麦锈病、小麦纹枯病、小麦白粉病、苹果褐斑病、苹果斑点落叶病、柑橘炭疽病、葡萄白粉病、香蕉叶斑病和香蕉黑星病。

氟环唑与三环唑混配,可用于防治稻瘟病。氟环唑与井冈霉素混配,可用于防治水稻纹枯病和稻曲病(表 7-10)。

表 7-10　氟环唑及其混剂的防治对象、有效成分用药量和使用方法

序号	杀菌剂(混剂)	防治对象	有效成分用药量和使用方法
1	氟环唑	水稻纹枯病	45～135 克/公顷,喷雾
		稻曲病	75～112 克/公顷,喷雾
		小麦锈病	67～135 克/公顷,喷雾
		小麦纹枯病	105～135 克/公顷,喷雾
		小麦白粉病	90～112 克/公顷,喷雾

续表

序号	杀菌剂(混剂)	防治对象	有效成分用药量和使用方法
1	氟环唑	香蕉叶斑病	100～250毫克/千克,喷雾
		苹果褐斑病	190～250毫克/千克,喷雾
		柑橘炭疽病	42～63毫克/千克,喷雾
		苹果斑点落叶病	100～180毫克/千克,喷雾
		葡萄白粉病	130～187毫克/千克,喷雾
		香蕉黑星病	100～150毫克/千克,喷雾
2	7.5%氟环唑·22.5%三环唑	稻瘟病	225～270克/公顷,喷雾
3	5%氟环唑·25%三环唑	稻瘟病	270～405克/公顷,喷雾
4	8%氟环唑·16%井冈霉素	水稻纹枯病	72～108克/公顷,喷雾
5	5%氟环唑·9%井冈霉素	稻曲病	42～84克/公顷,喷雾
		水稻纹枯病	42～84克/公顷,喷雾
6	30%氟环唑·6%嘧啶核苷类抗菌素	稻曲病	97～108克/公顷,喷雾
		水稻纹枯病	97～108克/公顷,喷雾
7	6%氟环唑·12%烯肟菌酯	苹果斑点落叶病	100～200毫克/千克,喷雾
8	6%氟环唑·6%氟唑菌酰胺	香蕉叶斑病	125～250毫克/千克,喷雾

(10)氟硅唑及其混剂的防治谱

氟硅唑俗名为福星,可用于防治黄瓜白粉病、黄瓜黑星病、菜豆白粉病、番茄叶霉病、苹果轮纹病、梨黑星病、梨赤星病、葡萄炭疽病、葡萄黑痘病、葡萄白腐病、柑橘炭疽病、柑橘树脂病、草坪褐斑病和橡胶树白粉病。

氟硅唑与代森锰锌混配,可用于防治梨黑星病(表7-11)。

表7-11　氟硅唑及其混剂的防治对象、有效成分用药量和使用方法

序号	杀菌剂(混剂)	防治对象	有效成分用药量和使用方法
1	氟硅唑	黄瓜白粉病	48～90克/公顷,喷雾
		黄瓜黑星病	45～105克/公顷,喷雾
		菜豆白粉病	45～75克/公顷,喷雾
		番茄叶霉病	48～90克/公顷,喷雾
		柑橘炭疽病	50～100毫克/千克,喷雾
		柑橘树脂病	50～66.7毫克/千克,喷雾
		葡萄炭疽病	40～50毫克/千克,喷雾
		葡萄黑痘病	40～66.7毫克/千克,喷雾
		葡萄白腐病	40～50毫克/千克,喷雾
		梨黑星病	37.5～50毫克/千克,喷雾

续表

序号	杀菌剂(混剂)	防治对象	有效成分用药量和使用方法
1	氟硅唑	梨赤星病	40～50 毫克/千克，喷雾
		苹果轮纹病	50～100 毫克/千克，喷雾
		草坪褐斑病	100～120 克/公顷，喷雾
		橡胶树白粉病	120～130 克/公顷，喷雾
2	10%氟硅唑·10%代森锰锌	梨黑星病	167～250 毫克/千克，喷雾
3	10%氟硅唑·5%氨基寡糖素	香蕉黑星病	115～150 毫克/千克，喷雾

(11)抑霉唑及其混剂的防治谱

抑霉唑单剂可用于防治番茄叶霉病、柑橘青霉病、柑橘绿霉病、苹果树腐烂病、苹果炭疽病、葡萄炭疽病和香蕉轴腐病。

抑霉唑与咪鲜胺混配，可用于防治苹果炭疽病、柑橘蒂腐病、柑橘绿霉病、柑橘青霉病、柑橘酸腐病和香蕉冠腐病(表 7-12)。

表 7-12 抑霉唑及其混剂的防治对象、有效成分用药量和使用方法

序号	杀菌剂(混剂)	防治对象	有效成分用药量和使用方法
1	抑霉唑	番茄叶霉病	500～750 克/公顷，点燃
		柑橘绿霉病	250～500 毫克/千克，浸果
		柑橘青霉病	247～500 毫克/千克，浸果
		苹果树腐烂病	6～9 克/平方米，涂抹
		苹果炭疽病	143～200 毫克/千克，喷雾
		香蕉轴腐病	500～700 毫克/千克，浸果
		葡萄炭疽病	167～250 毫克/千克，喷雾
2	10%抑霉唑·20%咪鲜胺	香蕉冠腐病	375～500 毫克/千克，浸果
3	5%抑霉唑·15%咪鲜胺	苹果炭疽病	250～333 毫克/千克，喷雾
4	4%抑霉唑·24%咪鲜胺	柑橘蒂腐病	233～467 毫克/千克，浸果 1 分钟
		柑橘绿霉病	233～467 毫克/千克，浸果 1 分钟
		柑橘青霉病	233～467 毫克/千克，浸果 1 分钟
		柑橘酸腐病	233～467 毫克/千克，浸果 1 分钟
5	2%抑霉唑·12%咪鲜胺	柑橘蒂腐病	175～233 毫克/千克，浸果 1 分钟
		柑橘绿霉病	175～233 毫克/千克，浸果 1 分钟
		柑橘青霉病	175～233 毫克/千克，浸果 1 分钟
		柑橘酸腐病	175～233 毫克/千克，浸果 1 分钟
6	15%抑霉唑·15%苯醚甲环唑	苹果炭疽病	83～100 毫克/千克，喷雾

(12)三唑醇及其混剂的防治谱

三唑醇单剂可用于防治稻瘟病、水稻纹枯病、稻曲病、小麦纹枯病和香蕉叶斑病。

三唑醇与井冈霉素混配,可用于防治水稻纹枯病。三唑醇与福美双混配,可用于拌种,防治小麦黑穗病(表 7-13)。

表 7-13 三唑醇及其混剂的防治对象、有效成分用药量和使用方法

序号	杀菌剂(混剂)	防治对象	有效成分用药量和使用方法
1	三唑醇	香蕉叶斑病	166.7～250 毫克/千克,喷雾
		小麦纹枯病	30～45 克/100 千克种子,拌种
		稻曲病	135～157.5 克/公顷,喷雾
		稻瘟病	135～157.5 克/公顷,喷雾
		水稻纹枯病	135～157.5 克/公顷,喷雾
2	7%三唑醇·14%井冈霉素	水稻纹枯病	126～189 克/公顷,喷雾
3	3%三唑醇·21%福美双	小麦黑穗病	160～200 克/100 千克种子,种子包衣

(13)氟菌唑及其混剂的防治谱

氟菌唑单剂可用于防治黄瓜白粉病、梨黑星病、葡萄白粉病、草莓白粉病、西瓜白粉病和烟草白粉病。

氟菌唑与宁南霉素混配,可用于防治黄瓜白粉病。氟菌唑与醚菌酯混配,可用于防治梨黑星病(表 7-14)。

表 7-14 氟菌唑及其混剂的防治对象、有效成分用药量和使用方法

序号	杀菌剂(混剂)	防治对象	有效成分用药量和使用方法
1	氟菌唑	黄瓜白粉病	60～120 克/公顷,喷雾
		草莓白粉病	67～135 克/公顷,喷雾
		梨黑星病	75～150 毫克/千克,喷雾
		葡萄白粉病	67～81 克/公顷,喷雾
		西瓜白粉病	67～81 克/公顷,喷雾
		烟草白粉病	36～54 克/公顷,喷雾
2	25%氟菌唑·4%宁南霉素	黄瓜白粉病	63～87 克/公顷,喷雾
3	10%氟菌唑·20%醚菌酯	梨黑星病	75～150 毫克/千克,喷雾

(14)其他立体生物合成 C_{14}-脱甲基化作用抑制剂的防治谱

其他立体生物合成 C_{14}-脱甲基化作用抑制剂如联苯三唑醇、腈苯唑、粉唑醇、亚胺唑、四氟醚唑和灭菌唑的防治对象、有效成分用药量和使用方法见表 7-15。

表 7-15　其他立体生物合成脱甲基化作用抑制剂的防治对象、有效成分用药量和使用方法

序号	杀菌剂(混剂)	防治对象	有效成分用药量和使用方法
1	联苯三唑醇	花生叶斑病	187～312 克/公顷，喷雾
2	腈苯唑	稻曲病	54～72 克/公顷，喷雾
		桃褐腐病	75～96 毫克/千克，喷雾
		香蕉叶斑病	200～250 毫克/千克，喷雾
3	粉唑醇	小麦白粉病	56～120 克/公顷，喷雾
		小麦条锈病	60～112 克/公顷，喷雾
		小麦锈病	60～150 克/公顷，喷雾
		小麦赤霉病	75～112 克/公顷，喷雾
		草莓白粉病	56～112 克/公顷，喷雾
4	亚胺唑	柑橘疮痂病	40～50 毫克/千克，喷雾
		梨黑星病	62～83 毫克/千克，喷雾
		苹果斑点落叶病	62～83 毫克/千克，喷雾
		葡萄黑痘病	55～83 毫克/千克，喷雾
		青梅黑星病	71～83 毫克/千克，喷雾
5	四氟醚唑	草莓白粉病	28～50 克/公顷，喷雾
		黄瓜白粉病	40～60 克/公顷，喷雾
		甜瓜白粉病	40～60 克/公顷，喷雾
6	灭菌唑	小麦散黑穗病	2.5～5 克/千克种子，拌种
		小麦腥黑穗	28～56 克/100 千克种子，种子包衣
		玉米丝黑穗病	2.5～5 克/100 千克种子，拌种

7.2 立体生物合成 Δ^{14} 还原酶和 $\Delta^8 \rightarrow \Delta^7$ 异构酶抑制剂

7.2.1 作用机制

立体生物合成 Δ^{14} 还原酶和 $\Delta^8 \rightarrow \Delta^7$ 异构酶抑制剂可通过抑制麦角甾醇生物合成过程中的 Δ^{14}-双键的还原和 $\Delta^8 \rightarrow \Delta^7$ 异构化，抑制菌体生长。

7.2.2 主要种类

立体生物合成 Δ^{14} 还原酶和 $\Delta^8 \rightarrow \Delta^7$ 异构酶抑制剂主要有十三吗啉(表 7-16)。

表 7-16 立体生物合成 Δ^{14} 还原酶和 $\Delta^{8}\rightarrow\Delta^{7}$ 异构酶抑制剂的主要种类

通用名	化学名称	结构式
十三吗啉	2,6-二甲基-4-十三烷基吗啉	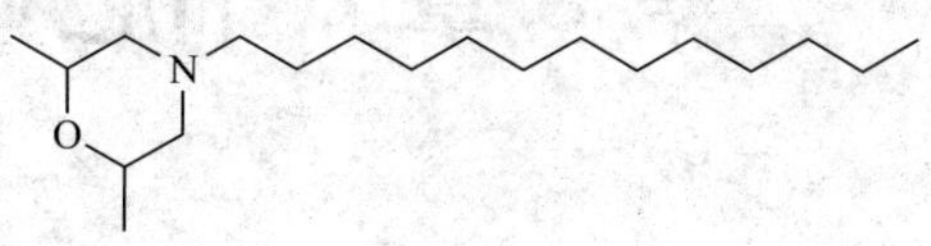

7.2.3 防治谱

十三吗啉可用于防治橡胶树红根病(表 7-17)。

表 7-17 十三吗啉的防治对象、有效成分用药量和使用方法

杀菌剂(混剂)	防治对象	有效成分用药量和使用方法
十三吗啉	橡胶树红根病	15～30 克/株,灌根、灌淋

第 8 章　细胞壁生物合成抑制剂

8.1　几丁质合成酶抑制剂

8.1.1　作用机制

几丁质又称甲壳质、甲壳素，是自然界中的一种天然生物多糖。几丁质是真菌细胞壁不可缺少的组成成分，具有极其重要的作用。任何能干扰几丁质生物合成或沉积的物质都会对真菌的正常生长造成影响。几丁质合成酶是一种膜结合的糖苷转化酶，可催化几丁质前体尿苷二磷酸脂-*N*-乙酰氨基葡萄糖转化成几丁质。由于哺乳动物和植物中无几丁质，因此几丁质合成酶是一个安全、高选择性的靶标。

天然存在的一些几丁质合成酶抑制剂（如多抗霉素）都属于核苷类抗生素，主要来源于微生物的次级代谢。此类抑制剂对真菌几丁质合成具有抑制作用，可通过抑制几丁质合成酶来干扰真菌细胞壁的合成。例如，多抗霉素为几丁质合成酶的竞争性抑制剂，其对酶的亲和力是几丁质前体的近千倍。

8.1.2　主要种类

几丁质合成酶抑制剂主要有多抗霉素（表 8-1）。

表 8-1　几丁质合成酶抑制剂的主要种类

通用名	化学名称	结构式
多抗霉素	/	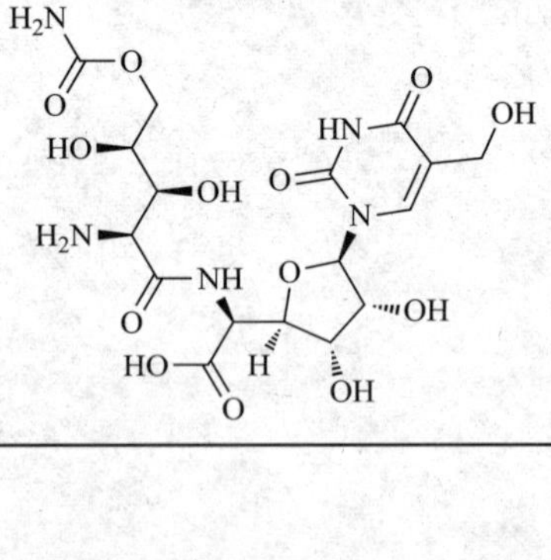

8.1.3　防治谱

多抗霉素单剂可用于防治稻瘟病、水稻立枯病、水稻纹枯病、小麦白粉病、小麦纹枯病、马铃薯晚疫病、棉花褐斑病、棉花立枯病、甜菜立枯病、黄瓜霜霉病、黄瓜白粉病、黄瓜灰霉病、番茄早疫病、番茄叶霉病、番茄晚疫病、苹果斑点落叶病、苹果轮纹病、苹果黑斑病、苹果轮斑病、苹果灰斑病、梨黑斑病、梨灰斑病、葡萄炭疽病、西瓜枯萎病、西瓜蔓枯病、茶饼病、烟草赤星病、人参黑斑病、花卉霜霉病和花卉白粉病。

多抗霉素与丙森锌、代森锰锌混配，可用于防治苹果斑点落叶病。多抗霉素与福美双混配，可用于防治黄瓜霜霉病、黄瓜灰霉病和马铃薯晚疫病(表 8-2)。

表 8-2 多抗霉素及其混剂的防治对象、有效成分用药量和使用方法

序号	杀菌剂(混剂)	防治对象	有效成分用药量和使用方法
		水稻立枯病	150～300 克/公顷，喷雾
		水稻纹枯病	22.5～28.13/公顷，喷雾
		稻瘟病	56～70 克/千克，喷雾
		小麦白粉病	180～200 克/公顷，喷雾
		小麦纹枯病	180～200 克/公顷，喷雾
		马铃薯晚疫病	196.2～580 克/公顷，喷雾
		棉花褐斑病	180～200 克/公顷，喷雾
		棉花立枯病	180～200 克/公顷，喷雾
		甜菜立枯病	180～200 克/公顷，喷雾
		番茄早疫病	27～81 克/公顷，喷雾
		番茄叶霉病	56～225 克/公顷，喷雾
		番茄晚疫病	112～337 克/公顷，喷雾
		黄瓜灰霉病	150～225 克/公顷，喷雾
1	多抗霉素	黄瓜霜霉病	74～772 克/公顷，喷雾
		黄瓜白粉病	74～150 克/公顷，喷雾
		西瓜蔓枯病	60～100 毫克/千克，喷雾
		西瓜枯萎病	30～37 毫克/千克，灌根
		葡萄炭疽病	53～64 毫克/千克，喷雾
		苹果斑点落叶病	100～200 毫克/千克，喷雾
		苹果黑斑病	67～100 毫克/千克，喷雾
		苹果灰斑病	50～75 毫克/千克，喷雾
		苹果轮纹病	67～100 毫克/千克，喷雾
		苹果轮斑病	180～210 克/公顷，喷雾
		梨黑斑病	25～50 毫克/千克，喷雾
		梨灰斑病	25～50 毫克/千克，喷雾
		茶饼病	32～40 毫克/千克，喷雾
		烟草赤星病	27～135 克/公顷，喷雾
		人参黑斑病	111～125 毫克/千克，喷雾

续表

序号	杀菌剂(混剂)	防治对象	有效成分用药量和使用方法
1	多抗霉素	花卉霜霉病	150～200 毫克/千克，喷雾
		花卉白粉病	150～200 毫克/千克，喷雾
2	5%多抗霉素·45%喹啉铜	梨黑斑病	500～625 毫克/千克，喷雾
3	5%多抗霉素·60%克菌丹	苹果斑点落叶病	541.6～650 毫克/千克，喷雾
4	2%多抗霉素·60%丙森锌	苹果斑点落叶病	775～1035 毫克/千克，喷雾
5	2%多抗霉素·44%代森锰锌	苹果斑点落叶病	460～575 毫克/千克，喷雾
6	1.5%多抗霉素·68.5%丙森锌	苹果斑点落叶病	87.5～875 毫克/千克，喷雾
7	1%多抗霉素·54%丙森锌	番茄叶霉病	1237.5～1650 克/公顷，喷雾
8	1%多抗霉素·2%中生菌素	苹果斑点落叶病	40～60 毫克/千克，喷雾
9	0.8%多抗霉素·25%福美双	黄瓜霜霉病	580～772.5 克/公顷，喷雾
10	0.75%多抗霉素·25%福美双	黄瓜灰霉病	386～724 克/公顷，喷雾
		马铃薯晚疫病	385～580 克/公顷，喷雾

8.2 纤维素合酶抑制剂

8.2.1 作用机制

卵菌细胞壁的重要组成成分为纤维素，而真菌细胞壁主要组成成分为几丁质。因此，纤维素合酶抑制剂类杀菌剂对卵菌门致病菌具有较高的活性。

8.2.2 主要种类

纤维素合酶抑制剂主要有烯酰吗啉、氟吗啉、丁吡吗啉和双炔酰菌胺等(表 8-3)。

表 8-3 纤维素合酶抑制剂的主要种类

序号	通用名	化学名称	结构式
1	烯酰吗啉	4-[3-(4-氯苯基)-3-(3,4-二甲氧基苯基)丙烯酰]吗啉	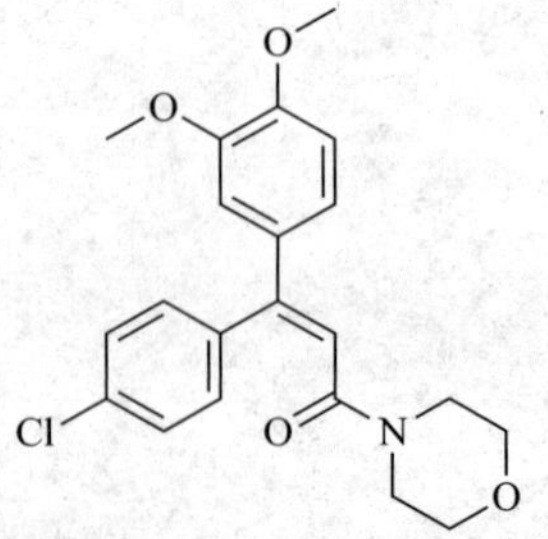

续表

序号	通用名	化学名称	结构式
2	氟吗啉	4-[3-(3,4-二甲氧基苯基)-3-(4-氟苯基)丙烯酰]吗啉	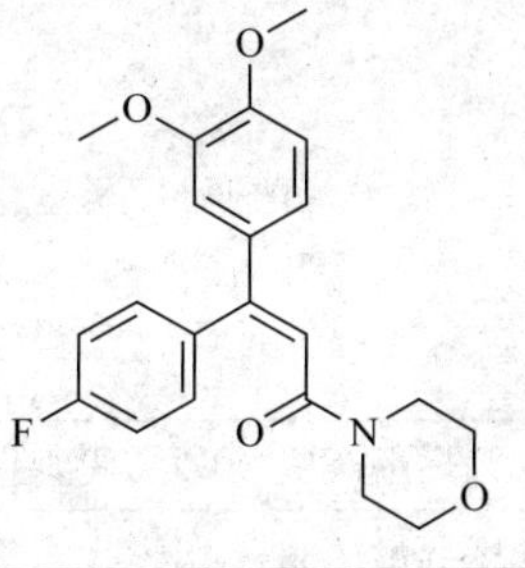
3	丁吡吗啉	(*E*)-3-(2-氯吡啶-4-基)-3-(4-叔丁基苯基)丙烯酰吗啉	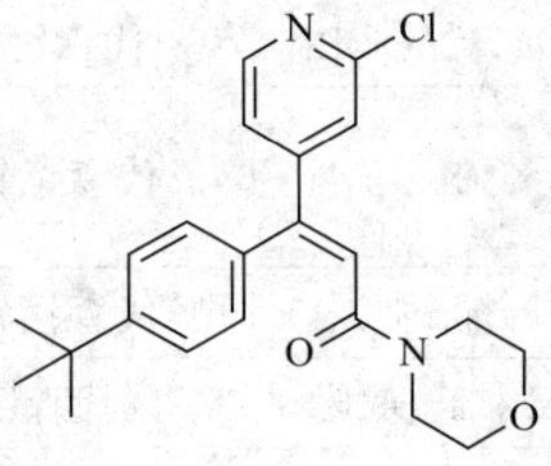
4	双炔酰菌胺	(*RS*)-2-(4-氯苯基)-*N*-[2-(3-甲氧基-4-丙炔-2-基氧基苯基)乙基]-2-丙炔-2-基氧基乙酰胺	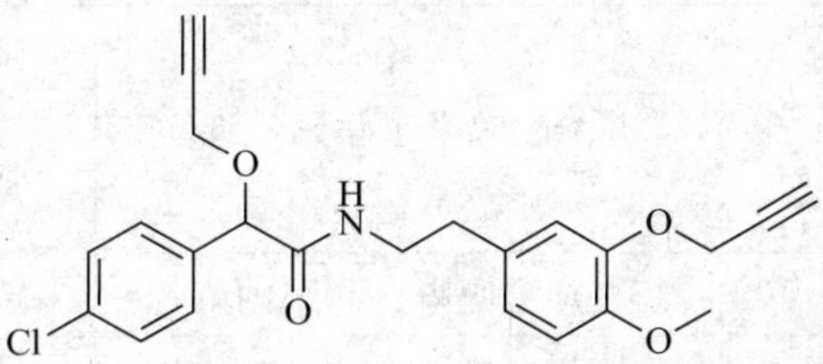

8.2.3 防治谱

(1)烯酰吗啉及其混剂的防治谱

烯酰吗啉单剂可用于防治马铃薯晚疫病、黄瓜霜霉病、黄瓜疫病、番茄晚疫病、辣椒疫病、苦瓜霜霉病、花椰菜霜霉病、葡萄霜霉病、烟草黑胫病和牡丹霜霉病。

烯酰吗啉与代森锰锌混配，可用于防治黄瓜霜霉病、马铃薯晚疫病和番茄晚疫病。烯酰吗啉与丙森锌混配，可用于防治黄瓜霜霉病(表 8-4)。

表 8-4　烯酰吗啉及其混剂的防治对象、有效成分用药量和使用方法

序号	杀菌剂(混剂)	防治对象	有效成分用药量和使用方法
1	烯酰吗啉	马铃薯晚疫病	150～375 克/公顷，喷雾
		花椰菜霜霉病	225～375 克/公顷，喷雾
		黄瓜霜霉病	150～384 克/公顷，喷雾
		黄瓜疫病	225～300 克/公顷，喷雾
		辣椒疫病	225～450 克/公顷，喷雾

续表

序号	杀菌剂(混剂)	防治对象	有效成分用药量和使用方法
1	烯酰吗啉	苦瓜霜霉病	300～450 克/公顷,喷雾
		番茄晚疫病	250～300 克/公顷,喷雾
		葡萄霜霉病	166.7～548 毫克/千克,喷雾
		烟草黑胫病	202.5～300 克/公顷,喷雾
		牡丹霜霉病	96～144 克/公顷,喷雾
2	12%烯酰吗啉·60%代森锰锌	黄瓜霜霉病	1211～1387 克/公顷,喷雾
3	12%烯酰吗啉·48%代森锰锌	黄瓜霜霉病	540～900 克/公顷,喷雾
4	10%烯酰吗啉·70%代森锰锌	黄瓜霜霉病	1200～1500 克/公顷,喷雾
5	9%烯酰吗啉·60%代森锰锌	马铃薯晚疫病	1035～1345 克/公顷,喷雾
		黄瓜霜霉病	828～2070 克/公顷,喷雾
6	8%烯酰吗啉·61%代森锰锌	黄瓜霜霉病	1035～1400 克/公顷,喷雾
7	6.5%烯酰吗啉·43.5%代森锰锌	番茄晚疫病	1215～1395 克/公顷,喷雾
8	6%烯酰吗啉·44%代森锰锌	黄瓜霜霉病	1050～1350 克/公顷,喷雾
9	9%烯酰吗啉·44%代森联	番茄晚疫病	1431～1590 克/公顷,喷雾
		辣椒疫病	1431～1590 克/公顷,喷雾
		马铃薯晚疫病	1431～1590 克/公顷,喷雾
10	15%烯酰吗啉·60%丙森锌	黄瓜霜霉病	675～1125 克/公顷,喷雾
11	15%烯酰吗啉·55%丙森锌	黄瓜霜霉病	735～945 克/公顷,喷雾
12	13%烯酰吗啉·65%丙森锌	黄瓜霜霉病	936～1989 克/公顷,喷雾
13	12%烯酰吗啉·60%丙森锌	黄瓜霜霉病	1835～2160 克/公顷,喷雾
14	7.5%烯酰吗啉·6.5%丙森锌	黄瓜霜霉病	945～1260 克/公顷,喷雾
15	50%烯酰吗啉·20%霜脲氰	葡萄霜霉病	210～315 克/公顷,喷雾
		黄瓜霜霉病	210～315 克/公顷,喷雾
16	30%烯酰吗啉·10%霜脲氰	黄瓜霜霉病	300～420 克/公顷,喷雾
17	20%烯酰吗啉·5%霜脲氰	黄瓜霜霉病	225～281 克/公顷,喷雾
18	15%烯酰吗啉·45%三乙膦酸铝	黄瓜霜霉病	540～1350 克/公顷,喷雾
19	9%烯酰吗啉·41%三乙膦酸铝	葡萄霜霉病	180～200 毫克/千克,喷雾
		黄瓜霜霉病	1050～1350 克/公顷,喷雾
20	8%烯酰吗啉·42%三乙膦酸铝	马铃薯晚疫病	281.25～375 克/公顷,喷雾
21	8%烯酰吗啉·47%福美双	黄瓜霜霉病	825～1320 克/公顷,喷雾
22	4.5%烯酰吗啉·30.5%福美双	黄瓜霜霉病	1050～1470 克/公顷,喷雾
23	4%烯酰吗啉·44%福美双	黄瓜霜霉病	936～1152 克/公顷,喷雾
24	8%烯酰吗啉·39%百菌清	黄瓜霜霉病	900～1080 克/公顷,喷雾

续表

序号	杀菌剂(混剂)	防治对象	有效成分用药量和使用方法
25	2.5%烯酰吗啉·12.5%百菌清	黄瓜霜霉病	675～900 克/公顷,点燃放烟
26	22%烯酰吗啉·3%中生菌素	黄瓜霜霉病	112.5～150 克/公顷,喷雾
27	35%烯酰吗啉·15%醚菌酯	黄瓜霜霉病	225～375 克/公顷,喷雾
28	22%烯酰吗啉·8%甲霜灵	黄瓜霜霉病	300～450 克/公顷,喷雾
		葡萄霜霉病	300～450 克/公顷,喷雾
29	20%烯酰吗啉·3%氨基寡糖素	黄瓜霜霉病	115～230 克/公顷,喷雾
30	15%烯酰吗啉·15%咪鲜胺	荔枝霜疫霉病	375～500 毫克/千克,喷雾
31	6%烯酰吗啉·67%王铜	黄瓜霜霉病	766～876 克/公顷,喷雾
32	10%烯酰吗啉·65%硫酸铜钙	马铃薯晚疫病	75～100 克/亩,喷雾
33	10%烯酰吗啉·30%喹啉铜	葡萄霜霉病	3000～5000 倍液,喷雾

(2)氟吗啉、丁吡吗啉及其混剂的防治谱

氟吗啉可用于防治黄瓜霜霉病和番茄晚疫病,也可与代森锰锌混配,防治黄瓜霜霉病、马铃薯晚疫病、番茄晚疫病和辣椒疫病。

丁吡吗啉可用于防治番茄晚疫病、辣椒疫病(表 8-5)。

表 8-5 氟吗啉、丁苯吗啉及其混剂的防治对象、有效成分用药量和使用方法

序号	杀菌剂(混剂)	防治对象	有效成分用药量和使用方法
1	氟吗啉	番茄晚疫病	135～180 克/公顷,喷雾
		黄瓜霜霉病	75～150 克/公顷,喷雾
2	10%氟吗啉·50%代森锰锌	黄瓜霜霉病	720～1080 克/公顷,喷雾
3	6.5%氟吗啉·43.5%代森锰锌	马铃薯晚疫病	600～800 克/公顷,喷雾
		黄瓜霜霉病	500～900 克/公顷,喷雾
		辣椒疫病	450～750 克/公顷,喷雾
		番茄晚疫病	500～750 克/公顷,喷雾
4	5%氟吗啉·45%三乙膦酸铝	葡萄霜霉病	500～750 毫克/千克,喷雾
		荔枝霜霉疫病	600～800 毫克/千克,喷雾
		烟草黑胫病	600～800 克/公顷,灌根
5	丁吡吗啉	番茄晚疫病	25～30 克/亩,喷雾
		辣椒疫病	25～30 克/亩,喷雾

(3)双炔酰菌胺及其混剂的防治谱

双炔酰菌胺单剂可用于防治马铃薯晚疫病、番茄晚疫病、辣椒疫病、葡萄霜霉病、西瓜疫病和荔枝霜霉疫病。

双炔酰菌胺与百菌清混配，可用于防治黄瓜霜霉病（表 8-6）。

表 8-6 双炔酰菌胺及其混剂的防治对象、有效成分用药量和使用方法

序号	杀菌剂(混剂)	防治对象	有效成分用药量和使用方法
1	双炔酰菌胺	马铃薯晚疫病	70.2～150 克/公顷，喷雾
		辣椒疫病	70.2～150 克/公顷，喷雾
		番茄晚疫病	105.3～150 克/公顷，喷雾
		荔枝霜霉疫病	125～250 毫克/千克，喷雾
		葡萄霜霉病	125～167 毫克/千克，喷雾
		西瓜疫病	70.2～150 克/公顷，喷雾
2	4%双炔酰菌胺·40%百菌清	黄瓜霜霉病	660～990 克/公顷，喷雾

第 9 章　间接作用杀菌剂

间接作用杀菌剂又称为无杀菌毒性化合物。根据防治植物病害的作用方式可以把无杀菌毒性化合物分为两类：一类是作用于病原菌致病过程的化合物，另一类是作用于寄主防御系统的化合物。

9.1　细胞壁黑色素生物合成还原酶抑制剂

9.1.1　作用机制

黑色素来源于生物体自身，有多巴胺(Dihydroxyphenylalanine，DOPA)黑色素和二羟基萘(Dihydroxynaphthalene，DHN)黑色素两大类。其中，动物黑色素多为 DOPA 黑色素，植物病原真菌的黑色素多为 DHN 黑色素。

黑色素与病原菌的致病性有密切联系，DHN 黑色素是某些植物和动物病原菌的毒力因子。病原真菌侵染植物时，通常先形成附着孢和黑色素，使其菌丝体顶端膨胀，以有利于附着并穿透寄主。附着孢最后产生的“侵入钉”成功穿透寄主需要机械压力，这种压力就来源于附着孢的黑色素在细胞膜和细胞壁之间产生的膨胀力，压力可达 8 Mpa。黑色素是产生这种巨大压力的结构支撑。没有黑色素就不能形成具有正常侵染能力的附着胞，病菌也就丧失了侵入寄主表皮的能力，丧失致病性。因此，黑色素生物合成抑制剂在防治某些真菌病害时有很好的效果(特别是稻瘟病)。

DHN 黑色素的合成以乙酸为起点。在聚乙酰合成酶的作用下，5 个乙酸分子首尾相连，环化形成酮内酯(Pentaketide)，经过两次分别由 1,3,6,8-四羟基萘还原酶和 1,3,8-三羟基萘还原酶催化的还原反应和两次由小柱孢酮脱水酶(Scytalone Dehydratase，SD)催化的脱水反应，形成 1,8-DHN。最后，以 1,8-DHN 为单体，在聚合酶的催化下形成黑色素。

黑色素生物合成抑制剂对植物病害的治疗作用有限，主要表现为保护作用，可在病菌侵染植物时干扰其侵入过程。如果植物表皮损伤或用药时间过晚，则不会有药效。黑色素还原酶抑制剂作用于还原酶转化 1,3,8-三羟基萘为柱孢醌的过程，对 1,3,8-三羟基萘还原酶有竞争性抑制作用。

9.1.2　主要种类

细胞壁黑色素生物合成还原酶抑制剂主要有三环唑(表 9-1)。

表 9-1 细胞壁黑色素生物合成还原酶抑制剂的主要种类

通用名	化学名称	结构式
三环唑	5-甲基-[1,2,4]-三唑[3,4-b]苯并噻唑	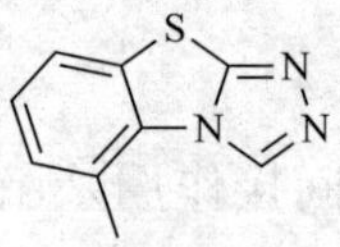

9.1.3 防治谱

三环唑可用于防治稻瘟病，也可与井冈霉素混配，防治水稻纹枯病（表 9-2）。

表 9-2 三环唑及其混剂的防治对象、有效成分用药量和使用方法

序号	杀菌剂（混剂）	防治对象	有效成分用药量和使用方法
1	三环唑	稻瘟病	225～450 克/公顷，喷雾
2	25%三环唑・15%稻瘟酰胺	稻瘟病	360～420 克/公顷，喷雾
3	22.5%三环唑・2.5%烯肟菌胺	稻瘟病	225～337 克/公顷，喷雾
4	16%三环唑・4%井冈霉素	稻瘟病	300～450 克/公顷，喷雾
		水稻纹枯病	300～450 克/公顷，喷雾
5	15%三环唑・5%井冈霉素	稻瘟病	300～450 克/公顷，喷雾
		水稻纹枯病	300～450 克/公顷，喷雾
		稻曲病	300～450 克/公顷，喷雾
6	39%三环唑・10%井冈霉素	稻瘟病	300～450 克/公顷，喷雾
		水稻纹枯病	300～450 克/公顷，喷雾

9.2 小柱孢酮脱水酶抑制剂

9.2.1 作用机制

小柱孢酮脱水酶是黑色素生物合成中的一个重要的脱水酶，小柱孢酮脱水酶抑制剂主要通过抑制病菌侵入过程实现防治效果。

9.2.2 主要种类

小柱孢酮脱水酶抑制剂主要有稻瘟酰胺（表 9-3）。

表 9-3　小柱孢酮脱水酶抑制剂的主要种类

通用名	化学名称	结构式
稻瘟酰胺	*N*-(1-氰基-1,2-二甲基丙基)-2-(2,4-二氯苯氧基)丙酰胺	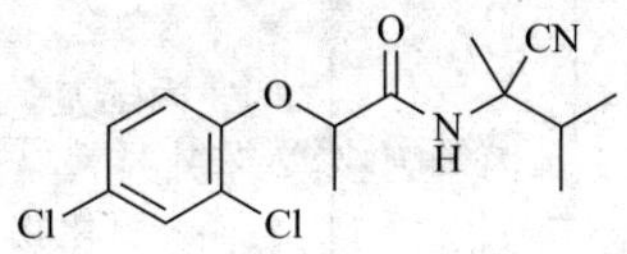

9.2.3　防治谱

稻瘟酰胺及其混剂主要用于防治稻瘟病(表 9-4)。

表 9-4　稻瘟酰胺及其混剂的防治对象、有效成分用药量和使用方法

序号	杀菌剂(混剂)	防治对象	有效成分用药量和使用方法
1	稻瘟酰胺	稻瘟病	100～300 克/公顷,喷雾
2	20%稻瘟酰胺·10%戊唑醇	稻瘟病	135～225 克/公顷,喷雾
		水稻纹枯病	180～202 克/公顷,喷雾
3	40%稻瘟酰胺·2%氨基寡糖素	稻瘟病	220.5～252 克/公顷,喷雾

9.3　寄主植物防御诱导剂

9.3.1　作用机制

寄主植物防御诱导剂又称植物抗病激活剂,可用于激活植物的天然防御机制,使其免受有害微生物的侵染。虽然此类药剂的离体杀菌活性不理想,但可激活植物体,使之对病害产生抗性,对植物产生保护作用,具有很高的应用价值。诱导植物产生防御的机制是使植物产生系统获得性抗性(Systemic Acquired Resistance, SAR),进而产生广泛的抗菌活性。与传统的化学杀菌剂相比,寄主植物防御诱导剂在活体条件下才能激活植物自身的免疫系统以抵御病害的侵染,并非传统的直接杀菌或抑菌模式。

9.3.2　主要种类

寄主植物防御诱导剂主要有烯丙苯噻唑、异噻菌胺、香菇多糖和氨基寡糖素等(表 9-5)。

表 9-5 寄主植物防御诱导剂的主要种类

序号	通用名	化学名称	结构式
1	烯丙苯噻唑	3-(2-丙烯基氧基)-1,2-苯并异噻唑-1,1-二氧化物	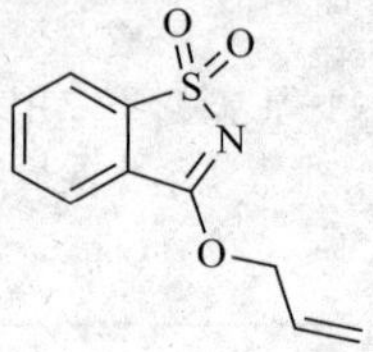
2	异噻菌胺	3,4-二氯-*N*-(2-氰基苯基)-5-异噻唑甲酰胺	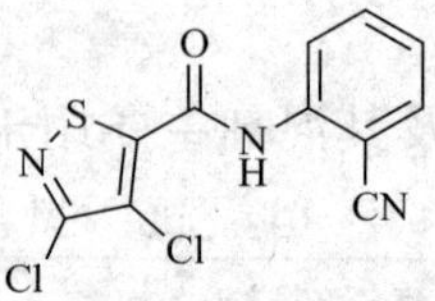
3	香菇多糖	/	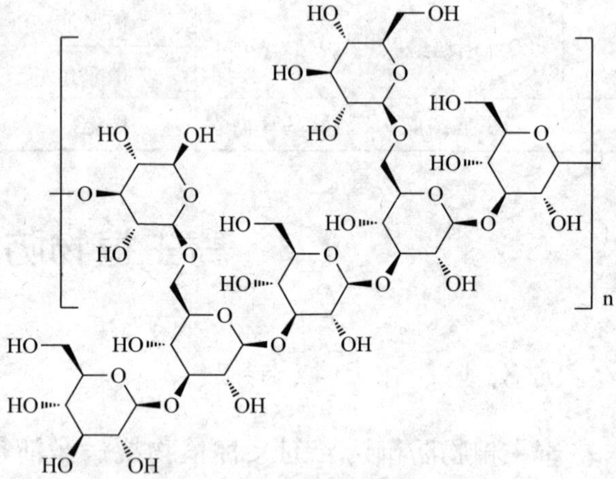
4	氨基寡糖素	/	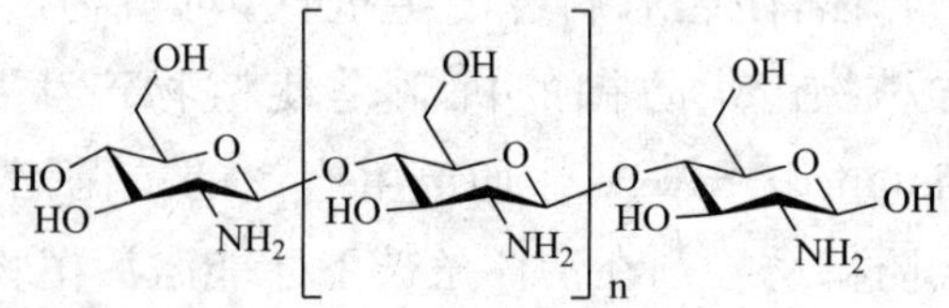

9.3.3 防治谱

烯丙苯噻唑主要用于诱导防治稻瘟病。

香菇多糖主要用于诱导防治水稻条纹叶枯病、水稻黑条矮缩病、番茄病毒病、西瓜病毒病和烟草病毒病。

氨基寡糖素主要用于诱导防治玉米粗缩病、番茄病毒病、辣椒病毒病、烟草病毒病、棉花枯萎病、棉花黄萎病、黄瓜枯萎病、西瓜枯萎病和番茄晚疫病。

表 9-6　寄主植物防御诱导剂的防治对象、有效成分用药量和使用方法

序号	杀菌剂(混剂)	防治对象	有效成分用药量和使用方法
1	烯丙苯噻唑	稻瘟病	2000～4000 克/公顷,撒施
		水稻育秧盘稻瘟病	12～24 克/平方米,撒施
2	香菇多糖	番茄病毒病	1～3 毫升/亩,喷雾
		烟草病毒病	1～3 毫升/亩,喷雾
		水稻条纹叶枯病	1～2 毫升/亩,喷雾
		西瓜病毒病	25～50 毫克/千克,喷雾
		水稻黑条矮缩病	2～4 毫升/亩,喷雾
3	氨基寡糖素	番茄病毒病	3～5 毫升/亩,喷雾
		番茄晚疫病	1～2 毫升/亩,喷雾
		烟草病毒病	2～4 毫升/亩,喷雾
		西瓜枯萎病	2～4 毫升/亩,喷雾
		棉花黄萎病	1～2 毫升/亩,喷雾
		黄瓜枯萎病	30～50 毫克/千克,灌根
		辣椒病毒病	1～3 毫升/亩,喷雾
		棉花枯萎病	3～5 毫升/亩,喷雾
		玉米粗缩病	3～5 毫升/亩,喷雾

第 10 章　多作用位点杀菌剂

10.1　作用机制

多作用位点杀菌剂一般具有多个作用位点，防治谱较宽，选择性相对较差，作用位点在靶标和非靶标生物中没有差异或差异较小。多作用位点杀菌剂产生的选择性主要是通过病原菌和植物对杀菌剂耐受程度的差异性来实现的。

10.2　主要种类

多作用位点杀菌剂主要有碱式硫酸铜、硫酸铜(钙)、喹啉铜、噻森铜、松脂酸铜、硫酸铜钙、琥胶肥酸铜、乙酸铜、混合氨基酸铜、王铜、氢氧化铜、氧化亚铜、络氨铜、壬菌铜、硫磺、石硫合剂、代森锰锌、代森联、代森锌、丙森锌、福美锌、克菌丹、福美双、百菌清、二氰蒽醌、噻唑锌、盐酸吗啉胍、辛菌胺醋酸盐、二氯异氰尿酸钠、三氯异氰尿酸、氯溴异氰尿酸、宁南霉素、中生菌素和申嗪霉素等。

10.3　防治谱

10.3.1　铜制剂的防治谱

(1)碱式硫酸铜的防治谱

碱式硫酸铜单剂可用于防治稻瘟病、稻曲病、黄瓜霜霉病、番茄早疫病、苹果轮纹病、梨黑星病和柑橘溃疡病(表 10-1)。

表 10-1　碱式硫酸铜的防治对象、有效成分用药量和使用方法

杀菌剂	防治对象	有效成分用药量和使用方法
碱式硫酸铜	稻曲病	254.25～339 克/公顷，喷雾
	稻瘟病	256.28～384.43 克/公顷，喷雾
	黄瓜霜霉病	547.2～638.4 克/公顷，喷雾
	番茄早疫病	678～813.6 克/公顷，喷雾
	柑橘溃疡病	750～1000 毫克/千克，喷雾
	梨黑星病	750～1000 毫克/千克，喷雾
	苹果轮纹病	542.4～678 毫克/千克，喷雾

(2)硫酸铜(钙)及其混剂的防治谱

硫酸铜钙单剂可用于防治黄瓜霜霉病、番茄溃疡病、姜腐烂病、苹果褐斑病、葡萄霜霉病、柑橘溃疡病、柑橘疮痂病和烟草野火病。

硫酸铜与盐酸吗啉胍、三十烷醇、混合脂肪酸混配,可用于防治不同植物的病毒病。硫酸铜钙与腐殖酸混配,可用于防治苹果树腐烂病(表 10-2)。

表 10-2　硫酸铜(钙)及其混剂的防治对象、有效成分用药量和使用方法

序号	杀菌剂(混剂)	防治对象	有效成分用药量和使用方法
1	硫酸铜钙	番茄溃疡病	77～92.4 克/亩,喷雾
		柑橘溃疡病	1283～1925 毫克/千克,喷雾
		黄瓜霜霉病	96.25～134.75 克/亩,喷雾
		柑橘疮痂病	962～1925 毫克/千克,喷雾
		苹果褐斑病	962～1283 毫克/千克,喷雾
		葡萄霜霉病	1100～1540 毫克/千克,喷雾
		烟草野火病	1283～1925 毫克/千克,喷雾
		姜腐烂病	962～1283 毫克/千克,喷淋灌根
2	4%硫酸铜·16%盐酸吗啉胍	辣椒病毒病	180～300 克/公顷,喷雾
3	0.5%硫酸铜·1%盐酸吗啉胍	番茄病毒病	90～112.5 克/公顷,喷雾
4	5.9%硫酸铜·0.1%三十烷醇	番茄病毒病	112～140 克/公顷,喷雾
5	1.4%硫酸铜·0.1%三十烷醇	番茄病毒病	18.8～28.2 克/公顷,喷雾
6	0.4%硫酸铜·0.1%三十烷醇	番茄病毒病	11～16 克/公顷,喷雾
		番茄花叶病	18～27 克/公顷,喷雾
		番茄蕨叶病	18～27 克/公顷,喷雾
7	0.6%硫酸铜·2.7%腐殖酸	苹果树腐烂病	150～200 克原液/平方米病疤、15～20 克/株,刮病斑涂抹
8	0.33%硫酸铜·2.07%腐殖酸	苹果树腐烂病	4.8 克/平方米病疤,涂抹病疤
9	0.12%硫酸铜·2%腐殖酸	苹果树腐烂病	4.24 克/平方米,涂抹病疤
10	0.1%硫酸铜·4.4%腐殖酸	苹果树腐烂病	9～14 克/平方米,涂抹病疤
11	1.2%硫酸铜·22.8%混合脂肪酸	番茄病毒病	300～450 克/公顷,喷雾
		辣椒病毒病	280～420 克/公顷,喷雾
		西瓜病毒病	280～420 克/公顷,喷雾
		烟草花叶病毒病	300～450 克/公顷,喷雾
12	0.4%硫酸铜·7.6%混合脂肪酸	番茄病毒病	300～450 克/公顷,喷雾
		烟草花叶病毒病	240～300 克/公顷,喷雾
13	0.5%硫酸铜·4%井冈霉素	水稻纹枯病	59～91 克/公顷,喷雾
		稻曲病	68～78 克/公顷,喷雾

续表

序号	杀菌剂(混剂)	防治对象	有效成分用药量和使用方法
14	2%硫酸铜·50%氯溴异氰尿酸	烟草青枯病	520～693 毫克/千克,灌根
15	6%硫酸铜·0.000015%羟烯腺嘌呤·0.000015%烯腺嘌呤	辣椒病毒病	18～36 克/公顷,喷雾
		烟草病毒病	18～36 克/公顷,喷雾
16	0.8%硫酸铜·0.8%硫酸锌·1.1%十二烷基硫酸钠·0.1%三十烷醇	辣椒病毒病	34.5～52.5 克/公顷,喷雾
		烟草花叶病	26.3～52.5 克/公顷,喷雾

(3)喹啉铜及其混剂的防治谱

喹啉铜单剂可用于防治马铃薯早疫病、黄瓜霜霉病、黄瓜细菌性角斑病、番茄晚疫病、苹果轮纹病、葡萄霜霉病、柑橘溃疡病、山核桃干腐病、杨梅褐斑病和荔枝霜疫霉病。

喹啉铜与霜脲氰混配,可用于防治黄瓜霜霉病(表 10-3)。

表 10-3 喹啉铜及其混剂的防治对象、有效成分用药量和使用方法

序号	杀菌剂(混剂)	防治对象	有效成分用药量和使用方法
1	喹啉铜	苹果轮纹病	125～166 毫克/千克,喷雾
		山核桃干腐病	250～500 毫克/千克,喷雾
		黄瓜霜霉病	20～40 克/亩,喷雾
		柑橘溃疡病	268～335 毫克/千克,喷雾
		马铃薯早疫病	20～25 毫升/亩,喷雾
		番茄晚疫病	10～15 克/亩,喷雾
		黄瓜细菌性角斑病	15～20 毫升/亩,喷雾
		葡萄霜霉病	223～446 毫克/千克,喷雾
		杨梅褐斑病	167～335 毫克/千克,喷雾
		荔枝霜疫霉病	223～335 毫克/千克,喷雾
2	30%喹啉铜·10%霜脲氰	黄瓜霜霉病	270～360 克/公顷,喷雾

(4)噻森铜的防治谱

噻森铜可用于防治水稻白叶枯病、水稻细菌性条斑病、白菜软腐病、番茄青枯病、西瓜细菌性角斑病、柑橘溃疡病和烟草野火病(表 10-4)。

表 10-4 噻森铜的防治对象、有效成分用药量和使用方法

杀菌剂	防治对象	有效成分用药量和使用方法
噻森铜	白菜软腐病	30～40 毫升/亩,喷雾
	番茄青枯病	20～30 毫升/亩,灌根、茎基部喷雾
	柑橘溃疡病	2000～3000 倍液,喷雾
	水稻白叶枯病	20～25 毫升/亩,喷雾
	水稻细菌性条斑病	20～30 毫升/亩,喷雾
	西瓜细菌性角斑病	20～30 毫升/亩,喷雾
	烟草野火病	15～25 毫升/亩,喷雾

(5)松脂酸铜的防治谱

松脂酸铜可用于防治黄瓜霜霉病、黄瓜细菌性角斑病、葡萄霜霉病、柑橘溃疡病和烟草野火病(表 10-5)。

表 10-5 松脂酸铜的防治对象、有效成分用药量和使用方法

杀菌剂	防治对象	有效成分用药量和使用方法
松脂酸铜	葡萄霜霉病	14～16 克/亩,喷雾
	柑橘溃疡病	2000～3000 倍液,喷雾
	黄瓜霜霉病	20～25 克/亩,喷雾
	烟草野火病	16～20 毫升/亩,喷雾
	黄瓜细菌性角斑病	12～25 毫升/亩,喷雾

(6)琥胶肥酸铜及其混剂的防治谱

琥胶肥酸铜单剂可用于防治稻曲病、黄瓜细菌性角斑病、辣椒炭疽病和柑橘溃疡病。

琥胶肥酸铜与三乙膦酸铝混配,可用于防治水稻立枯病、黄瓜霜霉病、黄瓜细菌性角斑病和甜菜立枯病。琥胶肥酸铜与霜脲氰混配,可用于防治黄瓜霜霉病和黄瓜细菌性角斑病(表 10-6)。

表 10-6 琥胶肥酸铜及其混剂的防治对象、有效成分用药量和使用方法

序号	杀菌剂(混剂)	防治对象	有效成分用药量和使用方法
1	琥胶肥酸铜	黄瓜细菌性角斑病	60～72 克/亩,喷雾
		柑橘溃疡病	1200～1500 倍液,喷雾
		辣椒炭疽病	20～30 克/亩,喷雾
		稻曲病	20～30 克/亩,喷雾
2	10%琥胶肥酸铜·10%盐酸吗啉胍	番茄病毒病	30～50 克/亩,喷雾
3	20%琥胶肥酸铜·30%三乙膦酸铝	黄瓜细菌性角斑病	1125～1350 克/公顷,喷雾
		黄瓜霜霉病	1125～1350 克/公顷,喷雾
4	20%琥胶肥酸铜·28%三乙膦酸铝	水稻立枯病	0.6～1.2 克/平方米,苗床喷洒
		甜菜立枯病	92～115 克/千克种子,拌种
		黄瓜霜霉病	60～90 克/亩,喷雾
		黄瓜细菌性角斑病	60～90 克/亩,喷雾
5	7.5%琥胶肥酸铜·15.5%三乙膦酸铝	黄瓜细菌性角斑病	1125～1680 克/公顷,喷雾
		黄瓜霜霉病	1125～1680 克/公顷,喷雾
		水稻立枯病	0.6～1.2 克/平方米,苗床喷洒
		甜菜立枯病	1∶(200～250)(药种比),拌种
6	45%琥胶肥酸铜·30%百菌清	黄瓜霜霉病	93.75～112.5 克/亩,喷雾

续表

序号	杀菌剂(混剂)	防治对象	有效成分用药量和使用方法
7	42%琥胶肥酸铜·8%霜脲氰	黄瓜霜霉病	714～1000毫克/千克,喷雾
		黄瓜细菌性角斑病	714～1000毫克/千克,喷雾
8	36%琥胶肥酸铜·6%霜脲氰	黄瓜霜霉病	630～735克/公顷,喷雾

(7)乙酸铜及其混剂的防治谱

乙酸铜单剂可用于防治黄瓜猝倒病和柑橘溃疡病。

乙酸铜与盐酸吗啉胍混配,可用于防治不同植物的病毒病。乙酸铜与中生菌素混配,可用于防治柑橘溃疡病(表10-7)。

表10-7 乙酸铜及其混剂的防治对象、有效成分用药量和使用方法

序号	杀菌剂(混剂)	防治对象	有效成分用药量和使用方法
1	乙酸铜	黄瓜猝倒病	200～300克/亩,灌根
		柑橘溃疡病	4000～6000倍液,喷雾
2	18%乙酸铜·3%中生菌素	柑橘溃疡病	4000～5000倍液,喷雾
3	4%乙酸铜·16%盐酸吗啉胍	番茄病毒病	30～50克/亩,喷雾
4	5%乙酸铜·15%盐酸吗啉胍	烟草病毒病	30～50克/亩,喷雾
5	2%乙酸铜·18%盐酸吗啉胍	番茄病毒病	30～50克/亩,喷雾
6	30%乙酸铜·30%盐酸吗啉胍	番茄病毒病	30～50克/亩,喷雾
7	10%乙酸铜·10%盐酸吗啉胍	辣椒病毒病	30～50克/亩,喷雾

(8)混合氨基酸铜的防治谱

混合氨基酸铜可用于防治稻曲病、小麦纹枯病、黄瓜枯萎病和西瓜枯萎病(表10-8)。

表10-8 混合氨基酸铜的防治对象、有效成分用药量和使用方法

杀菌剂	防治对象	有效成分用药量和使用方法
混合氨基酸铜	稻曲病	25～35毫升/亩,喷雾
	西瓜枯萎病	2220～3330倍液,灌根
	黄瓜枯萎病	2000～4000倍液,灌根
	小麦纹枯病	20～25毫升/亩,喷雾

(9)王铜及其混剂的防治谱

王铜(氧氯化铜)单剂可用于防治黄瓜细菌性角斑病、番茄早疫病、柑橘溃疡病和人参黑斑病。

王铜与霜脲氰混配,可用于防治黄瓜霜霉病。王铜与代森锌混配,可用于防治柑橘溃疡病(表10-9)。

表 10-9　王铜及其混剂的防治对象、有效成分用药量和使用方法

序号	杀菌剂(混剂)	防治对象	有效成分用药量和使用方法
1	王铜	柑橘溃疡病	375～500 毫克/千克，喷雾
		黄瓜细菌性角斑病	600～1000 倍液，喷雾
		番茄早疫病	15～25 毫升/亩，喷雾
		人参黑斑病	2500～5000 倍液，喷雾
2	30%王铜·10%霜脲氰	黄瓜霜霉病	720～960 克/公顷，喷雾
3	37%王铜·15%代森锌	柑橘溃疡病	400～600 倍液，喷雾

(10)氢氧化铜及其混剂的防治谱

氢氧化铜单剂可用于防治马铃薯晚疫病、黄瓜细菌性角斑病、番茄早疫病、番茄溃疡病、辣椒疮痂病、辣椒疫病、姜瘟病、葡萄霜霉病、柑橘溃疡病、茶树炭疽病、芒果细菌性角斑病和烟草野火病。

氢氧化铜与福美锌混配，可用于防治番茄早疫病(表 10-10)。

表 10-10　氢氧化铜及其混剂的防治对象、有效成分用药量和使用方法

序号	杀菌剂(混剂)	防治对象	有效成分用药量和使用方法
1	氢氧化铜	马铃薯晚疫病	172.5～207 克/公顷，喷雾
		辣椒疮痂病	207～310.5 克/公顷，喷雾
		辣椒疫病	280～400 克/公顷，喷雾
		番茄溃疡病	207～276 克/公顷，喷雾
		番茄早疫病	172.5～207 克/公顷，喷雾
		黄瓜细菌性角斑病	519.75～693 克/公顷，喷雾
		姜瘟病	307～460 毫克/千克，喷淋、灌根
		柑橘溃疡病	230.5～1925 毫克/千克，喷雾
		葡萄霜霉病	230～263 毫克/千克，喷雾
		茶树炭疽病	230～306.67 克/千克，喷雾
		烟草野火病	207～310.5 克/公顷，喷雾
		芒果细菌性黑斑病	2000～3000 倍液，喷雾
2	16%氢氧化铜·48%福美锌	番茄早疫病	980～1123 克/公顷，喷雾

(11)氧化亚铜的防治谱

氧化亚铜可用于防治水稻纹枯病、黄瓜霜霉病、番茄早疫病、甜椒疫病、苹果轮纹病、苹果斑点落叶病、葡萄霜霉病、柑橘溃疡病和荔枝霜疫霉病(表 10-11)。

表 10-11 氧化亚铜的防治对象、有效成分用药量和使用方法

<table>
<tr><th>杀菌剂</th><th>防治对象</th><th>有效成分用药量和使用方法</th></tr>
<tr><td rowspan="9">氧化亚铜</td><td>水稻纹枯病</td><td>355.6～474.1 克/公顷，喷雾</td></tr>
<tr><td>番茄早疫病</td><td>900～1260 克/公顷，喷雾</td></tr>
<tr><td>黄瓜霜霉病</td><td>1800～2400 克/公顷，喷雾</td></tr>
<tr><td>甜椒疫病</td><td>1800～2400 克/公顷，喷雾</td></tr>
<tr><td>苹果斑点落叶病</td><td>344.8～431 毫克/千克，喷雾</td></tr>
<tr><td>葡萄霜霉病</td><td>718～1080 毫克/千克，喷雾</td></tr>
<tr><td>荔枝霜疫霉病</td><td>574.7～862 毫克/千克，喷雾</td></tr>
<tr><td>苹果轮纹病</td><td>345～431 毫克/千克，喷雾</td></tr>
<tr><td>柑橘溃疡病</td><td>862～1078 毫克/千克，喷雾</td></tr>
</table>

(12)络氨铜及其混剂的防治谱

络氨铜单剂可用于防治水稻纹枯病、棉花立枯病、棉花炭疽病、番茄蕨叶病、苹果树腐烂病、柑橘溃疡病、柑橘疮痂病、稻曲病和西瓜枯萎病。

络氨铜与混合脂肪酸铜混配，可用于防治不同植物的病毒病。络氨铜与柠檬酸铜混配，可用于防治水稻细菌性条斑病和西瓜枯萎病(表 10-12)。

表 10-12 络氨铜及其混剂的防治对象、有效成分用药量和使用方法

<table>
<tr><th>序号</th><th>杀菌剂(混剂)</th><th>防治对象</th><th>有效成分用药量和使用方法</th></tr>
<tr><td rowspan="9">1</td><td rowspan="9">络氨铜</td><td>番茄蕨叶病</td><td>70～100 克/亩，喷雾</td></tr>
<tr><td>西瓜枯萎病</td><td>1500～2000 倍液，灌根</td></tr>
<tr><td>苹果树腐烂病</td><td>10 毫升/平方米，涂抹病疤</td></tr>
<tr><td>柑橘溃疡病</td><td>1000～2000 倍液，喷雾</td></tr>
<tr><td>棉花立枯病</td><td>5～10 毫升/亩，拌种</td></tr>
<tr><td>棉花炭疽病</td><td>5～10 毫升/亩，拌种</td></tr>
<tr><td>水稻纹枯病</td><td>25～50 毫升/亩，喷雾</td></tr>
<tr><td>柑橘疮痂病</td><td>1200～2000 倍液，喷雾</td></tr>
<tr><td>稻曲病</td><td>37.5～54 毫升/亩，喷雾</td></tr>
<tr><td rowspan="2">2</td><td rowspan="2">1.5%络氨铜·28.5%混合脂肪酸</td><td>辣椒病毒病</td><td>10～15 毫升/亩，喷雾</td></tr>
<tr><td>烟草病毒病</td><td>10～15 毫升/亩，喷雾</td></tr>
<tr><td rowspan="2">3</td><td rowspan="2">15%络氨铜·6.4%柠檬酸铜</td><td>西瓜枯萎病</td><td>2500～3000 倍液，灌根</td></tr>
<tr><td>水稻细菌性条斑病</td><td>2000～3000 倍液，喷雾</td></tr>
</table>

(13)壬菌铜及其混剂的防治谱

壬菌铜可用于防治黄瓜霜霉病，也可与溴菌腈混配，防治烟草青枯病(表10-13)。

表 10-13　壬菌铜及其混剂的防治对象、有效成分用药量和使用方法

序号	杀菌剂(混剂)	防治对象	有效成分用药量和使用方法
1	壬菌铜	黄瓜霜霉病	40～50 克/亩,喷雾
2	5%壬菌铜·20%溴菌腈	烟草青枯病	10～15 毫升/亩,灌根

10.3.2　硫制剂的防治谱

(1)硫磺及其混剂的防治谱

硫磺是一种古老的天然无机杀菌剂,至今仍有使用。硫磺单剂可用于防治小麦白粉病、黄瓜白粉病、芦笋茎枯病、苹果树腐烂病、苹果白粉病、桃褐斑病、柑橘疮痂病、西瓜白粉病、芒果白粉病、哈密瓜白粉病、橡胶树白粉病和花卉白粉病。

硫磺可与代森锰锌、百菌清混配,可用于防治花生叶斑病、豇豆锈病、苹果白粉病和黄瓜霜霉病(表 10-14)。

表 10-14　硫磺及其混剂的防治对象、有效成分用药量和使用方法

序号	杀菌剂(混剂)	防治对象	有效成分用药量和使用方法
1	硫磺	小麦白粉病	1920～3750 克/公顷,喷雾
		芦笋茎枯病	870～1170 克/公顷,喷雾
		黄瓜白粉病	1012.5～1875 克/公顷,喷雾
		柑橘疮痂病	1600～2667.67 毫克/千克,喷雾
		苹果树腐烂病	原液 100～150 克/平方米,先刮除病疤后用原液涂患处
		苹果白粉病	800～2500 毫克/千克,喷雾
		桃褐斑病	800～1600 毫克/千克,喷雾
		苹果白粉病	800～2500 毫克/千克,喷雾
		西瓜白粉病	2800～3200 克/公顷,喷雾
		芒果白粉病	1250～2500 克/公顷,喷雾
		哈密瓜白粉病	1125～1500 克/公顷,喷雾
		橡胶树白粉病	1875～3000 克/公顷,喷雾
		花卉白粉病	750～1500 克/公顷,喷雾
2	42%硫磺·28%代森锰锌	豇豆锈病	1575～3000 克/公顷,喷雾
		苹果白粉病	1000～1400 毫克/千克,喷雾
3	40%硫磺·30%代森锰锌	苹果白粉病	1167～1400 毫克/千克,喷雾
4	35%硫磺·15%代森锰锌	花生叶斑病	1050～1312.5 克/公顷,喷雾
5	30%硫磺·20%代森锰锌	豇豆锈病	1875～2100 克/公顷,喷雾
6	35%硫磺·15%百菌清	黄瓜霜霉病	1125～1875 克/公顷,喷雾
7	32%硫磺·8%百菌清	花生叶斑病	900～1200 克/公顷,喷雾

续表

序号	杀菌剂(混剂)	防治对象	有效成分用药量和使用方法
8	44%硫磺·16%敌磺钠	番茄立枯病	3.6~6 克/平方米,毒土撒施于土壤
		番茄猝倒病	3.6~6 克/平方米,毒土撒施于土壤
9	13.55%硫磺·0.15%苦参碱	水稻条纹叶枯病	205~308 克/公顷,喷雾
		辣椒病毒病	273~411 克/公顷,喷雾

(2)石硫合剂的防治谱

石硫合剂可用于防治不同果树的白粉病,如苹果白粉病、柑橘白粉病、葡萄白粉病和核桃白粉病等(表 10-15)。

表 10-15 石硫合剂的防治对象、有效成分用药量和使用方法

杀菌剂	防治对象	有效成分用药量和使用方法
石硫合剂	苹果白粉病	240 倍液,喷雾
	柑橘白粉病	120 倍液,喷雾
	核桃白粉病	120 倍液,喷雾
	葡萄白粉病	24~40 倍液,喷雾

(3)代森锰锌及其混剂的防治谱

代森锰锌是使用最为广泛的有机硫杀菌剂之一,多与其他内吸选择性杀菌剂混配使用。代森锰锌单剂可用于防治马铃薯晚疫病、花生叶斑病、黄瓜霜霉病、番茄早疫病、辣椒疫病、辣椒炭疽病、甜椒炭疽病、柑橘炭疽病、柑橘疮痂病、苹果轮纹病、苹果炭疽病、苹果斑点落叶病、梨黑星病、葡萄霜霉病、葡萄白腐病、葡萄黑痘病、西瓜炭疽病、荔枝霜疫霉病、香蕉叶斑病和烟草赤星病。

代森锰锌与三乙膦酸铝混配,可用于防治白菜霜霉病、白菜白斑病、黄瓜霜霉病、辣椒疫病、苹果斑点落叶病、苹果炭疽病、苹果轮纹病、梨黑星病和梨轮纹病。代森锰锌与霜脲氰混配,可用于防治马铃薯晚疫病、黄瓜霜霉病、番茄晚疫病、辣椒疫病、荔枝霜疫霉病和人参疫病(表 10-16)。

表 10-16 代森锰锌及其混剂的防治对象、有效成分用药量和使用方法

序号	杀菌剂(混剂)	防治对象	有效成分用药量和使用方法
1	代森锰锌	马铃薯晚疫病	1440~2160 克/公顷,喷雾
		花生叶斑病	720~900 克/公顷,喷雾
		番茄早疫病	1080~2895 克/公顷,喷雾
		黄瓜霜霉病	1800~3600 克/公顷,喷雾
		甜椒疫病	2160~2520 克/公顷,喷雾
		辣椒炭疽病	1800~2520 克/公顷,喷雾
		甜椒炭疽病	1800~2520 克/公顷,喷雾

续表

序号	杀菌剂(混剂)	防治对象	有效成分用药量和使用方法
1	代森锰锌	辣椒疫病	1800～2520 克/公顷,喷雾
		柑橘炭疽病	1333～2000 毫克/千克,喷雾
		柑橘疮痂病	1000～2000 毫克/千克,喷雾
		荔枝霜疫霉病	1333～2000 毫克/千克,喷雾
		苹果斑点落叶病	1000～1600 毫克/千克,喷雾
		苹果轮纹病	1000～1500 毫克/千克,喷雾
		苹果炭疽病	1000～1500 毫克/千克,喷雾
		梨黑星病	800～1600 毫克/千克,喷雾
		西瓜炭疽病	1560～3000 克/公顷,喷雾
		葡萄白腐病	1000～1600 毫克/千克,喷雾
		葡萄黑痘病	1000～1600 毫克/千克,喷雾
		葡萄霜霉病	1000～1600 毫克/千克,喷雾
		香蕉叶斑病	1200～1600 毫克/千克,喷雾
		烟草赤星病	1440～1920 克/公顷,喷雾
2	48.6%代森锰锌·32.4%三乙膦酸铝	黄瓜霜霉病	1944～2673 克/公顷,喷雾
3	45%代森锰锌·25%三乙膦酸铝	白菜白斑病	1400～4200 克/公顷,喷雾
		白菜霜霉病	1400～4200 克/公顷,喷雾
		黄瓜霜霉病	1400～4200 克/公顷,喷雾
4	40%代森锰锌·30%三乙膦酸铝	辣椒疫病	787～1050 克/公顷,喷雾
		黄瓜霜霉病	2100～4200 克/公顷,喷雾
5	40%代森锰锌·24%三乙膦酸铝	黄瓜霜霉病	1350～1920 克/公顷,喷雾
		苹果斑点落叶病	1280～1600 毫克/千克,喷雾
6	30%代森锰锌·20%三乙膦酸铝	黄瓜霜霉病	1400～2800 克/公顷,喷雾
7	28%代森锰锌·22%三乙膦酸铝	黄瓜霜霉病	1155～4200 克/公顷,喷雾
8	27%代森锰锌·23%三乙膦酸铝	黄瓜霜霉病	937～1400 克/公顷,喷雾
9	27%代森锰锌·23%三乙膦酸铝	黄瓜霜霉病	1400～2800 克/公顷,喷雾
		苹果炭疽病	833～1250 毫克/千克,喷雾
10	25%代森锰锌·45%三乙膦酸铝	黄瓜霜霉病	125～144 克/亩,喷雾
11	25%代森锰锌·36%三乙膦酸铝	苹果斑点落叶病	1016～2033 毫克/千克,喷雾
		梨黑星病	1220～2033 毫克/千克,喷雾
		梨轮纹病	1016～1525 毫克/千克,喷雾
		苹果轮纹病	1016～1525 毫克/千克,喷雾
12	25%代森锰锌·25%三乙酸铝	黄瓜霜霉病	1125～1875 克/公顷,喷雾

续表

序号	杀菌剂(混剂)	防治对象	有效成分用药量和使用方法
13	24%代森锰锌·46%三乙膦酸铝	黄瓜霜霉病	1400～4200 克/公顷,喷雾
14	23%代森锰锌·27%三乙膦酸铝	黄瓜霜霉病	1125～1875 克/公顷,喷雾
15	22%代森锰锌·28%三乙膦酸铝	黄瓜霜霉病	937～1875 克/公顷,喷雾
16	20%代森锰锌·30%三乙膦酸铝	黄瓜霜霉病	1125～1875 克/公顷,喷雾
17	17%代森锰锌·25%三乙膦酸铝	黄瓜霜霉病	1181～2362 克/公顷,喷雾
18	64%代森锰锌·8%霜脲氰	马铃薯晚疫病	1155～1620 克/公顷,喷雾
		黄瓜霜霉病	1350～1836 克/公顷,喷雾
		番茄晚疫病	1440～1944 克/公顷,喷雾
		辣椒疫病	1029～1800 克/公顷,喷淋
		荔枝霜疫霉病	1200～1450 毫克/千克,喷雾
		人参疫病	1080～1836 克/公顷,喷雾
19	32%代森锰锌·4%霜脲氰	黄瓜霜霉病	1440～1800 克/公顷,喷雾
20	56%代森锰锌·8%百菌清	番茄早疫病	1028～1440 克/公顷,喷雾
21	56%代森锰锌·8%百菌清	番茄早疫病	1028.6～1440 克/公顷,喷雾
		梨黑星病	1000～1250 毫克/千克,喷雾
22	40%代森锰锌·30%百菌清	番茄早疫病	1315～1575 克/公顷,喷雾
23	35%代森锰锌·25%福美双	番茄早疫病	1350～2250 克/公顷,喷雾
24	20%代森锰锌·50%福美双	苹果轮纹病	875～1166 毫克/千克,喷雾
25	60%代森锰锌·5%二氰蒽醌	梨黑星病	866～1300 毫克/千克,喷雾

(4)代森联的防治谱

代森联主要与其他化学杀菌剂混配使用。代森联单剂可用于防治黄瓜霜霉病、苹果斑点落叶病、苹果轮纹病、苹果炭疽病、梨黑星病、葡萄霜霉病和柑橘疮痂病(表 10-17)。

表 10-17　代森联的防治对象、有效成分用药量和使用方法

杀菌剂	防治对象	有效成分用药量和使用方法
代森联	黄瓜霜霉病	1120～1750 克/公顷,喷雾
	葡萄霜霉病	750～1000 毫克/千克,喷雾
	柑橘疮痂病	1000～1400 毫克/千克,喷雾
	梨黑星病	1000～1400 毫克/千克,喷雾
	苹果斑点落叶病	1000～2333 毫克/千克,喷雾
	苹果轮纹病	1000～2333 毫克/千克,喷雾
	苹果炭疽病	1000～2333 毫克/千克,喷雾

(5)代森锌及其混剂的防治谱

代森锌单剂可用于防治麦类锈病、马铃薯早疫病、马铃薯晚疫病、花生叶斑病、黄瓜霜霉病、番茄早疫病、芦笋茎枯病、苹果斑点落叶病、柑橘炭疽病、西瓜炭疽病、茶树炭疽病、烟草立枯病、烟草炭疽病、观赏植物炭疽病和观赏植物锈病(表10-18)。

表10-18 代森锌及其混剂的防治对象、有效成分用药量和使用方法

序号	杀菌剂(混剂)	防治对象	有效成分用药量和使用方法
1	代森锌	花生叶斑病	877.5～975克/公顷,喷雾
		番茄早疫病	975～1200克/公顷,喷雾
		黄瓜霜霉病	1950～3000克/公顷,喷雾
		马铃薯早疫病	960～1200克/公顷,喷雾
		马铃薯晚疫病	960～1200克/公顷,喷雾
		麦类锈病	960～1440克/公顷,喷雾
		芦笋茎枯病	780～975克/公顷,喷雾
		柑橘炭疽病	1083～1300毫克/千克,喷雾
		苹果斑点落叶病	1143～1600毫克/千克,喷雾
		西瓜炭疽病	975～1170克/公顷,喷雾
		茶树炭疽病	1143～1600毫克/千克,喷雾
		烟草炭疽病	960～1200克/公顷,喷雾
		烟草立枯病	960～1200克/公顷,喷雾
		观赏植物炭疽病	1143～1600毫克/千克,喷雾
		观赏植物锈病	1143～1600毫克/千克,喷雾
2	44%代森锌·2%中生菌素	番茄早疫病	517.5～690克/公顷,喷雾

(6)丙森锌及其混剂的防治谱

丙森锌防治谱广泛,可用于防治水稻胡麻斑病、玉米大斑病、马铃薯早疫病、白菜霜霉病、黄瓜霜霉病、番茄早疫病、番茄晚疫病、甜椒疫病、苹果斑点落叶病、葡萄霜霉病、柑橘炭疽病、西瓜疫病和香蕉叶斑病。

丙森锌与霜脲氰混配,可用于防治马铃薯晚疫病、黄瓜霜霉病和番茄晚疫病(表10-19)。

表10-19 丙森锌及其混剂的防治对象、有效成分用药量和使用方法

序号	杀菌剂(混剂)	防治对象	有效成分用药量和使用方法
1	丙森锌	白菜霜霉病	100～150克/亩,喷雾
		番茄晚疫病	100～150克/亩,喷雾
		番茄早疫病	90～120克/亩,喷雾
		柑橘炭疽病	1000～1200倍液,喷雾

续表

序号	杀菌剂(混剂)	防治对象	有效成分用药量和使用方法
1	丙森锌	黄瓜霜霉病	100～150 克/亩,喷雾
		马铃薯早疫病	150～200 克/亩,喷雾
		苹果斑点落叶病	1000～1200 倍液,喷雾
		葡萄霜霉病	600～900 倍液,喷雾
		水稻胡麻斑病	70～100 克/亩,喷雾
		甜椒疫病	70～140 克/亩,喷雾
		西瓜疫病	100～140 克/亩,喷雾
		香蕉叶斑病	600～1000 倍液,喷雾
		玉米大斑病	70～100 克/亩,喷雾
2	70%丙森锌·6%霜脲氰	黄瓜霜霉病	1812.6～2736 克/公顷,喷雾
3	38%丙森锌·12%霜脲氰	番茄晚疫病	85～115 克/亩,喷雾
4	50%丙森锌·10%霜脲氰	马铃薯晚疫病	48～60 克/亩,喷雾
		黄瓜霜霉病	40～50 克/亩,喷雾
5	39%丙森锌·2%中生菌素	黄瓜细菌性角斑病	30～40 克/亩,喷雾
6	60%丙森锌·12%三乙膦酸铝	黄瓜霜霉病	1804～2160 克/公顷,喷雾

(7)福美锌及其混剂的防治谱

福美锌单剂可用于防治番茄早疫病和苹果炭疽病。

福美锌与福美双混配,可用于防治棉花苗期病害、黄瓜炭疽病、苹果炭疽病、西瓜炭疽病、麻炭疽病、橡胶树炭疽病和杉木炭疽病(表 10-20)。

表 10-20 福美锌及其混剂的防治对象、有效成分用药量和使用方法

序号	杀菌剂(混剂)	防治对象	有效成分用药量和使用方法
1	福美锌	番茄早疫病	1575～2250 克/公顷,喷雾
		苹果炭疽病	1200～1800 克/公顷,喷雾
2	50%福美锌·30%福美双	棉花苗期病害	500 毫克/千克,浸种
		黄瓜炭疽病	1500～1800 克/公顷,喷雾
		苹果炭疽病	1000～1600 毫克/千克,喷雾
		西瓜炭疽病	1500～2250 克/公顷,喷雾
		杉木炭疽病	1500～2000 毫克/千克,喷雾
		橡胶树炭疽病	1500～2000 毫克/千克,喷雾
		麻炭疽病	240～400 克/100 千克种子,拌种
3	45%福美锌·27%福美双	黄瓜炭疽病	1447.2～1944 克/公顷,喷雾
4	40%福美锌·20%福美双	黄瓜炭疽病	1440～1800 克/公顷,喷雾

续表

序号	杀菌剂(混剂)	防治对象	有效成分用药量和使用方法
5	37%福美锌·23%福美双	黄瓜炭疽病	1440～1800 克/公顷,喷雾
		西瓜炭疽病	1500～1800 克/公顷,喷雾
6	25%福美锌·15%福美双	棉花苗期病害	500 毫克/千克,浸种
		黄瓜炭疽病	1500～1800 克/公顷,喷雾
		苹果炭疽病	1000～1600 毫克/千克,喷雾
		西瓜炭疽病	1500～2250 克/公顷,喷雾
		杉木炭疽病	1500～2000 毫克/千克,喷雾
		橡胶树炭疽病	1500～2000 毫克/千克,喷雾
		麻炭疽病	240～400 克/100 千克种子,拌种
7	50%福美锌·25%溴菌腈	苹果炭疽病	625～1250 毫克/千克,喷雾
8	35%福美锌·21%福美双·19%百菌清	黄瓜霜霉病	1205～1687 克/公顷,喷雾

(8)克菌丹的防治谱

克菌丹可用于防治玉米茎基腐病、马铃薯黑痣病、黄瓜炭疽病、番茄早疫病、番茄叶霉病、辣椒炭疽病、苹果轮纹病、梨黑星病、葡萄霜霉病、草莓灰霉病和柑橘树脂病(表 10-21)。

表 10-21　克菌丹的防治对象、有效成分用药量和使用方法

杀菌剂	防治对象	有效成分用药量和使用方法
克菌丹	玉米茎基腐病	67.5～78.75 克/100 千克种子,包衣
	马铃薯黑痣病	50～60 克/100 千克种薯,拌种
	辣椒炭疽病	937.5～1406.25 克/公顷,喷雾
	番茄叶霉病	937.5～1406.25 克/公顷,喷雾
	番茄早疫病	937.5～1406.25 克/公顷,喷雾
	黄瓜炭疽病	900～1406.25 克/公顷,喷雾
	柑橘树脂病	800～1333 毫克/千克,喷雾
	梨黑星病	714～1000 毫克/千克,喷雾
	苹果轮纹病	625～1333 毫克/千克,喷雾
	葡萄霜霉病	833～1250 毫克/千克,喷雾
	草莓灰霉病	833～1425 毫克/千克,喷雾

(9)福美双的防治谱

福美双是使用最为广泛的保护性杀菌剂之一,目前主要与其他化学杀菌剂混配使用。福美双单剂主要用于土壤处理和拌种,防治稻瘟病、水稻胡麻叶斑病、小

麦赤霉病、小麦白粉病、黄瓜霜霉病、黄瓜白粉病、葡萄白腐病、甜菜根腐病和烟草根腐病(表10-22)。

表10-22 福美双的防治对象、有效成分用药量和使用方法

杀菌剂	防治对象	有效成分用药量和使用方法
福美双	黄瓜白粉病	1000～2000倍液,喷雾
	黄瓜霜霉病	1000～2000倍液,喷雾
	葡萄白腐病	1000～2000倍液,喷雾
	稻瘟病	1:400(药种比),拌种
	水稻胡麻叶斑病	1:400(药种比),拌种
	甜菜根腐病	1000克/1000千克温床土,土壤处理
	小麦白粉病	1000倍液,喷雾
	小麦赤霉病	1000倍液,喷雾
	烟草根腐病	1000克/1000千克温床土,土壤处理

10.3.3 其他多作用位点杀菌剂的防治谱

(1)百菌清及其混剂的防治谱

百菌清是用途比较广泛的保护性杀菌剂,使用时应注意安全间隔期和用药量。百菌清单剂可用于防治稻瘟病、水稻纹枯病、小麦叶锈病、小麦叶斑病、马铃薯早疫病、豆类锈病、豆类炭疽病、花生锈病、花生叶斑病、黄瓜霜霉病、黄瓜白粉病、番茄晚疫病、番茄灰霉病、白菜霜霉病、梨斑点落叶病、苹果斑点落叶病、葡萄白粉病、葡萄黑痘病、柑橘疮痂病、茶树炭疽病、香蕉叶斑病、橡胶树炭疽病、橡胶树白粉病和草坪褐斑病。

百菌清与霜脲氰、三乙膦酸铝混配,可用于防治黄瓜霜霉病(表10-23)。

表10-23 百菌清及其混剂的防治对象、有效成分用药量和使用方法

序号	杀菌剂(混剂)	防治对象	有效成分用药量和使用方法
1	百菌清	稻瘟病	1125～1462.5克/公顷,喷雾
		水稻纹枯病	1125～1425克/公顷,喷雾
		小麦叶斑病	1125～1425克/公顷,喷雾
		小麦叶锈病	1125～1425克/公顷,喷雾
		马铃薯早疫病	2000～3000克/公顷,喷雾
		豆类锈病	1275～2325克/公顷,喷雾
		豆类炭疽病	1275～2325克/公顷,喷雾
		花生锈病	1125～1350克/公顷,喷雾
		花生叶斑病	1125～1507.5克/公顷,喷雾

续表

序号	杀菌剂(混剂)	防治对象	有效成分用药量和使用方法
1	百菌清	蔬菜白粉病	1275～1725 克/公顷,喷雾
		蔬菜霜霉病	1275～1725 克/公顷,喷雾
		白菜霜霉病	1462.5～1732.5 克/公顷,喷雾
		番茄晚疫病	1125～1462.5 克/公顷,喷雾
		番茄灰霉病	1350～2250 克/公顷,喷雾
		番茄早疫病	750～3000 克/公顷,喷雾
		黄瓜霜霉病	750～3037 克/公顷,点燃放烟、喷雾
		黄瓜白粉病	1500～1725 克/公顷,喷雾
		苦瓜霜霉病	1125～2250 克/公顷,喷雾
		柑橘疮痂病	750～1250 毫克/千克,喷雾
		梨斑点落叶病	1500 毫克/千克,喷雾
		苹果斑点落叶病	1250～1875 毫克/千克,喷雾
		葡萄白粉病	1071～1250 毫克/千克,喷雾
		葡萄黑痘病	1071～1250 毫克/千克,喷雾
		香蕉叶斑病	900～1080 毫克/千克,喷雾
		瓜类霜霉病	1200～1650 克/公顷,喷雾
		瓜类白粉病	1200～1650 克/公顷,喷雾
		茶树炭疽病	937～1250 毫克/千克,喷雾
		橡胶树炭疽病	937～1500 毫克/千克,喷雾
		橡胶树白粉病	1125～1200 克/亩,点燃放烟
		林木病害	300～375 克/公顷,超低量喷雾、喷烟
		草坪褐斑病	972～1458 克/公顷,喷雾
2	31.8%百菌清·4.2%霜脲氰	黄瓜霜霉病	402～510 克/公顷,喷雾
3	30%百菌清·6%霜脲氰	番茄晚疫病	450～675 克/公顷,喷雾、点燃放烟
4	20%百菌清·5%霜脲氰	黄瓜霜霉病	562～703 克/公顷,喷雾
5	19%百菌清·3%霜脲氰	黄瓜霜霉病	660～825 克/公顷,点燃放烟
6	16%百菌清·2%霜脲氰	黄瓜霜霉病	405～513 克/公顷,喷雾
7	37%百菌清·38%三乙膦酸铝	黄瓜霜霉病	1406～2190 克/公顷,喷雾
8	30%百菌清·50%三乙膦酸铝	黄瓜霜霉病	1440～2100 克/公顷,喷雾
9	20%百菌清·50%三乙膦酸铝	黄瓜霜霉病	1406～2109 克/公顷,喷雾
10	30%百菌清·40%福美双	葡萄霜霉病	875～1166 毫克/千克,喷雾
11	20%百菌清·50%福美双	葡萄霜霉病	875～1250 毫克/千克,喷雾
12	20%百菌清·35%福美双	黄瓜白粉病	942～1100 克/公顷,喷雾

(2)二氰蒽醌及其混剂的防治谱

二氰蒽醌及其混剂可用于防治辣椒炭疽病、山药炭疽病、苹果轮纹病、苹果炭疽病和枣树炭疽病(表 10-24)。

表 10-24 二氰蒽醌及其混剂的防治对象、有效成分用药量和使用方法

序号	杀菌剂(混剂)	防治对象	有效成分用药量和使用方法
1	二氰蒽醌	苹果轮纹病	700～1000 毫克/千克,喷雾
		辣椒炭疽病	213～284 克/公顷,喷雾
		苹果炭疽病	700～875 毫克/千克,喷雾
2	12%二氰蒽醌·4%吡唑醚菌酯	苹果炭疽病	213～427 毫克/千克,喷雾
		枣树炭疽病	213～427 毫克/千克,喷雾
		山药炭疽病	320～400 克/公顷,喷雾

(3)噻唑锌的防治谱

噻唑锌主要用作杀细菌剂,可用于防治水稻细菌性条斑病、黄瓜细菌性角斑病、芋头软腐病、桃细菌性穿孔病、柑橘溃疡病、烟草青枯病和烟草野火病(表 10-25)。

表 10-25 噻唑锌的防治对象、有效成分用药量和使用方法

杀菌剂	防治对象	有效成分用药量和使用方法
噻唑锌	柑橘溃疡病	1500～2500 倍液,喷雾
	黄瓜细菌性角斑病	20～30 毫升/亩,喷雾
	水稻细菌性条斑病	20～30 毫升/亩,喷雾
	桃细菌性穿孔病	1500～2500 倍液,喷雾
	烟草青枯病	1500～2000 倍液,喷雾
	烟草野火病	20～35 毫升/亩,喷雾
	芋头软腐病	1500～2000 倍液,喷雾

(4)盐酸吗啉胍及其混剂的防治谱

盐酸吗啉胍可用于防治或延缓植物的病毒病,常与其他杀菌剂混配使用,可用于防治水稻黑条矮缩病、番茄病毒病和烟草病毒病(表 10-26)。

表 10-26 盐酸吗啉胍及其混剂的防治对象、有效成分用药量和使用方法

序号	杀菌剂(混剂)	防治对象	有效成分用药量和使用方法
1	盐酸吗啉胍	番茄病毒病	32～50 克/亩,喷雾
		烟草病毒病	40～50 克/亩,喷雾
2	40%盐酸吗啉胍·0.0004%羟烯腺嘌呤	番茄病毒病	40～60 克/亩,喷雾
3	5%盐酸吗啉胍·0.9%辛菌胺	番茄病毒病	10～15 克/亩,喷雾
4	2.5%盐酸吗啉胍·1.8%辛菌胺醋酸盐	番茄病毒病	8～12 克/亩,喷雾
5	39.996%盐酸吗啉胍·0.002%羟烯腺嘌呤·0.002%烯腺嘌呤	番茄病毒病	40～60 克/亩,喷雾
		水稻黑条矮缩病	45～60 克/亩,喷雾

(5)辛菌胺醋酸盐及其混剂的防治谱

辛菌胺醋酸盐可用于防治稻瘟病、水稻黑条矮缩病、水稻细菌性条斑病、棉花枯萎病、辣椒病毒病和苹果树腐烂病(表 10-27)。

表 10-27　辛菌胺醋酸盐及其混剂的防治对象、有效成分用药量和使用方法

序号	杀菌剂(混剂)	防治对象	有效成分用药量和使用方法
1	辛菌胺醋酸盐	辣椒病毒病	30～45 毫克/千克,喷雾
		棉花枯萎病	60 毫克/千克,喷雾
		苹果树腐烂病	180～360 毫克/千克;涂抹
		稻瘟病	1～2 毫升/亩,喷雾
		水稻黑条矮缩病	1～2 毫升/亩,喷雾
		水稻细菌性条斑病	2～4 克/亩,喷雾
2	1.7%辛菌胺醋酸盐·0.3%四霉素	黄瓜炭疽病	2～3 毫升/亩,喷雾

(6)氯异氰尿酸类杀菌剂及其混剂的防治谱

氯异氰尿酸类杀菌剂有二氯异氰尿酸钠、三氯异氰尿酸和氯溴异氰尿酸,可用于防治稻瘟病、水稻纹枯病、水稻白叶枯病、水稻细菌性条斑病、水稻条纹叶枯病、棉花立枯病、棉花炭疽病、棉花枯萎病、棉花黄萎病、白菜软腐病、黄瓜霜霉病、番茄早疫病、辣椒炭疽病、辣椒病毒病、平菇木霉菌、苹果树腐烂病、烟草赤星病、烟草病毒病、烟草野火病和草坪褐斑病(表 10-28)。

表 10-28　氯异氰尿酸类杀菌剂及其混剂的防治对象、有效成分用药量和使用方法

序号	杀菌剂(混剂)	防治对象	有效成分用药量和使用方法
1	二氯异氰尿酸钠	番茄早疫病	35～50 毫升/亩,喷雾
		黄瓜霜霉病	30～50 克/亩,喷雾
		平菇木霉菌	20～40 克/100 千克干料,拌料
		草坪褐斑病	35～75 克/亩,喷雾
2	三氯异氰尿酸	辣椒炭疽病	24～32 克/亩,喷雾
		棉花枯萎病	20～30 克/亩,喷雾
		苹果树腐烂病	400～500 倍液,枝干喷淋
		水稻细菌性条斑病	700～1500 倍液,浸种;24～36 克/亩,喷雾
		棉花黄萎病	30～40 克/亩,喷雾
		棉花立枯病	40～60 克/亩,喷雾
		棉花炭疽病	40～60 克/亩,喷雾
		水稻白叶枯病	24～36 克/亩,喷雾
		稻瘟病	20～30 克/亩,喷雾
		水稻纹枯病	24～36 克/亩,喷雾

续表

序号	杀菌剂(混剂)	防治对象	有效成分用药量和使用方法
3	氯溴异氰尿酸	水稻细菌性条斑病	375～450克/公顷,喷雾
		水稻白叶枯病	300～450克/公顷,喷雾
		水稻条纹叶枯病	412.5～515.6克/公顷,喷雾
		辣椒病毒病	450～525克/公顷,喷雾
		白菜软腐病	375～450克/公顷,喷雾
		黄瓜霜霉病	450～525克/公顷,喷雾
		烟草赤星病	375～600克/公顷,喷雾
		烟草病毒病	337.5～450克/公顷,喷雾
		烟草野火病	450～600克/公顷,喷雾
4	50%氯溴异氰尿酸·2%硫酸铜	烟草青枯病	520～693.3毫克/千克,灌根
5	20%氯溴异氰尿酸·2%春雷霉素	稻瘟病	231～297克/公顷,喷雾

(7)宁南霉素的防治谱

宁南霉素可用于防治水稻黑条矮缩病、水稻条纹叶枯病、大豆根腐病、黄瓜白粉病、番茄病毒病、辣椒病毒病、苹果斑点落叶病和烟草病毒病(表10-29)。

表10-29 宁南霉素的防治对象、有效成分用药量和使用方法

杀菌剂	防治对象	有效成分用药量和使用方法
宁南霉素	番茄病毒病	7～10毫升/亩,喷雾
	辣椒病毒病	7～10毫升/亩,喷雾
	苹果斑点落叶病	26～40毫克/千克,喷雾
	水稻黑条矮缩病	4～6毫升/亩,喷雾
	烟草病毒病	4～6毫升/亩,喷雾
	大豆根腐病	2～3毫升/亩,播前拌种
	水稻条纹叶枯病	4～6毫升/亩,喷雾
	黄瓜白粉病	1～2克/亩,喷雾

(8)中生菌素的防治谱

中生菌素以防治细菌性病害为主,可用于防治水稻白叶枯病、黄瓜细菌性角斑病、番茄青枯病和烟草青枯病(表10-30)。

表10-30 中生菌素的防治对象、有效成分用药量和使用方法

杀菌剂	防治对象	有效成分用药量和使用方法
中生菌素	黄瓜细菌性角斑病	2～3克/亩,喷雾
	苹果轮纹病	30～37.5毫克/千克,喷雾
	番茄青枯病	37.5～50毫克/千克,喷雾
	水稻白叶枯病	12～16毫升/亩,喷雾
	烟草青枯病	37.5～50毫克/千克,灌根

(9)申嗪霉素的防治谱

申嗪霉素可用于防治稻瘟病、稻曲病、水稻纹枯病、小麦赤霉病、小麦全蚀病、黄瓜灰霉病、黄瓜霜霉病、辣椒疫病和西瓜枯萎病(表 10-31)。

表 10-31　申嗪霉素的防治对象、有效成分用药量和使用方法

杀菌剂	防治对象	有效成分用药量和使用方法
申嗪霉素	黄瓜灰霉病	1～2 毫升/亩,喷雾
	黄瓜霜霉病	1～2 毫升/亩,喷雾
	辣椒疫病	0.5～2 毫升/亩,喷雾
	稻曲病	1～2 毫升/亩,喷雾
	稻瘟病	1～2 毫升/亩,喷雾
	水稻纹枯病	1～2 毫升/亩,喷雾
	西瓜枯萎病	10～20 毫克/千克,灌根
	小麦赤霉病	1～2 毫升/亩,喷雾
	小麦全蚀病	1～2 毫升/100 千克种子,拌种

第 11 章　未知作用机制杀菌剂

11.1　主要种类

本章介绍的未知作用机制杀菌剂主要有霜脲氰、申嗪霉素、苯菌酮、三乙膦酸铝和井冈霉素等(表 11-1)。

表 11-1　未知作用机制杀菌剂的主要种类

序号	通用名	化学名称	结构式
1	霜脲氰	1-(2-氰基-2-甲氧基亚氨基乙酰基)-3-乙基脲	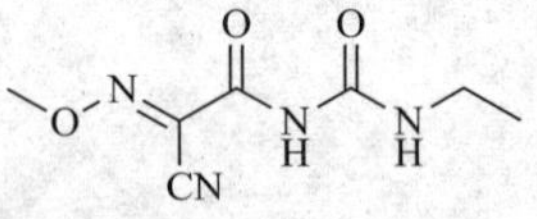
2	申嗪霉素	吩嗪-1-羧酸	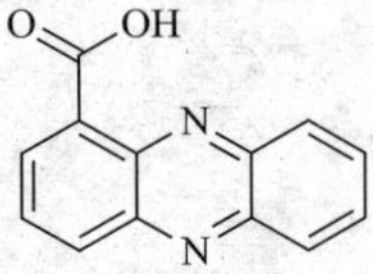
3	苯菌酮	3′-溴-2,3,4,6′-四甲氧基-2′,6-二甲基二苯酮	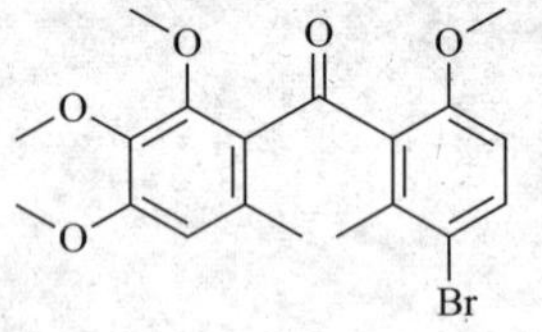
4	三乙膦酸铝	三(乙基膦酸)铝	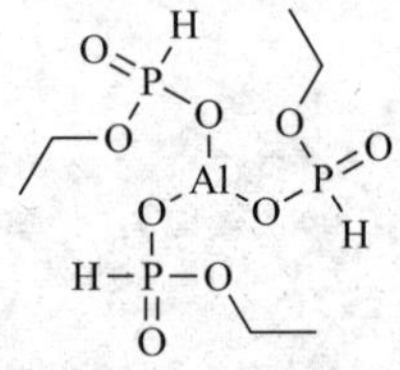
5	井冈霉素	/	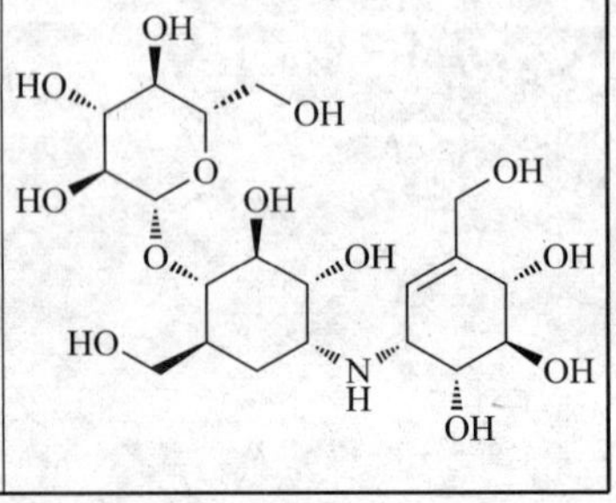

11.2 防治谱

11.2.1 霜脲氰及其混剂的防治谱

霜脲氰主要与其他杀菌剂混配使用，防治卵菌病害，一般不单独使用。

11.2.2 井冈霉素及其混剂的防治谱

井冈霉素对水稻纹枯病具有较高的防效，也可用于防治稻曲病、小麦纹枯病、辣椒立枯病、苹果轮纹病和草坪褐斑病。

井冈霉素以与蜡质芽孢杆菌混配使用较为常见，也可与嘧啶核苷类抗菌素混配，防治水稻纹枯病、稻曲病和白术白绢病（表 11-2）。

表 11-2 井冈霉素及其混剂的防治对象、有效成分用药量和使用方法

序号	杀菌剂(混剂)	防治对象	有效成分用药量和使用方法
1	井冈霉素	水稻纹枯病	68～168 克/公顷，喷雾
		稻曲病	72～144 克/公顷，喷雾
		小麦纹枯病	150～187 克/公顷，喷雾
		辣椒立枯病	0.1～0.15 克/平方米，泼浇
		苹果轮纹病	200～400 毫克/千克，喷雾
		草坪褐斑病	52.5～187.5 克/公顷，喷雾
2	井冈霉素 A	水稻纹枯病	480～600 克/公顷，喷雾
		辣椒立枯病	0.1～0.15 克/平方米，泼浇
		杭白菊叶枯病	480～600 克/公顷，喷雾
		杭白菊根腐病	480～600 克/公顷，喷雾
3	2%井冈霉素·1%嘧啶核苷类抗菌素	稻曲病	180～225 克/公顷，喷雾
		水稻纹枯病	90～112 克/公顷，喷雾
4	5%井冈霉素·1%嘧啶核苷类抗菌素	水稻纹枯病	90～162 克/公顷，喷雾
		稻曲病	180～225 克/公顷，喷雾
		白术白绢病	360～450 克/公顷，喷淋
5	2.5%井冈霉素·0.25%菇类蛋白多糖	水稻纹枯病	10～21 克/公顷，喷雾
6	4%井冈霉素·1%腐殖酸	水稻纹枯病	150～187 克/公顷，喷雾
7	5.9%井冈霉素·0.1%蛇床子素	水稻纹枯病	45～54 克/公顷，喷雾
8	11.8%井冈霉素·0.2%蛇床子素	水稻纹枯病	90～108 克/公顷，喷雾
9	10%井冈霉素·1 亿 CFU/克多粘类芽孢杆菌	水稻纹枯病	40～60 克/公顷，喷雾
10	12%井冈霉素·16%噻嗪酮	水稻纹枯病	168～210 克/公顷，喷雾

续表

序号	杀菌剂(混剂)	防治对象	有效成分用药量和使用方法
11	14.5%井冈霉素·14.5%噻嗪酮	水稻纹枯病	174~217 克/公顷,喷雾
12	16%井冈霉素·0.0004%羟烯腺嘌呤	水稻纹枯病	60~112 克/公顷,喷雾
13	6%井冈霉素·39%杀虫单·7%噻嗪酮	水稻纹枯病	780~936 克/公顷,喷雾

11.2.3 三乙膦酸铝及其混剂的防治谱

三乙膦酸铝以防治卵菌病害为主。三乙膦酸铝单剂可用于防治白菜霜霉病、黄瓜霜霉病、莴笋霜霉病、番茄晚疫病、胡椒瘟病和烟草黑胫病等病害。

三乙膦酸铝与福美双混配,可用于防治黄瓜霜霉病和苹果炭疽病(表 11-3)。

表 11-3 三乙膦酸铝及其混剂的防治对象、有效成分用药量和使用方法

序号	杀菌剂(混剂)	防治对象	有效成分用药量和使用方法
1	三乙膦酸铝	稻瘟病	1410~2115 克/公顷,喷雾
		水稻纹枯病	1410~1650 克/公顷,喷雾
		棉花疫病	1410~2820 克/公顷,喷雾
		蔬菜霜霉病	1410~2820 克/公顷,喷雾
		番茄晚疫病	1080~2700 克/公顷,喷雾
		莴笋霜霉病	540~1080 克/公顷,喷雾
		黄瓜霜霉病	1200~2880 克/公顷,喷雾
		胡椒瘟病	1 克/株,灌根、喷雾
		白菜霜霉病	0.8 克/株,喷雾、灌根
		橡胶树溃疡病	125~250 倍液,切口涂药、喷雾
		烟草黑胫病	4200~4875 克/公顷,喷雾
2	50%三乙膦酸铝·30%福美双	苹果炭疽病	750~1000 倍液,喷雾
3	32%三乙膦酸铝·32%福美双	黄瓜霜霉病	1440~1880 克/公顷,喷雾
4	30%三乙膦酸铝·50%福美双	苹果炭疽病	1000~1333 毫克/千克,喷雾

11.2.4 苯菌酮的防治谱

苯菌酮可用于防治不同植物的白粉病(表 11-4)。

表 11-4 苯菌酮的防治对象、有效成分用药量和使用方法

杀菌剂	防治对象	有效成分用药量和使用方法
苯菌酮	苦瓜白粉病	5~10 毫升/亩,喷雾
	豌豆白粉病	5~10 毫升/亩,喷雾

第2篇 常见植物病害的杀菌剂选择

植物生长在环境中，会受到各种生物和非生物的协迫。病害的发生是必然的，而我们要研究的关键是如何科学地选择杀菌剂，开展防治工作，把病害造成的损失降到最低程度。目前，我国在使用杀菌剂防治植物病害方面还存在一些问题：一是在药剂选择上不能完全做到对症下药；二是存在盲目加大杀菌剂用药量造成浪费的现象，不仅加大了农民的生产成本，还对环境造成了污染；三是不能够准确把握适宜的施药时间，无法实现理想的防治效果。本篇系统总结了常见植物病害的供选杀菌剂和推荐施药时间，可为我国农作物病害的化学防治和杀菌剂的科学使用提供参考。

第 12 章　水稻病害

12.1　水稻病害症状

水稻常见病害有稻瘟病、水稻纹枯病、稻曲病、水稻立枯病、水稻恶苗病、水稻白叶枯病、水稻烂秧病、水稻条纹叶枯病、水稻黑条矮缩病、稻粒黑粉病和水稻叶尖枯病等。

12.1.1　稻瘟病

稻瘟病(图 12-1)主要危害叶片、茎秆和穗部，按危害时期、部位不同可分为苗瘟、叶瘟、节瘟、穗颈瘟和谷粒瘟。苗瘟发生于 3 叶期前，由种子带菌所致；病苗基部灰黑，上部变褐色，卷缩而死；湿度较大时，病部出现大量灰黑色霉层(分生孢子梗和分生孢子)。叶瘟在整个生长期均可发生，分蘖期至拔节期危害较重。

(a) 叶瘟　　(b) 穗颈瘟

图 12-1　稻瘟病症状

12.1.2　水稻纹枯病

水稻纹枯病(图 12-2)主要危害叶鞘，也可危害叶片、茎秆和稻穗。成株期发病时，首先在近水面处出现暗绿色水渍状小斑点，逐渐扩展为椭圆形，并可汇合成云纹状大斑；病斑边缘明显，呈褐色，中间褪为淡绿色或淡褐色，最后变成灰白色。水稻纹枯病主要破坏植株的输导组织，轻则影响谷粒灌浆，形成大量秕谷，出现白穗；重则无法抽穗，引起倒伏，甚至腐烂、枯死。一般情况下，水稻纹枯病发病可减产 5%～10%，发生严重时可减产 30%～50%。

图 12-2 水稻纹枯病症状

图 12-3 稻曲病症状

12.1.3 稻曲病

稻曲病(图 12-3)又名伪黑穗病、绿黑穗病、谷花病、青粉病,俗称"丰产果",主要危害水稻穗部,也可危害部分谷粒。染病谷粒内可形成菌丝块,渐膨大,内、外颖壳裂开,露出淡黄色块状物(孢子座),后转变为墨绿色,包裹颖壳;孢子座外包一层薄膜,后破裂,散生墨绿色粉末(病菌的厚垣孢子);有的孢子座两侧可生黑色扁平菌核,风吹雨打易脱落。

12.1.4 水稻立枯病

水稻立枯病可造成芽腐、针腐以及黄枯、青枯等症状。芽腐在出苗前或刚出土时发生,幼苗的幼芽或幼根变褐色,病芽扭曲、腐烂而死,种子或芽基部生有霉层。针腐多发生于幼苗立针期至 2 叶期,病苗心叶枯黄,叶片不展开,基部变褐;有时叶鞘上生有褐斑,病根也逐渐变为黄褐色;种子与幼苗基部交界处生有霉层,茎基软弱,易折断;育苗床中幼苗常成簇发病。黄枯、青枯症状多发生于幼苗 3 叶期前后,病苗叶尖不吐水,叶色枯黄、萎蔫,成穴状迅速向外扩展,秧苗基部与根部极易拉断;天气骤晴时,幼苗迅速表现青枯症状,心叶及上部叶片"打绺";幼苗叶色青绿,最后整株萎蔫;插秧后本田可出现成片青绿枯死。

12.1.5 水稻恶苗病

水稻恶苗病(图 12-4)又名徒长病,病谷粒播后常不发芽或不能出土。苗期即可发病,病苗比健苗细高,叶片叶鞘细长,叶色淡黄,根系发育不良,部分病苗在移栽前死亡,枯死苗上有淡红或白色霉粉状物(分生孢子梗和分生孢子)。本田期发病,病株节间明显伸长,节部常有弯曲露于叶鞘外,茎秆上有暗褐条斑,病茎内有白色蛛丝状菌丝,下部茎节逆生不定根,分蘖少或不分蘖,以后植株逐渐枯死;未枯死的病株可提前抽穗,穗小且不结实。抽穗期也可发病,严重者谷粒变褐,干瘪，颖壳夹缝处生淡红色霉层；轻者外观虽无明显症状，但内部有菌丝潜伏。

图 12-4　水稻恶苗病症状

图 12-5　水稻白叶枯病症状

12.1.6　水稻白叶枯病

水稻白叶枯病（图 12-5）主要危害叶片和叶鞘。病害初起于叶缘，出现半透明黄色小斑，后沿叶缘（一侧或两侧）或沿中脉发展成波纹状的黄绿色或灰绿色病斑，病健交界处明显。数日后，病斑转为灰白色并向内卷曲，远望一片枯槁，故称“白叶枯病”。

12.2　水稻病害的杀菌剂选择及推荐施药时间

12.2.1　稻瘟病

防治稻瘟病的杀菌剂单剂：多菌灵、甲基硫菌灵、嘧菌酯、吡唑醚菌酯、春雷毒素、申嗪霉素、多抗霉素、乙蒜素、敌瘟磷、异稻瘟净、稻瘟灵、咪鲜胺（咪鲜胺锰盐）、丙环唑、丙硫唑、戊唑醇、氟环唑、三环唑、稻瘟酰胺、碱式硫酸铜、福美双、百菌清、代森铵、辛菌胺醋酸盐、氯溴异氰尿酸、三氯异氰尿酸、三乙膦酸铝、烯丙苯噻唑、低聚糖素、氨基寡糖素、几丁聚糖、荧光假单胞菌、解淀粉芽孢杆菌、蜡质芽孢杆菌和枯草芽孢杆菌等。

防治稻瘟病的杀菌剂混剂：春雷霉素·稻瘟灵组合、异稻瘟净·稻瘟灵组合、异稻瘟净·三环唑组合、稻瘟灵·咪鲜胺组合、稻瘟灵·己唑醇组合、咪鲜胺·丙环唑组合、氟环唑·三环唑组合、己唑醇·三环唑组合、三环唑·硫磺组合、多菌灵·三唑酮组合、多菌灵·三环唑组合、多菌灵·硫磺组合、多菌灵·咪鲜胺组合和嘧菌酯·苯醚甲环唑组合等。

防治稻瘟病的推荐施药时间：药剂浸种；叶瘟病上部三片叶发病率为 3%时及时施药；穗瘟病破口至抽穗施第 1 次药，齐穗期施第 2 次。

表 12-1　稻瘟病的杀菌剂选择及推荐施药时间

病害名称	病原物	登记杀菌剂		推荐施药时间
稻瘟病	梨孢属稻梨孢(*Pyricularia oryzae*)	单剂	多菌灵、甲基硫菌灵、嘧菌酯、吡唑醚菌酯、春雷毒素、申嗪霉素、多抗霉素、乙蒜素、敌瘟磷、异稻瘟净、稻瘟灵、咪鲜胺(咪鲜胺锰盐)、丙环唑、丙硫唑、戊唑醇、氟环唑、三环唑、稻瘟酰胺、碱式硫酸铜、福美双、百菌清、代森铵、辛菌胺醋酸盐、氯溴异氰尿酸、三氯异氰尿酸、三乙膦酸铝、烯丙苯噻唑、低聚糖素、氨基寡糖素、几丁聚糖、荧光假单胞菌、解淀粉芽孢杆菌、蜡质芽孢杆菌、枯草芽孢杆菌	药剂浸种；叶瘟病上部三片叶发病率为3%时；穗瘟病破口至抽穗施第1次药，齐穗期施第2次
		混剂	42%多菌灵·8%三唑酮	
			40%多菌灵·12%三唑酮	
			40%多菌灵·10%三唑酮	
			35%多菌灵·5%三唑酮	
			20%多菌灵·10%三唑酮	
			45%多菌灵·30%三环唑	
			30%多菌灵·10%三环唑	
			15%多菌灵·15%三环唑	
			15%多菌灵·5%三环唑	
			12%多菌灵·8%三环唑	
			10%多菌灵·8%三环唑	
			6%多菌灵·14%三环唑	
			20%多菌灵·20%硫磺	
			15%多菌灵·35%硫磺	
			13%多菌灵·12%硫磺	
			12.5%多菌灵·12.5%硫磺	
			10%多菌灵·15%硫磺	
			7%多菌灵·35%硫磺	
			24%多菌灵·4%井冈霉素	
			20%多菌灵·10%井冈霉素	
			8%多菌灵·4%井冈霉素	
			13.5%多菌灵·46.2%咪鲜胺	
			14%多菌灵·7%咪鲜胺锰盐	
			12.5%多菌灵·12.5%咪鲜胺	
			5%多菌灵·1%丙硫唑	

续表

病害名称	病原物	登记杀菌剂		推荐施药时间
稻瘟病	梨孢属稻梨孢（*Pyricularia oryzae*）	混剂	10%多菌灵·10%福美双	药剂浸种；叶瘟病上部三片叶发病率为3%时；穗瘟病破口至抽穗施第 1 次药，齐穗期施第 2 次
			6%多菌灵·39%福美双	
			34.2%甲基硫菌灵·6.8%戊唑醇	
			25%甲基硫菌灵·10%戊唑醇	
			35%甲基硫菌灵·35%三环唑	
			35%甲基硫菌灵·7%咪鲜胺	
			35%甲基硫菌灵·5%噻呋酰胺	
			30%嘧菌酯·18%苯醚甲环唑	
			25%嘧菌酯·15%苯醚甲环唑	
			20%嘧菌酯·12.5%苯醚甲环唑	
			15%嘧菌酯·15%苯醚甲环唑	
			12%嘧菌酯·18%苯醚甲环唑	
			22%嘧菌酯·13%己唑醇	
			20%嘧菌酯·10%己唑醇	
			25%嘧菌酯·20%噻呋酰胺	
			20%嘧菌酯·60%三环唑	
			20%嘧菌酯·3%噻霉酮	
			18%嘧菌酯·10%井冈霉素	
			2%嘧菌酯·28%咪鲜胺	
			11.5%醚菌酯·11.5%氟环唑	
			6%醚菌酯·20%稻瘟酰胺	
			5%春雷霉素·15%戊唑醇	
			2%春雷霉素·30%稻瘟灵	
			1%春雷霉素·40%稻瘟灵	
			0.5%春雷霉素·50%硫磺	
			30%异稻瘟净·10%稻瘟灵	
			25%异稻瘟净·5%稻瘟灵	
			24%异稻瘟净·6%稻瘟灵	
			22.5%异稻瘟净·12.5%稻瘟灵	
			22.5%异稻瘟净·7.5%稻瘟灵	
			20%异稻瘟净·20%稻瘟灵	
			18%异稻瘟净·17%稻瘟灵	
			10%异稻瘟净.30%稻瘟灵	

续表

病害名称	病原物	登记杀菌剂		推荐施药时间
稻瘟病	梨孢属稻梨孢(*Pyricularia oryzae*)	混剂	10%异稻瘟净·20%稻瘟灵	药剂浸种;叶瘟病上部三片叶发病率为3%时;穗瘟病破口至抽穗施第1次药,齐穗期施第2次
			22%异稻瘟净·8%三环唑	
			20%异稻瘟净·10%三环唑	
			15%异稻瘟净·5%三环唑	
			14%异稻瘟净·6%三环唑	
			13.5%异稻瘟净·6.5%三环唑	
			13.3%异稻瘟净·6.7%三环唑	
			13%异稻瘟净·7%三环唑	
			12%异稻瘟净·8%三环唑	
			10%异稻瘟净·10%三环唑	
			8%异稻瘟净·12%三环唑	
			39%稻瘟灵·13%咪鲜胺	
			36%稻瘟灵·12%咪鲜胺	
			30%稻瘟灵·10%咪鲜胺	
			20%稻瘟灵·12%咪鲜胺	
			36%稻瘟灵·4%氟环唑	
			20%稻瘟灵·15%丙环唑	
			20%稻瘟灵·40%三环唑	
			35%稻瘟灵·7%己唑醇	
			30%稻瘟灵·5%己唑醇	
			30%稻瘟灵·3%己唑醇	
			27%稻瘟灵·3%己唑醇	
			20%稻瘟灵·10%己唑醇	
			20%稻瘟灵·30%硫磺	
			20%稻瘟酰胺·10%丙环唑	
			15%稻瘟酰胺·25%三环唑	
			20%稻瘟酰胺·10%己唑醇	
			20%稻瘟酰胺·5%己唑醇	
			20%稻瘟酰胺·10%戊唑醇	
			40%稻瘟酰胺·2%氨基寡糖素	
			32%咪鲜胺·8%氟环唑	
			30%咪鲜胺·15%戊唑醇	
			26.7%咪鲜胺·13.3%戊唑醇	

续表

病害名称	病原物	登记杀菌剂		推荐施药时间
稻瘟病	梨孢属稻梨孢(*Pyricularia oryzae*)	混剂	40%咪鲜胺·9%丙环唑	药剂浸种;叶瘟病上部三片叶发病率为3%时;穗瘟病破口至抽穗施第1次药,齐穗期施第2次
			26%咪鲜胺·10%丙环唑	
			20%咪鲜胺·10%丙环唑	
			20%咪鲜胺·8%丙环唑	
			25%咪鲜胺·5%噻呋酰胺	
			10%咪鲜胺·30%三环唑	
			5%咪鲜胺·15%三环唑	
			30%咪鲜胺铜盐·10%氟环唑	
			18.5%咪鲜胺锰盐·1.5%己唑醇	
			30%乙蒜素·2%三唑酮	
			15%乙蒜素·1%三唑酮	
			15%氟环唑·45%三环唑	
			10%氟环唑·30%三环唑	
			7.5%氟环唑·22.5%三环唑	
			5%氟环唑·25%三环唑	
			10%己唑醇·30%三环唑	
			10%己唑醇·20%三环唑	
			6%己唑醇·24%三环唑	
			4.5%己唑醇·22.5%三环唑	
			3%烯唑醇·15%三环唑	
			12.5%丙环唑·40%三环唑	
			20%丙环唑·4%井冈霉素	
			10%井冈霉素·30%三环唑	
			5%井冈霉素·15%三环唑	
			4%井冈霉素·16%三环唑	
			10%三环唑·10%三唑酮	
			45%三环唑·30%硫磺	
			30%三环唑·30%硫磺	
			12%三环唑·8%硫磺	
			10%三环唑·10%硫磺	
			6%三环唑·44%硫磺	
			5%三环唑·40%硫磺	
			5%三环唑·35%硫磺	

续表

病害名称	病原物	登记杀菌剂		推荐施药时间
稻瘟病	梨孢属稻梨孢(*Pyricularia oryzae*)	混剂	10%多菌灵·5%三环唑·5%井冈霉素	药剂浸种;叶瘟病上部三片叶发病率为3%时;穗瘟病破口至抽穗施第1次药,齐穗期施第2次
			10%多菌灵·27.5%硫磺·2.5%三唑酮	
			10%多菌灵·10%硫磺·5%福美双	
			9.2%多菌灵·5.8%三环唑·5%井冈霉素	
			5%多菌灵·10%硫磺·10%福美双	
			14%三环唑·1%烯唑醇·5%井冈霉素	
			6%三唑酮·8%三环唑·2%井冈霉素	

12.2.2 水稻纹枯病

防治水稻纹枯病的杀菌剂单剂:噻呋酰胺、甲基硫菌灵、氟酰胺、己唑醇、苯醚甲环唑、烯唑醇、氟环唑、丙环唑、戊唑醇、嘧菌酯、井冈霉素、多抗霉素、三唑酮、氧化亚铜和百菌清等。

防治水稻纹枯病的杀菌剂混剂:噻呋酰胺·嘧菌酯组合、噻呋酰胺·氟环唑组合、噻呋酰胺·己唑醇组合、噻呋酰胺·戊唑醇组合、甲基硫菌灵·己唑醇组合、嘧菌酯·苯醚甲环唑组合、嘧菌酯·己唑醇组合、醚菌酯·氟环唑组合、咪鲜胺·丙环唑组合、肟菌酯·戊唑醇组合、苯醚甲环唑·丙环唑组合、咪鲜胺·氟环唑组合、己唑醇·井冈霉素组合、戊唑醇·井冈霉素组合和井冈霉素·蜡质芽孢杆菌组合等。

防治水稻纹枯病的推荐施药时间:水稻分蘖末期丛发病率达15%或拔节至孕穗期丛发病率达20%。

表12-2 水稻纹枯病的杀菌剂选择及推荐施药时间

病害名称	病原物	登记杀菌剂		推荐施药时间
水稻纹枯病	丝核菌属立枯丝核菌(*Rhizoctonia solani*)	单剂	噻呋酰胺、甲基硫菌灵、氟酰胺、己唑醇、苯醚甲环唑、烯唑醇、氟环唑、丙环唑、戊唑醇、嘧菌酯、井冈霉素、多抗霉素、三唑酮、氧化亚铜、百菌清	水稻分蘖末期丛发病率达15%或拔节至孕穗期丛发病率达20%
		混剂	15%噻呋酰胺·35%甲基硫菌灵	
			20%噻呋酰胺·25%嘧菌酯	
			10%噻呋酰胺·20%嘧菌酯	
			5%噻呋酰胺·25%咪鲜胺	
			20%噻呋酰胺·15%氟环唑	
			15%噻呋酰胺·5%氟环唑	

续表

病害名称	病原物	登记杀菌剂		推荐施药时间
水稻纹枯病	丝核菌属立枯丝核菌(*Rhizoctonia solani*)	混剂	10%噻呋酰胺·20%氟环唑	水稻分蘖末期丛发病率达15%或拔节至孕穗期丛发病率达20%
			13.9%噻呋酰胺·13.9%苯醚甲环唑	
			25%噻呋酰胺·25%己唑醇	
			15%噻呋酰胺·5%己唑醇	
			13.9%噻呋酰胺·13.9%己唑醇	
			10%噻呋酰胺·40%己唑醇	
			10%噻呋酰胺·30%己唑醇	
			10%噻呋酰胺·5%己唑醇	
			13.9%噻呋酰胺·13.9%己唑醇	
			8%噻呋酰胺·32%己唑醇	
			2.5%噻呋酰胺·10.5%己唑醇	
			25%噻呋酰胺·5%戊唑醇	
			22%噻呋酰胺·10%戊唑醇	
			20%噻呋酰胺·32%戊唑醇	
			20%噻呋酰胺·10%戊唑醇	
			15%噻呋酰胺·30%戊唑醇	
			10%噻呋酰胺·22%戊唑醇	
			12%噻呋酰胺·6%嘧啶核苷类抗菌素	
			4%噻呋酰胺·20%井冈霉素A	
			3%噻呋酰胺·13%井冈霉素A	
			20%多菌灵·20%氟环唑	
			27%多菌灵·3%苯醚甲环唑	
			15%多菌灵·5%苯醚甲环唑	
			28%多菌灵·2%己唑醇	
			22%多菌灵·8%戊唑醇	
			35%多菌灵·5%三唑酮	
			32.5%多菌灵·3.5%三唑酮	
			20%多菌灵·10%三唑酮	
			25%多菌灵·5%三唑酮	
			5%多菌灵·5%三唑酮	
			24%多菌灵·4%井冈霉素	
			20%多菌灵·10%井冈霉素	
			6%多菌灵·14%井冈霉素	

续表

病害名称	病原物	登记杀菌剂		推荐施药时间
水稻纹枯病	丝核菌属立枯丝核菌(*Rhizoctonia solani*)	混剂	66%甲基硫菌灵·4%己唑醇	水稻分蘖末期丛发病率达15%或拔节至孕穗期丛发病率达20%
			45%甲基硫菌灵·5%己唑醇	
			40%甲基硫菌灵·10%己唑醇	
			40%甲基硫菌灵·5%己唑醇	
			27%甲基硫菌灵·3%己唑醇	
			24%甲基硫菌灵·3%己唑醇	
			20%甲基硫菌灵·5%己唑醇	
			20%甲基硫菌灵·4%己唑醇	
			34.2%甲基硫菌灵·6.8%戊唑醇	
			25%甲基硫菌灵·10%戊唑醇	
			20%甲基硫菌灵·5%戊唑醇	
			6%醚菌酯·20%稻瘟酰胺	
			11.5%醚菌酯·11.5%氟环唑	
			30%嘧菌酯·30%氟酰胺	
			10%嘧菌酯·10%氟酰胺	
			9.5%嘧菌酯·7.5%四氟醚唑	
			30%嘧菌酯·10%苯醚甲环唑	
			20%嘧菌酯·12.5%苯醚甲环唑	
			12.5%嘧菌酯·20%苯醚甲环唑	
			12%嘧菌酯·18%苯醚甲环唑	
			11.5%嘧菌酯·18.5%苯醚甲环唑	
			30%嘧菌酯·5%氟环唑	
			10%嘧菌酯·30%氟环唑	
			5%嘧菌酯·30%氟环唑	
			20%嘧菌酯·12%丙环唑	
			7.2%嘧菌酯·11.8%丙环唑	
			20%嘧菌酯·20%粉唑醇	
			20%嘧菌酯·10%己唑醇	
			15%嘧菌酯·10%己唑醇	
			10%嘧菌酯·20%己唑醇	
			8%嘧菌酯·16%己唑醇	
			25%嘧菌酯·50%戊唑醇	
			20%嘧菌酯·30%戊唑醇	

续表

病害名称	病原物	登记杀菌剂		推荐施药时间
水稻纹枯病	丝核菌属立枯丝核菌(*Rhizoctonia solani*)	混剂	15%嘧菌酯·25%戊唑醇	水稻分蘖末期丛发病率达15%或拔节至孕穗期丛发病率达20%
			10%嘧菌酯·10%戊唑醇	
			18%嘧菌酯·10%井冈毒素A	
			3%嘧菌酯·9%井冈霉素A	
			20%吡唑醚菌酯·10%己唑醇	
			15%吡唑醚菌酯·15%丙环唑	
			25%肟菌酯·50%戊唑醇	
			10%肟菌酯·30%戊唑醇	
			2.5%春雷霉素·12.5%己唑醇	
			12%春雷霉素·5%戊唑醇	
			5%春雷霉素·15%戊唑醇	
			5%春雷霉素·10%戊唑醇	
			4%春雷霉素·26%戊唑醇	
			36%稻瘟灵·4%氟环唑	
			30%稻瘟灵·3%己唑醇	
			27%稻瘟灵·3%己唑醇	
			20%咪鲜胺·8%苯醚甲环唑	
			32%咪鲜胺·8%氟环唑	
			20%咪鲜胺·10%氟环唑	
			40%咪鲜胺·9%丙环唑	
			15%咪鲜胺·15%丙环唑	
			30%咪鲜胺·15%戊唑醇	
			26.7%咪鲜胺·13.3%戊唑醇	
			8%咪鲜胺·8%井冈霉素	
			60%咪鲜胺锰盐·15%苯醚甲环唑	
			20%咪鲜胺锰盐·8%苯醚甲环唑	
			20%咪鲜胺锰盐·5%己唑醇	
			18.5%咪鲜胺锰盐·1.5%己唑醇	
			20%咪鲜胺锰盐·4%戊唑醇	
			30%咪鲜胺铜盐·10%氟环唑	
			30%苯醚甲环唑·30%丙环唑	
			25%苯醚甲环唑·25%丙环唑	
			20%苯醚甲环唑·20%丙环唑	

续表

病害名称	病原物	登记杀菌剂		推荐施药时间
水稻纹枯病	丝核菌属立枯丝核菌（*Rhizoctonia solani*）	混剂	15%苯醚甲环唑·15%丙环唑	水稻分蘖末期丛发病率达15%或拔节至孕穗期丛发病率达20%
			9%苯醚甲环唑·9%丙环唑	
			25%苯醚甲环唑·5%己唑醇	
			5%苯醚甲环唑·25%己唑醇	
			4%苯醚甲环唑·8%井冈霉素A	
			2%烯唑醇·10%井冈霉素	
			30%氟环唑·6%嘧啶核苷类抗菌素	
			8%氟环唑·16%井冈霉素	
			5%氟环唑·9%井冈霉素	
			20%己唑醇·20%氟醚菌酰胺	
			2.5%己唑醇·8.5%井冈霉素	
			1.2%己唑醇·2.3%井冈毒素	
			5%丙环唑·40%三环唑	
			15%丙环唑·25%戊唑醇	
			15%丙环唑·15%戊唑醇	
			20%丙环唑·4%井冈霉素	
			3%丙环唑·12%井冈霉素	
			2%丙环唑·8%井冈霉素	
			30%戊唑醇·10%丁香菌酯	
			30%戊唑醇·40%丙森锌	
			10%戊唑醇·20%稻瘟酰胺	
			4%戊唑醇·10%井冈霉素A	
			20%三唑酮·8%井冈霉素	
			9.3%三唑酮·6.2%井冈霉素	
			8%三唑酮·20%井冈霉素	
			7%三唑醇·14%井冈霉素	
			5%三唑酮·10%井冈霉素	
			5%三唑酮·25%硫磺	
			2%井冈霉素·1%嘧啶核苷类抗菌素	
			2.5%井冈霉素·0.25%菇类蛋白多糖	
			10%井冈霉素·39%三环唑	
			5%井冈霉素·15%三环唑	
			4%井冈霉素·16%三环唑	

续表

病害名称	病原物	登记杀菌剂		推荐施药时间
水稻纹枯病	丝核菌属立枯丝核菌(*Rhizoctonia solani*)	混剂	16%井冈霉素·0.0004%羟烯腺嘌呤	水稻分蘖末期丛发病率达15%或拔节至孕穗期丛发病率达20%
			11.8%井冈霉素·0.2%蛇床子素	
			5.9%井冈霉素·0.1%蛇床子素	
			4%井冈霉素·1%腐殖酸	
			4%井冈霉素·0.5%硫酸铜	
			20%井冈霉素·200 亿 CFU/克枯草芽孢杆菌	
			10%井冈霉素·5%蜡质芽孢杆菌	
			25 克/升井冈霉素·10000 亿活孢子/升蜡质芽孢杆菌	
			25000 微克/毫升井冈霉素·100000 微克/毫升蜡质芽孢杆菌	
			8%井冈霉素·32 亿个/克蜡质芽孢杆菌	
			8%井冈霉素·32%蜡质芽孢杆菌	
			6.4%井冈霉素·32 亿个/公顷蜡质芽孢杆菌	
			6%井冈霉素·240 亿个/克枯草芽孢杆菌	
			5%井冈霉素·32%蜡质芽孢杆菌	
			5%井冈霉素·200 亿芽孢/毫升枯草芽孢杆菌	
			5%井冈霉素 A·10 亿个/毫升蜡质芽孢杆菌	
			4%井冈霉素·16 亿个/克蜡质芽孢杆菌	
			2.5%井冈霉素·10 亿个/克蜡质芽孢杆菌	
			2.5%井冈霉素·10%蜡质芽孢杆菌	
			2%井冈霉素·8 亿个/克蜡质芽孢杆菌	
			2%井冈霉素·1 亿 CFU/克蜡质芽孢杆菌	
			10%井冈霉素·1 亿 CFU/克多粘类芽孢杆菌	
			10%多菌灵·2.5%三唑酮·27.5%硫磺	
			10%多菌灵·5%三环唑·5%井冈霉素	
			9.2%多菌灵·5.8%三环唑·5%井冈霉素	
			14%三环唑·1%烯唑醇·5%井冈霉素	
			8%三环唑·6%三唑酮·2%井冈霉素	

12.2.3 稻曲病

防治稻曲病的杀菌剂单剂：嘧菌酯、己唑醇、枯草芽孢杆菌、丙环唑、咪鲜胺、腈苯唑、氟环唑、戊唑醇、井冈霉素和碱式硫酸铜等。

防治稻曲病的杀菌剂混剂：噻呋酰胺·戊唑醇组合、嘧菌酯·戊唑醇组合、肟菌酯·戊唑醇组合、丙环唑·戊唑醇组合和戊唑醇·井冈霉素组合等。

防治稻曲病的推荐施药时间：第1次施药在破口前8天至破口抽穗20%时，第2次施药在始穗期。

表12-3 稻曲病的杀菌剂选择及推荐施药时间

病害名称	病原物	登记杀菌剂		推荐施药时间
稻曲病	绿核菌属绿核菌(*Ustilaginoidea virens*)	单剂	嘧菌酯、己唑醇、枯草芽孢杆菌、丙环唑、咪鲜胺、腈苯唑、氟环唑、戊唑醇、井冈霉素、碱式硫酸铜	第1次施药在破口前8天至破口抽穗20%时，第2次施药在始穗期
		混剂	5%噻呋酰胺·35%甲基硫菌灵	
			20%噻呋酰胺·25%嘧菌酯	
			12%噻呋酰胺·6%嘧啶核苷类抗菌素	
			10%噻呋酰胺·20%氟环唑	
			25%噻呋酰胺·5%戊唑醇	
			20%噻呋酰胺·32%戊唑醇	
			20%噻呋酰胺·10%戊唑醇	
			15%噻呋酰胺·30%戊唑醇	
			10%噻呋酰胺·22%戊唑醇	
			45%多菌灵·15%戊唑醇	
			35%多菌灵·5%三唑酮	
			34.2%甲基硫菌灵·6.8%戊唑醇	
			20%甲基硫菌灵·5%戊唑醇	
			2%嘧菌酯·28%咪鲜胺	
			30%嘧菌酯·5%氟环唑	
			20%嘧菌酯·10%己唑醇	
			25%嘧菌酯·50%戊唑醇	
			20%嘧菌酯·30%戊唑醇	
			10%嘧菌酯·35%戊唑醇	
			10%嘧菌酯·10%戊唑醇	
			18%嘧菌酯·10%井冈霉素	
			15%吡唑醚菌酯·15%丙环唑	
			25%肟菌酯·50%戊唑醇	
			16%肟菌酯·32%戊唑醇	
			10%肟菌酯·30%戊唑醇	
			10%丁香菌酯·30%戊唑醇	

续表

病害名称	病原物	登记杀菌剂		推荐施药时间
稻曲病	绿核菌属绿核菌(*Ustilaginoidea virens*)	混剂	36%稻瘟灵·4%氟环唑	第 1 次施药在破口前 8 天至破口抽穗 20%时,第 2 次施药在始穗期
			27%稻瘟灵·3%己唑醇	
			240 亿个/克枯草芽孢杆菌·6%井冈霉素	
			200 亿 CFU/克枯草芽孢杆菌·20%井冈霉素 A	
			200 亿个/毫升枯草芽孢杆菌·5%井冈霉素	
			100 亿孢子/克枯草芽孢杆菌·20%井冈霉素 A	
			100 亿活芽孢/毫升枯草芽孢杆菌·2.5%井冈霉素	
			40%咪鲜胺·9%丙环唑	
			26%咪鲜胺·10%丙环唑	
			15%咪鲜胺·15%戊唑醇	
			30%咪鲜胺铜盐·10%氟环唑	
			20%咪鲜胺锰盐·4%戊唑醇	
			15%苯醚甲环唑·15%丙环唑	
			20%苯醚甲环唑·20%戊唑醇	
			4%苯醚甲环唑·8%井冈霉素	
			3%烯唑醇·15%井冈霉素	
			2%烯唑醇·10%井冈霉素	
			5%氟环唑·9%井冈霉素	
			30%氟环唑·6%嘧啶核苷类抗菌素	
			15%丙环唑·25%戊唑醇	
			15%丙环唑·15%戊唑醇	
			20%丙环唑·4%井冈霉素	
			3%丙环唑·12%井冈霉素	
			2%丙环唑·8%井冈霉素	
			15%三环唑·5%井冈霉素	
			26%戊唑醇·4%井冈霉素	
			10%戊唑醇·5%井冈霉素	
			5%戊唑醇·12%井冈霉素	
			4%戊唑醇·10%井冈霉素	
			30%戊唑醇·40%丙森锌	
			10%戊唑醇·30%噻唑锌	
			10%戊唑醇·10%烯肟菌胺	
			10%井冈霉素·5%蜡质芽孢杆菌	

续表

病害名称	病原物	登记杀菌剂		推荐施药时间
稻曲病	绿核菌属绿核菌(*Ustilaginoidea virens*)	混剂	5%井冈霉素·32%蜡质芽孢杆菌	第1次施药在破口前8天至破口抽穗20%时,第2次施药在始穗期
			2%井冈霉素·8亿个/克蜡质芽孢杆菌	
			5%井冈霉素·1%嘧啶核苷类抗菌素	
			2%井冈霉素·1%嘧啶核苷类抗菌素	
			4%井冈霉素·0.5%硫酸铜	
			6.2%井冈霉素·9.3%三唑酮	
			5%噻呋酰胺·18%嘧菌酯·10%井冈毒素	
			35%甲基硫菌灵 30%嘧菌酯·5%氟环唑	
			1%烯唑醇·14%三环唑·5%井冈霉素	
			8%三环唑·6%三唑酮·2%井冈霉素	

12.2.4 水稻立枯病

防治水稻立枯病的杀菌剂单剂:噁霉灵、甲基立枯磷、戊唑醇和多抗霉素等。

防治水稻立枯病的杀菌剂混剂:甲霜灵·噁霉灵组合、甲霜灵·福美双组合、精甲霜灵·噁霉灵组合和精甲霜灵·嘧菌酯·咯菌腈组合等。

防治水稻立枯病的推荐施药时间:种子包衣或秧苗1~2叶零星发病初期。

表12-4 水稻立枯病的杀菌剂选择及推荐施药时间

病害名称	病原物	登记杀菌剂		推荐施药时间
水稻立枯病	镰孢属(*Fusarium* spp.)、丝核菌属立枯丝核菌(*Rhizoctonia solani*)、腐霉属(*Pythium* spp.)	单剂	噁霉灵、甲基立枯磷、戊唑醇、多抗霉素	种子包衣或秧苗1~2叶零星发病初期
		混剂	20%甲霜灵·19%噁霉灵	
			17.5%甲霜灵·27.5%噁霉灵	
			10%甲霜灵·20%噁霉灵	
			6%甲霜灵·24%噁霉灵	
			5%甲霜灵·25%噁霉灵	
			1.2%甲霜灵·1.8%噁霉灵	
			0.6%甲霜灵·2.6%噁霉灵	
			0.6%甲霜灵·2.4%噁霉灵	
			0.5%甲霜灵·2.5%噁霉灵	
			2.5%甲霜灵·1%咪鲜胺	
			10%甲霜灵·10%咪鲜胺锰盐	
			11%甲霜灵·24%福美双	

续表

病害名称	病原物	登记杀菌剂		推荐施药时间
水稻立枯病	镰孢属（*Fusarium* spp.）、丝核菌属立枯丝核菌（*Rhizoctonia solani*）、腐霉属（*Pythium* spp.）	混剂	10%甲霜灵·35%福美双	种子包衣或秧苗1～2叶零星发病初期
			10%甲霜灵·30%福美双	
			10%甲霜灵·25%福美双	
			9%甲霜灵·41%福美双	
			9%甲霜灵·31%福美双	
			9%甲霜灵·29%福美双	
			9%甲霜灵·2.4%福美双	
			7.5%甲霜灵·34.5%福美双	
			6%甲霜灵·37%福美双	
			5%甲霜灵·33%福美双	
			5%甲霜灵·30%福美双	
			2%甲霜灵·13%福美双	
			0.9%甲霜灵·6.1%福美双	
			0.9%甲霜灵·2.4%福美双	
			0.5%甲霜灵·0.3%福美双	
			0.2%甲霜灵·0.55%福美双	
			0.08%甲霜灵·0.92%福美双	
			0.07%甲霜灵·0.53%福美双	
			4%精甲霜灵·28%噁霉灵	
			0.5%精甲霜灵·2.5%噁霉灵	
			0.55%精甲霜灵·0.25%戊唑醇	
			10%噁霉灵·10%稻瘟灵	
			24%多菌灵·4%井冈霉素	
			10%多菌灵·7%福美双	
			20%萎锈灵·20%福美双	
			36%稻瘟灵·4%氟环唑	
			30%稻瘟灵·3%己唑醇	
			27%稻瘟灵·3%己唑醇	
			15%甲霜灵·2%甲基立枯磷·60%霜霉威盐酸盐	
			14%甲霜灵·4%稻瘟灵·32%福美双	
			10%甲霜灵·20%福美双·10%敌磺钠	
			2.3%甲霜灵·17%多菌灵·7%咪鲜胺	
			2%甲霜灵·13%福美双·1%咪鲜胺	

续表

病害名称	病原物	登记杀菌剂		推荐施药时间
水稻立枯病	镰孢属(*Fusarium* spp.)、丝核菌属立枯丝核菌(*Rhizoctonia solani*)、腐霉属(*Pythium* spp.)	混剂	1%甲霜灵·1%噁霉灵·1%咪鲜胺	种子包衣或秧苗1～2叶零星发病初期
			3.3%精甲霜灵·6.6%嘧菌酯·1.1%咯菌腈	
			1.8%精甲霜灵·3.6%嘧菌酯·0.6%咯菌腈	
			1.8%精甲霜灵·3.6%嘧菌酯·0.6%咯菌腈	
			5%多菌灵·6%福美双·2%甲基立枯磷	

12.2.5 水稻恶苗病

防治水稻恶苗病的杀菌剂单剂：噁霉灵、甲基硫菌灵、咯菌腈、咪鲜胺和戊唑醇等。

防治水稻恶苗病的杀菌剂混剂：甲霜灵·咪鲜胺组合、精甲霜灵·咯菌腈组合、多菌灵·代森铵组合、甲霜灵·噁霉灵·咪鲜胺组合和精甲霜灵·咯菌腈·嘧菌酯组合等。

防治水稻恶苗病的推荐施药时间：药剂浸种 2～4 天，一浸到底，不清洗，直接催芽播种。

表 12-5 水稻恶苗病的杀菌剂选择及推荐施药时间

病害名称	病原物	登记杀菌剂		推荐施药时间
水稻恶苗病	镰孢属串珠镰孢菌(*Fusarium moniliforme*)	单剂	噁霉灵、甲基硫菌灵、咯菌腈、咪鲜胺、戊唑醇	浸种 2～4 天，一浸到底，不清洗，直接催芽播种
		混剂	2.5%甲霜灵·1%咪鲜胺	
			1.88%甲霜灵·2.35%种菌唑	
			3.75%精甲霜灵·2.5%咯菌腈	
			40%多菌灵·10%咪鲜胺锰盐	
			10%多菌灵·5%福美双	
			7%多菌灵·12%福美双	
			5%多菌灵·15%代森铵	
			37.5%萎锈灵·37.5%福美双	
			5%三唑酮·40%福美双	
			3%甲霜灵·6%甲基硫菌灵·3%嘧菌酯	
			2%甲霜灵·1%咪鲜胺·13%福美双	
			1%甲霜灵·1%噁霉灵·1%咪鲜胺	
			1.8%精甲霜灵·0.6%咯菌腈·3.6%嘧菌酯	

12.2.6 水稻白叶枯病

防治水稻白叶枯病的杀菌剂单剂：噻森铜、三氯异氰尿酸、氯溴异氰尿酸、中生菌素和枯草芽孢杆菌等。

防治水稻白叶枯病的推荐施药时间：播前药剂浸种；台风暴雨来临前和过后。

表 12-6 水稻白叶枯病的杀菌剂选择及推荐施药时间

病害名称	病原物	登记杀菌剂		推荐施药时间
水稻白叶枯病	黄单胞菌属稻黄单胞菌稻致病变种（*Xanthomonas oryzae* pv. *oryzae*）	单剂	噻森铜、三氯异氰尿酸、氯溴异氰尿酸、中生菌素、枯草芽孢杆菌	播前药剂浸种；台风暴雨来临前和过后

12.2.7 其他水稻病害

其他水稻病害如水稻胡麻斑病、水稻烂秧病、水稻条纹叶枯病、稻粒黑粉病、水稻叶尖枯病、水稻细菌性条斑病、水稻黑条矮缩病和水稻干尖线虫病的杀菌剂选择及推荐施药时间见表 12-7。

表 12-7 其他水稻病害的杀菌剂选择及推荐施药时间

序号	病害名称	病原物	登记杀菌剂		推荐施药时间
1	水稻胡麻斑病	平脐蠕孢属稻平脐蠕孢（*Bipolaris oryzae*）	单剂	丙森锌	播种前浸种消毒；病叶率达3%
2	水稻烂秧病	绵霉属（*Achlya* spp.）、镰孢属（*Fusarium* spp.）、丝核菌属（*Rhizoctonia* spp.）、腐霉属（*Pythium* spp.）	单剂	精甲霜灵	播种前拌种或种子包衣
			混剂	1.7%精甲霜灵·22.2%噻虫嗪·1.1%咯菌腈	
				3.6%精甲霜灵·4.85%氟唑环菌胺·2.55%咯菌腈	
3	水稻条纹叶枯病	水稻条纹叶枯病毒（Rice stripe virus，RSV）	单剂	宁南霉素、香菇多糖、氯溴异氰尿酸	灰飞虱迁飞盛期（5月中下旬、7月上旬至8月上旬、10月下旬至11月中旬），治虫防病是关键
			混剂	13.55%硫磺·0.15%苦参碱	
4	稻粒黑粉病	腥黑粉菌属狼尾草腥黑粉菌（*Tilletia barclayana*）	混剂	8.3%多菌灵·10.4%烯唑醇	抽穗30%～50%或齐穗期
				10%多菌灵·7.5%烯唑醇	

续表

序号	病害名称	病原物	登记杀菌剂		推荐施药时间
5	水稻叶尖枯病	叶点霉属稻生叶点霉(*Phyllosticta oryzicola*)	单剂	三唑酮	药剂浸种;拔节至孕穗期
			混剂	40%多菌灵·10%三唑酮	
				35%多菌灵·5%三唑酮	
				20%多菌灵·10%三唑酮	
6	水稻细菌性条斑病	黄单胞菌属稻黄单胞菌稻生致病变种(*Xanthomonas oryzae* pv. *oryzicola*)	单剂	噻森铜、噻唑锌、辛菌胺醋酸盐、三氯异氰尿酸、氯溴异氰尿酸、甲基营养型芽孢杆菌	播前药剂浸种;台风暴雨来临前和过后
			混剂	5%络氨铜·6.4%柠檬酸铜	
7	水稻黑条矮缩病	斐济病毒属水稻黑条矮缩病毒(Rice black-streaked dwarf virus,RBSDV)	单剂	毒氟磷、宁南霉素、辛菌胺醋酸盐、香菇多糖	传毒昆虫迁飞盛期
			混剂	39.996%盐酸吗啉胍·0.002%羟烯腺嘌呤·0.002%烯腺嘌呤	
8	水稻干尖线虫病	滑刃线虫属贝西滑刃线虫(*Aphelenchoides besseyi*)	混剂	10%氰烯菌酯·10%杀螟丹	药剂处理浸种灭虫

第13章　麦类病害

13.1　麦类病害症状

麦类常见病害有赤霉病、锈病、纹枯病、白粉病、散黑穗病、全蚀病、腥黑穗病和根腐病等。

13.1.1　小麦赤霉病

小麦赤霉病(图13-1)主要危害穗部，症状为穗腐。小麦扬花期至乳熟期发病，颖壳出现水渍状淡褐色斑点，逐渐蔓延至整个小穗，进而扩展至穗轴；感病小穗的基部出现粉红色胶质霉层(分生孢子座和分生孢子)，高湿条件下可出现煤屑状黑色颗粒(子囊壳)。

13.1.2　小麦白粉病

小麦白粉病(图13-2)在苗期至成株期均可发生，主要危害叶片，严重时也可危害叶鞘、茎秆和穗部。发病初期，叶片表面出现黄色小点，后扩展为圆形或椭圆形病斑，表面出现一层白粉状霉层，渐变为灰白色，最后呈浅褐色，并伴有许多黑色小点。病斑多时，可愈合成片，导致叶片发黄、枯死。一般情况下，叶面病斑比叶背多，下部叶片较上部叶片受害重。茎秆和叶鞘染病后，植株易倒伏。

图13-1　小麦赤霉病症状

图13-2　小麦白粉病症状

13.1.3　小麦锈病

小麦锈病(图13-3)分为3种：条锈病、叶锈病和秆锈病。条锈病主要危害叶片，也可危害叶鞘和茎秆；叶片发病初期，病斑为椭圆形，呈鲜黄色，与叶脉平行，排列成条状，后期出现铁锈色粉状物。叶锈病主要危害叶片，病斑为椭圆形，呈橘红色，排列比较散乱。秆锈病主要危害茎秆和叶鞘，病害为褐黄色，常连成大斑，散发锈褐色粉末。3 种锈病的区别为：条锈成行，叶锈乱，秆锈是个大红斑。

（a）条锈病　（b）叶锈病　（c）秆锈病

图 13-3　小麦三种锈病症状

13.1.4　小麦纹枯病

小麦纹枯病（图 13-4）主要危害茎基部，症状为死苗、花秆、烂茎和枯孕穗，后期可形成白穗。

图 13-4　小麦纹枯病症状

图 13-5　小麦全蚀病症状

13.1.5　小麦全蚀病

小麦全蚀病（图 13-5）又名小麦立枯病、黑脚病，是一种根部病害，主要危害小麦根部和茎基部 1～2 节。苗期发病，病株矮小，下部黄叶多，次生根（种子根）和根茎变黑褐色，严重时麦苗连片枯死。拔节期发病，病株返青迟缓，分蘖少，根部大部分变黑，茎基部及叶鞘内侧出现较明显的灰黑色菌丝层。抽穗后发病，田间病株成簇或点片状发生早枯、白穗，病根变黑，易拔起。

13.1.6 小麦根腐病

小麦根腐病(图 13-6)是一种重要的土传根病，种子也可带菌传病。种子发芽后，病菌由芽鞘侵入，可危害根茎和地下茎部位，致茎秆染病，严重时萎黄枯死。返青后，根系及茎基部变褐、腐烂。抽穗后，根部染病加重，次生根大量变褐、坏死，茎基部出现褐色浸润状腐烂，地上部植株枯死，形成枯株、白穗。

图 13-6 小麦根腐病症状

图 13-7 小麦散黑穗病症状

13.1.7 小麦散黑穗病

小麦散黑穗病(图 13-7)俗称黑疸、枪杆、乌麦等。初期病穗外面包有一层灰色薄膜，种皮、颖壳、子房全部变为黑粉(冬孢子)。病穗抽出前，膜已破裂。病穗抽出后，黑粉被风雨吹冲散，仅残留穗轴，穗轴节部可见残余的黑粉。

13.2 麦类病害的杀菌剂选择及推荐施药时间

13.2.1 小麦赤霉病

防治小麦赤霉病的杀菌剂单剂：多菌灵、甲基硫菌灵、粉唑醇、戊唑醇、醚菌酯、氰烯菌酯、丙硫菌唑和枯草芽孢杆菌等。

防治小麦赤霉病的杀菌剂混剂：己唑醇·氰烯菌酯组合、多菌灵·氟环唑组合、多菌灵·戊唑醇组合、多菌灵·三唑酮组合、甲基硫菌灵·福美双组合、咪鲜胺·戊唑醇组合、咪鲜胺锰盐·戊唑醇组合、戊唑醇·福美双组合、多菌灵·三唑酮·福美双组合和甲基硫菌灵·福美双·硫磺组合等。

防治小麦赤霉病的推荐施药时间：抽穗扬花期。一般情况下，若小麦抽穗扬花期遇雨，暴发小麦赤霉病的可能性加大。

表 13-1 小麦赤霉病的杀菌剂选择及推荐施药时间

病害名称	病原物	登记杀菌剂		推荐施药时间
小麦赤霉病	镰孢属禾谷镰孢（*Fusarium graminearum*）	单剂	多菌灵、甲基硫菌灵、粉唑醇、戊唑醇、醚菌酯、氰烯菌酯、丙硫菌唑、枯草芽孢杆菌	抽穗扬花期
		混剂	21%多菌灵·7%烯肟菌酯	
			13.5%多菌灵·46.2%咪鲜胺	
			30%多菌灵·2%烯唑醇	
			40%多菌灵·10%氟环唑	
			40%多菌灵·11%氟环唑	
			64%多菌灵·16%戊唑醇	
			36%多菌灵·6%戊唑醇	
			35%多菌灵·5%戊唑醇	
			22%多菌灵·8%戊唑醇	
			12%多菌灵·12%戊唑醇	
			57%多菌灵·3%三唑酮	
			45%多菌灵·2%三唑酮	
			40%多菌灵·10%三唑酮	
			35%多菌灵·5%三唑酮	
			32.5%多菌灵·3.5%三唑酮	
			28%多菌灵·5%三唑酮	
			27%多菌灵·9%三唑酮	
			25%多菌灵·8%三唑酮	
			24%多菌灵·9%三唑酮	
			24%多菌灵·6%三唑酮	
			20%多菌灵·10%三唑酮	
			24%多菌灵·4%井冈霉素	
			15%多菌灵·35%硫磺	
			35%甲基硫菌灵·7%咪鲜胺	
			32%甲基硫菌灵·3%氟环唑	
			30%咪鲜胺·15%戊唑醇	
			30%甲基硫菌灵·40%福美双	
			30%甲基硫菌灵·20%福美双	
			26.7%咪鲜胺·13.3%戊唑醇	
			24.5%咪鲜胺·12.5%戊唑醇	

续表

病害名称	病原物	登记杀菌剂		推荐施药时间
小麦赤霉病	镰孢属禾谷镰孢（*Fusarium graminearum*）	混剂	24.5%咪鲜胺·4%戊唑醇	抽穗扬花期
			13.3%咪鲜胺·26.7%戊唑醇	
			2%咪鲜胺·25%戊唑醇	
			35%咪鲜胺锰盐·7%戊唑醇	
			20%咪鲜胺锰盐·26.7%戊唑醇	
			20%咪鲜胺锰盐·4%戊唑醇	
			8%三唑酮·40%福美双	
			5%己唑醇·15%氰烯菌酯	
			25%戊唑醇·2%噻霉酮	
			12.5%戊唑醇·62.5%百菌清	
			12%戊唑醇·36%氰烯菌酯	
			10%戊唑醇·5%丙硫唑	
			5%戊唑醇·25%福美双	
			0.3%戊唑醇·15.7%福美双	
			2%井冈霉素·8 亿个/克蜡质芽孢杆菌	
			17%多菌灵·6%三唑酮·17%福美双	
			16.6%多菌灵·4.7%三唑酮·16.7%福美双	
			15%多菌灵·10%福美双·25%硫磺	
			7.5%多菌灵·5%福美双·12.5%硫磺	
			14%甲基硫菌灵·25%福美双·31%硫磺	
			10%甲基硫菌灵·18%福美双·22%硫磺	

13.2.2　小麦白粉病

防治小麦白粉病的杀菌剂单剂：烯唑醇、氟环唑、粉唑醇、腈菌唑、丙环唑、戊唑醇、多抗霉素、硫磺和枯草芽孢杆菌等。

防治小麦白粉病的杀菌剂混剂：吡唑醚菌酯·氟环唑组合、三唑酮·硫磺组合、三唑酮·福美双组合、甲基硫菌灵·氟环唑组合和醚菌酯·氟环唑组合等。

防治小麦白粉病的推荐施药时间：播种期拌种；春季病叶率达 10%。

表 13-2　小麦白粉病的杀菌剂选择及推荐施药时间

病害名称	病原物	登记杀菌剂		推荐施药时间
小麦白粉病	布氏白粉菌属禾布氏白粉菌小麦专化型(*Blumeria graminis* f. sp. *tritici*)	单剂	烯唑醇、氟环唑、粉唑醇、腈菌唑、丙环唑、戊唑醇、多抗霉素、硫磺、枯草芽孢杆菌	播种期拌种；春季病叶率达10%
		混剂	40%多菌灵·10%氟环唑	
			30%多菌灵·2%烯唑醇	
			32%甲基硫菌灵·3%氟环唑	
			8%甲基硫菌灵·12%三唑酮	
			20%嘧菌酯·20%粉唑醇	
			12.3%吡唑醚菌酯·4.7%氟环唑	
			20%醚菌酯·10%氟环唑	
			5%烯唑醇·10%三唑酮	
			10%烯唑醇·40%甲基硫菌灵	
			2%腈菌唑·10%三唑酮	
			2%腈菌唑·18%福美双	
			10%三唑酮·45%硫磺	
			10%三唑酮·10%硫磺	
			5%三唑酮·40%硫磺	
			5%三唑酮·33%硫磺	
			5%三唑酮·15%硫磺	
			4%三唑酮·46%硫磺	
			8%三唑酮·17%福美双	
			7%三唑酮·8%福美双	
			7%三唑酮·8%井冈霉素	
			13%丙环唑·18%福美双	
			12.5%戊唑醇·62.5%百菌清	
			30%多菌灵·3%三唑酮·37%硫磺	
			24%多菌灵·2%吡虫啉·33%硫磺	
			17%多菌灵·6%三唑酮·17%福美双	
			16.6%多菌灵·4.7%三唑酮·16.7%福美双	

13.2.3 小麦锈病

防治小麦锈病的杀菌剂单剂：烯唑醇、粉唑醇、丙环唑、萎锈灵、戊唑醇、氟环唑、三唑酮、代森锌、百菌清和枯草芽孢杆菌等。

防治小麦锈病的杀菌剂混剂：多菌灵·氟环唑组合、嘧菌酯·戊唑醇组合、三唑酮·硫磺组合和萎锈灵·三唑酮组合等。

防治小麦锈病的推荐施药时间：秋苗常发病区采用药剂拌种；麦苗返青期田间出现中心病株时，全田防治。

表 13-3 小麦锈病的杀菌剂选择及推荐施药时间

<table>
<tr><th>病害名称</th><th>病原物</th><th colspan="2">登记杀菌剂</th><th>推荐施药时间</th></tr>
<tr><td rowspan="12">小麦锈病</td><td rowspan="12">柄锈菌属
(Puccinia spp.)</td><td>单剂</td><td>烯唑醇、粉唑醇、丙环唑、萎锈灵、戊唑醇、氟环唑、三唑酮、代森锌、百菌清、枯草芽孢杆菌</td><td rowspan="12">秋苗常发病区采用药剂拌种；麦苗返青期田间出现中心病株时，全田防治</td></tr>
<tr><td rowspan="11">混剂</td><td>40%多菌灵·12%氟环唑</td></tr>
<tr><td>40%多菌灵·10%氟环唑</td></tr>
<tr><td>10%多菌灵·10%氟环唑</td></tr>
<tr><td>32%甲基硫菌灵·3%氟环唑</td></tr>
<tr><td>8%萎锈灵·12%三唑酮</td></tr>
<tr><td>10%嘧菌酯·10%戊唑醇</td></tr>
<tr><td>7%啶氧菌酯·12%丙环唑</td></tr>
<tr><td>15%苯醚甲环唑·15%丙环唑</td></tr>
<tr><td>10%三唑酮·10%硫磺</td></tr>
<tr><td>5%三唑酮·45%硫磺</td></tr>
<tr><td>3%三唑醇·21%福美双</td></tr>
</table>

13.2.4 小麦纹枯病

防治小麦纹枯病的杀菌剂单剂：三唑酮、苯醚甲环唑、烯唑醇、氟环唑、丙环唑、戊唑醇、井冈霉素和多抗霉素等。

防治小麦纹枯病的杀菌剂混剂：多菌灵·氟环唑组合、多菌灵·三唑酮组合、三唑酮·井冈霉素组合、苯醚甲环唑·戊唑醇组合、嘧菌酯·丙环唑组合，嘧菌酯·咯菌腈组合和井冈霉素·蜡质芽孢杆菌组合等。

防治小麦纹枯病的推荐施药时间：播种期药剂拌种；返青拔节期。

表 13-4 小麦纹枯病的杀菌剂选择及推荐施药时间

病害名称	病原物	登记杀菌剂		推荐施药时间
小麦纹枯病	丝核菌属禾谷丝核菌(*Rhizoctonia cerealis*)	单剂	三唑酮、苯醚甲环唑、烯唑醇、氟环唑、丙环唑、戊唑醇、井冈霉素、多抗霉素	播种期药剂拌种；返青拔节期
		混剂	40%多菌灵·11%氟环唑	
			40%多菌灵·10%氟环唑	
			27%多菌灵·9%三唑酮	
			25%多菌灵·5%三唑酮	
			24%多菌灵·9%三唑酮	
			1.5%嘧菌酯·2.5%咯菌腈	
			10%嘧菌酯·15%丙环唑	
			15%苯醚甲环唑·15%丙环唑	
			10%苯醚甲环唑·5%己唑醇	
			1.1%苯醚甲环唑·3.9%戊唑醇	
			5%己唑醇·15%氰烯菌酯	
			20%三唑酮·8%井冈霉素	
			7%三唑醇·14%井冈霉素	
			7%三唑酮·8%井冈霉素	
			5%三唑酮·10%井冈霉素	
			2%井冈霉素·8 亿个/克蜡质芽孢杆菌	

13.2.5 其他麦类病害

其他麦类病害如小麦全蚀病、小麦根腐病、小麦散黑穗病和小麦腥黑穗病的杀菌剂选择及推荐施药时间见表 13-5。

表 13-5 其他麦类病害的杀菌剂选择及推荐施药时间

序号	病害名称	病原物	登记杀菌剂		推荐施药时间
1	小麦全蚀病	顶囊壳属禾顶囊壳小麦变种(*Gaeumannomyces graminis* var. *tritici*)	单剂	苯醚甲环唑、戊唑醇、硅噻菌胺	种子包衣；秋季3～4 叶时；春季麦苗返青时，全田防治
			混剂	27%苯醚甲环唑·3%氰烯菌酯	
				4.6%氟唑环菌胺·2.2%苯醚甲环唑·2.2%咯菌腈	
2	小麦根腐病	平脐蠕孢属麦根腐平脐蠕孢菌(*Bipolaris sorokiniana*)	单剂	咯菌腈、丙环唑	种子包衣或拌种；小麦苗期适期防治

续表

序号	病害名称	病原物	登记杀菌剂		推荐施药时间
3	小麦散黑穗病	黑粉菌属小麦散黑粉菌(*Ustilago tritici*)	单剂	苯醚甲环唑、戊唑醇、灭菌唑	播种前拌种
			混剂	8%多菌灵·7%福美双	
				2.4%苯醚甲环唑·2.4%咯菌腈	
				4%咯菌腈·6%戊唑醇	
				10%三唑酮·40%福美双	
				2%戊唑醇·4%福美双	
				0.4%戊唑醇·9.8%福美双	
				2.2%苯醚甲环唑·2.2%咯菌腈·4.6%氟唑环菌胺	
4	小麦腥黑穗病	腥黑粉菌属光腥黑粉菌(*Tilletia foetida*)、网腥黑粉菌(*Tilletia caries*)	单剂	咯菌腈	播种前拌种
			混剂	10%三唑酮·40%福美双	
				5%三唑酮·45%硫磺	

第 14 章　玉米病害

14.1　玉米病害症状

玉米常见病害有丝黑穗病、茎基腐病、小斑病、大斑病、瘤黑粉病和灰斑病等。

14.1.1　玉米茎基腐病

玉米茎基腐病(图 14-1)一般从玉米灌浆期开始发病,乳熟后期至蜡熟期为发病高峰期。从始见青枯病叶至全株枯萎,一般为 5～7 天,发病快者仅需 1～3 天,发病慢者可持续 15 天以上。乳熟后期,玉米常突然成片萎蔫、死亡,因枯死植株呈青绿色,故此病又称"青枯病"。发病初期,毛根上出现水渍状淡褐色病斑,后逐渐扩展至次生根,直至整个根系呈褐色腐烂,根的皮层易剥离,松脱,须根和根毛减少,整个根部易拔出。随后病斑逐渐扩展蔓延,茎基部 1～2 节处开始出现水渍状梭形或长椭圆形病斑,很快变软、下陷,内部空松,一掐即瘪,手感明显;节间变淡褐色,果穗苞叶青干,穗柄柔韧,果穗下垂,不易掰离,穗轴柔软,籽粒干瘪,脱粒困难。玉米茎基腐病可破坏植株的输导组织,直接影响水肥吸收和营养代谢,使叶片干枯,根系变黑、腐烂、失去支撑力,植株早衰、死亡,影响玉米的产量和质量。

图 14-1　玉米茎基腐病症状

图 14-2　玉米丝黑穗病症状

14.1.2　玉米丝黑穗病

玉米丝黑穗病(图 14-2)属芽期侵入、系统侵染性病害,主要危害雌穗和雄穗,一旦发病,往往不能结实。病原菌由玉米幼芽侵入,扩展至幼苗生长点后,可随植株生长扩展至全株,一般在穗期表现典型症状。严重者苗期可表现症状,植株明显矮化，节间缩短，叶色暗绿，部分品种叶片出现与叶脉平行的褪绿黄白色条斑，有的幼苗心叶紧紧卷在一起扭曲呈鞭状，除苞叶外整个果穗变成黑粉包，其内混有丝状寄主维管束组织。

14.1.3 玉米小斑病

玉米小斑病(图 14-3)主要危害叶片，也可危害叶鞘、苞叶和果穗。叶片上病斑比玉米大斑病小，但病斑数量多。发病初期，形成水渍状半透明的小斑点，后逐渐扩展(形状不一)，呈黄褐色。受病原生理小种和寄主抗性的影响，叶片上常见病斑有 3 种：条形病斑，受叶脉限制，多为椭圆形或近长方形，呈黄褐色，边缘深褐色，大小为(10～15)毫米×(3～4)毫米；梭形病斑，不受叶脉限制，多为椭圆形，呈灰褐色；点状病斑，为坏死小点，呈黄褐色，周围有褪绿晕圈。

图 14-3 玉米小斑病症状

图 14-4 玉米大斑病症状

14.1.4 玉米大斑病

玉米大斑病(图 14-4)主要危害叶片，严重时也可危害苞叶和叶鞘。一般下部叶片先发病，逐渐向上部叶片扩展。发病初期，叶片上出现水浸状青灰色斑点，以后逐渐沿叶脉向两端扩展，形成中央黄褐色、边缘褐色的梭形大斑，大小为(50～100)毫米×(5～10)毫米，有些病斑可长达 200 毫米，病斑中央常有纵列。湿度大时，病斑在叶片正反两面出现大量灰黑色霉层(分生孢子梗和分生孢子)。叶片上病斑多时，可结合、连片，使植株早期枯死。

14.2 玉米病害的杀菌剂选择及推荐施药时间

14.2.1 玉米茎基腐病

防治玉米茎基腐病的杀菌剂单剂：吡唑醚菌酯、噁霉灵、咯菌腈、苯醚甲环唑和克菌丹等。

防治玉米茎基腐病的杀菌剂混剂：精甲霜灵·咯菌腈组合、甲霜灵·嘧菌酯·戊唑醇组合和精甲霜灵·咯菌腈·嘧菌酯组合等。

防治玉米茎基腐病的推荐施药时间：玉米播种期拌种；发病拔节孕穗期药剂灌根。

表 14-1 玉米茎基腐病的杀菌剂选择及推荐施药时间

<table>
<tr><th>病害名称</th><th>病原物</th><th colspan="2">登记杀菌剂</th><th>推荐施药时间</th></tr>
<tr><td rowspan="10">玉米茎基腐病</td><td rowspan="10">镰孢属（Fusarium spp.）、腐霉属（Pythium spp.）</td><td>单剂</td><td>吡唑醚菌酯、噁霉灵、咯菌腈、苯醚甲环唑、克菌丹</td><td rowspan="10">玉米播种期拌种；发病拔节孕穗期药剂灌根</td></tr>
<tr><td rowspan="9">混剂</td><td>1.88%甲霜灵·2.35%种菌唑</td></tr>
<tr><td>6%甲霜灵·4%嘧菌酯</td></tr>
<tr><td>1%甲霜灵·5%戊唑醇</td></tr>
<tr><td>0.5%精甲霜灵·9.5%苯醚甲环唑</td></tr>
<tr><td>25 克/升精甲霜灵·10 克/升咯菌腈</td></tr>
<tr><td>10 克/升精甲霜灵·25 克/升咯菌腈</td></tr>
<tr><td>7%多菌灵·11%福美双</td></tr>
<tr><td>2%甲霜灵·4%嘧菌酯·4%戊唑醇</td></tr>
<tr><td>3.3%精甲霜灵·1.1%咯菌腈·6.6%嘧菌酯</td></tr>
</table>

14.2.2 玉米丝黑穗病

防治玉米丝黑穗病的杀菌剂单剂：嘧菌酯、氟唑环菌胺、苯醚甲环唑、戊唑醇、灭菌唑和三唑酮等。

防治玉米丝黑穗病的杀菌剂混剂：萎锈灵·福美双组合、三唑酮·戊唑醇组合和戊唑醇·福美双组合等。

防治玉米丝黑穗病的推荐施药时间：播种期拌种。

表 14-2 玉米丝黑穗病的杀菌剂选择及推荐施药时间

<table>
<tr><th>病害名称</th><th>病原物</th><th colspan="2">登记杀菌剂</th><th>推荐施药时间</th></tr>
<tr><td rowspan="6">玉米丝黑穗病</td><td rowspan="6">轴黑粉菌属丝轴黑粉菌（Sphacelotheca reiliana）</td><td>单剂</td><td>嘧菌酯、氟唑环菌胺、苯醚甲环唑、戊唑醇、灭菌唑、三唑酮</td><td rowspan="6">播种期拌种</td></tr>
<tr><td rowspan="5">混剂</td><td>1.88%甲霜灵·2.35%种菌唑</td></tr>
<tr><td>1%甲霜灵·5%戊唑醇</td></tr>
<tr><td>0.5%精甲霜灵·9.5%苯醚甲环唑</td></tr>
<tr><td>200 克/升萎锈灵·200 克/升福美双</td></tr>
<tr><td>2%烯唑醇·13%福美双</td></tr>
</table>

续表

病害名称	病原物	登记杀菌剂		推荐施药时间
玉米丝黑穗病	轴黑粉菌属丝轴黑粉菌(*Sphacelotheca reiliana*)	混剂	0.6%腈菌唑·0.2%戊唑醇	播种期拌种
			0.9%三唑酮·0.2%戊唑醇	
			2%戊唑醇·4%福美双	
			0.6%戊唑醇·10.4%福美双	
			0.6%戊唑醇·10%福美双	
			0.6%戊唑醇·9%福美双	
			0.4%戊唑醇·9.8%福美双	
			0.3%戊唑醇·10.7%福美双	
			0.3%戊唑醇·15.7%福美双	
			2%甲霜灵·4%嘧菌酯·4%戊唑醇	
			0.3%戊唑醇·1.8%三唑酮·4.8%甲基异柳磷	
			0.8%戊唑醇·5%福美双·0.2%氯氰菊酯	
			0.4%戊唑醇·13.6%福美双·6%丁硫克百威	
			0.6%戊唑醇·13%福美双·7%丁硫克百威	

14.2.3　其他玉米病害

其他玉米病害如玉米小斑病、玉米大斑病、玉米瘤黑粉病和玉米灰斑病的杀菌剂选择及推荐施药时间见表 14-3。

表 14-3　其他玉米病害的杀菌剂选择及推荐施药时间

序号	病害名称	病原物	登记杀菌剂		推荐施药时间
1	玉米小斑病	平脐蠕孢属玉蜀黍平脐蠕孢(*Bipolaris maydis*)	混剂	12%嘧菌酯·20%戊唑醇	玉米心叶末期至抽雄期
				7%嘧菌酯·11.7%丙环唑	
2	玉米大斑病	突脐蠕孢属玉米大斑突脐蠕孢(*Exserohilum turcicum*)	单剂	吡唑醚菌酯、枯草芽孢杆菌	发病初期
			混剂	12%嘧菌酯·20%戊唑醇	
				10.5%嘧菌酯·17.5 丙环唑	
				7%嘧菌酯·11.7%丙环唑	
				25%吡唑醚菌酯·10%氟环唑	
				12.3%吡唑醚菌酯·4.7%氟环唑	
				25%肟菌酯·50%戊唑醇	

续表

序号	病害名称	病原物	登记杀菌剂		推荐施药时间
3	玉米瘤黑粉病	黑粉菌属玉米黑粉菌(*Ustilago maydis*)	单剂	苯醚甲环唑	病重地可在玉米未出苗前土表喷雾;抽雄前和花期
4	玉米灰斑病	尾孢属玉蜀黍尾孢(*Cercospora zeae-maydis*)	混剂	12%嘧菌酯·20%戊唑醇	玉米大喇叭口期;病株达10%喷第1次药

第 15 章　薯类病害

15.1　甘薯病害

15.1.1　甘薯黑斑病症状

甘薯黑斑病(图 15-1)主要危害薯苗和薯块。薯苗染病,幼茎地下部分或茎基部出现梭形或长圆形稍凹陷的黑斑,逐渐向地上蔓延,成为纵长病斑,继续扩展可使幼苗茎基部全部变黑;病苗定植不久后,叶片变黄,病株矮小,地下部腐烂。薯块染病,病部出现圆形或近圆形凹陷膏药状病斑,坚实且轮廓清晰,其上生灰色霉层或黑色毛状物,严重时病斑融合成不规则形;病菌可深入薯肉下层,使病部薯肉呈墨绿色,味苦,病部木质化、坚硬、干腐。

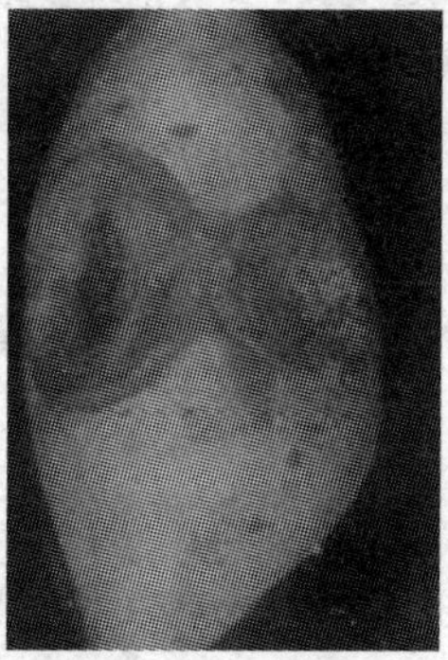

图 15-1　甘薯黑斑病症状

15.1.2　甘薯黑斑病杀菌剂选择及施药时间

防治甘薯黑斑病的杀菌剂单剂:甲基硫菌灵等。

防治甘薯黑斑病的推荐施药时间:育苗期浸种薯;移栽前药剂浸苗处理。

表 15-1　甘薯黑斑病的杀菌剂选择及推荐施药时间

病害名称	病原物	登记杀菌剂		推荐施药时间
甘薯黑斑病	长喙壳属甘薯长喙壳(*Ceratocystis fimbriata*)	单剂	甲基硫菌灵	育苗期浸种薯;移栽前药剂浸苗处理

15.2　马铃薯病害

15.2.1　马铃薯病害症状

(1)马铃薯晚疫病

马铃薯晚疫病(图 15-2)是马铃薯生长期的主要病害之一,多雨年份发生严重，一般在开花前后出现症状。发病初期，叶尖和叶缘上出现水渍状小斑，其上着生白色稀疏的霉轮(叶背更为明显)。

图 15-2 马铃薯晚疫病症状

图 15-3 马铃薯早疫病症状

(2)马铃薯早疫病

马铃薯早疫病(图 15-3)主要危害叶片和块茎。叶片染病，初期形成零星的褐色小斑点，后扩展，呈不规则形，同心轮纹，周围有狭窄的褪色环晕；潮湿时，斑面出现黑霉；严重时，病斑连成黑色斑块，叶片干枯脱落。块茎染病，表面出现暗褐色病斑，稍凹陷，近圆形至不规则，边缘明显，病斑下薯肉组织变褐色、干腐。

(3)马铃薯黑痣病

马铃薯黑痣病(图 15-4)主要危害幼芽、茎基部和块茎。幼芽染病，有的出土前腐烂，造成缺苗。出土后染病，病株下部叶片发黄，茎基部形成褐色凹陷斑，直径为 1～6 厘米；病斑上或茎基部常覆有灰色菌丝层，有时茎基部和块茎生出大小不等、形状各异(块状或片状)、散生或聚生的菌核；轻者症状不明显，重者可形成立枯或顶部萎蔫，或叶片卷曲呈舟状，心叶节间较长。发病严重时，茎节腋芽长出紫红色或绿色气生块茎，或地下茎基部长出许多无经济价值的小马铃薯，表面散生许多黑褐色菌核。

图 15-4 马铃薯黑痣病症状

15.2.2　马铃薯病害的杀菌剂选择及推荐施药时间

(1)马铃薯晚疫病

防治马铃薯晚疫病的杀菌剂单剂：甲霜灵、嘧菌酯、肟菌酯、氰霜唑、氟啶胺、双炔酰菌胺、多抗霉素、烯酰吗啉、氢氧化铜、代森锰锌、代森锌和枯草芽孢杆菌等。

防治马铃薯晚疫病的杀菌剂混剂：甲霜灵·代森锰锌组合、嘧菌酯·氟啶胺组合、烯酰吗啉·代森锰锌组合、吡唑醚菌酯·烯酰吗啉组合、吡唑醚菌酯·代森联组合和霜脲氰·代森锰锌组合等。

防治马铃薯晚疫病的推荐施药时间：药剂处理种薯；马铃薯开花前后出现中心病株。

(2)马铃薯早疫病

防治马铃薯早疫病的杀菌剂单剂：嘧菌酯、啶酰菌胺和百菌清等。

防治马铃薯早疫病的杀菌剂混剂：吡唑醚菌酯·烯酰吗啉组合、肟菌酯·戊唑醇组合和噁唑菌酮·霜脲氰组合等。

防治马铃薯早疫病的推荐施药时间：苗期和成株期的发病初期用药。

(3)马铃薯黑痣病

防治马铃薯黑痣病的杀菌剂单剂：嘧菌酯、咯菌腈和克菌丹等。

防治马铃薯黑痣病的杀菌剂混剂：氟唑环菌胺·咯菌腈组合等。

防治马铃薯黑痣病的推荐施药时间：药剂拌种薯；发病初期叶面喷雾。

表 15-2　马铃薯病害的杀菌剂选择及推荐施药时间

序号	病害名称	病原物	登记杀菌剂		推荐施药时间
1	马铃薯晚疫病	疫霉属致病疫霉(*Phytophthora infestans*)	单剂	甲霜灵、嘧菌酯、肟菌酯、氰霜唑、氟啶胺、双炔酰菌胺、多抗霉素、烯酰吗啉、氢氧化铜、代森锰锌、代森锌、枯草芽孢杆菌	药剂处理种薯；马铃薯开花前后出现中心病株
			混剂	25%甲霜灵·5%嘧菌酯	
				10%甲霜灵·48%代森锰锌	
				4%精甲霜灵·64%代森锰锌	
				12.5%嘧菌酯·27.5%烯酰吗啉	
				20%嘧菌酯·30%氟啶胺	
				10%嘧菌酯·30%氟啶胺	
				10%嘧菌酯·50%霜脲氰	
				6.7%吡唑醚菌酯·12%烯酰吗啉	
				5%吡唑醚菌酯·55%代森联	

续表

<table>
<tr><th>序号</th><th>病害名称</th><th>病原物</th><th colspan="2">登记杀菌剂</th><th>推荐施药时间</th></tr>
<tr><td rowspan="13">1</td><td rowspan="13">马铃薯晚疫病</td><td rowspan="13">疫霉属致病疫霉(Phytophthora infestans)</td><td rowspan="13">混剂</td><td>22.5%噁唑菌酮·30%霜脲氰</td><td rowspan="13">药剂处理种薯；马铃薯开花前后出现中心病株</td></tr>
<tr><td>14%霜霉威·14%霜脲氰</td></tr>
<tr><td>40%霜霉威盐酸盐·8%氟啶胺</td></tr>
<tr><td>20%烯酰吗啉·27%唑嘧菌胺</td></tr>
<tr><td>8%烯酰吗啉·42%三乙膦酸铝</td></tr>
<tr><td>10%烯酰吗啉·65%硫酸铜钙</td></tr>
<tr><td>9%烯酰吗啉·60%代森锰锌</td></tr>
<tr><td>9%烯酰吗啉·44%代森联</td></tr>
<tr><td>6.5%氟吗啉·43.5%代森锰锌</td></tr>
<tr><td>8%霜脲氰·64%代森锰锌</td></tr>
<tr><td>4%霜脲氰·40%代森锰锌</td></tr>
<tr><td>10%霜脲氰·50%丙森锌</td></tr>
<tr><td>0.75%多抗霉素·25%福美双</td></tr>
<tr><td rowspan="4">2</td><td rowspan="4">马铃薯早疫病</td><td rowspan="4">链格孢属茄链格孢(Alternaria solani)</td><td>单剂</td><td>嘧菌酯、啶酰菌胺、百菌清</td><td rowspan="4">苗期和成株期的发病初期用药</td></tr>
<tr><td rowspan="3">混剂</td><td>6.7%吡唑醚菌酯·12%烯酰吗啉</td></tr>
<tr><td>25%肟菌酯·50%戊唑醇</td></tr>
<tr><td>22.5%噁唑菌酮·30%霜脲氰</td></tr>
<tr><td rowspan="2">3</td><td rowspan="2">马铃薯黑痣病</td><td rowspan="2">丝核菌属立枯丝核菌(Rhizoctonia solani)</td><td>单剂</td><td>嘧菌酯、咯菌腈、克菌丹</td><td rowspan="2">药剂拌种薯；发病初期叶面喷雾</td></tr>
<tr><td>混剂</td><td>3.55%氟唑环菌胺·4.45%咯菌腈</td></tr>
</table>

第 16 章　高粱和谷子病害

16.1　高粱和谷子病害症状

高粱常见病害主要有丝黑穗病，谷子常见病害主要有谷子白发病。

16.1.1　高粱丝黑穗病

高粱丝黑穗病(图 16-1)是高粱的一种常见病害，以土壤带菌侵染为主，属幼芽侵染，系统发病；侵染时期为白尖期至幼芽长 2 厘米期间，幼穗形成时可破坏花器，形成大量黑粉。

16.1.2　谷子白发病

谷子白发病(图 16-2)为系统侵染性病害。谷子从萌芽至抽穗后，各生长阶段表现出不同症状：烂芽、灰背、白尖、枪杆、白发、刺猬头。

图 16-1　高粱丝黑穗病症状

图 16-2　谷子白发病症状

16.2　高粱和谷子病害的杀菌剂选择及推荐施药时间

防治高粱丝黑穗病的杀菌剂有戊唑醇，推荐播种时药剂包衣或拌种。防治谷子白发病的杀菌剂有甲霜灵，推荐播种时药剂拌种。

表 16-1 高粱和谷子病害的杀菌剂选择及推荐施药时间

序号	病害名称	病原物	登记杀菌剂		推荐施药时间
1	高粱丝黑穗病	轴黑粉菌属丝轴黑粉菌（*Sphacelotheca reiliana*）	单剂	戊唑醇	播种时种子包衣或拌种
2	谷子白发病	指梗霉属禾生指梗霉（*Sclerospora graminicola*）	单剂	甲霜灵	播种时药剂拌种

第 17 章　棉花病害

17.1　棉花病害症状

棉花常见病害有黄萎病、枯萎病、立枯病、猝倒病、红腐病、炭疽病、褐斑病和疫病等。

17.1.1　棉花黄萎病

棉花黄萎病(图 17-1)病株一般在 3～5 片真叶期开始显症，生长中后期棉花现蕾后田间大量发病。发病初期，病株下部叶片的叶缘和叶脉间出现浅黄色斑块，叶肉变厚，叶缘向下卷曲，后逐渐扩展；严重时，病叶除主脉及其附近仍保持绿色外，其余部分褪绿、变浅，呈掌状斑驳；叶片由下而上逐渐脱落，仅剩顶部少数小叶；蕾铃稀少，棉铃提前开裂；后期病株基部生出细小新枝。纵剖病茎，木质部上有浅褐色变色条纹。夏季暴雨后，可出现急性型萎蔫症状：棉株突然萎垂，叶片大量脱落，可造成严重减产。

图 17-1　棉花黄萎病症状

图 17-2　棉花枯萎病症状

17.1.2　棉花枯萎病

棉花枯萎病(图 17-2)病株叶片可呈现 5 种症状：黄色网纹型、黄化型、紫红型、青枯型和皱缩型。

①黄色网纹型。病苗子叶或真叶的叶脉局部或全部褪色变黄，叶肉仍保持一定的绿色，呈黄色网纹状，随病情加重逐渐干枯、脱落。黄色网纹型为苗期典型症状，成株期也偶尔出现。

②黄化型。病叶上出现黄色斑块，多从叶尖或叶缘开始发展，局部或全部褪绿、变黄，随后逐渐变褐、枯死或脱落。黄化型症状苗期和成株期均可出现。

③紫红型。病叶变紫色或出现紫红色斑块，后逐渐萎蔫、枯死、脱落。紫红型症状苗期和成株期均可出现。

④青枯型。病叶突然失水、褪色，全株或植株一边的叶片自下而上萎蔫、下垂，不久全株凋萎死亡。

⑤皱缩型。早期发病的病株若病程进展比较缓慢，则表现为节间缩短、植株矮化，顶叶常发生皱缩、畸形，但一般并不枯死。

17.1.3 棉花立枯病

棉花播种至出苗后均可受棉花立枯病(图 17-3)危害。棉种萌发前受侵染，可造成烂种。萌发后未出土前受侵染，可引起烂芽。棉苗出土后受侵染，可在近地面茎基部产生黄褐色病斑，后环茎扩展，呈明显缢缩，病苗萎蔫、倒伏、枯死。拔起病苗，茎基部以下的皮层均遗留土壤中，仅存鼠尾状木质部。子叶染病，出现黄褐色不规则形病斑，脱落后可形成穿孔。棉花立枯病常导致棉苗成片死亡，病部及周围、土面常有白色稀疏菌丝体。

图 17-3 棉花立枯病症状

图 17-4 棉花猝倒病症状

17.1.4 棉花猝倒病

棉苗猝倒病(图 17-4)是一种常见的棉苗根病，潮湿多雨的条件下尤其严重，常造成棉苗成片青枯倒伏甚至死亡，对棉苗生长影响极大。

17.2 棉花病害的杀菌剂选择及推荐施药时间

17.2.1 棉花黄萎病和棉花枯萎病

防治棉花黄萎病的杀菌剂：三氯异氰尿酸、枯草芽孢杆菌、解淀粉芽孢杆菌和氨基寡糖素等。

防治棉花枯萎病的杀菌剂：单剂有戊唑醇、氨基寡糖素、辛菌胺醋酸盐和三氯异氰尿酸等，混剂主要有三唑酮・乙蒜素组合。

防治棉花黄萎病和棉花枯萎病的推荐施药时间：药剂浸种或生防菌剂拌种；棉花 3～6 叶期及发病前期。

表 17-1　棉花黄萎病和棉花枯萎病的杀菌剂选择及推荐施药时间

序号	病害名称	病原物	登记杀菌剂		推荐施药时间
1	棉花黄萎病	轮枝孢属大丽轮枝孢(*Verticillium dahliae*)	单剂	三氯异氰尿酸、枯草芽孢杆菌、解淀粉芽孢杆菌、氨基寡糖素	药剂浸种或生防菌剂拌种；棉花 3～6 叶期及发病前期
2	棉花枯萎病	镰孢属尖镰孢萎蔫专化型(*Fusarium oxysporum* f. sp. *vasinfectum*)	单剂	戊唑醇、氨基寡糖素、辛菌胺醋酸盐、三氯异氰尿酸	
			混剂	2%三唑酮・30%乙蒜素	

17.2.2　棉花立枯病

防治棉花立枯病的杀菌剂单剂：吡唑醚菌酯、噁霉灵、嘧菌酯、五氯硝基苯、甲基立枯磷、苯醚甲环唑、戊唑醇和多抗霉素等。

防治棉花立枯病的杀菌剂混剂：五氯硝基苯・福美双组合、甲基立枯磷・福美双组合、吡唑醚菌酯・代森联组合和萎锈灵・福美双组合等。

防治棉花立枯病的推荐施药时间：药剂拌种；出苗 80%左右和齐苗后分别施 1 次药。

表 17-2　棉花立枯病的杀菌剂选择及推荐施药时间

病害名称	病原物	登记杀菌剂		推荐施药时间
棉花立枯病	丝核菌属立枯丝核菌(*Rhizoctonia solani*)	单剂	吡唑醚菌酯、噁霉灵、嘧菌酯、五氯硝基苯、甲基立枯磷、苯醚甲环唑、戊唑醇、多抗霉素	药剂拌种；出苗 80%左右和齐苗后分别施 1 次药
		混剂	1.88%甲霜灵・2.35%种菌唑	
			36.9%甲基硫菌灵・4.1%吡唑醚菌酯	
			200 克/升萎锈灵・200 克/升福美双	
			7.5%嘧菌酯・2.5%咯菌腈	
			5%吡唑醚菌酯・55%代森联	
			30%五氯硝基苯・15%溴菌腈	
			20%五氯硝基苯・20%福美双	
			10%五氯硝基苯・10%福美双	

续表

病害名称	病原物	登记杀菌剂		推荐施药时间
棉花立枯病	丝核菌属立枯丝核菌(*Rhizoctonia solani*)	混剂	5%甲基立枯磷·10%福美双	药剂拌种;出苗80%左右和齐苗后分别施1次药
			5%甲基立枯磷·15%福美双	
			3.3%精甲霜灵·6.6%嘧菌酯·1.1%咯菌腈	
			5%多菌灵·6%甲基立枯磷·15%福美双	
			22.5%萎锈灵·22.5%福美双·18%吡虫啉	
			10%五氯硝基苯·10%福美双·5%克百威	

17.2.3 其他棉花病害

其他棉花病害如棉花猝倒病、棉花红腐病、棉花炭疽病、棉花褐斑病和棉花疫病的杀菌剂选择及推荐施药时间见表17-3。

表17-3 其他棉花病害的杀菌剂选择及推荐施药时间

序号	病害名称	病原物	登记杀菌剂		推荐施药时间
1	棉花猝倒病	腐霉属瓜果腐霉(*Pythium aphanidermatum*)	单剂	精甲霜灵、吡唑醚菌酯	播种前拌种;在出苗80%左右和齐苗后分别施1次药
			混剂	3.3%精甲霜灵·6.6%嘧菌酯·1.1%咯菌腈	
2	棉花红腐病	镰孢属串珠镰孢菌(*Fusarium moniliforme*)	混剂	20%五氯硝基苯·20%福美双	播种前拌种;棉铃红腐病发病初期
				10%多菌灵·4%福美双·1%三唑酮	
				12%多菌灵·9.5%克百威·1.2%三唑酮	
3	棉花炭疽病	炭疽菌属棉炭疽菌(*Colletotrichum gossypii*)	混剂	5%甲基立枯磷·10%福美双	播种前拌种;棉铃炭疽病发病初期
				5%甲基立枯磷·15%福美双	
				30%五氯硝基苯·15%溴菌腈	
				20%五氯硝基苯·20%福美双	
				6%多菌灵·8%甲基立枯磷·12%福美双	
4	棉花褐斑病	叶点霉属棉小叶点霉(*Phyllosticta gossypina*)	单剂	多抗霉素	棉花第一真叶刚长出时;遇低温降雨时
5	棉花疫病	疫霉属苎麻疫霉(*Phytophthora boehmeriae*)	单剂	三乙膦酸铝	棉花苗期遇低温阴雨
			混剂	2%三唑酮·30%乙蒜素	

第 18 章　油料作物病害

油料作物主要有大豆、油菜和花生等。常见病害有大豆根腐病、大豆叶斑病、大豆立枯病、大豆锈病、大豆炭疽病、大豆胞囊线虫病、油菜菌核病、油菜立枯病、花生叶斑病、花生根腐病、花生白绢病、花生茎腐病、花生立枯病和花生锈病等。

18.1　大豆病害

18.1.1　大豆病害症状

(1)大豆胞囊线虫病

大豆胞囊线虫病(图 18-1)俗称“火龙秧子”,大豆整个生长期内均可发病。苗期发病,子叶及真叶变黄,发育迟缓。成株期发病,病株明显矮化,叶片变黄,叶柄及茎顶部也呈淡黄色,花迟,结荚小而少,发病严重时,叶片干枯、脱落,全株枯死,严重地块大面积枯黄。

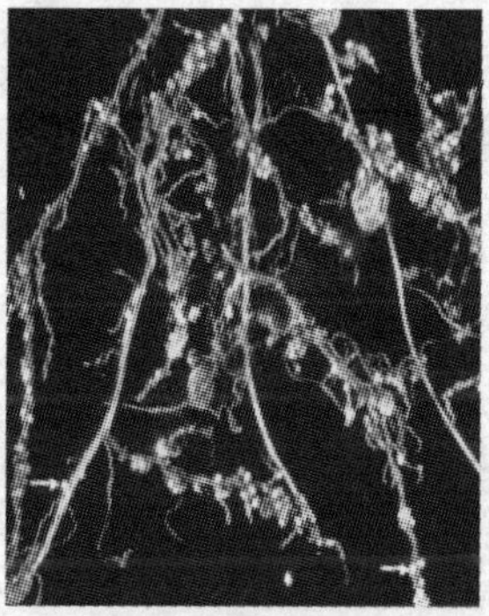

图 18-1　大豆胞囊线虫病症状

图 18-2　大豆炭疽病症状

(2)大豆炭疽病

大豆炭疽病(图 18-2)主要危害茎秆和豆荚,也可危害幼苗和叶片。茎上病斑为椭圆形至不规则形,呈灰褐色,常包围茎部出现大量黑点(分生孢子盘)。子叶上的病斑多发生在边缘,为半圆形,呈褐色或暗褐色,干缩后凹陷。成株期叶片上的病斑为圆形或不规则形,初期为淡红褐色,周围具淡黄色晕纹,后变暗褐色,生有小黑点。荚上病斑近圆形,呈红褐色,后变灰褐色,有时呈溃疡状,略凹陷,病斑上的黑点略作轮纹状排列。早期受侵染的豆荚多不结实,或虽结实,但豆粒皱缩、干秕,变暗褐色。

(3)大豆根腐病

大豆根腐病(图 18-3)发病后，茎基部出现黑褐色病斑，初为点状，后扩展为菱形、长条形或不规则形稍凹陷大斑；病重时，病斑呈铁锈色、红褐色或黑褐色，皮层腐烂呈溃疡状。

图 18-3　大豆根腐病症状

18.1.2　大豆病害的杀菌剂选择及推荐施药时间

大豆病害如大豆胞囊线虫病、大豆炭疽病、大豆根腐病、大豆叶斑病、大豆立枯病和大豆锈病的杀菌剂选择及推荐施药时间见表 18-1。

表 18-1 大豆病害的杀菌剂选择及推荐施药时间

序号	病害名称	病原物	登记杀菌剂		推荐施药时间
1	大豆胞囊线虫病	异皮线虫属大豆胞囊线虫(*Heterodera glycines*)	混剂	10%多菌灵·0.6%阿维菌素·25%福美双	种子包衣
2	大豆炭疽病	炭疽菌属大豆炭疽菌(*Colletotrichum glycines*)	单剂	百菌清	药剂拌种；开花后施药防治
3	大豆根腐病	镰孢属(*Fusarium* spp.)、丝核菌属(*Rhizoctonia* spp.)、腐霉属(*Pythium* spp.)	单剂	精甲霜灵、咯菌腈	播种前种子包衣或生物菌剂拌种
			混剂	3%甲霜灵·10%多菌灵	
				37.5 克/升精甲霜灵·25 克/升咯菌腈	
				200 克/升萎锈灵·200 克/升福美双	
				10%多菌灵·25%福美双·0.6%阿维菌素	
4	大豆叶斑病	球腔菌属大豆球腔菌(*Mycosphaerella sojae*)	单剂	吡唑醚菌酯	发病初期
			混剂	12.3%吡唑醚菌酯·4.7%氟环唑	

续表

序号	病害名称	病原物	登记杀菌剂		推荐施药时间
5	大豆立枯病	丝核菌属立枯丝核菌（*Rhizoctonia solani*）	单剂	噁霉灵	播种前播种
6	大豆锈病	层锈菌属豆薯层锈（*Phakopsora pachyrhizi*）	单剂	嘧菌酯	发病初期
			混剂	15%苯醚甲环唑·15%丙环唑	

18.2　油菜和花生病害

18.2.1　油菜和花生病害症状

(1)油菜菌核病

油菜菌核病(图 18-4)又名油菜菌核软腐病，是油菜的重要病害，主要危害油菜的茎秆、叶、花和菜荚，以茎秆染病损失最为严重。苗期发病，幼苗基部发生软腐，以后扩展至全苗，叶片变青灰色，似烫伤状腐烂，常常引起成团枯死或整窝枯死。成株期发病，茎秆染病后，病部出现淡黄褐色水渍状病斑，干燥时表皮破裂似麻丝状，后期病秆腐烂成空心，并生有白色菌丝和鼠粪状菌核。油菜在开花结荚时，常常一株一株发病枯死。

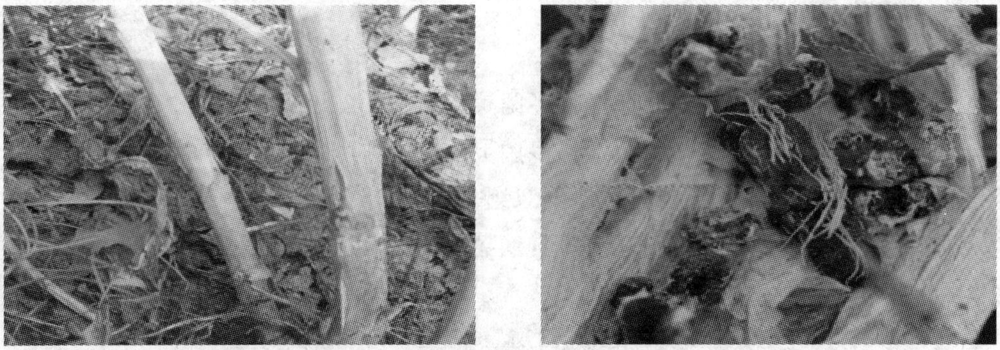

(a)　(b)

图 18-4　油菜菌核病症状

(2)花生叶斑病

花生叶斑病(图 18-5)是叶部褐斑病、黑斑病和网斑病的总称，三者可混合发生于同一植株甚至同一叶片上。褐斑病发生较早，初花期即可发生；黑斑病和网斑病发生较晚，大多在盛花期才在田间出现。黑斑病和网斑病发病较重，可引起严重落叶。

①褐斑病。褐斑病多发生于叶面，病斑为圆形或不规则形，呈黄褐色或暗褐色，直径 4～10 毫米，周围有一清晰的黄色晕圈，似青蛙眼状；叶背颜色变浅，无黄色晕圈；病斑上有时出现灰白色的霉状物。茎、叶柄和果针上可形成椭圆形病斑，呈暗褐色，稍凹陷。

②黑斑病。黑斑病的病斑小而圆，呈暗褐色或黑褐色，直径 1～6 毫米，病斑边缘较褐斑病整齐，无黄色晕圈或不明显；叶背着生许多黑色颗粒点，排列成同心轮纹，其上着生成丛的孢子梗和分生孢子。

③网斑病。网斑病一般先侵染叶片，发病初期可沿主脉出现圆形至不规则形的黑褐色小斑，病斑周围有褪绿晕圈；后在叶面出现边缘呈网纹状的不规则形褐色斑，且病部可见栗褐色小点(分生孢子器)；叶背病斑不明显，呈淡褐色；重者病斑融合。潮湿条件下，叶面病斑较大，近圆形，呈黑褐色；干燥条件下，病斑易破裂、穿孔。生产上，网斑病常与褐斑病、黑斑病混合发生，可造成严重落叶。

(a) 黑斑病　　(b) 褐斑病　　(c) 网斑病

图 18-5　花生三种叶斑病症状

18.2.2　油菜和花生病害的杀菌剂选择及推荐施药时间

(1)油菜菌核病

防治油菜菌核病的杀菌剂单剂：多菌灵、啶酰菌胺和腐霉利等。

防治油菜菌核病的杀菌剂混剂：多菌灵・腐霉利组合、多菌灵・三唑酮组合、多菌灵・福美双组合和腐霉利・福美双组合等。

防治油菜菌核病的推荐施药时间：油菜始花期，花蕾率达 20%～30%时施第 1 次药；盛花期施第 2 次药。

表 18-2　油菜菌核病的杀菌剂选择及推荐施药时间

病害名称	病原物	登记杀菌剂		推荐施药时间
油菜菌核病	核盘菌属核盘菌(*Sclerotinia sclerotiorum*)	单剂	多菌灵、啶酰菌胺、腐霉利	油菜始花期，花蕾率达 20%～30%时施第 1 次药；盛花期施第 2 次药
		混剂	40%多菌灵・10%腐霉利	
			31%多菌灵・19%腐霉利	

续表

病害名称	病原物	登记杀菌剂		推荐施药时间
油菜菌核病	核盘菌属核盘菌（*Sclerotinia sclerotiorum*）	混剂	25%多菌灵·25%腐霉利	油菜始花期，花蕾率达 20%～30% 时施第 1 次药；盛花期施第 2 次药
			33.5%多菌灵·2.5%丙环唑	
			35%多菌灵·5%三唑酮	
			32.5%多菌灵·3.5%三唑酮	
			28%多菌灵·5%三唑酮	
			24%多菌灵 6%三唑酮	
			25%多菌灵·15%福美双	
			10%腐霉利·40%福美双	

(2)花生叶斑病

防治花生叶斑病的杀菌剂单剂：多菌灵、甲基硫菌灵、嘧菌酯、联苯三唑醇、烯唑醇、戊唑醇、代森锰锌、代森锌和百菌清等。

防治花生叶斑病的杀菌剂混剂：多菌灵·硫磺组合、吡唑醚菌酯·代森联组合、吡唑醚菌酯·氟环唑组合和多菌灵·代森锰锌组合等。

防治花生叶斑病的推荐施药时间：田间病叶率为 5%～10%时。

表 18-3　花生叶斑病的杀菌剂选择及推荐施药时间

病害名称	病原物	登记杀菌剂		推荐施药时间
花生叶斑病	尾孢属花生尾孢（*Cercospora arachidicola*）、尾孢属球座尾孢菌（*Cercospora personata*）、壳二孢属壳二孢菌（*Ascochyta arachidis*）	单剂	多菌灵、甲基硫菌灵、嘧菌酯、联苯三唑醇、烯唑醇、戊唑醇、代森锰锌、代森锌、百菌清	田间病叶率为 5%～10%时
		混剂	22%多菌灵·8%戊唑醇	
			15%多菌灵·35%硫磺	
			10%多菌灵·15%硫磺	
			7.5%多菌灵·17.5%硫磺	
			8%多菌灵·17%代森锰锌	
			20%嘧菌酯·12.5%苯醚甲环唑	
			5%吡唑醚菌酯·55%代森联	
			15%苯醚甲环唑·15%丙环唑	
			40%硫磺·20%代森锰锌	
			32%硫磺·8%百菌清	
			7%啶氧菌酯·12%丙环唑	
			12.3%吡唑醚菌酯·4.7%氟环唑	

(3)其他油菜和花生病害

其他油菜和花生病害如油菜立枯病、花生根腐病、花生白绢病、花生茎腐病、花生立枯病和花生锈病等的杀菌剂选择及推荐施药时间见表 18-4。

表 18-4　其他油菜和花生病害的杀菌剂选择及推荐施药时间

序号	病害名称	病原物	登记杀菌剂		推荐施药时间
1	油菜立枯病	丝核菌属立枯丝核菌(*Rhizoctonia solani*)	单剂	噁霉灵	播种前药剂土壤处理;发病初期
2	花生根腐病	镰孢属茄镰孢(*Fusarium solani*)、尖镰孢(*Fusarium oxysporum*)、粉红镰孢(*Fusarium roseum*)、三线镰孢(*Fusarium tricinctum*)、串珠镰孢(*Fusarium moniliforme*)	单剂	咯菌腈	播种前进行种子包衣或发病初期处理
			混剂	8%多菌灵·8%辛硫磷	
				36.9%甲基硫菌灵·4.1%吡唑醚菌酯	
				3.3%精甲霜灵·6.6%嘧菌酯·1.1%咯菌腈	
3	花生白绢病	小核菌属齐整小核菌(*Sclerotium rolfsii*)	单剂	噻呋酰胺、氟酰胺	药剂拌种;发病初期
4	花生茎腐病	色二孢属棉色二孢(*Diplodia gossypina*)	单剂	多菌灵	药剂拌种;齐苗后和开花前各防治1次
5	花生立枯病	丝核菌属立枯丝核菌(*Rhizoctonia solani*)	混剂	3%甲霜灵·6%甲基硫菌灵·3%嘧菌酯	药剂拌种;发病初期
6	花生锈病	柄锈菌属落花生柄锈菌(*Puccinia arachidis*)	单剂	百菌清	发病株率达15%
			混剂	7%啶氧菌酯·12%丙环唑	

第 19 章　蔬菜病害

我国种植的蔬菜种类多样，主要有薯芋类、葱蒜类、白菜类、甘蓝类、绿叶菜类、茄果类、瓜类、豆类、水生蔬菜类和多年生蔬菜类等。蔬菜病害种类繁多，农残控制严格，对杀菌剂科学用药水平要求高，应该根据不同杀菌剂的特点，把握好用药剂量和频次，做到高效安全用药。

19.1　姜和山药病害

19.1.1　姜和山药病害症状

(1) 姜瘟病

姜瘟病(图 19-1)可危害植株根茎和叶片，病菌一般先侵染地上茎基部及根茎。根茎染病，可使根部腐烂，以后逐渐蔓延至茎秆，使茎秆腐烂，上部叶片开始凋萎，最后根和茎秆大部分或全部腐烂，发出特别的臭味。叶片染病，初期叶片卷缩，下垂而无光泽，后由下至上变枯黄；病株茎基部初期呈暗紫色，后变水浸状黄褐色，继而根茎变软、腐烂，产生白色、有臭味的黏液；最后地上部凋萎、枯死，茎秆基部易折断、倒伏。

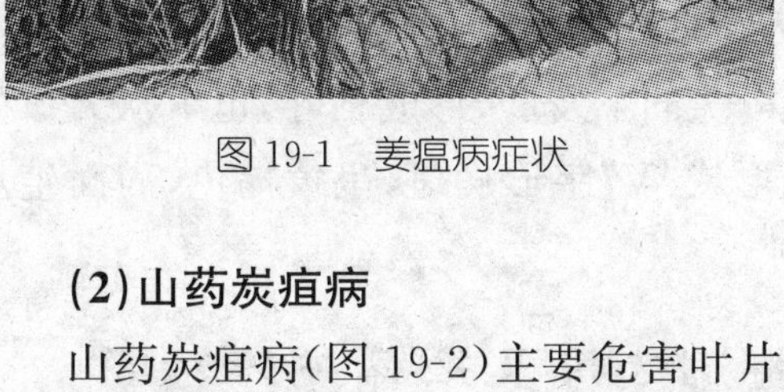

图 19-1　姜瘟病症状

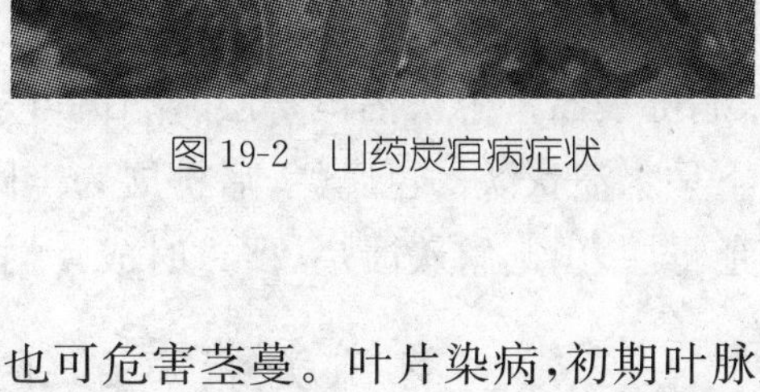

图 19-2　山药炭疽病症状

(2) 山药炭疽病

山药炭疽病(图 19-2)主要危害叶片，也可危害茎蔓。叶片染病，初期叶脉上形成褐色凹陷的小斑，后变为黑褐色，扩展后病斑中央呈褐色，其上散生黑色小粒点(分生孢子盘)。茎蔓染病，多在距地面较近部分出现病斑，病斑呈黑褐色，略凹陷；严重时叶片早落，茎蔓枯死，导致植株死亡。空气潮湿时，叶片或茎蔓上的病斑常产生淡红色的黏稠物质(分生孢子盘)。

19.1.2 姜和山药病害的杀菌剂选择及推荐施药时间

姜和山药病害如姜瘟病和山药炭疽病的杀菌剂选择及推荐施药时间见表 19-1。

表 19-1 姜和山药病害的杀菌剂选择及推荐施药时间

序号	病害名称	病原物	登记杀菌剂		推荐施药时间
1	姜瘟病	假单胞菌属青枯假单胞杆菌(*Pseudomonas solanacearum*)	单剂	硫酸铜钙、氢氧化铜、蜡质芽孢杆菌	种姜消毒;齐苗灌穴
2	山药炭疽病	炭疽菌属辣椒炭疽菌(*Colletotrichum capsici*)、胶孢炭疽菌(*Colletotrichum gloeosporioides*)	混剂	4%吡唑醚菌酯·12%二氰蒽醌	山药甩秧上架后

19.2 葱蒜类病害

19.2.1 葱蒜类病害症状

(1)大蒜叶枯病

大蒜叶枯病初期,病斑呈花白色小圆点,后扩展为不规则形或椭圆形,呈灰白色或灰褐色,上部长出黑色霉状物,其上散生许多黑色小粒,严重时全株不抽苔。

(2)韭菜灰霉病

韭菜灰霉病主要危害叶片。发病初期,叶面出现白色至淡灰色斑点,随后扩展为椭圆形或梭形。后期病斑常融合成大片枯死斑,使半叶或全叶枯死。湿度大时,病部表面密生灰褐色霉层。病斑可从叶尖向下发展,形成枯叶,也可从刀口处向下呈水渍状淡褐色腐烂,后扩展为半圆形或"V"字形病斑,呈黄褐色,表面生灰褐色霉层,引起整簇溃烂,严重时成片枯死。

19.2.2 葱蒜类病害的杀菌剂选择及推荐施药时间

葱蒜类病害如大蒜叶枯病、韭菜灰霉病、洋葱紫斑病的杀菌剂选择及推荐施药时间见表 19-2。

表 19-2　葱蒜类病害的杀菌剂选择及推荐施药时间

序号	病害名称	病原物	登记杀菌剂		推荐施药时间
1	大蒜叶枯病	格孢腔菌属枯叶格孢腔菌（*Pleospora herbarum*）	单剂	咪鲜胺锰盐、苯醚甲环唑	发病初期
			混剂	5%吡唑醚菌酯·55%代森联	
2	韭菜灰霉病	葡萄孢属葱鳞葡萄孢菌（*Botrytis squamosa*）	单剂	腐霉利	每次收割后和发病初期
3	洋葱紫斑病	链格孢属香葱链格孢（*Alternaria porri*）	单剂	苯醚甲环唑	种子消毒；发病初期施药防治
			混剂	21.5%氟吡菌酰胺·21.5%肟菌酯	

19.3　白菜和甘蓝类病害

19.3.1　白菜和甘蓝类病害症状

白菜和甘蓝类病害主要有白菜软腐病、白菜霜霉病、白菜根肿病、白菜黑斑病、白菜炭疽病、白菜白斑病和花椰菜霜霉病等。

(1)白菜软腐病

白菜软腐病（图 19-3）的症状主要有 3 种类型：基腐型、心腐型和外腐型。这 3 种类型的病部均产生臭味，此为白菜软腐病的重要特征。

①基腐型。外叶于晴天中午萎蔫，早晚恢复；几天后，病株外叶平贴地面，内叶或叶球外露，叶柄基部或根基髓组织溃烂，流出稠状物，轻触植株即倒伏。

②心腐型。发病初期叶柄基部呈水浸状，后逐渐扩展并变为黏滑软腐状。

③外腐型。病菌从叶片边缘或叶球顶端伤口直接侵入，引起叶球腐烂；干燥条件下，腐烂的叶片失水、变干，呈薄纸状，紧贴叶球。

图 19-3　白菜软腐病症状

图 19-4　白菜霜霉病症状

(2)白菜霜霉病

白菜霜霉病(图 19-4)主要危害叶片、花和种荚,苗期和包心期较易发病。发病初期,叶片出现水浸状褪绿斑点,后逐渐变为黄色或黄褐色,扩展为不规则多角形,病斑背面可见白色霉层,发病严重时整叶干枯。种株发病时,花梗和种荚肥肿、扭曲,并伴有麻点状的褐色病斑,潮湿时着生白色霉层。

(3)白菜根肿病

白菜根肿病(图 19-5)一般危害根部,苗期即可发病。发病初期,病株叶色暗淡,凋萎下垂,根部肿大呈瘤状,其形状和大小受着生部位和侵染时间的影响。主根上的瘤多靠近上部,呈球形或近球形,凹凸不平,表面粗糙,有时表皮开裂;侧根上的瘤呈圆筒形或手指形,多个连在一起,呈串珠状。

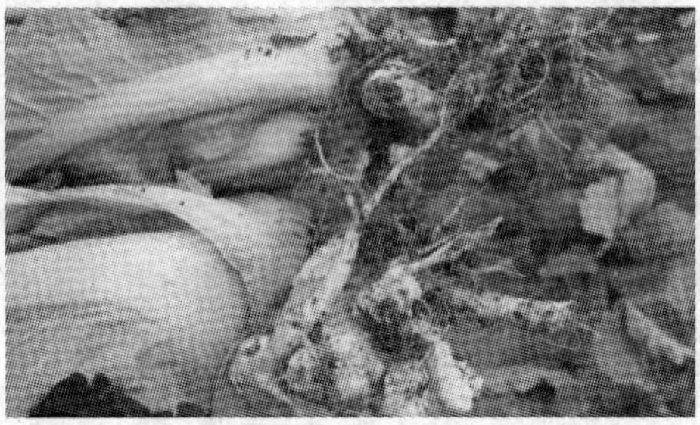

图 19-5 白菜根肿病症状

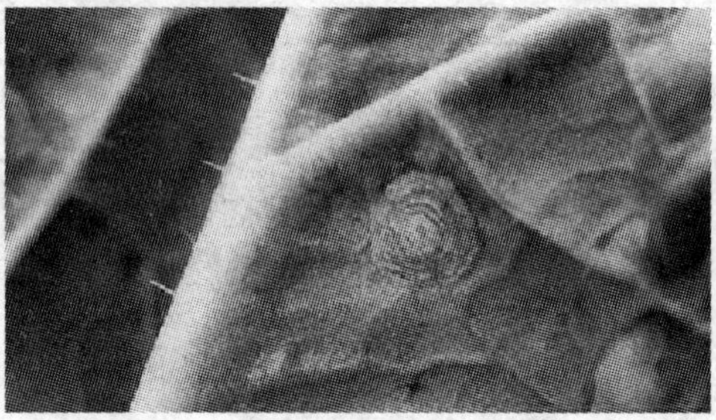

图 19-6 白菜黑斑病症状

(4)白菜黑斑病

白菜黑斑病(图 19-6)主要危害叶片和花梗,也可危害叶柄、茎部和种荚。叶片染病,产生近圆形褪绿斑,边缘呈淡绿色至暗褐色,有明显的同心轮纹,常引起叶片穿孔;发病严重时,病斑融合成大的斑块,可致半叶或整叶枯死,全株叶片由外向内干枯。叶柄染病,出现长梭形病斑,呈暗褐色条状凹陷。采种株花梗或种荚染病,出现圆形或椭圆形病斑,呈暗褐色,荚小而弯曲,籽粒不饱满;湿度大时,病斑上可出现黑色霉状物。

19.3.2 白菜和甘蓝类病害的杀菌剂选择及推荐施药时间

白菜和甘蓝类病害如白菜软腐病、白菜霜霉病、白菜根肿病、白菜黑斑病、白菜炭疽病、白菜白斑病和花椰菜霜霉病的杀菌剂选择及推荐施药时间见表 19-3。

表 19-3　白菜和甘蓝类病害的杀菌剂选择及推荐施药时间

序号	病害名称	病原物	登记杀菌剂		推荐施药时间
1	白菜软腐病	欧文氏菌属欧文氏菌胡萝卜软腐欧氏杆菌胡萝卜亚种(*Erwinia carotovora* sub sp. *carotovora*)	单剂	枯草芽孢杆菌、噻森铜、氯溴异氰尿酸	苗期药剂喷淋基部;包心期及时发现病株,拔除后苗穴药剂处理
2	白菜霜霉病	霜霉属寄生霜霉(*Peronospora parasitica*)	单剂	百菌清	药剂拌种;发现中心病株及时施药
			混剂	625 克/升霜霉威盐酸盐·62.5 克/升氟吡菌胺	
				45%代森锰锌·25%三乙膦酸铝	
				25%代森锰锌·45%三乙膦酸铝	
3	白菜根肿病	根肿菌属芸薹根肿菌(*Plasmodiophora brassicae*)	单剂	枯草芽孢杆菌、氟啶胺	发病前沟施、穴施药剂,发病后及时灌根
4	白菜黑斑病	链格孢属芸薹链格孢(*Alternaria brassicae*)	单剂	苯醚甲环唑、戊唑醇	药剂拌种;发病初期施药
			混剂	62.5%噁霜灵·62.5%代森锰锌	
5	白菜炭疽病	炭疽菌属芸薹炭疽菌(*Colletotrichum higginsianum*)	单剂	吡唑醚菌酯	药剂拌种;发病初期施药
6	白菜白斑病	小尾孢属芥假小尾孢(*Pseudocercosporella capsella*)	混剂	45%代森锰锌·25%三乙膦酸铝	药剂拌种;发病初期施药
				25%代森锰锌·45%三乙膦酸铝	
7	花椰菜霜霉病	霜霉属寄生霜霉芸薹属变种(*Peronospora parasitica* var. *brassicae*)	单剂	嘧菌酯、霜霉威、烯酰吗啉	药剂拌种;发现中心病株后施药
			混剂	4%精甲霜灵·64%代森锰锌	

19.4　绿叶菜类病害

19.4.1　绿叶菜类病害症状

(1)芹菜叶斑病

芹菜叶斑病(图 19-7)在幼苗期和成株期均可发病,以成株期染病较重;主要危害叶片,也可危害叶柄和茎。植株染病时,叶边缘先发病,逐步蔓延至整个叶片。叶片染病时,出现黄绿色水渍状斑,后发展为圆形或不规则形,直径 2～15 毫米，中央灰褐色；内部组织坏死后，病部变薄，呈半透明状，周缘深褐色，稍隆起，外围具黄色晕圈；病斑不受叶脉限制，严重时可扩展融合成斑块，使整个叶片变黄、枯死。叶柄和茎染病时，出现椭圆形病斑，直径 3～23 毫米，初期为水渍状小斑，扩展为暗褐色稍凹陷条斑，严重时可使植株倒伏。田间湿度高时，病部常长出灰白色霉层（分生孢子梗和分生孢子）。

图 19-7　芹菜叶斑病症状

图 19-8　莴笋霜霉病症状

(2)莴笋霜霉病

莴笋霜霉病（图 19-8）主要危害叶片，多先从下部叶片开始发病，逐渐向上蔓延。发病初期，病斑呈黄绿色，无明显边缘，后扩展，因受叶脉限制呈多角形；叶片背面着生白色霉状物（孢子囊和孢囊梗）。

19.4.2　绿叶菜类病害的杀菌剂选择及推荐施药时间

绿叶菜类病害如芹菜叶斑病、莴笋霜霉病和菠菜霜霉病的杀菌剂选择及推荐施药时间见表 19-4。

表 19-4　绿叶菜类病害的杀菌剂选择及推荐施药时间

序号	病害名称	病原物	登记杀菌剂		推荐施药时间
1	芹菜叶斑病	尾孢属芹菜尾孢菌（*Cercospora petroselini*）、叶点霉属芹菜叶点霉（*Phyllosticta petroselini*）、壳针孢属芹菜壳针孢（*Septoria petroselini*）	单剂	苯醚甲环唑	种子消毒处理；发病初期施药
2	莴笋霜霉病	盘梗霉属莴笋盘梗霉（*Bremia lactucae*）	单剂	三乙膦酸铝	种子消毒处理；发病初期施药
3	菠菜霜霉病	霜霉属菠菜霜霉菌（*Peronospova farinosa*）	单剂	霜霉威	药剂拌种；病株率达 20%时施药

19.5　茄果类病害

19.5.1　番茄病害

19.5.1.1　番茄病害症状

(1)番茄早疫病

番茄早疫病(图 19-9)主要危害叶片,也可危害幼苗、茎和果实。幼苗染病,茎基部出现暗褐色病斑,稍凹陷,有轮纹。成株期叶片染病,多从植株下部叶片向上发展;发病初期出现水浸状暗绿色病斑,后扩展为圆形或不规则形的轮纹斑,边缘多具浅绿色或黄色的晕环,中央呈同心轮纹;潮湿条件下,病斑上可出现黑色霉层(分生孢子梗和分生孢子);严重时叶片脱落。茎部染病,分枝处及叶柄基部出现不规则圆形或椭圆形病斑,呈褐色至深褐色凹陷,具同心轮纹,有时龟裂,严重时造成断枝。青果染病,多始于花萼附近,初期形成椭圆形或不规则形褐色或黑色斑,凹陷,后期果实开裂,病部较硬,密生黑色霉层。叶柄、果柄染病,出现长椭圆形病斑,呈灰褐色,稍凹陷。

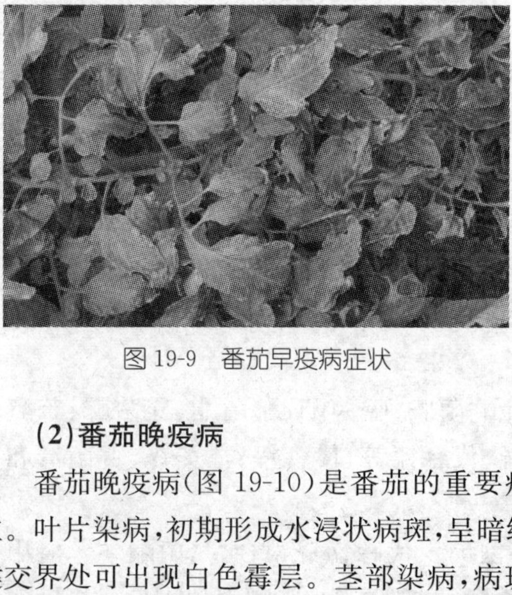

图 19-9　番茄早疫病症状

图 19-10　番茄晚疫病症状

(2)番茄晚疫病

番茄晚疫病(图 19-10)是番茄的重要病害之一,可危害叶片、茎和果实等部位。叶片染病,初期形成水浸状病斑,呈暗绿色,后变为褐色;高湿条件下,叶背病健交界处可出现白色霉层。茎部染病,病斑呈黑褐色腐败状,可导致植株萎蔫。果实染病,主要发生在青果上,初期病斑呈油渍状暗绿色,后变为暗褐色至棕褐色,稍凹陷,边缘不明显,云纹不规则,果实一般不变软;湿度大时,病部出现少量白霉,果实迅速腐烂。

(3)番茄灰霉病

番茄灰霉病(图 19-11)主要危害果实,也可危害花、茎部和叶片;病原菌可由残留的花及花托向果实或果柄扩展。果实染病,果皮呈灰白色水渍状,变软、腐烂;随后,果面、花萼及果柄上出现大量灰褐色霉层,使果实失水、僵化。成株期茎叶染病,病斑由叶片边缘向里呈"V"字形发展,并出现深浅相同的轮纹,表面着生少量灰霉,最终使叶片枯死。

图 19-11　番茄灰霉病症状

图 19-12　番茄叶霉病症状

(4)番茄叶霉病

番茄叶霉病(图 19-12)主要危害叶片,严重时也可危害茎、花和果实。叶片染病,病叶叶面出现黄绿色、边缘不明显的斑点,叶背出现灰白色霉层,后变为淡褐至深褐色;发病严重时,霉层布满叶背,叶片卷曲,整株叶片呈黄褐色干枯;湿度大时,叶面病斑也可长出霉层。一般情况下,下部叶片先发病,逐渐向上蔓延。嫩茎和果柄上也可出现类似的病斑。花器染病易脱落。果实染病,果蒂附近或果面上可形成圆形或不规则斑块,呈黑色,硬化凹陷,不可食用。

19.5.1.2　番茄病害的杀菌剂选择及推荐施药时间

(1)番茄早疫病

防治番茄早疫病的杀菌剂单剂:啶酰菌胺、嘧菌酯、醚菌酯、异菌脲、苯醚甲环唑、多抗霉素、碱式硫酸铜、氢氧化铜、代森锰锌、代森锌、福美锌、百菌清和克菌丹等。

防治番茄早疫病的杀菌剂混剂:多菌灵·代森锰锌组合、嘧菌酯·苯醚甲环唑组合、吡唑醚菌酯·代森联组合、肟菌酯·戊唑醇组合、噁唑菌酮·代森锰锌组合、代森锰锌·百菌清组合等。

防治番茄早疫病的推荐施药时间:药剂拌种;发病前施药;保护地可以用烟剂。

表 19-5　番茄早疫病的杀菌剂选择及推荐施药时间

病害名称	病原物	登记杀菌剂		推荐施药时间
番茄早疫病	链格孢属茄链格孢(*Alternaria solani*)	单剂	啶酰菌胺、嘧菌酯、醚菌酯、异菌脲、苯醚甲环唑、多抗霉素、碱式硫酸铜、氢氧化铜、代森锰锌、代森锌、福美锌、百菌清、克菌丹	药剂拌种;发病前施药;保护地可以用烟剂
		混剂	10%甲霜灵·40%琥胶肥酸铜	
			62.5%噁霜灵·62.5%代森锰锌	
			17.5%多菌灵·35%异菌脲	
			15%多菌灵·35%代森锰锌	
			12%多菌灵·24%代森锰锌	
			21.5%氟吡菌酰胺·21.5%肟菌酯	
			7%氟唑菌酰胺·5%苯醚甲环唑	
			17.5%氟吡菌酰胺·17.5%戊唑醇	
			20%嘧菌酯·12.5%苯醚甲环唑	
			11%嘧菌酯·18%戊唑醇	
			6%嘧菌酯·50%百菌清	
			5%吡唑醚菌酯·55%代森联	
			25%肟菌酯·50%戊唑醇	
			22.5%噁唑菌酮·30%霜脲氰	
			6.25%噁唑菌酮·62.5%代森锰锌	
			16%氢氧化铜·48%福美锌	
			35%代森锰锌·25%福美双	
			56%代森锰锌·8%百菌清	
			40%代森锰锌·30%百菌清	
			30%代森锰锌·48%波尔多液	
			44%代森锌·2%中生菌素	

(2)番茄晚疫病

防治番茄晚疫病的杀菌剂单剂:嘧菌酯、氰霜唑、氟吗啉、双炔酰菌胺、多抗霉素、三乙膦酸铝、烯酰吗啉和百菌清等。

防治番茄晚疫病的杀菌剂混剂:甲霜灵·霜霉威盐酸盐组合、精甲霜灵·丙森锌组合、氟吡菌胺·霜霉威盐酸盐组合、吡唑醚菌酯·代森联组合、嘧菌酯·霜霉威盐酸盐组合、氰霜唑·百菌清组合、氟啶胺·霜脲氰组合和氟吗啉·代森锰锌组合等。

防治番茄晚疫病的推荐施药时间:药剂拌种;发病初期或发病前用药。

表 19-6　番茄晚疫病的杀菌剂选择及推荐施药时间

病害名称	病原物	登记杀菌剂		推荐施药时间
番茄晚疫病	疫霉属致病疫霉(*Phytophthora infestans*)	单剂	嘧菌酯、氰霜唑、氟吗啉、双炔酰菌胺、多抗霉素、三乙膦酸铝、烯酰吗啉、百菌清	药剂拌种;发病初期或发病前用药
		混剂	10%甲霜灵·48%代森锰锌	
			15%甲霜灵·10%霜霉威盐酸盐	
			2.5%甲霜灵·10%百菌清	
			10%精甲霜灵·50%霜霉威盐酸盐	
			5%精甲霜灵·35%丙森锌	
			4%精甲霜灵·64%代森锰锌	
			4%精甲霜灵·40%百菌清	
			7%氟吡菌胺·63%霜霉威盐酸盐	
			20%嘧菌酯·10%霜霉威	
			20%嘧菌酯·10%霜霉威盐酸盐	
			10%嘧菌酯·60%丙森锌	
			5%吡唑醚菌酯·55%代森联	
			4.6%氟嘧菌酯·46.4%百菌清	
			6.5%氰霜唑·32.5%百菌清	
			30%氟啶胺·20%霜脲氰	
			27%唑嘧菌胺·20%烯酰吗啉	
			6.5%烯酰吗啉·43.5%代森锰锌	
			9%烯酰吗啉·44%代森联	
			6.5%氟吗啉·43.5%代森锰锌	
			8%霜脲氰·64%代森锰锌	
			6%霜脲氰·30%百菌清	

(3)番茄灰霉病

防治番茄灰霉病的杀菌剂单剂:啶酰菌胺、啶氧菌酯、异菌脲、多抗霉素、腐霉利、嘧霉胺、百菌清和枯草芽孢杆菌等。

防治番茄灰霉病的杀菌剂混剂:多菌灵·嘧霉胺组合、嘧霉胺·百菌清组合、嘧霉胺·异菌脲组合、多菌灵·乙霉威组合、异菌脲·百菌清组合、腐霉利·福美双组合、多抗霉素·丙森锌组合和多菌灵·异菌脲·代森锰锌组合等。

防治番茄灰霉病的推荐施药时间:苗期、初花期和果实膨大期适时用药。

表 19-7　番茄灰霉病的杀菌剂选择及推荐施药时间

<table>
<tr><th>病害名称</th><th>病原物</th><th colspan="2">登记杀菌剂</th><th>推荐施药时间</th></tr>
<tr><td rowspan="31">番茄灰霉病</td><td rowspan="31">葡萄孢属灰葡萄孢(Botrytis cinerea)</td><td>单剂</td><td>啶酰菌胺、啶氧菌酯、异菌脲、多抗霉素、腐霉利、嘧霉胺、百菌清、枯草芽孢杆菌</td><td rowspan="31">苗期、初花期和果实膨大期适时用药</td></tr>
<tr><td rowspan="30">混剂</td><td>30%多菌灵·30%乙霉威</td></tr>
<tr><td>25%多菌灵·25%乙霉威</td></tr>
<tr><td>30%多菌灵·10%嘧霉胺</td></tr>
<tr><td>52.5%甲基硫菌灵·12.5%乙霉威</td></tr>
<tr><td>5%嘧霉胺·20%氨基酸络合铜</td></tr>
<tr><td>15%嘧霉胺·15%福美双</td></tr>
<tr><td>15%嘧霉胺·25%百菌清</td></tr>
<tr><td>13%嘧霉胺·27%百菌清</td></tr>
<tr><td>40%嘧霉胺·40%异菌脲</td></tr>
<tr><td>30%氟啶胺·15%异菌脲</td></tr>
<tr><td>15%异菌脲·25%腐霉利</td></tr>
<tr><td>10%异菌脲·25%腐霉利</td></tr>
<tr><td>10%异菌脲·20%腐霉利</td></tr>
<tr><td>10%异菌脲·40%福美双</td></tr>
<tr><td>6%异菌脲·9%百菌清</td></tr>
<tr><td>5%异菌脲·15%百菌清</td></tr>
<tr><td>14%腐霉利·2%己唑醇</td></tr>
<tr><td>5%腐霉利·5%戊唑醇</td></tr>
<tr><td>10%腐霉利·40%福美双</td></tr>
<tr><td>10%腐霉利·15%福美双</td></tr>
<tr><td>5%腐霉利·20%福美双</td></tr>
<tr><td>16.7%腐霉利·33.3%百菌清</td></tr>
<tr><td>10%腐霉利·10%百菌清</td></tr>
<tr><td>5%腐霉利·20%百菌清</td></tr>
<tr><td>5%腐霉利·5%百菌清</td></tr>
<tr><td>3%腐霉利·12%百菌清</td></tr>
<tr><td>1%多抗霉素·54%丙森锌</td></tr>
<tr><td>7.5%多菌灵·7.5%乙霉威·35%福美双</td></tr>
<tr><td>20%多菌灵·15%异菌脲·40%代森锰锌</td></tr>
</table>

(4)番茄叶霉病

防治番茄叶霉病的杀菌剂单剂：甲基硫菌灵、嘧菌酯、春雷毒素、抑霉唑、氟硅唑和克菌丹等。

防治番茄叶霉病的杀菌剂混剂：氟吡菌酰胺・戊唑醇组合、春雷毒素・王铜组合、戊唑醇・克菌丹组合和甲基硫菌灵・腈菌唑组合等。

防治番茄叶霉病的推荐施药时间：温水浸种消毒；播种前土壤消毒；发病初期采用全株茎叶均匀施药。

表 19-8 番茄叶霉病的杀菌剂选择及推荐施药时间

病害名称	病原物	登记杀菌剂		推荐施药时间
番茄叶霉病	褐孢霉属番茄叶霉菌(*Fulvia fulva*)	单剂	甲基硫菌灵、嘧菌酯、春雷毒素、抑霉唑、氟硅唑、克菌丹	温水浸种消毒；播种前土壤消毒；发病初期采用全株茎叶均匀施药
		混剂	22.5%甲基硫菌灵・2.5%腈菌唑	
			17.5%氟吡菌酰胺・17.5%戊唑醇	
			21.5%氟吡菌酰胺・21.5%肟菌酯	
			2%春雷毒素・45%王铜	
			5%腈菌唑・42%代森锰锌	
			8%戊唑醇・32%克菌丹	
			5%多菌灵・10%福美双・10%福美锌	

(5)其他番茄病害

其他番茄病害如番茄炭疽病、番茄立枯病、番茄病毒病、番茄青枯病、番茄猝倒病和番茄溃疡病的杀菌剂选择及推荐施药时间见表 19-9。

表 19-9 其他番茄病害的杀菌剂选择及推荐施药时间

序号	病害名称	病原物	登记杀菌剂		推荐施药时间
1	番茄炭疽病	炭疽菌属番茄炭疽菌(*Colletotrichum coccodes*)	单剂	苯醚甲环唑	种子消毒;绿果期
			混剂	20%嘧菌酯・12%苯醚甲环唑	
2	番茄立枯病	丝核菌属立枯丝核菌(*Rhizoctonia solani*)	单剂	枯草芽孢杆菌	苗床拌药处理；发病初期及时用药
			混剂	44%硫磺・16%敌磺钠	

续表

序号	病害名称	病原物	登记杀菌剂		推荐施药时间
3	番茄病毒病	烟草花叶病毒(Tobacco mosaic virus,TMV)、黄瓜花叶病毒(Cucumber mosaic virus,CMV)、番茄花叶病毒(Tomato mosaic virus,ToMV)、马铃薯X病毒(Potato virus X,PVX)、马铃薯Y病毒(Potato virus Y,PVY)、烟草蚀纹病毒(Tobacco etch virus,TEV)、苜蓿花叶病毒(Alfalfa mosaic virus,AMV)	单剂	宁南霉素、盐酸吗啉胍、辛菌胺醋酸盐、香菇多糖、氨基寡糖素	种子消毒处理;发病初期施药延缓发生
			混剂	5.9%硫酸铜·0.1%三十烷醇	
				1.4%硫酸铜·0.1%三十烷醇	
				0.4%硫酸铜·0.1%三十烷醇	
				1.2%硫酸铜·22.8%混合脂肪酸	
				0.4%硫酸铜·7.6%混合脂肪酸	
				10%琥胶肥酸铜·10%盐酸吗啉胍	
				4%乙酸铜·16%盐酸吗啉胍	
				40%盐酸吗啉胍·0.0004%羟烯腺嘌呤	
				39.996%盐酸吗啉胍·0.002%羟烯腺嘌呤·0.002%烯腺嘌呤	
				2.5%盐酸吗啉胍·1.8%辛菌胺醋酸盐	
				5%盐酸吗啉胍·0.9%辛菌胺	
				0.5%硫酸铜·1%盐酸吗啉胍	
4	番茄青枯病	劳尔氏菌属茄劳尔氏菌(*Ralstonia solanacearum*)	单剂	枯草芽孢杆菌、噻森铜、中生菌素	育苗床消毒处理;发生初期灌根
5	番茄猝倒病	腐霉属瓜果腐霉(*Pythium aphanidermatum*)	混剂	44%硫磺·16%敌磺钠	种子温水消毒;发病初期施药防治
6	番茄溃疡病	密执安棒杆菌番茄溃疡病致病型(*Clavibacter michiganensis* subsp. *michiganensis*	单剂	氢氧化铜	种子消毒;苗床消毒;发病初期及时施药

19.5.2　辣椒病害

19.5.2.1　辣椒病害症状

(1)辣椒炭疽病

辣椒炭疽病(图 19-13)主要危害果实和叶片。叶片染病,初期出现水浸状褪绿斑，后变为褐色，近圆形，病斑中央为灰白色，其上轮生小黑点，病叶易脱落。果实染病，表面出现水浸状黄褐色病斑，后扩展为长圆形或不规则形，凹陷，有稍隆起的同心轮纹，病斑边缘呈红褐色，中央灰色或灰褐色，轮生小黑点；潮湿条件下，病斑上产生浅红色黏稠物质；干燥条件下，病斑干缩，呈膜状，易破裂。果柄染病，出现不规则形凹陷斑，呈褐色，干燥时常开裂。

图 19-13　辣椒炭疽病症状

图 19-14　辣椒疫病症状

(2)辣椒疫病

辣椒疫病(图 19-14)可危害辣椒的根、茎、叶和果，植株挂果后最易染病。根茎部和茎及侧枝染病，出现暗褐色条斑，边缘不明显，条斑以上的枝条和叶很快枯萎，茎基部常呈褐色软腐，有时病部出现白色霉层。叶片染病，出现暗绿色圆形病斑，边缘不明显；空气潮湿时，病斑迅速扩展，其上可见白霉，叶片部分或大部分软腐，易脱落。果实染病，病斑呈暗绿色水浸状，软腐，边缘不明显，迅速扩展至整个果实；空气潮湿时，病果上密生灰绿色霉状物。

19.5.2.2　辣椒病害的杀菌剂选择及推荐施药时间

(1)辣椒炭疽病

防治辣椒炭疽病的杀菌剂单剂：啶氧菌酯、咪鲜胺、苯醚甲环唑、代森锰锌和克菌丹等。

防治辣椒炭疽病的杀菌剂混剂：甲基硫菌灵・代森锰锌组合、甲基硫菌灵・福美双组合、嘧菌酯・苯醚甲环唑组合、醚菌酯・苯醚甲环唑组合、吡唑醚菌酯・苯醚甲环唑组合、肟菌酯・戊唑醇组合、戊唑醇・克菌丹组合、多菌灵・福美锌・福美双组合和甲基硫菌灵・福美双・硫磺组合等。

防治辣椒炭疽病的推荐施药时间：药剂浸种；发病初期或果实着色期开始施药。

表 19-10 辣椒炭疽病的杀菌剂选择及推荐施药时间

病害名称	病原物	登记杀菌剂		推荐施药时间
辣椒炭疽病	炭疽菌属胶孢炭疽菌（*Colletotrichum gloeosporioides*）	单剂	啶氧菌酯、咪鲜胺、苯醚甲环唑、代森锰锌、克菌丹	药剂浸种；发病初期或果实着色期开始施药
		混剂	4%精甲霜灵·64%代森锰锌	
			15%噁霉灵·5%乙蒜素	
			46%多菌灵·4%春雷霉素	
			20%甲基硫菌灵·30%代森锰锌	
			15%甲基硫菌灵·25%福美双	
			10%甲基硫菌灵·10%代森锰锌	
			21.5%氟吡菌酰胺·21.5%肟菌酯	
			20%嘧菌酯·12.5%苯醚甲环唑	
			18%嘧菌酯·12%苯醚甲环唑	
			12%嘧菌酯·18%苯醚甲环唑	
			20%醚菌酯·10%苯醚甲环唑	
			20%吡唑醚菌酯·10%苯醚甲环唑	
			25%肟菌酯·50%戊唑醇	
			6.5%氟吗啉·43.5%代森锰锌	
			10%拌种灵·10%代森锰锌	
			8%戊唑醇·32%克菌丹	
			5%多菌灵·10%福美锌·10%福美双	
			20%甲基硫菌灵·20%福美双·30%硫磺	
			15%甲基硫菌灵·25%福美双·30%硫磺	
			15%甲基硫菌灵·15%福美双·20%硫磺	
			14%甲基硫菌灵·25%福美双·31%硫磺	
			10%甲基硫菌灵·18%福美双·22%硫磺	
			10%甲基硫菌灵·15%福美双·25%硫磺	

(2)辣椒疫病

防治辣椒疫病的杀菌剂单剂：嘧菌酯、氟啶胺、三乙膦酸铝、霜霉威、双炔酰菌胺、烯酰吗啉、氧化亚铜和代森锰锌等。

防治辣椒疫病的杀菌剂混剂：精甲霜灵·代森锰锌组合、精甲霜灵·百菌清组合、甲霜灵·霜霉威盐酸盐组合、甲霜灵·霜脲氰组合、氟吡菌胺·霜霉威盐酸盐组合、嘧菌酯·氟啶胺组合、吡唑醚菌酯·烯酰吗啉组合、吡唑醚菌酯·代森联组合、噁唑菌酮·霜脲氰组合、烯酰吗啉·代森联组合、氟吗啉·代森锰锌组合、霜脲氰·代森锰锌组合、三乙膦酸铝·代森锰锌组合和甲霜灵·代森锰锌·福美双组合等。

防治辣椒疫病的推荐施药时间:种子消毒;初花期施药预防。

表 19-11 辣椒疫病的杀菌剂选择及推荐施药时间

病害名称	病原物	登记杀菌剂		推荐施药时间
辣椒疫病	疫霉属辣椒疫霉(*Phytophthora capsici*)	单剂	嘧菌酯、氟啶胺、三乙膦酸铝、霜霉威、双炔酰菌胺、烯酰吗啉、氧化亚铜、代森锰锌	种子消毒;初花期施药预防
		混剂	4%精甲霜灵·64%代森锰锌	
			4%精甲霜灵·40%百菌清	
			15%甲霜灵·10%霜霉威盐酸盐	
			12.5%甲霜灵·12.5%霜脲氰	
			25%甲基硫菌灵·50%代森锰锌	
			10%甲基硫菌灵·10%代森锰锌	
			10%拌种灵·10%代森锰锌	
			6.25%氟吡菌胺·62.5%霜霉威盐酸盐	
			17%嘧菌酯·17%氟啶胺	
			6.7%吡唑醚菌酯·12%烯酰吗啉	
			5%吡唑醚菌酯·55%代森联	
			22.5%噁唑菌酮·30%霜脲氰	
			27%唑嘧菌胺·20%烯酰吗啉	
			9%烯酰吗啉·44%代森联	
			6.5%氟吗啉·43.5%代森锰锌	
			2.25%腈菌唑·60%代森锰锌	
			10%三唑酮·30%代森锰锌	
			8%霜脲氰·64%代森锰锌	
			30%三乙膦酸铝·40%代森锰锌	
			10%甲霜灵·5%代森锰锌·25%福美双	

(3)其他辣椒病害

其他辣椒病害如辣椒猝倒病、辣椒立枯病、辣椒枯萎病、辣椒病毒病和辣椒疮痂病的杀菌剂选择及推荐施药时间见表 19-12。

表 19-12 其他辣椒病害的杀菌剂选择及推荐施药时间

序号	病害名称	病原物	登记杀菌剂		推荐施药时间
1	辣椒猝倒病	腐霉属瓜果腐霉(*Pythium aphanidermatum*)、腐霉属德里腐霉(*Pythium deliense*)	混剂	5%精甲霜灵·25%噁霉灵	苗床灭菌消毒;出苗后发病后施药

续表

序号	病害名称	病原物	登记杀菌剂		推荐施药时间
2	辣椒立枯病	丝核菌属立枯丝核菌(*Rhizoctonia solani*)	单剂	噁霉灵、多菌灵、异菌脲、井冈霉素	药剂拌种，种子消毒；发病初期喷淋或撒药土于根部
			混剂	15%多菌灵·15%福美双	
				10%甲霜灵·30%福美双	
				5%多菌灵·25%福美双	
3	辣椒枯萎病	镰孢属尖镰孢辣椒专化型(*Fusedum oxysporum* f. sp. *capsicum*)	单剂	枯草芽孢杆菌	药剂拌种或处理苗床；定植前处理土壤；发病前灌根
4	辣椒病毒病	黄瓜花叶病毒(CMV)、烟草花叶病毒(TMV)、马铃薯 Y 病毒(PVY)、烟草蚀纹病毒(TEV)、马铃薯 X 病毒(PVX)、苜蓿花叶病毒(AMV)、蚕豆萎蔫病毒(Broad bean wilt virus，BBWV)		宁南霉素、氨基寡糖素、辛菌胺醋酸盐、氯溴异氰尿酸	种子消毒处理；病害始发期施药延缓发生；治蚜防病
			混剂	10%乙酸铜·10%盐酸吗啉胍	
				1.5%络氨铜·28.5%混合脂肪酸	
				13.55%硫磺·0.15%苦参碱	
				4%硫酸铜·16%盐酸吗啉胍	
				1.2%硫酸铜·22.8%混合脂肪酸	
				6%硫酸铜·0.000015%羟烯腺嘌呤·0.000015%烯腺嘌呤	
				0.8%硫酸铜·0.8%硫酸锌·1.1%十二烷基硫酸钠·0.1%三十烷醇	
5	辣椒疮痂病	黄单胞菌属野油菜黄单胞菌辣椒斑点病致变种(*Xanthomonas campestris* pv. *vesicatoria*)	单剂	氢氧化铜	种子消毒；发病初期施药
			混剂	10%代森锰锌·10%拌种灵	

19.5.3　茄子病害

19.5.3.1　茄子病害症状

(1)茄子枯萎病

茄子枯萎病一般在茄子定植后不久开始发病，苗期发病较少；若遇低温定植，发病早且重，但多在坐果后发病。病株多自下而上或从一边向全株发展；叶片一般先从叶缘及叶脉开始变黄，后发展至半边叶片或整片叶。发病初期，病叶遇晴天高温时呈萎蔫状，早晚尚可恢复；后期，病叶由黄变褐，终致萎蔫、下垂以至脱落，严重时全株叶片变褐、萎垂以至脱光，仅剩茎秆。剖开病根茎、分枝及叶柄等部位，可见其维管束变褐色，但无米水状混浊液渗出，可区别于青枯病。纵切重病株成熟果实，也可见维管束变黑褐色。

(2)茄子灰霉病

茄子苗期、成株期均可发生灰霉病。幼苗染病，子叶先端枯死，后扩展至幼茎；幼茎缢缩变细，常自病部折断枯死。真叶染病，出现半圆至近圆形淡褐色轮纹斑，后期叶片或茎部均可长出灰霉，致病部腐烂。成株染病，叶缘处形成水浸状大斑，后变褐色，形成椭圆或近圆形浅黄色轮纹斑，直径5～10毫米，密布灰色霉层；严重时，大斑连片，可致整叶干枯。茎秆、叶柄染病，也可出现褐色病斑，湿度大时长出灰霉。果实染病，幼果果蒂周围局部先出现水浸状褐色病斑，后变为暗褐色，凹陷、腐烂，表面出现不规则轮状灰色霉状物，失去食用价值。

19.5.3.2 茄子病害的杀菌剂选择及推荐施药时间

茄子病害如茄子枯萎病、茄子灰霉病、茄子立枯病和茄子猝倒病的杀菌剂选择及推荐施药时间见表19-13。

表19-13 茄子病害的杀菌剂选择及推荐施药时间

序号	病害名称	病原物	登记杀菌剂		推荐施药时间
1	茄子枯萎病	镰孢属尖镰孢茄专化型(*Fusarium oxysporum* f. sp. *melongenae*)	混剂	15%多菌灵·15%福美双	药剂处理苗床；定植时混土施穴内；发病前灌根
2	茄子灰霉病	葡萄孢属灰葡萄孢(*Botrytis cinerea*)	混剂	30%多菌灵·20%硫磺	播种药剂处理苗床；定植时带药下田；茄子生长前期，烟剂放烟熏蒸；蘸花防治；发病初期施药
				20%多菌灵·40%代森锰锌·15%异菌脲	
				15%多菌灵·15%福美双	
3	茄子立枯病	丝核菌属立枯丝核菌(*Rhizoctonia solani*)	混剂	20%五氯硝基苯·25%福美双	药剂拌种，种子消毒；发病初期喷淋或撒药土于根部
4	茄子猝倒病	腐霉属瓜果腐霉(*Pythium aphanidermatum*)、腐霉属德里腐霉(*Pythium deliense*)	单剂	五氯硝基苯	苗床灭菌消毒；出苗后发病时施药
			混剂	20%五氯硝基苯·25%福美双	

19.6　瓜类病害

19.6.1　瓜类病害症状

(1)黄瓜霜霉病

黄瓜霜霉病(图 19-15)是黄瓜上最常见的一种病害,苗期、成株期均可发病;通常先由植株中部叶片开始发病,逐渐向上、下部扩展。发病初期,叶片上出现褪绿斑,后扩展形成黄褐色不规则形病斑;病斑扩展迅速(1~2 天),因其扩展受叶脉限制而呈多角形,尤以早晨的水浸状多角形病斑最明显,中午稍微隐退;湿度高时,叶背病斑呈水浸状,出现灰黑色霉层。发病后期,病斑及附近叶肉呈铁锈色。病重时,叶片布满病斑,互相连片,致使叶缘卷曲干枯,最后叶片枯黄。抗病品种叶片褪绿斑扩展缓慢,病斑较小,呈多角形或圆形,病斑背面霉层稀疏或没有霉层。

图 19-15　黄瓜霜霉病症状

图 19-16　黄瓜白粉病症状

(2)黄瓜白粉病

黄瓜白粉病(图 19-16)俗称"白毛病",主要危害叶片,也可危害叶柄和茎部,一般不危害果实。发病初期,叶面或叶背出现白色近圆形的小粉斑,后逐渐扩展为边缘不明显的大片白粉区,布满叶面;一般情况下,下部叶片比上部叶片多,叶背比叶面多;抹去白粉,可见叶面褪绿,枯黄、变脆。发病严重时,叶面布满白粉,变成灰白色,严重影响光合作用,使正常新陈代谢受到干扰,造成早衰,产量受到损失。叶柄和嫩茎染病,症状与叶片染病相似,但病斑较小,粉状物也较少。

(3)黄瓜炭疽病

黄瓜炭疽病(图 19-17)为黄瓜的常见病害之一,黄瓜生长中后期发病较重,贮运期的瓜条也会发病。叶片染病,初期出现水浸状小斑点,后扩展为近圆形病斑,呈淡褐色,病斑周围有时有黄色晕圈,病斑较多时可融合成不规则的大斑块,后期病斑上出现许多小黑点；干燥条件下，病斑中央易破裂、穿孔，使叶片干枯死亡；潮湿条件下，病斑有红色黏稠物溢出。叶柄染病，形成长圆形病斑，稍凹陷，初期呈水浸状，淡黄色，后变为深褐色。茎部染病，节处出现不规则黄色病斑，略凹陷，有时流胶，严重时可从病部折断；病斑环茎或叶柄一周时，病斑以上部分即枯死。瓜条染病，表面形成近圆形凹陷病斑，呈淡绿色，病斑中央有黑色小点，后期产生粉红色黏稠物；干燥条件下，病部逐渐干裂并露出果肉；嫩瓜不易感病，此病多发生在大瓜或种瓜上。

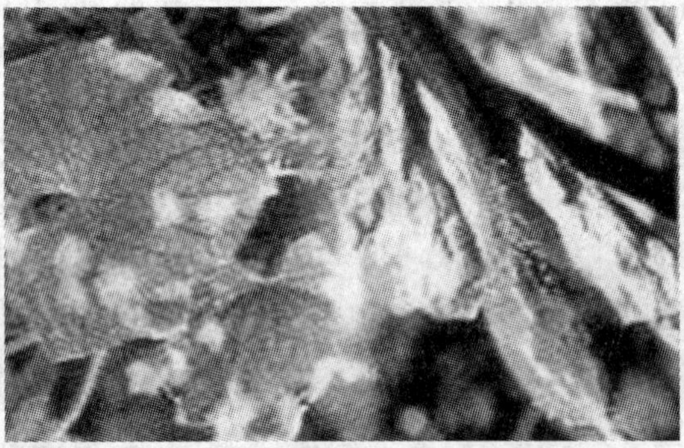
图 19-17　黄瓜炭疽病症状

图 19-18　黄瓜灰霉病症状

(4)黄瓜灰霉病

黄瓜灰霉病(图 19-18)多从开败的雌花开始侵入，初期花蒂出现水渍状病斑，后逐渐长出灰褐色霉层，可使花器变软、萎缩和腐烂，并逐渐向幼瓜扩展。发病初期，瓜条病部发黄，后出现白霉并逐渐变为淡灰色，使病瓜生长停止，变软、腐烂和萎缩，最后腐烂脱落。叶片染病，病斑初期为水渍状，后变为不规则形的淡褐色病斑，边缘明显，有时长出少量灰褐色霉层；高湿条件下，病斑迅速扩展，可形成直径15～20 毫米的大型病斑。茎蔓染病后，茎部腐烂，瓜蔓折断，可引起烂秧。

(5)黄瓜细菌性角斑病

黄瓜细菌性角斑病主要危害叶片和瓜条。叶片染病，初期出现水渍状浅绿色病斑，后变为淡褐色，因受叶脉限制呈多角形；后期病斑呈灰白色，易穿孔；潮湿条件下，病斑上产生白色黏液。茎及瓜条染病，病斑初期呈水渍状，近圆形，后呈淡灰色，病斑中央常出现裂纹；潮湿条件下，产生菌脓。果实染病后期腐烂，有臭味。

19.6.2　瓜类病害的杀菌剂选择及推荐施药时间

(1)黄瓜霜霉病

防治黄瓜霜霉病的杀菌剂单剂：嘧菌酯、啶氧菌酯、烯肟菌酯、氰霜唑、霜霉威、多抗霉素、三乙膦酸铝、硫酸铜钙、碱式硫酸铜、烯酰吗啉、氢氧化铜、代森锰锌、代森联、代森锌、百菌清和枯草芽孢杆菌等。

防治黄瓜霜霉病的杀菌剂混剂：甲霜灵·霜霉威组合、甲霜灵·琥胶肥酸铜组合、甲霜灵·王铜组合、甲霜灵·代森锰锌组合、甲霜灵·福美双组合、甲霜灵·百菌清组合、精甲霜灵·嘧菌酯组合、苯酰菌胺·代森锰锌组合、氟吡菌胺·霜霉威盐酸盐组合、烯酰吗啉·霜脲氰组合、烯酰吗啉·三乙膦酸铝组合、烯酰吗啉·代森锰锌组合、双炔酰菌胺·百菌清组合、多抗霉素·福美双组合、霜脲氰·琥胶肥酸铜组合和三乙膦酸铝·代森锰锌组合。

防治黄瓜霜霉病的推荐施药时间：种子温汤浸种消毒；苗期和生长前期，发现中心病株及时用药防治；保护地栽培可以采取烟剂熏蒸降低湿度。

表19-14 黄瓜霜霉病的杀菌剂选择及推荐施药时间

病害名称	病原物	登记杀菌剂		推荐施药时间
黄瓜霜霉病	假霜霉属古巴假霜霉(*Pseudoperonospora cubensis*)	单剂	嘧菌酯、啶氧菌酯、烯肟菌酯、氰霜唑、霜霉威、多抗霉素、三乙膦酸铝、硫酸铜钙、碱式硫酸铜、烯酰吗啉、氢氧化铜、代森锰锌、代森联、代森锌、百菌清、枯草芽孢杆菌	种子温汤浸种消毒；苗期和生长前期，发现中心病株及时用药防治；保护地栽培可以采取烟剂熏蒸降低湿度
		混剂	50%甲霜灵·15%醚菌酯	
			15%甲霜灵·10%霜霉威	
			15%甲霜灵·10%霜霉威盐酸盐	
			8%甲霜灵·22%烯酰吗啉	
			10%甲霜灵·40%琥胶肥酸铜	
			15%甲霜灵·35%王铜	
			8%甲霜灵·77%波尔多液	
			10%甲霜灵·60%代森锰锌	
			10%甲霜灵·50%代森锰锌	
			10%甲霜灵·48%代森锰锌	
			8%甲霜灵·64%代森锰锌	
			4%甲霜灵·32%代森锰锌	
			10%甲霜灵·60%福美双	
			10%甲霜灵·30%福美双	
			7%甲霜灵·28%福美双	
			15%甲霜灵·32%代森锌	
			8%甲霜灵·50%福美锌	
			9%甲霜灵·72%百菌清	
			8%甲霜灵·64%百菌清	
			2.5%甲霜灵·10%百菌清	
			10%精甲霜灵·20%嘧菌酯	

续表

病害名称	病原物	登记杀菌剂		推荐施药时间
黄瓜霜霉病	假霜霉属古巴假霜霉(*Pseudoperonospora cubensis*)	混剂	4%精甲霜灵·64%代森锰锌	种子温汤浸种消毒;苗期和生长前期,发现中心病株及时用药防治;保护地栽培可以采取烟剂熏蒸降低湿度
			8%精甲霜灵 42%丙森锌	
			4%精甲霜灵·40%百菌清	
			8%噁霜灵·56%代森锰锌	
			5%苯菌灵·35%氟啶胺	
			20%多菌灵·5%乙霉威	
			20%多菌灵·20%代森锰锌	
			52.5%甲基硫菌灵·12.5%乙霉威	
			8.3%苯酰菌胺·66.7%代森锰锌	
			6.25%氟吡菌胺·62.5%霜霉威盐酸盐	
			4.6%氟嘧菌酯·46.4%百菌清	
			25%啶酰菌胺·13%吡唑醚菌酯	
			20%啶酰菌胺·10%吡唑醚菌酯	
			25%嘧菌酯·15%氰霜唑	
			35%嘧菌酯·45%烯酰吗啉	
			30%嘧菌酯·10%烯酰吗啉	
			22.8%嘧菌酯·57.2%烯酰吗啉	
			20%嘧菌酯·30%烯酰吗啉	
			20%嘧菌酯·50%烯酰吗啉	
			20%嘧菌酯·40%烯酰吗啉	
			20%嘧菌酯·20%烯酰吗啉	
			20%嘧菌酯·10%烯酰吗啉	
			15%嘧菌酯·55%烯酰吗啉	
			12%嘧菌酯·30%烯酰吗啉	
			20%嘧菌酯·50%霜脲氰	
			12%嘧菌酯·60%霜脲氰	
			10%嘧菌酯·50%霜脲氰	
			20%嘧菌酯·30%噻唑锌	
			20%嘧菌酯·5%宁南霉素	
			15%嘧菌酯·1%几丁聚糖	
			5%嘧菌酯·60%丙森锌	
			6%嘧菌酯·50%百菌清	
			6%吡唑醚菌酯·66%代森联	

续表

病害名称	病原物	登记杀菌剂		推荐施药时间
黄瓜霜霉病	假霜霉属古巴假霜霉(*Pseudoperonospora cubensis*)	混剂	5%吡唑醚菌酯·55%代森联	种子温汤浸种消毒;苗期和生长前期,发现中心病株及时用药防治;保护地栽培可以采取烟剂熏蒸降低湿度
			30%醚菌酯·50%烯酰吗啉	
			15%醚菌酯·35%烯酰吗啉	
			15%醚菌酯·20%烯酰吗啉	
			10%醚菌酯·50%丙森锌	
			22.5%噁唑菌酮·30%霜脲氰	
			10%氰霜唑·30%霜脲氰	
			6.5%氰霜唑·32.5%百菌清	
			3.2%氰霜唑·39.8%百菌清	
			27%唑嘧菌胺·20%烯酰吗啉	
			2%春雷毒素·45%王铜	
			10%腐霉利·10%百菌清	
			5%腐霉利·15%百菌清	
			1.8%霜霉威盐酸盐·15%辛菌胺醋酸盐	
			20%烯酰吗啉·3%氨基寡糖素	
			22%烯酰吗啉·3%中生菌素	
			6%烯酰吗啉·67%王铜	
			50%烯酰吗啉·20%霜脲氰	
			40%烯酰吗啉·10%霜脲氰	
			30%烯酰吗啉·10%霜脲氰	
			30%烯酰吗啉·5%霜脲氰	
			25%烯酰吗啉·15%霜脲氰	
			20%烯酰吗啉·5%霜脲氰	
			15%烯酰吗啉·12%三乙膦酸铝	
			9%烯酰吗啉·41%三乙膦酸铝	
			12%烯酰吗啉·60%代森锰锌	
			12%烯酰吗啉·48%代森锰锌	
			10%烯酰吗啉·70%代森锰锌	
			9%烯酰吗啉·60%代森锰锌	
			8%烯酰吗啉·61%代森锰锌	
			6%烯酰吗啉·44%代森锰锌	
			15%烯酰吗啉·60%丙森锌	
			15%烯酰吗啉·55%丙森锌	

续表

病害名称	病原物	登记杀菌剂		推荐施药时间
黄瓜霜霉病	假霜霉属古巴假霜霉(*Pseudoperonospora cubensis*)	混剂	13%烯酰吗啉·65%丙森锌	种子温汤浸种消毒;苗期和生长前期,发现中心病株及时用药防治;保护地栽培可以采取烟剂熏蒸降低湿度
			12%烯酰吗啉·60%丙森锌	
			7.5%烯酰吗啉·6.5%丙森锌	
			8%烯酰吗啉·47%福美双	
			4.5%烯酰吗啉 30.5%福美双	
			4%烯酰吗啉·44%福美双	
			8%烯酰吗啉·39%百菌清	
			2.5%烯酰吗啉·12.5%百菌清	
			5%氟吗啉·45%三乙膦酸铝	
			10%氟吗啉·50%代森锰锌	
			6.5%氟吗啉·43.5%代森锰锌	
			4%双炔酰菌胺·40%百菌清	
			2.25%腈菌唑·60%代森锰锌	
			2%腈菌唑·58%代森锰锌	
			0.8%多抗霉素·25%福美双	
			10%霜脲氰·30%王铜	
			10%霜脲氰·30%喹啉铜	
			8%霜脲氰·42%琥胶肥酸铜	
			6%霜脲氰·36%琥胶肥酸铜	
			8%霜脲氰·77%波尔多液	
			8%霜脲氰·64%代森锰锌	
			4%霜脲氰·32%代森锰锌	
			15%霜脲氰·60%丙森锌	
			14%霜脲氰·56%丙森锌	
			12%霜脲氰·38%丙森锌	
			6%霜脲氰·70%丙森锌	
			5%霜脲氰·20%百菌清	
			4.2%霜脲氰·31.8%百菌清	
			3%霜脲氰·19%百菌清	
			2%霜脲氰·16%百菌清	
			30%三乙膦酸铝·20%琥胶肥酸铜	
			28%三乙膦酸铝·20%琥胶肥酸铜	
			15.5%三乙膦酸铝·7.5%琥胶肥酸铜	

续表

病害名称	病原物	登记杀菌剂		推荐施药时间
黄瓜霜霉病	假霜霉属古巴假霜霉(*Pseudoperonospora cubensis*)	混剂	46%三乙膦酸铝·24%代森锰锌	种子温汤浸种消毒;苗期和生长前期,发现中心病株及时用药防治;保护地栽培可以采取烟剂熏蒸降低湿度
			45%三乙膦酸铝·25%代森锰锌	
			40%三乙膦酸铝·35%代森锰锌	
			32.4%三乙膦酸铝·48.6%代森锰锌	
			30%三乙膦酸铝·40%代森锰锌	
			30%三乙膦酸铝·20%代森锰锌	
			28%三乙膦酸铝·22%代森锰锌	
			25%三乙膦酸铝·45%代森锰锌	
			25%三乙膦酸铝·25%代森锰锌	
			25%三乙膦酸铝·17%代森锰锌	
			24%三乙膦酸铝·40%代森锰锌	
			23%三乙膦酸铝·27%代森锰锌	
			22%三乙膦酸铝·28%代森锰锌	
			20%三乙膦酸铝·30%代森锰锌	
			32%三乙膦酸铝·32%福美双	
			12%三乙膦酸铝·60%丙森锌	
			50%三乙膦酸铝·20%百菌清	
			38%三乙膦酸铝·37%百菌清	
			45%琥胶肥酸铜·30%百菌清	
			35%硫磺·15%百菌清	
			5%硫磺·5%百菌清	
			30%代森锰锌·48%波尔多液	
			2.5%甲霜灵·16%琥胶肥酸铜·41.5%三乙膦酸铝	
			2.5%甲霜灵·16%琥胶肥酸铜·16%三乙膦酸铝	
			2%甲霜灵·50%代森锌·24%三乙膦酸铝	
			20%多菌灵·15%异菌脲·40%代森锰锌	
			35%福美锌·21%福美双·19%百菌清	

(2)黄瓜白粉病

防治黄瓜白粉病的杀菌剂单剂：吡唑醚菌酯、氟吡菌酰胺、乙嘧酚(乙嘧酚磺酸酯)、甲基硫菌灵、嘧菌酯、醚菌酯、氟硅唑、苯醚甲环唑、氟菌唑、戊唑醇、四氟醚唑、多抗霉素、硫磺、百菌清、氟唑活化酯和枯草芽孢杆菌等。

防治黄瓜白粉病的杀菌剂混剂：甲霜灵・代森锰锌组合、乙嘧酚磺酸酯・苯醚甲环唑组合、多菌灵・硫磺组合、甲基硫菌灵・硫磺组合、甲基硫菌灵・百菌清组合、氟吡菌酰胺・肟菌酯组合、氟吡菌酰胺・戊唑醇组合、嘧菌酯・苯醚甲环唑组合、嘧菌酯・乙嘧酚组合、吡唑醚菌酯・己唑醇组合、醚菌酯・氟环唑组合、醚菌酯・己唑醇组合、醚菌酯・苯醚甲环唑组合和腈菌唑・代森锰锌组合等。

防治黄瓜白粉病的推荐施药时间：药剂浸种消毒；保护地定植前用硫磺粉拌锯末，熏蒸消毒；苗期和生长前期，发现中心病株及时用药防治；保护地栽培可以采取烟剂熏蒸降低湿度。

表 19-15　黄瓜白粉病的杀菌剂选择及推荐施药时间

病害名称	病原物	登记杀菌剂		推荐施药时间
黄瓜白粉病	单囊壳属瓜类单囊壳(*Sphaerotheca cucurbitae*)、白粉菌属葫芦科白粉菌(*Erysiphe cucurbitacearum*)	单剂	吡唑醚菌酯、氟吡菌酰胺、乙嘧酚(乙嘧酚磺酸酯)、甲基硫菌灵、嘧菌酯、醚菌酯、氟硅唑、苯醚甲环唑、氟菌唑、戊唑醇、四氟醚唑、多抗霉素、硫磺、百菌清、氟唑活化酯和枯草芽孢杆菌	药剂浸种消毒；保护地定植前用硫磺粉拌锯末，熏蒸消毒；苗期和生长前期，发现中心病株及时用药防治；保护地栽培可以采取烟剂熏蒸降低湿度
		混剂	10%甲霜灵・50%代森锰锌	
			10%甲霜灵・48%代森锰锌	
			8%甲霜灵 64・%代森锰锌	
			4%甲霜灵 32・%代森锰锌	
			4%精甲霜灵・64%代森锰锌	
			8%噁霜灵・56%代森锰锌	
			20%乙嘧酚磺酸酯・10%苯醚甲环唑	
			27.5%多菌灵・12.5%氟硅唑	
			15%多菌灵・35%硫磺	
			10%多菌灵・15%硫磺	
			7%多菌灵・35%硫磺	
			40%甲基硫菌灵・30%硫磺	
			35%甲基硫菌灵・35%硫磺	
			30%甲基硫菌灵・40%硫磺	
			25%甲基硫菌灵・45%硫磺	
			20%甲基硫菌灵・20%硫磺	
			48%甲基硫菌灵・22%福美双	

续表

病害名称	病原物	登记杀菌剂		推荐施药时间
黄瓜白粉病	单囊壳属瓜类单囊壳(*Sphaerotheca cucurbitae*)、白粉菌属葫芦科白粉菌(*Erysiphe cucurbitacearum*)	混剂	35%甲基硫菌灵·40%百菌清	药剂浸种消毒;保护地定植前用硫磺粉拌锯末,熏蒸消毒;苗期和生长前期,发现中心病株及时用药防治;保护地栽培可以采取烟剂熏蒸降低湿度
			25%甲基硫菌灵·25%百菌清	
			8.3%苯酰菌胺·66.7%代森锰锌	
			21.5%氟吡菌酰胺·21.5%肟菌酯	
			17.5%氟吡菌酰胺·17.5%戊唑醇	
			7%氟唑菌酰胺·5%苯醚甲环唑	
			26.7%啶酰菌胺·13.3%吡唑醚菌酯	
			20%啶酰菌胺·10%醚菌酯	
			40%嘧菌酯·20%苯醚甲环唑	
			20%嘧菌酯·3%氨基寡糖素	
			17.8%嘧菌酯·11.2%吡唑萘菌胺	
			15%嘧菌酯·25%乙嘧酚	
			12%嘧菌酯·8%氟硅唑	
			15%嘧菌酯·30%戊唑醇	
			10%嘧菌酯·20%戊唑醇	
			7.2%嘧菌酯·14.8%戊唑醇	
			7%吡唑醚菌酯·5%己唑醇	
			25%醚菌酯·25%氟环唑	
			20%醚菌酯·10%氟环唑	
			25%醚菌酯·5%己唑醇	
			24%醚菌酯·8%己唑醇	
			15%醚菌酯·25%己唑醇	
			30%醚菌酯·10%苯醚甲环唑	
			25%醚菌酯·25%苯醚甲环唑	
			20%醚菌酯·10%苯醚甲环唑	
			14%醚菌酯·9%苯醚甲环唑	
			10%醚菌酯·3%中生菌素	
			25%肟菌酯·50%戊唑醇	
			10%烯酰吗啉·70%代森锰锌	
			9%烯酰吗啉·60%代森锰锌	
			8%烯酰吗啉·60%代森锰锌	
			10%氟吗啉·50%代森锰锌	
			25%氟菌唑·4%宁南霉素	

续表

病害名称	病原物	登记杀菌剂		推荐施药时间
黄瓜白粉病	单囊壳属瓜类单囊壳(*Sphaerotheca cucurbitae*)、白粉菌属葫芦科白粉菌(*Erysiphe cucurbitacearum*)	混剂	3%腈菌唑·57%代森锰锌	药剂浸种消毒;保护地定植前用硫磺粉拌锯末,熏蒸消毒;苗期和生长前期,发现中心病株及时用药防治;保护地栽培可以采取烟剂熏蒸降低湿度
			2.25%腈菌唑·60%代森锰锌	
			2%腈菌唑·50.5%代森锰锌	
			2%腈菌唑·48%代森锰锌	
			6%腈菌唑·34%福美双	
			2%腈菌唑·18%福美双	
			8%戊唑醇·35%百菌灵	
			10.5%戊唑醇·31.5%百菌清	
			8%戊唑醇·35%百菌清	
			5%三唑酮·45%硫磺	
			5%三唑酮·40%硫磺	
			5%三唑酮·15%硫磺	
			10%三唑酮·30%代森锰锌	
			6%三唑酮·34%福美双	
			8%霜脲氰·64%代森锰锌	
			4%霜脲氰·32%代森锰锌	
			45%三乙膦酸铝·25%代森锰锌	
			32.4%三乙膦酸铝·48.6%代森锰锌	
			28%三乙膦酸铝·22%代森锰锌	
			25%三乙膦酸铝·45%代森锰锌	
			20%三乙膦酸铝·30%代森锰锌	
			30%代森锰锌·48%波尔多液	
			35%福美双·20%百菌清	
			5%多菌灵·10%福美锌·10%福美双	

(3)黄瓜炭疽病

防治黄瓜炭疽病的杀菌剂单剂:吡唑醚菌酯、咪鲜胺、苯醚甲环唑和克菌丹等。

防治黄瓜炭疽病的杀菌剂混剂:甲基硫菌灵·咪鲜胺组合、甲基硫菌灵·福美双组合、嘧菌酯·戊唑醇组合、肟菌酯·戊唑醇组合和咪鲜胺锰盐·丙森锌组合等。

防治黄瓜炭疽病的推荐施药时间:种子消毒;发病初期防治;保护地栽培可以采取烟剂熏蒸降低湿度。

表 19-16　黄瓜炭疽病的杀菌剂选择及推荐施药时间

病害名称	病原物	登记杀菌剂		推荐施药时间
黄瓜炭疽病	炭疽菌属葫芦科炭疽菌(*Colletotrichum orbiculare*)	单剂	吡唑醚菌酯、咪鲜胺、苯醚甲环唑和克菌丹	种子消毒；发病初期防治；保护地栽培可以采取烟剂熏蒸降低湿度
		混剂	吡唑醚菌酯、咪鲜胺、苯醚甲环唑、克菌丹	
			40%甲基硫菌灵・20%异菌脲	
			42%甲基硫菌灵・8%咪鲜胺	
			40%甲基硫菌灵・30%丙森锌	
			48%甲基硫菌灵・22%福美双	
			30%甲基硫菌灵・40%福美双	
			20%甲基硫菌灵・30%福美双	
			35%甲基硫菌灵・5%硫磺	
			20%甲基硫菌灵・30%硫磺	
			10%多菌灵・20%咪鲜胺锰盐	
			21.5%氟吡菌酰胺・21.5%肟菌酯	
			17.5%氟吡菌酰胺・17.5%戊唑醇	
			20%嘧菌酯・30%戊唑醇	
			15%嘧菌酯・25%戊唑醇	
			25%肟菌酯・50%戊唑醇	
			5%苯醚甲环唑・15%咪鲜胺	
			10%咪鲜胺锰盐・20%丙森锌	
			5%氟硅唑・20%咪鲜胺	
			4%氟硅唑・16%咪鲜胺	
			50%福美锌・30%福美双	
			45%福美锌・27%福美双	
			40%福美锌・20%福美双	
			37%福美锌・23%福美双	
			25%福美锌・15%福美双	
			14%甲基硫菌灵・20%福美双・36%硫磺	
			20%多菌灵・10%福美双・10%溴菌腈	

(4)黄瓜灰霉病

防治黄瓜灰霉病的杀菌剂单剂：啶酰菌胺、啶氧菌酯、嘧霉胺、腐霉利、多抗霉素和枯草芽孢杆菌等。

防治黄瓜灰霉病的杀菌剂混剂：多菌灵・乙霉威组合、多菌灵・嘧霉胺组合、多菌灵・腐霉利组合、乙霉威・嘧霉胺组合、啶酰菌胺・吡唑醚菌酯组合、嘧菌酯·腐霉利组合、嘧霉胺·福美双组合、腐霉利·戊唑醇组合、腐霉利·福美双组合、腐霉利·百菌清组合和多抗霉素·福美双组合等。

防治黄瓜灰霉病的推荐施药时间：始花末期，发病初期施药，棚室内可选用熏蒸剂熏烟防治，以降低湿度。

表 19-17　黄瓜灰霉病的杀菌剂选择及推荐施药时间

病害名称	病原物	登记杀菌剂		推荐施药时间
黄瓜灰霉病	葡萄孢属灰葡萄孢(*Botrytis cinerea*)	单剂	啶酰菌胺、啶氧菌酯、嘧霉胺、腐霉利、多抗霉素、枯草芽孢杆菌	始花末期，发病初期施药，棚室内可选用熏蒸剂熏烟防治，以降低湿度
		混剂	52.5%甲基硫菌灵·12.5%乙霉威	
			40%多菌灵·10%乙霉威	
			20%多菌灵·5%乙霉威	
			30%多菌灵·10%嘧霉胺	
			37.5%多菌灵·12.5%腐霉利	
			10%多菌灵·5%腐霉利	
			25%多菌灵·5%嘧霉胺	
			16%乙霉威·10%嘧霉胺	
			16%乙霉威·10%霜脲氰	
			25%啶酰菌胺·13%吡唑醚菌酯	
			20%啶酰菌胺·10%吡唑醚菌酯	
			6.3%嘧菌酯·23.7%腐霉利	
			22%嘧霉胺·5%中生菌素	
			10%嘧霉胺·30%异菌脲	
			15%嘧霉胺·15%福美双	
			15%异菌脲·25%腐霉利	
			10%异菌脲·25%腐霉利	
			10%异菌脲·20%腐霉利	
			8%异菌脲·42%福美双	
			14%腐霉利·2%己唑醇	
			35%腐霉利·5%戊唑醇	
			10%腐霉利·40%福美双	
			10%腐霉利·15%福美双	
			5%腐霉利·20%福美双	
			16.7%腐霉利·33.3%百菌清	
			10%腐霉利·10%百菌清	
			5%腐霉利·20%百菌清	

续表

病害名称	病原物	登记杀菌剂		推荐施药时间
黄瓜灰霉病	葡萄孢属灰葡萄孢(*Botrytis cinerea*)	混剂	5%腐霉利·5%百菌清	始花末期，发病初期施药，棚室内可选用熏蒸剂熏烟防治，以降低湿度
			3%腐霉利·12%百菌清	
			10%氟吗啉·50%代森锰锌	
			6.5%氟吗啉·43.5%代森锰锌	
			0.75%多抗霉素·25%福美双	
			4%双炔酰菌胺·40%百菌清	
			10%甲基硫菌灵·18%福美双·22%硫磺	

(5)黄瓜细菌性角斑病

防治黄瓜细菌性角斑病的杀菌剂单剂：氢氧化铜、王铜、喹啉铜、松脂酸铜、琥胶肥酸铜、春雷霉素、中生菌素、噻唑锌、甲基营养型芽孢杆菌和解淀粉芽孢杆菌等。

防治黄瓜细菌性角斑病的杀菌剂混剂：春雷霉素·中生菌素组合、春雷霉素·王铜组合、春雷霉素·喹啉铜组合和春雷霉素·壬菌铜组合等。

防治黄瓜细菌性角斑病的推荐施药时间：种子消毒；发病前或初期开始用药。

表 19-18　黄瓜细菌性角斑病的杀菌剂选择及推荐施药时间

病害名称	病原物	登记杀菌剂		推荐施药时间
黄瓜细菌性角斑病	假单胞菌属丁香假单胞菌黄瓜角斑病致病变种(*Pseudomonas syringae* pv. *Lachrymans*)	单剂	氢氧化铜、王铜、喹啉铜、松脂酸铜、琥胶肥酸铜、春雷霉素、中生菌素、噻唑锌、甲基营养型芽孢杆菌、解淀粉芽孢杆菌	种子消毒；发病前或初期开始用药
		混剂	10%甲霜灵·40%琥胶肥酸铜	
			35%甲基硫菌灵·35%硫磺	
			8%霜脲氰·42%琥胶肥酸铜	
			20%琥胶肥酸铜·30%三乙膦酸铝	
			4%甲霜灵·6%三乙膦酸铝·30%琥胶肥酸铜	
			36%硫磺·30%琥胶肥酸铜·6%三乙膦酸铝	
			2%春雷霉素·2%中生菌素	
			5%春雷霉素·45%王铜	
			3%春雷霉素·30%喹啉铜	
			2%春雷霉素·28%壬菌铜	

(6)其他黄瓜病害

其他黄瓜病害如黄瓜猝倒病、黄瓜疫病、黄瓜靶斑病、黄瓜立枯病、黄瓜枯萎病、黄瓜蔓枯病、黄瓜黑星病和黄瓜黑斑病的杀菌剂选择及推荐施药时间见表 19-19。

表 19-19　其他黄瓜病害的杀菌剂选择及推荐施药时间

序号	病害名称	病原物	登记杀菌剂		推荐施药时间
1	黄瓜猝倒病	腐霉属瓜果腐霉(*Pythium aphanidermatum*)	单剂	乙酸铜、霜霉威	播种前苗床消毒处理;幼苗发病前预防
			混剂	10%甲霜灵·30%福美双	
				9%甲霜灵·29%福美双	
2	黄瓜疫病	疫霉属掘氏疫霉(*Phytophthora drechsleri*)	单剂	霜霉威、烯酰吗啉	种子消毒;苗床拌药土处理;棚室定植前用药剂喷洒地面;发病初期开始施药,施药时要顾及茎基部和地面
			混剂	6.7%吡唑醚菌酯·12%烯酰吗啉	
				5%吡唑醚菌酯·55%代森联	
3	黄瓜靶斑病	棒孢菌属瓜棒孢菌(*Corynespora cassiicola*)	混剂	21.5%氟吡菌酰胺·21.5%肟菌酯	种子消毒;发病初期防治
				17.5%氟吡菌酰胺·17.5%戊唑醇	
				25%咪鲜胺·10%苯醚甲环唑	
				7%氟唑菌酰胺·5%苯醚甲环唑	
				22%嘧菌酯·8%苯醚甲环唑	
4	黄瓜立枯病	丝核菌属立枯丝核菌(*Rhizoctonia solani*)	单剂	敌磺钠	种子消毒;苗床土消毒;发病初期施药
			混剂	24%噁霉灵·6%甲霜灵	
5	黄瓜枯萎病	镰孢属尖镰孢黄瓜专化型(*Fusarium oxysporum* f. sp. *cucumerinum*)	单剂	春雷毒素、敌磺钠、氨基寡糖素、混合氨基酸铜、枯草芽孢杆菌	种子消毒、药剂浸种;苗床毒土撒施;带毒土定植;发病前灌根
			混剂	15%甲基硫菌灵·55%福美双	
				2%三唑酮·30%乙蒜素	
				0.5%甲霜灵·2.5%噁霉灵	
6	黄瓜蔓枯病	壳二孢属西瓜壳二孢(*Ascochyta citrullina*)	单剂	嘧菌酯	种子消毒;发病前或发病初期施药
			混剂	5%咪鲜胺·5%苯醚甲环唑	
7	黄瓜黑星病	枝孢霉属瓜疮痂枝孢霉菌(*Cladosporium cucumerinum*)	单剂	嘧菌酯、氟硅唑	种子消毒或药剂浸种;苗床土拌药处理;发病初期施药
			混剂	5%腈菌唑·15%福美双	
				2%腈菌唑·18%福美双	
8	黄瓜黑斑病	链格孢属瓜链格孢菌(*Alternaria cucumerina*)	单剂	春雷毒素	种子消毒或药剂浸种;发病前或初期施药
			混剂	3%春雷毒素·2%中生菌素	

(7)其他瓜类病害

其他瓜类病害如苦瓜白粉病和苦瓜霜霉病的杀菌剂选择及推荐施药时间见表 19-20。

表 19-20　其他瓜类病害的杀菌剂选择及推荐施药时间

<table>
<tr><th>序号</th><th>病害名称</th><th>病原物</th><th colspan="2">登记杀菌剂</th><th>推荐施药时间</th></tr>
<tr><td rowspan="2">1</td><td rowspan="2">苦瓜白粉病</td><td rowspan="2">单囊壳属瓜类单囊壳(Sphaerotheca cucurbitae)、白粉菌属葫芦科白粉菌(Erysiphe cucurbitacearum)</td><td>单剂</td><td>苯菌酮、苯醚甲环唑、戊唑醇</td><td rowspan="2">药剂浸种消毒；保护地定植前用硫磺粉拌锯末，熏蒸消毒；苗期和生长前期，发现中心病株及时用药防治；保护地栽培可以采取烟剂熏蒸降低湿度</td></tr>
<tr><td>混剂</td><td>17.5%氟吡菌酰胺·17.5%戊唑醇</td></tr>
<tr><td>2</td><td>苦瓜霜霉病</td><td>假霜霉属古巴假霜霉(Pseudoperonospora cubensis)</td><td>单剂</td><td>烯酰吗啉、百菌清</td><td>种子温汤浸种消毒；苗期和生长前期，发现中心病株及时用药防治；保护地栽培可以采取烟剂熏蒸降低湿度</td></tr>
</table>

19.7　豆类病害

19.7.1　豆类病害症状

(1)菜豆锈病

菜豆锈病(图 19-19)主要危害叶片，严重时也可危害茎、蔓、叶柄和豆荚，生长中后期发生严重(后期叶片发病率可超 80%)。叶片和茎蔓染病，边缘出现不明显的褪绿小黄斑，中央稍突起，后扩展为深黄色疱斑；表皮破裂后，散出红褐色粉末即夏孢子，夏孢子堆四周生紫黑色疱斑；有时叶面或叶背可见略凸起的白色疱斑。豆荚染病可形成突出表皮的疱斑，表皮破裂后散出褐色孢子粉，病重时无法食用。

(2)菜豆白粉病

菜豆白粉病(图 19-20)主要危害叶片。发病初期，病叶出现白色粉末状霉斑，呈点状发生，后期可扩展至整块叶片，使叶片变黄、干枯。

图 19-19　菜豆锈病症状

图 19-20　菜豆白粉病症状

19.7.2　豆类病害的杀菌剂选择及推荐施药时间

豆类病害如菜豆锈病、菜豆白粉病和豇豆锈病的杀菌剂选择及推荐施药时间见表 19-21。

表 19-21　豆类病害的杀菌剂选择及推荐施药时间

序号	病害名称	病原物	登记杀菌剂		推荐施药时间
1	菜豆锈病	单胞锈菌属瘤顶单胞锈菌(*Uromyces appendiculatus*)	单剂	苯醚甲环唑	发病前期病斑未破裂前
2	菜豆白粉病	单囊壳属菜豆单囊壳(*Sphaerotheca astragali*)	单剂	氟硅唑	发病初期
3	豇豆锈病	单胞锈菌属豇豆单胞锈菌(*Uromyces vignae*)	单剂	腈菌唑	发病前期病斑未破裂前
			混剂	42%硫磺·28%代森锰锌	
				30%硫磺·20%代森锰锌	

19.8　水生蔬菜病害

19.8.1　水生蔬菜病害症状

(1)莲藕叶斑病

莲藕叶斑病(图 19-21)主要危害叶片。发病初期，病叶出现浅褐色至黄褐色小点，后逐渐扩展为圆形至不规则形病斑，呈绿褐色、黄褐色或褐色，边缘较明显，病健交界处常有黄色晕环，叶背病斑颜色较叶面略浅。湿度大时，病斑表面出现灰黑色霉状物(分生孢子梗和分生孢子)。严重时,叶片上病斑密布,融合成大型枯斑,短期内可致叶片坏死、干枯,植株成片枯焦,病田似火烧。

(2)茭白胡麻叶斑病

茭白胡麻叶斑病(图 19-22)主要危害叶片,整个生长期均可发生。叶片染病,叶面密生针头状黄褐色小点,后逐渐扩展为椭圆形至梭形坏死病斑,呈褐色。病斑由界限分明的 4 层组成:最外层为淡黄色晕圈,第二层为黄褐色,第三层为黑褐色,中心为灰白色。严重时,一片病叶上可有成百上千个小病斑;病斑多时,可融合成不规则大斑,造成叶片枯死。湿度大时,病斑表面出现暗灰色至黑色霉状物。一般情况下,该病多从下部叶片开始发病,逐渐向上部叶片发展。叶鞘病斑与叶片病斑相似,但病斑面积较大,数量较少。

图 19-21　莲藕叶斑病症状

图 19-22　茭白胡麻叶斑病症状

19.8.2　水生蔬菜病害的杀菌剂选择及推荐施药时间

水生蔬菜病害如莲藕叶斑病和茭白胡麻叶斑病的杀菌剂选择及推荐施药时间见表 19-22。

表 19-22　水生蔬菜病害的杀菌剂选择及推荐施药时间

序号	病害名称	病原物	登记杀菌剂		推荐施药时间
1	莲藕叶斑病	链格孢属莲链格孢(*Alternaria nelumbii*)	单剂	多菌灵、丙环唑	发病初期始见病斑
2	茭白胡麻叶斑病	长蠕孢属菰长蠕孢菌(*Helminthosporium zizaniae*)	单剂	咪鲜胺、丙环唑	发病初期

19.9 多年生蔬菜病害

19.9.1 芦笋茎枯病症状

芦笋茎枯病又名芦笋茎腐病，主要危害茎和侧枝。发病初期，茎上出现水浸状斑点，后扩展为梭形或线形暗褐色斑，最后呈长纺锤形或椭圆形，中央赤褐色，凹陷，其上散生许多黑色小粒点。病斑绕茎一周后，病部以上的茎叶干枯，严重地块似火烧状。

19.9.2 芦笋茎枯病的杀菌剂选择及推荐施药时间

芦笋茎枯病的杀菌剂选择及推荐施药时间见表 19-23。

表 19-23 芦笋茎枯病的杀菌剂选择及推荐施药时间

病害名称	病原物	登记杀菌剂		推荐施药时间
芦笋茎枯病	拟茎点霉属天门冬拟茎点霉（*Phomopsis asparagi*）	单剂	苯菌灵、甲基硫菌灵、苯醚甲环唑、烯唑醇、硫磺、代森锌、代森锰锌	病害发生初期

第 20 章　果树病害

果树可分为仁果类、核果类、浆果类、坚果类、杂果类和柑橘类等，病害种类繁多。果树多为多年生，病原物积累多，立地条件复杂，杀菌剂的合理选择和科学使用是防治果树病害的关键。

20.1　仁果类果树病害

20.1.1　苹果病害

20.1.1.1　苹果病害症状

(1)苹果斑点落叶病

苹果斑点落叶病(图 20-1)主要危害叶片，造成叶片早落；也可危害新梢和果实，影响树势和产量。叶片染病，初期出现褐色圆点，后逐渐扩展，呈红褐色，边缘紫褐色，病部中央常具一深色小点或同心轮纹。空气潮湿时，病部正反面均可长出墨绿色至黑色霉状物(分生孢子梗和分生孢子)。高温、高湿条件下，病菌繁殖迅速，发病周期缩短，秋梢部位叶片病斑可迅速增多，一片病叶上常有 10～20 个病斑；多个病斑融合成不规则大斑，叶即穿孔或破碎，生长停滞，焦枯，脱落。叶柄、1 年生枝和徒长枝染病，出现褐色至灰褐色病斑，边缘有裂缝。幼果染病，出现 1～2 毫米的小圆斑，有红晕，后期变黑褐色或呈疮痂状；影响叶片正常生长，常造成叶片扭曲和皱缩，病部焦枯，易被风吹断，残缺不全。果实染病，幼果果面出现黑色发亮的小斑点或锈斑，病部有时呈灰褐色疮痂状，病健交界处有龟裂，病斑不剥离，但仅限于病果表皮，有时皮下浅层果肉可呈干腐状木栓化。

图 20-1　苹果斑点落叶病症状

图 20-2　苹果轮纹病症状

(2)苹果轮纹病

苹果轮纹病(图 20-2)又称“粗皮病”,主要危害枝干和果实。枝干染病,以皮孔为中心形成水渍状或小溃疡斑,呈暗褐色,稍隆起呈疣状,后失水、凹陷,边缘开裂、翘起,呈扁圆形,直径 1 厘米左右,呈青灰色,病斑上有稀疏小黑点;多个病斑密集,使主干大枝树皮粗糙。果实染病,以果点为中心出现浅褐色的圆形斑,后变褐、扩展,呈深浅相间的同心轮纹状病斑,外缘有明显的淡色水渍圈,界线不清晰;病斑扩展可使果实腐烂,烂果有酸腐气味,有时渗出褐色黏液。

(3)苹果炭疽病

苹果炭疽病(图 20-3)是苹果的重要病害之一,主要危害果实,也可危害枝条和果台等。果实染病,初期表面出现淡褐色小圆斑,后扩展成边缘清晰、下陷的圆斑,呈深褐色;病部果肉呈漏斗状向果心软腐,褐色,有苦味;病斑直径 1～2 厘米时,中心部位长出轮纹状排列的小黑点,隆起,突破表皮,涌出红色黏液;数个病斑融合,可使全果腐烂;后期病果失水,形成僵果,久挂于枝头。枝条、果台染病,表皮出现深褐色、不规则形病斑,略凹陷,其上着生小黑点;后期溃烂、龟裂,木质部裸露,病枝抽条、枯死。

图 20-3　苹果炭疽病症状

图 20-4　苹果褐斑病症状

(4)苹果褐斑病

苹果褐斑病(图 20-4)主要危害叶片,可导致早期落叶。叶片染病,病斑呈褐色,边缘绿色、不整齐,故有“绿缘褐斑病”之称。苹果褐斑病病斑有 3 种类型:同心轮纹型,病斑呈圆形,四周黄色,中心暗褐色,其上有呈同心轮纹状排列的黑色小点(病菌的分生孢子盘),病斑周围有绿色晕;针芒型,病斑小而多,呈针芒状向外扩展,无一定边缘;混合型,病斑很大,近圆形或不规则形,暗褐色,中心为灰白色,其上亦有小黑点,但无明显的同心轮纹。有时,果实亦可染病,病斑呈褐色,圆形或不整形,凹陷,表面有黑色小粒点;病部果肉呈褐色,海绵状干腐。

(5)苹果树腐烂病

苹果树腐烂病(图 20-5)主要危害枝干,病斑有溃疡和枝枯 2 种类型。溃疡型病斑呈红褐色，水渍状，略隆起，病部组织松软、腐烂，常流出黄褐色汁液，有酒糟味；后期干缩、下陷，病部有明显的小黑点(分生孢子器)；潮湿条件下，小黑点中可涌出橘黄色卷须状物。枝枯型病斑多发生于小枝、果台、干桩等部位，病斑不呈水渍状，其上生黑色小粒点，可迅速失水、干枯，造成全枝枯死。果实染病，出现圆形或不规则形病斑，呈暗红褐色，有轮纹，呈软腐状，略带酒糟味，病斑中央常有明显的小黑点。

图 20-5　苹果树腐烂病症状

图 20-6　苹果白粉病症状

(6)苹果白粉病

苹果白粉病(图 20-6)主要危害实生幼苗、大树芽、新梢和嫩叶，也可危害花及幼果，病部满布白粉是此病的主要特征。幼苗染病，叶片及嫩茎上出现灰白色斑块，后期病部长出密集的小黑点；发病严重时，叶片萎缩、卷曲、变褐、枯死。大树芽染病，芽干瘪、尖瘦，春季发芽晚，节间短，病叶狭长，质硬而脆，叶缘上卷，直立不伸展，新梢满覆白粉。生长期健叶染病，叶片凹凸不平，叶绿素浓淡不匀，病叶皱缩扭曲，甚至枯死。花芽染病，花变形，花瓣狭长、萎缩。幼果染病，果顶出现白粉斑，后形成锈斑。

20.1.1.2　苹果病害的杀菌剂选择及推荐施药时间

(1)苹果斑点落叶病

防治苹果斑点落叶病的杀菌剂单剂：吡唑醚菌酯、苯醚甲环唑、戊唑醇、亚胺唑、醚菌酯、异菌脲、己唑醇、烯唑醇、氟环唑、腈菌唑、多菌灵、代森锰锌、代森联、代森锌、百菌清和氢氧化铜等。

防治苹果斑点落叶病的杀菌剂混剂：多菌灵·苯醚甲环唑组合、多菌灵·戊唑醇组合、多菌灵·代森锰锌组合、甲基硫菌灵·吡唑醚菌酯组合、甲基硫菌灵·苯醚甲环唑组合、嘧菌酯·戊唑醇组合、吡唑醚菌酯·苯醚甲环唑组合、吡唑醚菌酯·戊唑醇组合、吡唑醚菌酯·代森联组合、醚菌酯·氟环唑组合、醚菌酯·苯醚甲环唑组合、醚菌酯·戊唑醇组合、醚菌酯·丙森锌组合、苯醚甲环唑·代森锰锌组合、苯醚甲环唑·克菌丹组合和戊唑醇·丙森锌组合等。

防治苹果斑点落叶病的推荐施药时间：展叶后至开花前防治；落花后 10 天左右平均病叶率达 15%时施 1 次药，春梢在病叶率为 20%再施 1 次药；秋梢期病叶率达 50%时施药。

表 20-1　苹果斑点落叶病的杀菌剂选择及推荐施药时间

病害名称	病原物	登记杀菌剂		推荐施药时间
苹果斑点落叶病	链格孢属链格孢苹果专化型（*Alternaria alternaria* f. sp. *mali*）	单剂	吡唑醚菌酯、苯醚甲环唑、戊唑醇、亚胺唑、醚菌酯、异菌脲、己唑醇、烯唑醇、氟环唑、腈菌唑、多菌灵、代森锰锌、代森联、代森锌、百菌清、氢氧化铜	展叶后至开花前防治；落花后 10 天左右平均病叶率达 15%时施 1 次药，春梢在病叶率为 20%再施 1 次药；秋梢期病叶率达 50%时施药
		混剂	62.5%嗯霜灵·62.5%代森锰锌	
			25%多菌灵·5%苯醚甲环唑	
			17.5%多菌灵·35%异菌脲	
			15%多菌灵·5%异菌脲	
			10%多菌灵·10%戊唑醇	
			40%多菌灵·20%三乙膦酸铝	
			20%多菌灵·40%三乙膦酸铝	
			30%多菌灵·50%代森锰锌	
			30%多菌灵·40%代森锰锌	
			25%多菌灵·5%代森锰锌	
			20%多菌灵·60%代森锰锌	
			20%多菌灵·50%代森锰锌	
			20%多菌灵·40%代森锰锌	
			20%多菌灵·30%代森锰锌	
			20%多菌灵·20%代森锰锌	
			17.5%多菌灵·17.5%代森锰锌	
			16%多菌灵·34%代森锰锌	
			16%多菌灵·24%代森锰锌	
			15%多菌灵·65%代森锰锌	
			12%多菌灵·63%代森锰锌	
			12%多菌灵·58%代森锰锌	
			8%多菌灵·42%代森锰锌	
			40%多菌灵·30%丙森锌	
			25%甲基硫菌灵·15%吡唑醚菌酯	
			25%甲基硫菌灵·5%吡唑醚菌酯	
			42%甲基硫菌灵·8%苯醚甲环唑	

续表

病害名称	病原物	登记杀菌剂		推荐施药时间
苹果斑点落叶病	链格孢属链格孢苹果专化型(*Alternaria alternaria* f. sp. *mali*)	混剂	42%甲基硫菌灵·3%苯醚甲环唑	展叶后至开花前防治;落花后 10 天左右平均病叶率达 15%时施 1 次药,春梢在病叶率为 20%再施 1 次药;秋梢期病叶率达 50%时施药
			38%甲基硫菌灵·10%戊唑醇	
			10%嘧菌酯·30%戊唑醇	
			20%吡唑醚菌酯·10%苯醚甲环唑	
			10%吡唑醚菌酯·30%戊唑醇	
			10%吡唑醚菌酯·20%戊唑醇	
			8%吡唑醚菌酯·37%戊唑醇	
			5%吡唑醚菌酯·55%代森联	
			5%吡唑醚菌酯·50%克菌丹	
			50%醚菌酯·25%氟环唑	
			20%醚菌酯·30%氟环唑	
			54%醚菌酯·18%苯醚甲环唑	
			30%醚菌酯·10%苯醚甲环唑	
			25%醚菌酯·10%已唑醇	
			35%醚菌酯·35%戊唑醇	
			30%醚菌酯·40%戊唑醇	
			20%醚菌酯·50%戊唑醇	
			15%醚菌酯·15%戊唑醇	
			8%醚菌酯·40%戊唑醇	
			10%醚菌酯·60%代森联	
			10%醚菌酯·45%丙森锌	
			8%醚菌酯·40%丙森锌	
			4%醚菌酯·52%丙森锌	
			25%肟菌酯·50%戊唑醇	
			12%烯肟菌酯·6%氟环唑	
			6.25%噁唑菌酮·62.5%代森锰锌	
			20%异菌脲·10%戊唑醇	
			20%异菌脲·5%戊唑醇	
			15%异菌脲·10%戊唑醇	
			12%异菌脲·8%戊唑醇	
			12.5%异菌脲.37.5%代森锰锌	
			10%异菌脲.70%丙森锌	
			8%异菌脲.42%福美双	

续表

病害名称	病原物	登记杀菌剂		推荐施药时间
苹果斑点落叶病	链格孢属链格孢苹果专化型(*Alternaria alternaria* f. sp. *mali*)	混剂	2%咪鲜胺·25%戊唑醇	展叶后至开花前防治;落花后10天左右平均病叶率达15%时施1次药,春梢在病叶率为20%再施1次药;秋梢期病叶率达50%时施药
			8%苯醚甲环唑·56%代森锰锌	
			5%苯醚甲环唑·50%代森锰锌	
			58%代森联·10%苯醚甲环唑	
			5%苯醚甲环唑·40%代森联	
			5%苯醚甲环唑·45%丙森锌	
			5%苯醚甲环唑·50%克菌丹	
			14%苯醚甲环唑·3%中生菌素	
			5%苯醚甲环唑·2%中生菌素	
			8%苯醚甲环唑·8%嘧啶核苷类抗菌素	
			2%腈菌唑·30%代森锰锌	
			5%腈菌唑·40%丙森锌	
			5%己唑醇·5%多抗霉素	
			5%己唑醇·40%丙森锌	
			25%戊唑醇·2%噻霉酮	
			12%戊唑醇·24%喹啉铜	
			30%戊唑醇·3%氨基寡糖素	
			43%戊唑醇·2%几丁聚糖	
			34%戊唑醇·2%几丁聚糖	
			6.4%戊唑醇·63.6%代森锰锌	
			2.3%戊唑醇·22.7%代森锰锌	
			5%戊唑醇·65%代森联	
			30%戊唑醇·40%丙森锌	
			10%戊唑醇·60%丙森锌	
			10%戊唑醇·50%丙森锌	
			10%戊唑醇·38%丙森锌	
			5%戊唑醇·65%丙森锌	
			5%戊唑醇·60%丙森锌	
			5%戊唑醇·50%丙森锌	
			31.5%戊唑醇·10.5%百菌清	
			2.5%烯唑醇·30%代森锰锌	
			2%多抗霉素·44%代森锰锌	
			5%多抗霉素·60%克菌丹	
			24%三乙膦酸铝·40%代森锰锌	
			30%代森锰锌·48%波尔多液	

(2)苹果轮纹病

防治苹果轮纹病的杀菌剂单剂：多菌灵、甲基硫菌灵、氟硅唑、戊唑醇、碱式硫酸铜、多抗霉素、氢氧化铜、代森锰锌、代森联、克菌丹和百菌清等。

防治苹果轮纹病的杀菌剂混剂：多菌灵·苯醚甲环唑组合、多菌灵·氟硅唑组合、多菌灵·戊唑醇组合、甲基硫菌灵·吡唑醚菌酯组合、甲基硫菌灵·醚菌酯组合、甲基硫菌灵·腈菌唑组合、甲基硫菌灵·氟硅唑组合、甲基硫菌灵·戊唑醇组合、甲基硫菌灵·福美双组合、吡唑醚菌酯·戊唑醇组合、吡唑醚菌酯·代森联组合、醚菌酯·戊唑醇组合和氟硅唑·噁唑菌酮组合等。

防治苹果轮纹病的推荐施药时间：彻底刮除轮纹病疤、粗皮后施药；果实套袋前施药，套袋后可以减少防治次数。

表 20-2　苹果轮纹病的杀菌剂选择及推荐施药时间

病害名称	病原物	登记杀菌剂		推荐施药时间
苹果轮纹病	葡萄座腔菌属 茶藨子葡萄座腔菌 (*Botryosphaeria dothidea*)	单剂	多菌灵、甲基硫菌灵、氟硅唑、戊唑醇、碱式硫酸铜、多抗霉素、氢氧化铜、代森锰锌、代森联、克菌丹、百菌清	彻底刮除轮纹病疤、粗皮后施药；果实套袋前施药，套袋后可以减少防治次数
		混剂	62.5%噁霜灵·62.5%代森锰锌	
			50%多菌灵·5%苯醚甲环唑	
			26.8%多菌灵·6%苯醚甲环唑	
			50%多菌灵·5%氟硅唑	
			28%多菌灵·7%丙环唑	
			20%多菌灵·40%硫酸铜钙	
			51%多菌灵·2%中生菌素	
			50%多菌灵·30%戊唑醇	
			39%多菌灵·6%戊唑醇	
			30%多菌灵·12%戊唑醇	
			24%多菌灵·8%戊唑醇	
			22%多菌灵·8%戊唑醇	
			10%多菌灵·10%戊唑醇	
			40%多菌灵·20%三乙膦酸铝	
			37.5%多菌灵·37.5%三乙膦酸铝	
			25%多菌灵·50%三乙膦酸铝	
			25%多菌灵·40%三乙膦酸铝	
			25%多菌灵·25%三乙膦酸铝	
			25%多菌灵·20%三乙膦酸铝	
			20%多菌灵·40%三乙膦酸铝	

续表

病害名称	病原物	登记杀菌剂		推荐施药时间
苹果轮纹病	葡萄座腔菌属 茶藨子葡萄座腔菌 (*Botryosphaeria dothidea*)	混剂	20%多菌灵·25%三乙膦酸铝	彻底刮除轮纹病疤、粗皮后施药；果实套袋前施药，套袋后可以减少防治次数
			8%多菌灵·42%代森锰锌	
			8%多菌灵·45%丙森锌	
			20%多菌灵·30%福美双	
			9%多菌灵·36%福美双	
			40%甲基硫菌灵·10%吡唑醚菌酯	
			40%甲基硫菌灵·5%吡唑醚菌酯	
			40%甲基硫菌灵·10%醚菌酯	
			24%甲基硫菌灵·6%醚菌酯	
			20%甲基硫菌灵·5%醚菌酯	
			24%甲基硫菌灵·6%异菌脲	
			71.2%甲基硫菌灵·8.8%腈菌唑	
			40%甲基硫菌灵·5%腈菌唑	
			50%甲基硫菌灵·5%氟硅唑	
			50%甲基硫菌灵·2%中生菌素	
			72%甲基硫菌灵·8%戊唑醇	
			50%甲基硫菌灵·10%戊唑醇	
			36%甲基硫菌灵·12%戊唑醇	
			30%甲基硫菌灵·13%戊唑醇	
			25%甲基硫菌灵·5%戊唑醇	
			35%甲基硫菌灵·35%福美双	
			33%甲基硫菌灵·48%福美双	
			30%甲基硫菌灵·40%福美双	
			25%甲基硫菌灵·15%福美双	
			20%甲基硫菌灵·30%福美双	
			10%甲基硫菌灵·40%福美双	
			10%吡唑醚菌酯·20%戊唑醇	
			5%吡唑醚菌酯·55%代森联	
			4%吡唑醚菌酯·12%二氰蒽醌	
			15%醚菌酯·30%戊唑醇	
			17.5%肟菌酯·52.5%二氰蒽醌	
			10%苯醚甲环唑·20%代森锰锌	
			10.67%氟硅唑·10%噁唑菌酮	

续表

病害名称	病原物	登记杀菌剂		推荐施药时间
苹果轮纹病	葡萄座腔菌属茶藨子葡萄座腔菌(*Botryosphaeria dothidea*)	混剂	2%腈菌唑·48%代森锰锌	彻底刮除轮纹病疤、粗皮后施药;果实套袋前施药,套袋后可以减少防治次数
			8%戊唑醇·32%克菌丹	
			31.5%戊唑醇·10.5%百菌清	
			20%戊唑醇·40%二氰蒽醌	
			2%三唑酮·30%乙蒜素	
			36%三乙膦酸铝·25%代森锰锌	
			30%代森锰锌·48%波尔多液	
			15%苯菌灵·15%福美双·20%代森锰锌	
			16.6%多菌灵·4.7%三唑酮·16.7%福美双	
			20%多菌灵·10%代森锰锌·20%福美双	
			15%多菌灵·10%代森锰锌·25%福美双	
			10%多菌灵·15%代森锰锌·25%福美双	
			5%多菌灵·30%福美锌·25%福美双	
			30%福美锌·25%福美双·25%多菌灵	
			25%多菌灵·30%福美双·20%百菌清	
			16%甲基硫菌灵·9%福美双·20%硫磺	
			5%甲基硫菌灵·10%福美双·35%硫磺	

(3)苹果炭疽病

防治苹果炭疽病的杀菌剂单剂:戊唑醇、抑霉唑、多菌灵、福美锌、代森锰锌、百菌清、代森联和克菌丹等。

防治苹果炭疽病的杀菌剂混剂:甲基硫菌灵·醚菌酯组合、甲基硫菌灵·吡唑醚菌酯组合、甲基硫菌灵·苯醚甲环唑组合、吡唑醚菌酯·代森联组合、抑霉唑·苯醚甲环唑组合、咪鲜胺·氟硅唑组合和咪鲜胺锰盐·戊唑醇组合等。

防治苹果炭疽病的推荐施药时间:重病果园,在早春树体萌动前可喷 1 次铲除剂;谢花坐果后开始施药防治,果实套袋前可施 1 次药。

表 20-3 苹果炭疽病的杀菌剂选择及推荐施药时间

病害名称	病原物	登记杀菌剂		推荐施药时间
苹果炭疽病	炭疽菌属胶孢炭疽菌(*Colletotrichum gloeosporioides*)	单剂	戊唑醇、抑霉唑、多菌灵、福美锌、代森锰锌、百菌清、代森联、克菌丹	重病果园,在早春树体萌动前可喷 1 次铲除剂;谢花坐果后开始施药防治,果实套袋前可施 1 次药
		混剂	8%甲霜灵·50%福美锌	
			22%多菌灵·8%戊唑醇	

续表

病害名称	病原物	登记杀菌剂		推荐施药时间
苹果炭疽病	炭疽菌属胶孢炭疽菌(*Colletotrichum gloeosporioides*)	混剂	25%多菌灵·5%苯醚甲环唑	重病果园,在早春树体萌动前可喷1次铲除剂;谢花坐果后开始施药防治,果实套袋前可施1次药
			40%甲基硫菌灵·10%醚菌酯	
			40%甲基硫菌灵·5%吡唑醚菌酯	
			38%甲基硫菌灵·10%咪鲜胺锰盐	
			40%甲基硫菌灵·5%腈菌唑	
			35%甲基硫菌灵·5%苯醚甲环唑	
			15%甲基硫菌灵·35%代森锰锌	
			6%吡唑醚菌酯·66%代森联	
			5%吡唑醚菌酯·55%代森联	
			5%吡唑醚菌酯·35%克菌丹	
			5%抑霉唑·15%咪鲜胺	
			15%抑霉唑·15%苯醚甲环唑	
			5%抑霉唑·5%苯醚甲环唑	
			30%咪鲜胺·10%氟硅唑	
			15%咪鲜胺·5%氟硅唑	
			37.5%咪鲜胺锰盐·12.5%戊唑醇	
			20%咪鲜胺锰盐·10%戊唑醇	
			10%苯醚甲环唑·60%二氰蒽醌	
			25%溴菌腈·50%福美锌	
			6%三唑酮·34%福美双	
			30%福美双·50%三乙膦酸铝	
			50%福美双·30%三乙膦酸铝	
			50%福美锌·30%福美双	
			25%福美锌·15%福美双	
			15%多菌灵·33%硫磺·2%三唑酮	
			14%甲基硫菌灵·25%福美双·31%硫磺	
			10%甲基硫菌灵·18%福美双·22%硫磺	

(4)苹果褐斑病

防治苹果褐斑病的杀菌剂单剂:吡唑醚菌酯、多菌灵、异菌脲、氟环唑、苯醚甲环唑、丙环唑、硫酸铜钙、氢氧化铜和百菌清等。

防治苹果褐斑病的杀菌剂混剂:嘧菌酯·戊唑醇组合、吡唑醚菌酯·戊唑醇组合、吡唑醚菌酯·丙环唑组合、吡唑醚菌酯·克菌丹组合、醚菌酯·戊唑醇组合、戊唑醇·多抗霉素组合和戊唑醇·丙森锌组合等。

防治苹果褐斑病的推荐施药时间：发病前半个月。

表 20-4 苹果褐斑病的杀菌剂选择及推荐施药时间

病害名称	病原物	登记杀菌剂		推荐施药时间
苹果褐斑病	盘二孢属苹果盘二孢(*Marssonina coronaria*)	单剂	吡唑醚菌酯、多菌灵、异菌脲、氟环唑、苯醚甲环唑、丙环唑、硫酸铜钙、氢氧化铜、百菌清	发病前半个月
		混剂	30%多菌灵·25%戊唑醇	
			30%嘧菌酯·15%戊唑醇	
			20%吡唑醚菌酯·40%戊唑醇	
			15%吡唑醚菌酯·25%丙环唑	
			15%吡唑醚菌酯·15%丙环唑	
			13.3%吡唑醚菌酯·26.7%戊唑醇	
			10%吡唑醚菌酯·30%戊唑醇	
			10%吡唑醚菌酯·20%戊唑醇	
			10%吡唑醚菌酯·50%克菌丹	
			30%醚菌酯·15%戊唑醇	
			12.7%醚菌酯·57.3%丙森锌	
			15%肟菌酯·25%苯醚甲环唑	
			25%肟菌酯·50%戊唑醇	
			10%肟菌酯·60%代森联	
			4%己唑醇·56%丙森锌	
			20%戊唑醇·10%多抗霉素	
			5%戊唑醇·45%代森锰锌	
			10%戊唑醇·60%丙森锌	
			10%戊唑醇·50%丙森锌	
			16%戊唑醇·64%克菌丹	
			15%戊唑醇·20%二氰蒽醌	

(5)其他苹果病害

其他苹果病害如苹果树腐烂病、苹果白粉病、苹果轮斑病、苹果黑星病和苹果灰斑病的杀菌剂选择及推荐施药时间见表 20-5。

表 20-5 其他苹果病害的杀菌剂选择及推荐施药时间

序号	病害名称	病原物	登记杀菌剂		推荐施药时间
1	苹果树腐烂病	黑腐皮壳属苹果黑腐皮壳(*Valsa mali*)	单剂	吡唑醚菌酯、甲基硫菌灵、戊唑醇、抑霉唑、硫磺	晚秋涂白防冻害;早春将腐烂组织刮除,强调“刮早、刮小、刮了”,再涂药防治,每月涂1次,连续4～5次
			混剂	28%多菌灵·7%丙环唑	
				3.3%甲基硫菌灵·0.015%萘乙酸	
				0.6%硫酸铜·2.7%腐殖酸	
				0.33%硫酸铜·2.07%腐殖酸	
				0.12%硫酸铜·2%腐殖酸	
				0.1%硫酸铜·4.4%腐殖酸	
2	苹果白粉病	叉丝单囊壳属白叉丝单囊壳(*Podosphaera leucotricha*)	单剂	甲基硫菌灵、醚菌酯、己唑醇、枯草芽孢杆菌、腈菌唑、硫磺	冬剪结束即可施药预防;发病初期施药防治
			混剂	20%乙嘧酚·50%甲基硫菌灵	
				35%甲基硫菌灵·5%苯醚甲环唑	
				10%吡唑醚菌酯·20%戊唑醇	
				42%硫磺·28%代森锰锌	
				40%硫磺·30%代森锰锌	
3	苹果轮斑病	链格孢属苹果链格孢(*Alternaria mali*)	单剂	异菌脲、多抗霉素	可在防治苹果斑点落叶病和苹果褐斑病的同时兼治
4	苹果黑星病	黑星菌属苹果黑星菌(*Venturia inaequalis*)	单剂	醚菌酯	清园后施药消毒;根据病害发生情况和当年雨水情况决定施药时机和频率
5	苹果灰斑病	叶点霉属梨叶点霉(*Phyllosticta pirina*)	单剂	多抗霉素	发病前或发病初期施药

20.1.2 梨病害

20.1.2.1 梨病害症状

(1)梨黑星病

梨黑星病(图 20-7)可危害所有幼嫩的绿色组织,以果实和叶片为主。果实染病,病部稍凹陷,木栓化,坚硬且龟裂,湿度大时长黑霉;幼果染病后畸形,成长期果实染病不畸形,但有木栓化的黑星斑。叶片染病,沿叶脉扩展形成黑霉斑,严重时整个叶片布满黑色霉层。叶柄、果梗染病症状相似,可出现黑色椭圆形的凹陷斑，病部覆盖黑霉，缢缩，失水、干枯，可致叶片或果实早落。

图 20-7　梨黑星病症状

图 20-8　梨黑斑病症状

(2)梨黑斑病

梨黑斑病(图 20-8)主要危害果实、叶和新梢。叶片染病(幼叶先染病)，出现褐色至黑褐色圆形斑点，后逐渐扩展，形成近圆形或不规则形病斑，中心灰白色至灰褐色，边缘黑褐色，有时有轮纹；病叶焦枯、畸形，早期脱落；空气潮湿时，病斑表面出现黑色霉层(分生孢子梗和分生孢子)。果实(幼果)染病，果面出现数个黑色斑点，渐扩展，颜色变深，形成浅褐色至灰褐色圆形病斑，略凹陷；后期病果畸形、龟裂，裂缝可深达果心，果面和裂缝内出现黑霉，常常引起落果；果实近成熟期染病，前期表现与幼果相似，但病斑较大，呈黑褐色，后期果肉软腐而脱落。新梢染病，病斑为圆形、椭圆形或纺锤形，呈淡褐色或黑褐色，略凹陷，易折断。

20.1.2.2　梨病害的杀菌剂选择及推荐施药时间

(1)梨黑星病

防治梨黑星病的杀菌剂单剂：苯菌灵、多菌灵、甲基硫菌灵、戊唑醇、苯醚甲环唑、亚胺唑、氟硅唑、氟菌唑、烯唑醇、腈菌唑、醚菌酯、代森锰锌、碱式硫酸铜、代森联和克菌丹等。

防治梨黑星病的杀菌剂混剂：多菌灵·氟硅唑组合、多菌灵·烯唑醇组合、多菌灵·代森锰锌组合、多菌灵·福美双组合、甲基硫菌灵·苯醚甲环唑组合、甲基硫菌灵·氟硅唑组合、甲基硫菌灵·烯唑醇组合、甲基硫菌灵·代森锰锌组合、嘧菌酯·戊唑醇组合、吡唑醚菌酯·氟硅唑组合、吡唑醚菌酯·戊唑醇组合、醚菌酯·戊唑醇组合、肟菌酯·戊唑醇组合、苯醚甲环唑·代森锰锌组合、腈菌唑·代森锰锌组合、烯唑醇·代森锰锌组合和烯唑醇·福美双组合等。

防治梨黑星病的推荐施药时间：梨芽萌动前，施药保护；发病初期施药。

表 20-6　梨黑星病的杀菌剂选择及推荐施药时间

病害名称	病原物	登记杀菌剂		推荐施药时间
梨黑星病	黑星菌属梨黑星菌(*Venturia pyrina*)	单剂	苯菌灵、多菌灵、甲基硫菌灵、戊唑醇、苯醚甲环唑、亚胺唑、氟硅唑、氟菌唑、烯唑醇、腈菌唑、醚菌酯、代森锰锌、碱式硫酸铜、代森联、克菌丹	梨芽萌动前，施药保护；发病初期施药
		混剂	54%多菌灵·6%苯醚甲环唑	
			50%多菌灵·10%氟菌唑	
			45%多菌灵·5%氟硅唑	
			30%多菌灵·10%腈菌唑	
			25%多菌灵·5%氟菌唑	
			27%多菌灵·3%烯唑醇	
			26%多菌灵·4%烯唑醇	
			25%多菌灵·2%烯唑醇	
			30%多菌灵·50%代森锰锌	
			30%多菌灵·40%代森锰锌	
			25%多菌灵·35%代森锰锌	
			20%多菌灵·50%代森锰锌	
			20%多菌灵·40%代森锰锌	
			20%多菌灵·20%代森锰锌	
			10%多菌灵·40%代森锰锌	
			8%多菌灵·42%代森锰锌	
			30%多菌灵·36%福美双	
			30%多菌灵·30%福美双	
			25%多菌灵·25%福美双	
			20%多菌灵·30%福美双	
			15%多菌灵·35%福美双	
			12.5%多菌灵·37.5%福美双	
			10%多菌灵·40%福美双	
			10%多菌灵·30%福美双	
			8%多菌灵·42%福美双	
			6.5%多菌灵·43.5%福美双	
			6%多菌灵·39%福美双	
			5%多菌灵·35%福美双	
			4%多菌灵·26%福美双	
			61.6%甲基硫菌灵·8.4%苯醚甲环唑	

续表

病害名称	病原物	登记杀菌剂		推荐施药时间
梨黑星病	黑星菌属梨黑星菌(*Venturia pyrina*)	混剂	44%甲基硫菌灵·6%苯醚甲环唑	梨芽萌动前,施药保护;发病初期施药
			22%甲基硫菌灵·3%苯醚甲环唑	
			60%甲基硫菌灵·10%氟硅唑	
			30%甲基硫菌灵·10%腈菌唑	
			42%甲基硫菌灵·5%烯唑醇	
			20%甲基硫菌灵·30%代森锰锌	
			15%甲基硫菌灵·45%代森锰锌	
			30%甲基硫菌灵·40%福美双	
			10%甲基硫菌灵·40%福美双	
			10%嘧菌酯·20%戊唑醇	
			26.7%吡唑醚菌酯·13.3%氟硅唑	
			10%吡唑醚菌酯·20%戊唑醇	
			20%醚菌酯·10%氟菌唑	
			25%醚菌酯·50%戊唑醇	
			10%醚菌酯·20%戊唑醇	
			25%肟菌酯·50%戊唑醇	
			40%咪鲜胺·30%苯醚甲环唑	
			20%苯醚甲环唑·25%戊唑醇	
			2%苯醚甲环唑·18%戊唑醇	
			5%苯醚甲环唑·50%代森锰锌	
			3%苯醚甲环唑·42%代森锰锌	
			20%苯醚甲环唑·55%二氰蒽醌	
			10%氟硅唑·10%代森锰锌	
			5%腈菌唑·35%代森锰锌	
			5%腈菌唑·20%代森锰锌	
			2.5%腈菌唑·60%代森锰锌	
			2.25%腈菌唑·60%代森锰锌	
			2%腈菌唑·58%代森锰锌	
			2%腈菌唑·48%代森锰锌	
			10%三唑酮·23%代森锰锌	
			8%三唑酮·25%代森锰锌	
			3%烯唑醇·37%代森锰锌	
			2.5%烯唑醇·30%代森锰锌	
			2.5%烯唑醇·39.5%福美双	
			2%烯唑醇·13%福美双	

(2)其他梨病害

其他梨病害如梨黑斑病、梨赤星病、梨炭疽病、梨褐斑病和梨轮纹病的杀菌剂的选择及推荐施药时间见表 20-7。

表 20-7 其他梨病害的杀菌剂选择及推荐施药时间

序号	病害名称	病原物	登记杀菌剂		推荐施药时间
1	梨黑斑病	链格孢属菊池链格孢(*Alternaria kikuchiana*)	单剂	多抗霉素	发病前或发病初期
			混剂	5%多抗霉素·45%喹啉铜	
2	梨赤星病	胶锈菌属梨胶锈菌(*Gymnosporangium haraeanum*)	单剂	氟硅唑	冬孢子角形成和锈孢子传播盛期;降雨后及时施药
3	梨炭疽病	炭疽菌属胶孢炭疽菌(*Colletotrichum gloeosporioides*)	混剂	10%苯醚甲环唑·2%噻霉酮	春季萌芽前施药预防;果实套袋前施药预防;梨果实膨大期施药防治,根据雨日的多少决定施药的频次
4	梨褐斑病	球腔菌属梨球腔菌(*Mycosphaerella sentina*)	单剂	百菌清	春季萌芽前喷药预防;果实套袋前喷药预防;落花后根据降雨量施药
5	梨轮纹病	葡萄座腔菌属茶藨子葡萄座腔菌(*Botryosphaeria dothidea*)	混剂	36%三乙膦酸铝·25%代森锰锌	彻底刮除轮纹病疤、粗皮后施药;果实套袋后可以减少防治次数

20.2 核果类果树病害

核果类果树有桃和杏等,下面主要介绍桃病害症状、杀菌剂选择及推荐施药时间。

20.2.1　桃病害症状

(1)桃褐腐病

桃褐腐病(图 20-9)可危害桃树的花、叶、枝梢及果实,其中以果实染病最为严重。花部染病,自雄蕊及花瓣尖端开始出现褐色水渍状斑点,后逐渐蔓延至全花,以至变褐、萎蔫,枯死后常残留于枝头,经久不落;空气潮湿时,病斑呈软腐状,表面丛生灰霉。嫩叶染病,自叶缘开始变褐,很快扩展至全叶,致使叶片枯萎,残留于枝头。嫩枝染病,出现长圆形溃疡斑,边缘紫褐色,中央稍凹陷,呈灰褐色,常流胶;空气潮湿时,病斑上长出灰色霉层;病斑绕枝一周,可使上部枝梢枯死。果实自幼果至成熟期均可染病,以近成熟期染病最重。果实染病,果面出现褐色圆形病斑,如环境适宜,数日内病斑扩至全果,果肉变褐、软腐,继而病斑表面出现灰褐色绒状霉丛(分生孢子梗和分生孢子),常呈同心轮纹状排列;病果腐烂后易脱落,但也有不少失水后形成僵果而挂于枝头,经久不落。僵果是假菌核,是病菌越冬的重要场所。

图 20-9　桃褐腐病症状

图 20-10　桃褐斑病症状

(2)桃褐斑病

桃褐斑病(图 20-10)可危害桃树叶片、新梢和果实。叶片染病,两面出现圆形或近圆形病斑,边缘紫色或红褐色略带环纹,后期病斑上长出灰褐色霉状物,中央干枯脱落,形成穿孔(边缘整齐);穿孔多时,叶片脱落。新梢、果实染病,症状与叶片相似,均出现灰褐色霉状物。

20.2.2　桃病害的杀菌剂选择及推荐施药时间

桃病害如桃褐腐病、桃褐斑病和桃细菌性穿孔病的杀菌剂选择及推荐施药时间见表 20-8。

表 20-8 桃病害的杀菌剂选择及推荐施药时间

序号	病害名称	病原物	登记杀菌剂		推荐施药时间
1	桃褐腐病	丛梗孢属(*Monilia* spp.)	单剂	腈苯唑	花前花后,落花后10天施药,花腐严重的地区要在初花期再施1次;发病初期和采收期前3周施药;贮藏期防治
2	桃褐斑病	尾孢属核果尾孢霉(*Cercospora circumscissa*)	单剂	硫磺	春季发芽前全园消毒处理;发病初期用药,根据雨量的多少用药
3	桃细菌性穿孔病	黄单胞菌属甘蓝黑腐黄单胞菌桃穿孔致病变种(*Xanthomonas arboricola* pv. *pruni*)	单剂	噻唑锌	芽前芽后和幼果期施药预防

20.3 浆果类果树病害

浆果类果树有葡萄和猕猴桃等,下面主要介绍葡萄病害症状、杀菌剂选择及推荐施药时间。

20.3.1 葡萄病害症状

(1)葡萄霜霉病

葡萄霜霉病(图 20-11)主要危害叶片,也可危害新梢和幼果等幼嫩组织。叶片染病,出现淡黄色水渍状小斑点,边缘不清晰,后逐渐扩展为褐色不规则形或多角形病斑,数个病斑可连成不规则形大斑;空气潮湿时,病斑背面出现白色霜霉状物(孢囊梗和孢子囊);发病严重时,病叶早枯、早落。嫩梢染病,出现水渍状斑点,后变为褐色略凹陷的病斑;空气潮湿时,病斑上出现白色霜霉;发病严重时,新梢扭曲,生长停止,甚至枯死。卷须、穗轴、叶柄有时也可染病,其症状与嫩梢相似。幼果染病,病部褪色,变硬,下陷,其上着生白色霜霉,易萎缩、脱落;果粒半大时染病,病部呈褐色至暗色,软腐、早落;果实着色后不易染病。

(2)葡萄白腐病

葡萄白腐病(图 20-12)是葡萄生长期引起果实腐烂的主要病害。发病初期,果梗和穗轴上出现淡褐色水浸状近圆形病斑，病部腐烂，变褐色，迅速蔓延至果粒；果粒变褐、软腐，后期病部表面出现灰白色小颗粒(分生孢子器)，湿度大时可溢出灰白色分生孢子团；病果干缩，呈褐色或灰白色，易脱落。枝蔓染病，初期现水浸状淡褐色病斑，形状不定，病斑多纵向扩展成褐色凹陷的大斑，表皮生灰白色颗粒(分生孢子器)，后期病部表皮纵裂与木质部分离，表皮脱落，维管束呈褐色乱麻状；病斑扩及枝蔓表皮一圈时，其上部枝蔓枯死。叶片染病，多发生于叶缘，病斑呈褐色水浸状，形状不规则，后逐渐扩展，近圆形，有褐色轮纹。

图 20-11　葡萄霜霉病症状

图 20-12　葡萄白腐病症状

(3)葡萄黑痘病

葡萄黑痘病(图 20-13)主要危害葡萄的绿色幼嫩部位，如果实、果梗、叶片、叶柄、新梢和卷须等。叶片染病，出现褐色小点，后发展成直径 1～4 毫米的圆形病斑，呈黄褐色，中央灰色，最后病部组织干枯、硬化，脱落成穿孔；幼叶染病后多扭曲，皱缩为畸形。果实着色后不易染病。绿果染病，出现褐色圆斑，中央灰白色，略凹陷，边缘红褐色或紫色，似鸟眼状，多个小病斑可融合成大斑，后期病斑硬化或龟裂；病果味酸，无食用价值。新梢、叶柄、果柄、卷须染病，出现圆形褐色小点，后变灰黑色，中央凹陷成干裂的溃疡斑。

图 20-13　葡萄黑痘病症状

图 20-14　葡萄白粉病症状

(4)葡萄白粉病

葡萄白粉病(图 20-14)主要危害叶片和果实。叶片染病,叶表面出现一层灰白色粉质霉,逐渐蔓延至整个叶片,严重时病叶卷缩、枯萎。新枝蔓染病,出现灰白色小斑,后扩展蔓延致全蔓,病蔓由灰白色变成暗灰色,最后呈黑色。果实染病,果粒表面出现一层灰白色粉状霉,擦去白粉,表皮呈现褐色花纹,最后表皮变为暗褐色;染病幼果容易开裂。

20.3.2 葡萄病害的杀菌剂选择及推荐施药时间

(1)葡萄霜霉病

防治葡萄霜霉病的杀菌剂单剂:嘧菌酯、啶氧菌酯、氰霜唑、烯酰吗啉、代森锰锌、克菌丹、硫酸铜钙、氢氧化铜和氧化亚铜等。

防治葡萄霜霉病的杀菌剂混剂:甲霜灵·霜霉威盐酸盐组合、甲霜灵·三乙膦酸铝组合、甲霜灵·代森锰锌组合、精甲霜灵·霜脲氰组合、多菌灵·福美双组合、嘧菌酯·噁唑菌酮组合、嘧菌酯·氰霜唑组合、嘧菌酯·烯酰吗啉组合、嘧菌酯·代森联组合、吡唑醚菌酯·霜脲氰组合、吡唑醚菌酯·烯酰吗啉组合、噁唑菌酮·氰霜唑组合和霜脲氰·烯酰吗啉组合等。

防治葡萄霜霉病的推荐施药时间:冬季清园后可喷洒保护性药剂铲除越冬菌源;6 月中下旬开始施药,雨水多的地区可提前至 6 月初。

表 20-9 葡萄霜霉病的杀菌剂选择及推荐施药时间

<table>
<tr><th>病害名称</th><th>病原物</th><th colspan="2">登记杀菌剂</th><th>推荐施药时间</th></tr>
<tr><td rowspan="13">葡萄霜霉病</td><td rowspan="13">单轴霉属葡萄生单轴霉(Plasmopara viticola)</td><td>单剂</td><td>嘧菌酯、啶氧菌酯、氰霜唑、烯酰吗啉、代森锰锌、克菌丹、硫酸铜钙、氢氧化铜、氧化亚铜</td><td rowspan="13">冬季清园后可喷洒保护性药剂铲除越冬菌源;6月中下旬开始施药,雨水多的地区可提前至6月初</td></tr>
<tr><td rowspan="12">混剂</td><td>15%甲霜灵·10%霜霉威盐酸盐</td></tr>
<tr><td>12.5%甲霜灵·37.5%三乙膦酸铝</td></tr>
<tr><td>10%甲霜灵·60%代森锰锌</td></tr>
<tr><td>10%甲霜灵·48%代森锰锌</td></tr>
<tr><td>8%甲霜灵·64%代森锰锌</td></tr>
<tr><td>28%甲霜灵·2%烯酰吗啉</td></tr>
<tr><td>64%甲霜灵·15%百菌清</td></tr>
<tr><td>10%精甲霜灵·28%霜脲氰</td></tr>
<tr><td>4%精甲霜灵·64%代森锰锌</td></tr>
<tr><td>62.5%噁霜灵·62.5%代森锰锌</td></tr>
<tr><td>30%多菌灵·30%福美双</td></tr>
<tr><td>25%多菌灵·25%福美双</td></tr>
</table>

续表

病害名称	病原物	登记杀菌剂		推荐施药时间
葡萄霜霉病	单轴霉属葡萄生单轴霉(*Plasmopara viticola*)	混剂	20%多菌灵·30%福美双	冬季清园后可喷洒保护性药剂铲除越冬菌源;6月中下旬开始施药,雨水多的地区可提前至6月初
			16.6%多菌灵·33.4%福美双	
			15%多菌灵·30%福美双	
			15%多菌灵·25%福美双	
			12.5%多菌灵·37.5%福美双	
			10%多菌灵·30%福美双	
			8%多菌灵·42%福美双	
			5%多菌灵·35%福美双	
			50%嘧菌酯·25%噁唑菌酮	
			25%嘧菌酯·10%氰霜唑	
			18.6%嘧菌酯·7.4%氰霜唑	
			10%嘧菌酯·50%霜脲氰	
			35%嘧菌酯·45%烯酰吗啉	
			22.8%嘧菌酯·57.2%烯酰吗啉	
			20%嘧菌酯·40%烯酰吗啉	
			20%嘧菌酯·30%烯酰吗啉	
			20%嘧菌酯·20%烯酰吗啉	
			10%嘧菌酯·50%代森联	
			12.5%烯肟菌酯·12.5%霜脲氰	
			15%吡唑醚菌酯·30%霜脲氰	
			10%吡唑醚菌酯·38%烯酰吗啉	
			15%醚菌酯·35%烯酰吗啉	
			40%噁唑菌酮·24%氰霜唑	
			6.25%噁唑菌酮·62.5%代森锰锌	
			10%氰霜唑·30%烯酰吗啉	
			27%唑嘧菌胺·20%烯酰吗啉	
			20%异菌脲·20%烯酰吗啉	
			9%烯酰吗啉·41%三乙膦酸铝	
			9%苯醚甲环唑·54%霜霉威盐酸盐	
			8%戊唑醇·32%克菌丹	
			20%霜脲氰·50%烯酰吗啉	
			4%霜脲氰·40%代森锰锌	
			30%代森锰锌·48%波尔多液	
			50%福美双·20%百菌清	
			40%福美双·30%百菌清	

(2)其他葡萄病害

其他葡萄病害如葡萄白腐病、葡萄黑痘病、葡萄白粉病、葡萄炭疽病、葡萄灰霉病和葡萄穗轴褐枯病的杀菌剂选择及推荐施药时间见表 20-10。

表 20-10 其他葡萄病害的杀菌剂选择及推荐施药时间

序号	病害名称	病原物	登记杀菌剂		推荐施药时间
1	葡萄白腐病	垫壳孢属白腐垫壳孢(*Coniella diplodiella*)	单剂	乙嘧酚磺酸酯、嘧菌酯、氟硅唑、戊唑醇、苯醚甲环唑、戊菌唑、代森锰锌	开春前施药预防，重点喷地面；发病前或发病初期或葡萄谢花 20 天后开始施药
			混剂	22%多菌灵·8%戊唑醇	
				25.2%啶酰菌胺·12.8%吡唑醚菌酯	
				10%嘧菌酯·50%代森联	
				15%嘧菌酯·25%苯醚甲环唑	
				12.5%嘧菌酯·20%苯醚甲环唑	
				25%肟菌酯·50%戊唑醇	
				5%氟硅唑·20%咪鲜胺	
				8%戊唑醇·32%克菌丹	
				30%代森锰锌·48%波尔多液	
2	葡萄黑痘病	痂圆孢属葡萄痂圆孢(*Sphaceloma ampelinum*)	单剂	嘧菌酯、啶氧菌酯、氟硅唑、苯醚甲环唑、烯唑醇、亚胺唑、代森锰锌、百菌清	萌芽前施药预防；芽鳞变大但未出现绿叶时喷雾；花前、花后半月适机施药
			混剂	25%肟菌酯·50%戊唑醇	
3	葡萄白粉病	钩丝壳属葡萄钩丝壳(*Uncinula necator*)	单剂	氟菌唑、氟环唑、戊菌唑、腈菌唑、百菌清	发芽前，芽体膨大期；葡萄开花至幼果期
			混剂	25%吡唑醚菌酯·15%苯醚甲环唑	
				8%戊唑醇·32%克菌丹	
4	葡萄炭疽病	炭疽菌属胶孢炭疽菌(*Colletotrichum gloeosporioides*)	单剂	苯醚甲环唑、烯唑醇、腈菌唑抑霉唑、氟硅唑、多抗霉素	春季萌芽前施药预防；6 月上旬开始施药防治
			混剂	25%多菌灵·10%己唑醇	
				18%嘧菌酯·12%苯醚甲环唑	
				8.6%氟硅唑·34.4%咪鲜胺	
				6%氟硅唑·24%咪鲜胺	
				8%戊唑醇·32%克菌丹	

续表

序号	病害名称	病原物	登记杀菌剂		推荐施药时间
5	葡萄灰霉病	葡萄孢属灰葡萄孢（*Botrytis cinerea*）	单剂	嘧菌环胺、啶酰菌胺、腐霉利、异菌脲	花前施药预防；花冠脱落期和果穗形成时适机施药；果实转色期
			混剂	25.2%啶酰菌胺·12.8%吡唑醚菌酯	
				20%啶酰菌胺·6%嘧菌环胺	
				4%吡唑醚菌酯·20%双胍三辛烷基苯磺酸盐	
				25%异菌脲·15%嘧霉胺	
				20%异菌脲·20%嘧霉胺	
6	葡萄穗轴褐枯病	链格孢属葡萄生链格孢霉（*Alternaria viticola*）	混剂	20%啶酰菌胺·10%醚菌酯	春季萌芽前施药预防；穗轴抽出至果实迅速膨大前

20.4 杂果类果树病害

20.4.1 枣和石榴病害症状

(1)枣树炭疽病

枣树炭疽病(图 20-15)主要危害果实，也可危害枣吊、枣叶、枣头及枣股。果实染病，果肩或果腰处出现淡黄色水渍状斑点，后逐渐扩展为不规则形黄褐色斑块，斑块中间出现圆形凹陷病斑，病斑扩展后连片，呈红褐色，可引起落果；潮湿条件下，病斑上可长出许多黄褐色小突起(分生孢子盘)，分泌粉红色物质(分生孢子团)。剖开落地病果，可见部分枣果由果柄向果核处呈漏斗形、变黄褐色，果核变黑。重病果晒干后，只剩枣核和丝状物连接果皮。病果味苦，不能食用；轻病果虽可食用，但均带苦味，品质低劣。叶片染病，病叶变黄绿色，早落，有的呈黑褐色焦枯状悬挂于枝头。枣吊、枣股和枣头等染病，一般无明显症状；病菌处于潜伏状态，经离体培养后，均能长出粉红色黏液状分生孢子团。

(2)石榴麻皮病

石榴麻皮病(图 20-16)又名石榴疮痂病，主要危害果实和花萼。发病初期，病斑呈水渍状，圆形至椭圆形，直径 2～5 毫米，渐变为红褐色、紫褐色直至黑褐色，后期多斑融合成不规则疮痂状，直径 10～30 毫米或更大，粗糙，可造成严重的龟裂。湿度大时，病斑内产生淡红色粉状物(分生孢子盘和分生孢子)。

图 20-15 枣树炭疽病症状

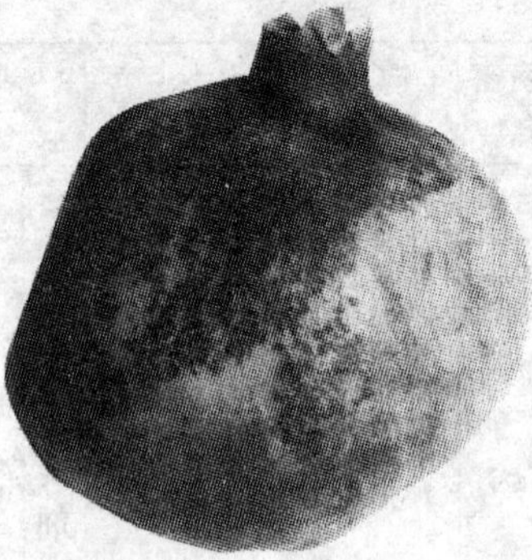

图 20-16 石榴麻皮病症状

20.4.2 枣和石榴病害的杀菌剂选择及推荐施药时间

枣和石榴病害如枣树炭疽病、枣树锈病和石榴麻皮病的杀菌剂选择及推荐施药时间见表 20-11。

表 20-11 枣和石榴病害的杀菌剂选择及推荐施药时间

序号	病害名称	病原物	登记杀菌剂		推荐施药时间
1	枣树炭疽病	炭疽菌属胶孢炭疽菌(*Colletotrichum gloeosporioides*)	混剂	6%多菌灵·44%代森锰	萌芽前施药预防;发病初期施药防治
				5%多菌灵·20%溴菌腈	
				60 克/升嘧菌酯·500 克/升百菌清	
				4%吡唑醚菌酯·12%二氰蒽醌	
2	枣树锈病	层锈菌属枣多层锈菌(*Phakopsora ziziphi-vulgaris*)	混剂	106.7 克/升氟硅唑·100 克/升噁唑菌酮	8月上旬发病初期施药防治
3	石榴麻皮病	痂圆孢属石榴痂圆孢(*Sphaceloma punicae*)	单剂	苯醚甲环唑	花后和果实膨大期防治;刮治病斑后涂药防治

20.5 柑橘病害

20.5.1 柑橘病害症状

(1)柑橘疮痂病

柑橘疮痂病(图 20-17)主要危害新梢幼果,也可危害花萼和花瓣,严重时会导致果实畸形,进而导致减产。叶片染病,出现油渍状的黄色小点,后逐渐扩展,变为蜡黄色;后期病斑木栓化,多数向叶背面突出,叶面凹陷,形似漏斗,严重时叶片畸形或脱落。嫩枝染病，枝梢变短，严重时呈弯曲状，但病斑突起不明显。花器染病，花瓣很快脱落。果实染病，症状在花谢后不久即可出现，开始为褐色小点，后逐渐变为黄褐色，木栓化突起；严重时幼果多脱落，不脱落的一般果形较小、皮厚、味酸甚至畸形；空气湿度大时，病斑表面可长出粉红色的分生孢子盘。

图 20-17 柑橘疮痂病症状

图 20-18 柑橘溃疡病症状

(2)柑橘溃疡病

柑橘溃疡病(图 20-18)主要危害叶片、果实和枝梢。叶片染病，初期在叶背出现黄色或暗黄绿色油渍状小斑点，叶面隆起，呈米黄色海绵状，后隆起部破碎呈木栓状，或病部凹陷形成褶皱，凹陷部常破裂呈放射状；后期病斑呈淡褐色，中央灰白色，病健交界处形成一圈褐色釉光。果实染病，症状与叶片相似，病斑只限于果皮上，发生严重时会引起早期落果。枝梢染病，出现圆形水渍状小点，呈暗绿色，后变为灰褐色，木栓化，形成大而深的裂口，最后数个病斑融合形成黄褐色不规则形大斑，边缘明显。

20.5.2 柑橘病害的杀菌剂选择及推荐施药时间

(1)柑橘疮痂病

防治柑橘疮痂病的杀菌剂单剂：苯菌灵、甲基硫菌灵、嘧菌酯、苯醚甲环唑、烯唑醇、腈菌唑、亚胺唑、硫酸铜钙、硫磺、百菌清、代森锰锌和代森联等。

防治柑橘疮痂病的杀菌剂混剂：嘧菌酯·苯醚甲环唑组合、吡唑醚菌酯·代森联组合、代森锰锌·噁唑菌酮组合和肟菌酯·戊唑醇组合等。

防治柑橘疮痂病的推荐施药时间：栽植苗木要注意消毒处理；春芽开始萌动前；发病前或发病初期始见病斑时。

(2)柑橘溃疡病

防治柑橘溃疡病的杀菌剂单剂：春雷霉素、硫酸铜钙、碱式硫酸铜、氢氧化铜、氧化亚铜、代森锰锌和枯草芽孢杆菌等。

防治柑橘溃疡病的杀菌剂混剂：春雷毒素·王铜组合、代森锰锌·波尔多液组合和代森锌·王铜组合等。

防治柑橘溃疡病的推荐施药时间：冬季清园时或春季萌芽前；落花后开始药剂预防。

(3)其他柑橘病害

其他柑橘病害如柑橘炭疽病、柑橘绿霉病、柑橘青霉病、柑橘蒂腐病（树脂病）和柑橘酸腐病的杀菌剂选择及推荐施药时间见表 20-12。

表 20-12　柑橘病害的杀菌剂选择及推荐施药时间

序号	病害名称	病原物	登记杀菌剂		推荐施药时间
1	柑橘疮痂病	痂圆孢属柑橘痂圆孢(*Sphaceloma fawcettii*)	单剂	苯菌灵、甲基硫菌灵、嘧菌酯、苯醚甲环唑、烯唑醇、腈菌唑、亚胺唑、硫酸铜钙、硫磺、百菌清、代森锰锌、代森联	栽植苗木要注意消毒处理；春芽开始萌动前；发病前或发病初期始见病斑时
			混剂	4%精甲霜灵·64%代森锰锌	
				62.5%噁霜灵·62.5%代森锰锌	
				18%嘧菌酯·12%苯醚甲环唑	
				5%吡唑醚菌酯·55%代森联	
				62.5%代森锰锌·6.25%噁唑菌酮	
				25%肟菌酯·50%戊唑醇	
2	柑橘溃疡病	黄单胞菌属地毯草黄单胞菌柑橘致病变种(*Xanthomonas axonopodis* pv. *citri*)	单剂	春雷霉素、硫酸铜钙、碱式硫酸铜、氢氧化铜、氧化亚铜、代森锰锌、枯草芽孢杆菌	冬季清园时或春季萌芽前；落花后开始药剂预防
			混剂	2%春雷毒素·45%王铜	
				30%代森锰锌·48%波尔多液	
				15%代森锌·37%王铜	
3	柑橘炭疽病	炭疽菌属胶孢炭疽菌(*Colletotrichum gloeosporioides*)	单剂	嘧菌酯、氟硅唑、咪鲜胺、苯醚甲环唑、腈菌唑、氟环唑、代森锌、代森锰锌	新梢抽发期、花谢 2/3、幼果发病前或发病初期
			混剂	6%多菌灵·44%代森锰锌	
				5%多菌灵·20%溴菌腈	
				40%甲基硫菌灵·5%吡唑醚菌酯	
				6%嘧菌酯·50%百菌清	
				5%吡唑醚菌酯·55%代森联	
				25%肟菌酯·50%戊唑醇	
				15%苯醚甲环唑·15%烯唑醇	
4	柑橘绿霉病	青霉属指状青霉(*Penicillium digitatum*)	单剂	抑霉唑	果实采摘后浸渍
			混剂	4%抑霉唑·24%咪鲜胺	
				2%抑霉唑·12%咪鲜胺	

续表

序号	病害名称	病原物	登记杀菌剂		推荐施药时间
5	柑橘青霉病	青霉属意大利青霉（*Penicillium italicum*）	单剂	抑霉唑、枯草芽孢杆菌	果实采摘后浸渍
			混剂	4%抑霉唑·24%咪鲜胺	
				2%抑霉唑·12%咪鲜胺	
6	柑橘蒂腐病（树脂病）	色二孢属（*Diplodia* spp.）	单剂	氟硅唑、咪鲜胺、代森锰锌、克菌丹	对于树脂病，清园后要消毒，刮除病斑后涂药；果实采摘后浸渍
			混剂	4%抑霉唑·24%咪鲜胺	
				2%抑霉唑·12%咪鲜胺	
				62.5%代森锰锌·6.25%噁唑菌酮	
7	柑橘酸腐病	卵形孢霉属（*Oospora* spp.）	混剂	4%抑霉唑·24%咪鲜胺	果实采摘后浸渍
				2%抑霉唑·12%咪鲜胺	

第 21 章　西瓜和甜瓜病害

21.1　西瓜病害

21.1.1　西瓜病害症状

(1)西瓜炭疽病

西瓜炭疽病(图 21-1)主要危害叶片,也可危害茎蔓、叶柄和果实。幼苗染病,子叶边缘出现圆形或半圆形病斑,呈褐色或黑褐色,外围常有黑褐色晕圈,其上常散生黑色小粒点或淡红色黏稠物。近地面茎部染病,茎基部变成黑褐色,缢缩、变细,易猝倒。瓜蔓或叶柄染病,出现长圆形水浸状斑点,稍凹陷,呈黄褐色,后变黑褐色;病斑环绕茎一周后,全株枯死。叶片染病,出现圆形或不规则形水浸状斑点,有时出现轮纹;干燥条件下,病斑易破碎、穿孔;潮湿条件下,病斑上产生粉红色黏稠物。果实染病,出现水浸状凹陷形圆斑或长圆形斑,呈褐色,常龟裂;潮湿条件下,病斑上产生粉红色黏稠物。

图 21-1　西瓜炭疽病症状

图 21-2　西瓜枯萎病症状

(2)西瓜枯萎病

西瓜枯萎病(图 21-2)俗称“死秧病”。发病初期,病株茎蔓上的叶片自基部向前逐渐萎蔫,似缺水状,中午更明显。最初 1～2 日,早晚尚能恢复正常。数日后,植株萎蔫,不再恢复,慢慢枯死。多数情况下全株发病,也有的病株仅部分茎蔓发病,其余茎蔓正常。病株茎蔓基部稍缢缩,病部纵裂,有淡红色(琥珀色)胶状液流出,根部腐烂、变色;纵切根茎,其维管束部分变褐色。

21.1.2　西瓜病害的杀菌剂选择及推荐施药时间

(1)西瓜炭疽病

防治西瓜炭疽病的杀菌剂单剂：吡唑醚菌酯、嘧菌酯、甲基硫菌灵、苯醚甲环唑和代森锰锌等。

防治西瓜炭疽病的杀菌剂混剂：甲基硫菌灵·代森锰锌组合、嘧菌酯·苯醚甲环唑组合、嘧菌酯·丙环唑组合、吡唑醚菌酯·苯醚甲环唑组合、醚菌酯·代森联组合和肟菌酯·戊唑醇组合等。

防治西瓜炭疽病的推荐施药时间：种子和土壤消毒；发病初期施药。

表 21-1　西瓜炭疽病的杀菌剂选择及推荐施药时间

病害名称	病原物	登记杀菌剂		推荐施药时间
西瓜炭疽病	炭疽菌属瓜类炭疽病菌 (*Colletotrichum lagenarium*)	单剂	吡唑醚菌酯、嘧菌酯、甲基硫菌灵、苯醚甲环唑、代森锰锌	种子和土壤消毒；发病初期施药
		混剂	12.5%多菌灵·12.5%咪鲜胺	
			10%甲基硫菌灵·10%代森锰锌	
			20%嘧菌酯·12.5%苯醚甲环唑	
			30%嘧菌酯·18%苯醚甲环唑	
			20%嘧菌酯·12.5%苯醚甲环唑	
			19%嘧菌酯·14%苯醚甲环唑	
			16%嘧菌酯·24%丙环唑	
			9%嘧菌酯·14%已唑醇	
			30%吡唑醚菌酯·10%苯醚甲环唑	
			20%吡唑醚菌酯·12.5%苯醚甲环唑	
			5%醚菌酯·55%代森联	
			25%肟菌酯·50%戊唑醇	
			20%肟菌酯·20%苯醚甲环唑	
			6.25%嗯唑菌酮·62.5%代森锰锌	
			10%咪鲜胺·30%苯醚甲环唑	
			5%苯醚甲环唑·20%溴菌腈	
			10%已唑醇·35%双胍三辛烷基苯磺酸盐	
			50%福美锌·30%福美双	
			37%福美锌·23%福美双	
			25%福美锌·15%福美双	

(2)西瓜枯萎病

防治西瓜枯萎病的杀菌剂单剂：噁霉灵、敌磺钠、咯菌腈、咪鲜胺(咪鲜胺锰盐)、多抗霉素、氨基寡糖素、混合氨基酸铜、络氨铜、申嗪霉素和解淀粉芽孢杆菌等。

防治西瓜枯萎病的杀菌剂混剂：多菌灵·五氯硝基苯组合、甲基硫菌灵·噁霉灵组合、甲基硫菌灵·戊唑醇组合、多菌灵·氢氧化铜组合和多菌灵·混合氨基酸铜组合等。

防治西瓜枯萎病的推荐施药时间：播种前种子消毒；定植前穴施药剂消毒；坐果初期灌根。

表 21-2 西瓜枯萎病的杀菌剂选择及推荐施药时间

病害名称	病原物	登记杀菌剂		推荐施药时间
西瓜枯萎病	镰孢属尖孢镰西瓜专化型(*Fusarium oxysporum* f. sp. *niveum*)	单剂	噁霉灵、敌磺钠、咯菌腈、咪鲜胺(咪鲜胺锰盐)、多抗霉素、氨基寡糖素、混合氨基酸铜、络氨铜、申嗪霉素、解淀粉芽孢杆菌	播种前种子消毒；定植前穴施药剂消毒；坐果初期灌根
		混剂	0.55%甲霜灵·1.65%百菌清	
			32%多菌灵·8%五氯硝基苯	
			20%多菌灵·20%五氯硝基苯	
			40%甲基硫菌灵·16%噁霉灵	
			40%甲基硫菌灵·10%噁霉灵	
			25%甲基硫菌灵·5%戊唑醇	
			15%甲基硫菌灵·25%福美双	
			10%稻瘟灵·10%霉噁灵	
			35%多菌灵·15%氢氧化铜	
			3%多菌灵·12%混合氨基酸铜	
			15%络氨铜·6.4%柠檬酸铜	
			4%甲基硫菌灵·25%福美双·31%硫磺	

(3)其他西瓜病害

其他西瓜病害如西瓜立枯病、西瓜疫病、西瓜蔓枯病、西瓜白粉病和西瓜黑星病的杀菌剂选择及推荐施药时间见表 21-3。

表 21-3 其他西瓜病害的杀菌剂选择及推荐施药时间

序号	病害名称	病原物	登记杀菌剂		推荐施药时间
1	西瓜立枯病	丝核菌属立枯丝核菌(*Rhizoctonia solani*)	混剂	10%甲霜灵·30%福美双	苗床施药消毒；种子拌种消毒；发病初期施药防治

续表

序号	病害名称	病原物	登记杀菌剂		推荐施药时间
2	西瓜疫病	疫霉属掘氏疫霉（*Phytophthora drechsleri*）	混剂	40 克/升精甲霜灵・400 克/升百菌清	种子消毒；发病前施药保护，尤其是大雨后
				4%精甲霜灵・40%百菌清	
				5%吡唑醚菌酯・55%代森联	
				625 克/升霜霉威盐酸盐・62.5 克/升氟吡菌胺	
3	西瓜蔓枯病	球腔菌属瓜类球腔菌（*Mycosphaerella citrullina*）	混剂	20%嘧菌酯・15%苯醚甲环唑	种子药剂浸种；移栽前，喷雾预防，带药移栽；发病初期施药防治，重病株茎秆涂药
				20%嘧菌酯・12.5%苯醚甲环唑	
				18%嘧菌酯・12%苯醚甲环唑	
				8%嘧菌酯・12%苯醚甲环唑	
				25%醚菌酯・15%苯醚甲环唑	
				10%己唑醇・35%双胍三辛烷基苯磺酸盐	
				17.5%戊唑醇・17.5%氟吡菌酰胺	
4	西瓜白粉病	单囊壳属瓜类单囊壳（*Sphaerotheca cucurbitae*）、白粉菌属葫芦科白粉菌（*Erysiphe cucurbitacearum*）	单剂	氟菌唑、硫磺、百菌清	发病初期
			混剂	25%嘧菌酯・15%苯醚甲环唑	
				25%嘧菌酯・5%苯醚甲环唑	
				22%嘧菌酯・8%苯醚甲环唑	
				50%醚菌酯・30%苯醚甲环唑	
5	西瓜黑星病	枝孢霉属瓜疮痂枝孢霉菌（*Cladosporium cucumerinum*）	混剂	17.5%唑醇・17.5%氟吡菌酰胺	发病初期

21.2　甜瓜病害

21.2.1　甜瓜病害症状

(1)甜瓜霜霉病

甜瓜霜霉病(图 21-3)主要危害叶片。苗期染病，子叶出现水渍状小斑点，后扩展为浅褐色病斑；湿度大时，叶背长出灰紫色霉层。成株期染病，叶面出现浅黄色病斑，沿叶脉扩展呈多角形，后变浅褐色或黄褐色；清晨叶面上有结露或吐水时，病斑呈水浸状；连续降雨时，病斑可迅速扩展或融合成大斑块，致叶片上卷或干枯，下部叶片全部干枯，有时仅剩下生长点附近几片绿叶。果实发育期染病，若进入雨季，则病势扩展迅速，可减产 30～50%。

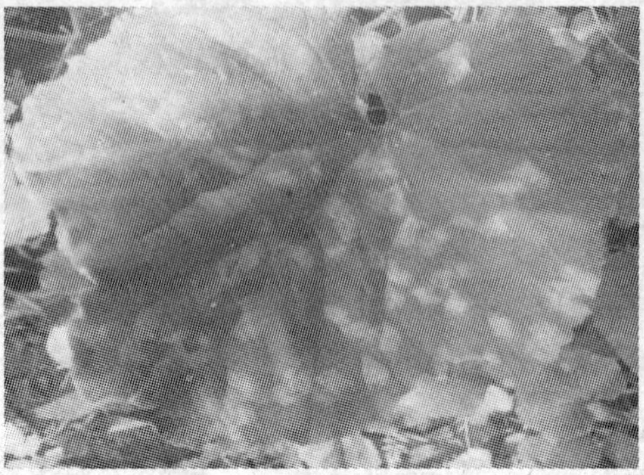

图 21-3　甜瓜霜霉病症状

图 21-4　甜瓜白粉病症状

(2)甜瓜白粉病

甜瓜白粉病(图 21-4)整个生长期内均可发生，主要危害叶片，也可危害叶柄和茎，一般不危害果实。发病初期，叶面或叶背出现近圆形小粉斑，呈白色，星状分布，以叶面居多。环境条件适宜时，粉斑迅速扩展，连成边缘不明显的大片白粉区，上面布满白色粉末状霉(菌丝体、分生孢子梗和分生孢子)。严重时，整个叶面布满白粉，病害逐渐由老叶向新叶蔓延。发病后期，粉层变为灰色(菌丝老熟)，叶片也逐渐褪色。严重时，病叶枯黄、卷缩，一般不脱落。当环境条件不利于病菌繁殖或寄主衰老时，病斑上出现成堆的黄褐色小粒点，后变黑(闭囊壳)。

21.2.2　甜瓜病害的杀菌剂选择及推荐施药时间

甜瓜病害如甜瓜霜霉病和甜瓜白粉病的杀菌剂选择及推荐施药时间见表 21-4。

表 21-4　甜瓜病害的杀菌剂选择及推荐施药时间

序号	病害名称	病原物	登记杀菌剂		推荐施药时间
1	甜瓜霜霉病	假霜霉属古巴假霜霉(*Pseudoperonospora cubensis*)	单剂	百菌清	发病初期
			混剂	6.7%吡唑醚菌酯·12%烯酰吗啉	
2	甜瓜白粉病	单囊壳属瓜类单囊壳(*Sphaerotheca cucurbitae*)、白粉菌属葫芦科白粉菌(*Erysiphe cucurbitacearum*)	单剂	四氟醚唑、百菌清	发病初期
			混剂	20%啶酰菌胺·10%醚菌酯	

第 22 章 茶树病害

22.1 茶树病害症状

22.1.1 茶树炭疽病

茶树炭疽病(图 22-1)主要危害当年生成叶,老叶和嫩叶发病较少。发病初期,叶尖或叶片边缘出现水渍状病斑,呈浅绿色至暗绿色,后沿叶脉扩展为黄褐色半透明不规则病斑,边缘浸润性逐渐扩展,后期由褐色变为灰青色,病健交界处明显,病斑大小常以中脉为界,其上着生黑色小粒点(子实体分生孢子盘)。早春老叶上的病斑多为越冬后期病斑。

图 22-1 茶树炭疽病症状

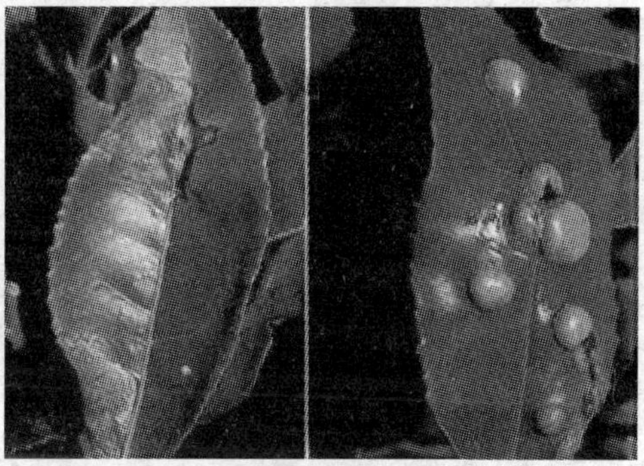

图 22-2 茶饼病症状

22.1.2 茶饼病

茶饼病(图 22-2)是茶树芽叶的重要病害之一,又名叶肿病。嫩叶染病,出现半透明小点,呈淡黄色或红棕色,后扩展并下陷成淡黄褐色或紫红色的圆形病斑,直径 2～10 毫米,最后呈黑褐色溃疡状;叶背病斑呈饼状突起,并生有灰白色粉状物;偶尔也有病斑为叶面呈饼状突起,叶背下陷。叶柄及嫩梢染病,膨胀并扭曲,严重时病部以上新梢枯死。花蕾及幼果偶尔染病。

22.2 茶树病害的杀菌剂选择及推荐施药时间

茶树病害如茶树炭疽病和茶饼病的杀菌剂选择及推荐施药时间见表 22-1。

表 22-1 茶树病害的杀菌剂选择及推荐施药时间

序号	病害名称	病原物	登记杀菌剂		推荐施药时间
1	茶树炭疽病	炭疽菌属茶树炭疽菌(*Colletotrichum theae-sinesis*)	单剂	吡唑醚菌酯、苯醚甲环唑、百菌清、氢氧化铜、代森锌	深秋或初春施药,减少越冬菌源;发病盛期前用药防治,采摘期不要用药
2	茶饼病	外担菌属坏损外担菌(*Exobasidium vexans*)	单剂	多抗霉素	冬春施药,减少越冬菌源;阴雨天适机防治

第 23 章　热带作物病害

23.1　香蕉病害

23.1.1　香蕉病害症状

(1)香蕉叶斑病

香蕉叶斑病(图 23-1)在华南香蕉产区普遍发生,常见的有褐缘灰斑病、灰纹病和煤纹病,其中褐缘灰斑病最为严重。在病害流行年份,叶片染病面积为20%～40%,严重时可高于 80%。香蕉叶斑病可使病株产量减少,果实品质下降,严重时可减产 50%以上。

①香蕉褐缘灰斑病。病菌一般由叶面或叶背侵入,通常先发生于下部叶片,后逐渐向上部叶片扩展。发病初期,叶背出现与叶脉平行的小条纹或小点,呈浅褐色,后扩展为黑褐色大斑,中央茶色,边缘颜色较暗,周围有亮黄色晕圈,沿叶缘形成大片坏死区,形状不规则,病斑表面着生灰色霉状物。若香蕉嫩叶刚展开时已被侵染,则从发病至全叶干枯需 35～45 天。

②香蕉灰纹病。发病初期,叶面出现椭圆形小病斑,呈褐色,后扩展为两端稍突的长椭圆形大斑,中央灰色至灰褐色,周围褐色,具不明显轮纹,外围有明显可见的黄色晕圈,背面生灰褐色霉(分生孢子梗和分生孢子)。

③香蕉煤纹病。香蕉煤纹病多在叶缘处发病,较难与灰纹病区别。煤纹病病斑多为短椭圆形,呈褐色,斑面上轮纹较明显,病斑背面的霉状物颜色较深(暗褐色)。

图 23-1　香蕉叶斑病症状

图 23-2　香蕉黑星病症状

(2)香蕉黑星病

香蕉黑星病(图 23-2)主要危害青果和叶片。青果染病,果面满布黑色突起的小斑点,其上聚生黑色小粒,斑点外沿呈油渍状;果成熟时,小斑点扩展为椭圆形或圆形的病斑,呈褐色、暗褐色或黑色,周围淡褐色,中央组织下陷、腐烂,斑上长出突起的小黑粒;染病果实常不能均匀黄熟。叶片染病,叶片及叶脉出现许多散生或群生的小黑粒,小黑粒的周围呈淡黄色;病情随叶龄的增长而加重,严重时叶片变黄、凋萎。

23.1.2 香蕉病害的杀菌剂选择及推荐施药时间

(1)香蕉叶斑病

防治香蕉叶斑病的杀菌剂单剂:嘧菌酯、吡唑醚菌酯、苯菌灵、多菌灵、苯醚甲环唑、烯唑醇、腈苯唑、氟环唑、戊唑醇、腈菌唑和丙环唑等。

防治香蕉叶斑病的杀菌剂混剂:多菌灵·氟环唑组合、氟唑菌酰胺·氟环唑组合、啶酰菌胺·吡唑醚菌酯组合、氟吡菌酰胺·戊唑醇组合、嘧菌酯·苯醚甲环唑组合、嘧菌酯·氟环唑组合、嘧菌酯·丙环唑组合、吡唑醚菌酯·氟环唑组合、吡唑醚菌酯·戊唑醇组合、醚菌酯·苯醚甲环唑组合、肟菌酯·戊唑醇组合、醚菌酯·氟环唑组合、噁唑菌酮·氟硅唑组合和戊唑醇·宁南霉素组合等。

防治香蕉叶斑病的推荐施药时间:发病初期施药,以后隔 15 天左右再施 1 次药。

表 23-1 香蕉叶斑病的杀菌剂选择及推荐施药时间

病害名称	病原物	登记杀菌剂		推荐施药时间
香蕉叶斑病	尾孢属香蕉尾孢菌(*Cercospora musae*)、暗双孢属香蕉暗双孢菌(*Cordana musae*)、长蠕孢属簇生长蠕孢菌(*Helminthosporium torulosum*)	单剂	嘧菌酯、吡唑醚菌酯、苯菌灵、多菌灵、苯醚甲环唑、烯唑醇、腈苯唑、氟环唑、戊唑醇、腈菌唑、丙环唑	发病初期施药,以后隔 15 天左右再施 1 次药
		混剂	30%多菌灵·20%氟环唑	
			20%多菌灵·20%氟环唑	
			13.6%多菌灵·11.4%丙环唑	
			6%氟唑菌酰胺·6%氟环唑	
			25.2%啶酰菌胺·12.8%吡唑醚菌酯	
			17.5%氟吡菌酰胺·17.5%戊唑醇	
			30%嘧菌酯·15%苯醚甲环唑	
			24%嘧菌酯·12%苯醚甲环唑	
			20%嘧菌酯·12.5%苯醚甲环唑	
			18%嘧菌酯·12%苯醚甲环唑	

续表

病害名称	病原物	登记杀菌剂		推荐施药时间
香蕉叶斑病	尾孢属香蕉尾孢菌(*Cercospora musae*)、暗双孢属香蕉暗双孢菌(*Cordana musae*)、长蠕孢属簇生长蠕孢菌(*Helminthosporium torulosum*)	混剂	15%嘧菌酯·20%苯醚甲环唑	发病初期施药，以后隔 15 天左右再施 1 次药
			30%嘧菌酯·15%氟环唑	
			20%嘧菌酯·15%氟环唑	
			20%嘧菌酯·12%氟环唑	
			16%嘧菌酯·24%丙环唑	
			12%嘧菌酯·18%丙环唑	
			7%嘧菌酯·18%丙环唑	
			7%嘧菌酯·11.7%丙环唑	
			15%吡唑醚菌酯·15%苯醚甲环唑	
			25%吡唑醚菌酯·10%氟环唑	
			25%吡唑醚菌酯·10%氟环唑	
			24%吡唑醚菌酯·12%戊唑醇	
			26.7%醚菌酯·13.3%苯醚甲环唑	
			25%醚菌酯·15%氟环唑	
			20%肟菌酯·20%苯醚甲环唑	
			25%肟菌酯·50%戊唑醇	
			10%噁唑菌酮·10.67%氟硅唑	
			8%异菌脲·8%咪鲜胺	
			17.5%咪鲜胺·7.5%苯醚甲环唑	
			10%咪鲜胺·15%腈菌唑	
			10%咪鲜胺·2.5%腈菌唑	
			2.5%咪鲜胺·12.5%腈菌唑	
			20%咪鲜胺·30%戊唑醇	
			20%咪鲜胺·30%丙环唑	
			18%苯醚甲环唑·15%丙环唑	
			15%苯醚甲环唑·15%丙环唑	
			25%丙环唑·15%戊唑醇	
			15%丙环唑·25%戊唑醇	
			28%戊唑醇·2%宁南霉素	

(2)香蕉黑星病

防治香蕉黑星病的杀菌剂单剂：吡唑醚菌酯、啶氧菌酯、苯醚甲环唑、氟环唑和腈菌唑等。

防治香蕉黑星病的杀菌剂混剂：嘧菌酯·戊唑醇组合、吡唑醚菌酯·苯醚甲环唑组合、氟硅唑·氨基寡糖素组合和氟吡菌酰胺·戊唑醇组合等。

防治香蕉黑星病的推荐施药时间：抽蕾后苞片未开前开始施药，每月 1 次(雨季 2 周 1 次)。

表 23-2　香蕉黑星病的杀菌剂选择及推荐施药时间

<table>
<tr><th>病害名称</th><th>病原物</th><th colspan="2">登记杀菌剂</th><th>推荐施药时间</th></tr>
<tr><td rowspan="11">香蕉黑星病</td><td rowspan="11">叶点霉属香蕉叶点霉(Phyllosticta musarum)</td><td>单剂</td><td>吡唑醚菌酯、啶氧菌酯、苯醚甲环唑、氟环唑、腈菌唑</td><td rowspan="11">抽蕾后苞片未开前开始施药，每月 1 次(雨季 2 周 1 次)</td></tr>
<tr><td rowspan="10">混剂</td><td>17.5%氟吡菌酰胺·17.5%戊唑醇</td></tr>
<tr><td>25%嘧菌酯·50%戊唑醇</td></tr>
<tr><td>10%嘧菌酯·20%戊唑醇</td></tr>
<tr><td>25%吡唑醚菌酯·25%苯醚甲环唑</td></tr>
<tr><td>20%吡唑醚菌酯·10%苯醚甲环唑</td></tr>
<tr><td>15%吡唑醚菌酯·25%苯醚甲环唑</td></tr>
<tr><td>10%吡唑嘧菌酯·20%苯醚甲环唑</td></tr>
<tr><td>26.7%咪鲜胺 13.3%戊唑醇</td></tr>
<tr><td>10%氟硅唑·5%氨基寡糖素</td></tr>
<tr><td>5%氟硅唑·35%苯醚甲环唑</td></tr>
</table>

(3)其他香蕉病害

其他香蕉病害如香蕉炭疽病、香蕉轴腐病和香蕉冠腐病的杀菌剂选择及推荐施药时间见表 23-3。

表 23-3　其他香蕉病害的杀菌剂选择及推荐施药时间

<table>
<tr><th>序号</th><th>病害名称</th><th>病原物</th><th colspan="2">登记杀菌剂</th><th>推荐施药时间</th></tr>
<tr><td>1</td><td>香蕉炭疽病</td><td>炭疽菌属香蕉炭疽菌(Colletotrichum musae)</td><td>单剂</td><td>吡唑醚菌酯</td><td rowspan="7">尽量减少伤口，从果实膨大中期起，每两周施 1 次药，共 2～3 次；贮运果实可浸果处理</td></tr>
<tr><td>2</td><td>香蕉轴腐病</td><td>镰孢属(Fusarium spp.)</td><td>单剂</td><td>吡唑醚菌酯、抑霉唑</td></tr>
<tr><td rowspan="5">3</td><td rowspan="5">香蕉冠腐病</td><td rowspan="5">镰孢属(Fusarium spp.)</td><td>单剂</td><td>异菌脲</td></tr>
<tr><td rowspan="4">混剂</td><td>16%异菌脲·16%咪鲜胺</td></tr>
<tr><td>10%异菌脲·10%咪鲜胺</td></tr>
<tr><td>8%异菌脲·8%咪鲜胺</td></tr>
<tr><td>10%抑霉唑·20%咪鲜胺</td></tr>
</table>

23.2　荔枝病害

23.2.1　荔枝病害症状

(1)荔枝霜疫霉病

荔枝霜疫霉病(图 23-3)主要危害近熟的果实,亦可危害青果、果柄、花穗、结果小枝和叶片。果实染病,多从果蒂处开始发病;发病初期,果皮表面出现不规则的褐色病斑,无明显边缘;病斑可迅速扩展,直至全果变为暗褐色至黑色,果肉糜烂,散发强烈的酒味或酸味,并有褐色汁液流出;发病中后期,病部表面布满白色霜状霉层(孢囊梗及孢子囊)。果柄及结果小枝染病,出现褐色病斑,病健交界处不明显;湿度大时,病斑表面长出白色霜状霉层。花穗染病,变褐色、腐烂,病部出现白色霉状物。嫩叶染病,出现不规则斑块,呈淡黄绿色至褐色,病部正、背面均长有白色霜状霉;老叶染病,通常在中脉处断续变黑,沿中脉出现少量褐斑。

图 23-3　荔枝霜疫霉病症状

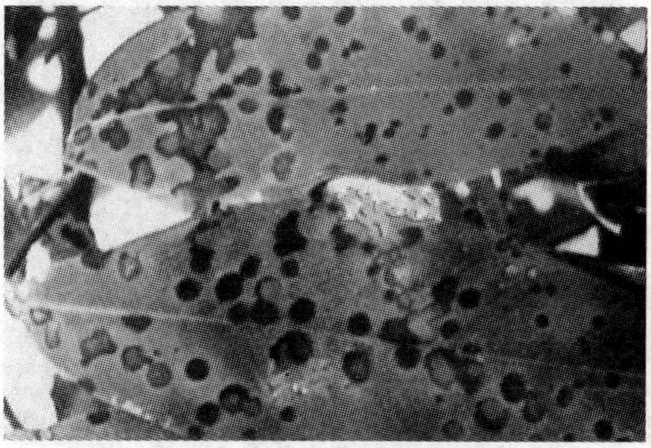

图 23-4　荔枝炭疽病症状

(2)荔枝炭疽病

荔枝炭疽病(图 23-4)主要危害叶片,幼苗、未结果和初结果的幼龄树发病特别严重,成龄树的嫩梢和幼果也可染病。

①叶片染病。叶片染病的症状分为急性型和慢性型两种。

慢性型多从叶尖发病,亦有从叶缘、叶内发病。发病初期,叶尖出现黄褐色小病斑,随后向叶基部扩展,病斑变为褐色,病健交界处明显。严重时,病斑可占据整个叶片的 1/2,甚至 4/5 以上。初期叶面和叶背均为深褐色,后期病部叶面为灰色,叶背仍为褐色。叶缘或叶内发病,病斑呈椭圆形或不规则形。潮湿时,叶背病部出现黑色小粒点。严重时,病叶向内纵卷,易脱落。

急性型一般多从未转绿的嫩叶边缘或叶内发病。发病初期,出现针头状褐色斑点,后变为椭圆形或不规则的凹陷病斑,呈黄褐色,有不明显的轮纹,后期变黑褐色,叶背病部生深黑色小粒点,病部易破裂。

②嫩梢染病。发病初期,顶部呈萎蔫状,后枯心,病部呈黑褐色,后期整条嫩梢枯死。嫩梢一般较少发病,多在阴雨天气下呈急性型发生。

③果实染病。幼果直径 10～15 毫米时开始发病,先出现黄褐色小点,后变深褐色,呈水渍状,病健交界处不明显,后期病部生黑色小点。

23.2.2 荔枝病害的杀菌剂选择及推荐施药时间

(1)荔枝霜疫霉病

防治荔枝霜疫霉病的杀菌剂单剂:氰霜唑、双炔酰菌胺、氢氧化铜和代森锰锌等。

防治荔枝霜疫霉病的杀菌剂混剂:甲霜灵·氧化亚铜组合、甲霜灵·代森锰锌组合、甲霜灵·福美双组合、氟吗啉·三乙膦酸铝组合和霜脲氰·代森锰锌组合等。

防治荔枝霜疫霉病的推荐施药时间:采果结束全园消毒;在花蕾期、幼果期和果实成熟期可施药保护果实;采收后处理果实,浸果沥干后包装。

(2)荔枝炭疽病

防治荔枝炭疽病的杀菌剂单剂:咪鲜胺、苯醚甲环唑和腈菌唑等。

防治荔枝炭疽病的杀菌剂混剂:多菌灵·代森锰锌组合和多菌灵·咪鲜胺锰盐组合等。

防治荔枝炭疽病的推荐施药时间:在春、夏、秋抽梢后,叶片展开但还未转绿时;保果可在 4 月中、下旬或幼果 5～10 毫米时开始施药。

表 23-4 荔枝病害的杀菌剂选择及推荐施药时间

序号	病害名称	病原物	登记杀菌剂		推荐施药时间
1	荔枝霜疫霉病	霜疫霉属荔枝霜疫霉(*Peronophythora litchii*)	单剂	氰霜唑、双炔酰菌胺、氢氧化铜、代森锰锌	采果结束全园消毒;在花蕾期、幼果期和果实成熟期可施药保护果实;采收后处理果实,浸果沥干后包装
			混剂	12%甲霜灵·60%氧化亚铜	
				10%甲霜灵·48%代森锰锌	
				10%甲霜灵·30%福美双	
				8%甲霜灵·50%福美双	
				6%嘧菌酯·50%百菌清	
				5%吡唑醚菌酯·55%代森联	
				2%春雷毒素·45%王铜	
				5%氟吗啉·45%三乙膦酸铝	
				15%咪鲜胺·15%烯酰吗啉	
				8%霜脲氰·64%代森锰锌	
				45%代森锌·25%三乙膦酸铝	
				45%代森锌·12%三乙膦酸铝	

续表

序号	病害名称	病原物	登记杀菌剂		推荐施药时间
2	荔枝炭疽病	炭疽菌属(*Colletotrichum* sp.)	单剂	咪鲜胺、苯醚甲环唑、腈菌唑	在春、夏、秋抽梢后，叶片展开但还未转绿时；保果可在 4 月中、下旬或幼果 5～10 毫米时开始施药
			混剂	30%多菌灵·32%代森锰锌	
				4%多菌灵·16%咪鲜胺锰盐	

23.3　橡胶树病害

23.3.1　橡胶树病害症状

(1)橡胶树白粉病

橡胶树白粉病主要危害嫩叶、嫩芽、嫩梢和花序，一般不危害老叶。发病初期，叶面或叶背出现辐射状的银白色菌丝，随后其上出现一层白粉，形成大小不一的白粉病斑。嫩叶染病初期如遇高温，病斑可变为红褐色。发病严重时，病叶布满白粉，甚至皱缩、畸形、变黄，最后脱落；不脱落的病叶，病斑上的白粉逐渐消失，留下白色癣状斑或黄褐色坏死斑。

(2)橡胶树炭疽病

嫩叶染病，出现暗绿色或褐色不规则形水渍状病斑(急性型病斑)，大而凹陷，边缘凹凸不平，叶片皱缩、畸形。随着叶片老化，病斑边缘变褐色，中央呈灰褐色，可导致穿孔。接近老化的叶片染病，病斑凸起形成小圆锥体。嫩梢、叶柄、叶脉染病，出现黑色下陷小点或黑色条斑。芽接苗染病，病斑环绕嫩茎一周时，顶芽回枯。绿果染病，病斑呈暗绿色、水渍状腐烂。

23.3.2　橡胶树病害的杀菌剂选择及推荐施药时间

橡胶树病害如橡胶树白粉病、橡胶树炭疽病和橡胶树红根病的杀菌剂选择及推荐施药时间见表 23-5。

表 23-5 橡胶树病害的杀菌剂选择及推荐施药时间

序号	病害名称	病原物	登记杀菌剂		推荐施药时间
1	橡胶树白粉病	粉孢属橡胶粉孢菌(*Oidium heveae*)	单剂	硫磺、百菌清	橡胶树抽叶达30%以后,发病率10%以上
			混剂	15%多菌灵·35%硫磺	
				4%咪鲜胺·12%三唑酮	
				5%咪鲜胺·6%三唑酮·5%百菌清	
2	橡胶树炭疽病	炭疽菌属胶孢炭疽菌(*Colletotrichum gloeosporioides*)	单剂	多菌灵	发病初期用药,间隔 7～10 天1次
			混剂	15%多菌灵·35%硫磺	
				5.5%咪鲜胺·4.5%腈菌唑	
				4%咪鲜胺·12%三唑酮	
				5%咪鲜胺·6%三唑酮·5%百菌清	
3	橡胶树红根病	灵芝属像胶灵芝菌(*Ganoderma pseudoferreum*)	单剂	十三吗啉	发病前预防

23.4 芒果病害

23.4.1 芒果炭疽病症状

芒果炭疽病(图 23-5)可危害叶片、花序、果实和枝梢。叶片染病,出现褐色小斑点,周围有黄晕,后扩展为圆形或不规则形病斑,呈黑褐色;数个病斑融合后形成大斑,可使叶片大部分枯死;嫩叶染病后病斑突起,可导致穿孔。花序染病,出现黑褐色小点,后扩展形成圆形或条形斑(多在花梗上);严重时,整个花序变黑、干枯,花蕾脱落,使芒果部分或全部不开花。未成熟果实染病,出现黑褐色小斑点;接近成熟或成熟果实染病,出现黑褐色圆形病斑,后扩展为圆形或不规则形病斑,呈黑色,中间凹陷;数个病斑融合,可使果面变黑;病部果肉初期变硬,后期变软腐;潮湿天气下,病部可出现淡红色孢子堆。果柄、果蒂染病,果实很快脱落。嫩枝染病,出现黑色病斑,其上出现许多小黑点;病斑向上、下扩展,环绕全枝后,可出现回枯症状,病部以上部分枝叶枯死。

图 23-5 芒果炭疽病症状

23.4.2　芒果炭疽病的杀菌剂选择及推荐施药时间

芒果炭疽病的杀菌剂选择及推荐施药时间见表 23-6。

表 23-6　芒果炭疽病的杀菌剂选择及推荐施药时间

病害名称	病原物	登记杀菌剂		推荐施药时间
芒果炭疽病	炭疽菌属胶孢炭疽菌（*Colletotrichum gloeosporioides*）	单剂	吡唑醚菌酯	秋季采果后杀菌清园；在开花前期、幼果期、果实膨大期施药预防
		混剂	12.5%多菌灵·12.5%咪鲜胺	
			12%咪鲜胺锰盐·40%代森联	

第 24 章　糖料作物病害

24.1　糖料作物病害症状

24.1.1　甜菜褐斑病

甜菜褐斑病(图 24-1)主要危害甜菜叶片。发病初期,出现圆形至不规则形小斑点,呈褐色至紫褐色,后逐渐扩展为直径 3～4 毫米的病斑,斑点四周有褐色至赤褐色边缘,病斑中央较薄,易破裂。叶面病斑多于叶背,一片病叶上的病斑可达数百个。发病后期,病部中央出现灰白色霉状物(分生孢子梗和分生孢子),病斑融合成片可使叶片干枯而死。株丛外叶先发病,逐渐向中层叶扩展,使新叶不断染病,造成根冠肥大、青头外露。叶柄染病,可形成梭形褐斑。

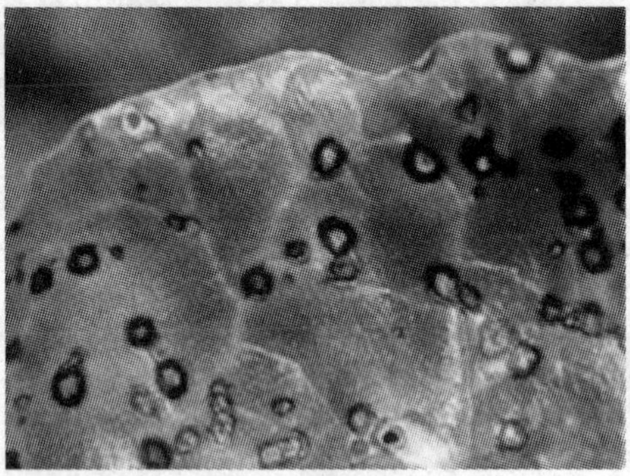

图 24-1　甜菜褐斑病症状

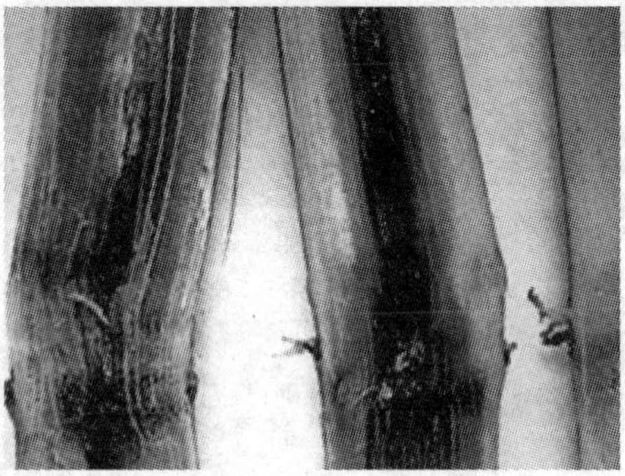

图 24-2　甘蔗凤梨病症状

24.1.2　甘蔗凤梨病

甘蔗凤梨病(图 24-2)是对生产影响较大的甘蔗病害。蔗种染病,两端切口开始变红,散发凤梨(菠萝)香味,后逐渐变黑并出现很多黑色的煤粉状物(分生孢子和厚垣孢子)或刺毛状物(子囊壳);病菌从两端切口迅速侵入,破坏蔗种的薄壁细胞,使蔗种内部形成空腔,其中仅残留发丝状的维管束。蔗株染病,蔗叶凋萎,外皮皱缩、变黑,严重时植株死亡。

24.2　糖料作物病害的杀菌剂选择及推荐施药时间

糖料作物病害如甜菜褐斑病、甜菜立枯病、甜菜根腐病和甘蔗凤梨病的杀菌剂选择及推荐施药时间见表 24-1。

表 24-1　糖料作物病害的杀菌剂选择及推荐施药时间

序号	病害名称	病原物	登记杀菌剂		推荐施药时间
1	甜菜褐斑病	尾胞属甜菜生尾孢(*Cercospora beticola*)	单剂	三苯基乙酸锡、多菌灵	发病初期施药防治
			混剂	20%多菌灵·20%硫磺	
2	甜菜立枯病	丝核菌属立枯丝核菌(*Rhizoctonia solani*)、镰孢菌属黄色镰孢(*Fusarium culmorum*)、茎点霉属甜菜茎点霉(*Phoma betae*)	单剂	噁霉灵	播种前土壤消毒；发病前预防
			混剂	28%三乙膦酸铝·20%琥胶肥酸铜	
3	甜菜根腐病	镰孢属黄色镰孢(*Fusarium culmorum*)	单剂	福美双	播种前拌种，出苗后灌根
4	甘蔗凤梨病	长喙壳属奇异长喙壳(*Ceratocystis paradoxa*)	混剂	200 克/升嘧菌酯·125 克/升苯醚甲环唑	蔗种做好消毒处理，喷淋蔗桩(宿根蔗)

第 25 章　烟草病害

25.1　烟草病害症状

烟草常见病害有黑胫病、赤星病、根黑腐病、野火病、青枯病、炭疽病、白粉病和病毒病等。

25.1.1　烟草黑胫病

烟草黑胫病(图 25-1)俗称“黑根”“黑秆疯”，多发生于成株期，少数发生于苗床期。幼苗染病，茎基部出现污黑色病斑，或从底部叶片发病，沿叶柄蔓延至幼茎，导致幼苗猝倒；潮湿条件下，病部长满白色菌丝，幼苗成片死亡。茎秆染病，茎基部出现水渍状黑斑，后向上、下及髓部扩展；病斑绕茎一周时，植株萎蔫、死亡；纵剖病茎，可见髓部黑褐色坏死，且干缩呈笋节状，“节”间长满白色絮状菌丝。叶片染病，出现水渍状暗绿色小斑，后扩展为膏药状黑斑，中央黄褐色坏死，边缘不清晰，隐约有轮纹；潮湿条件下，表面生白色绒毛状物。

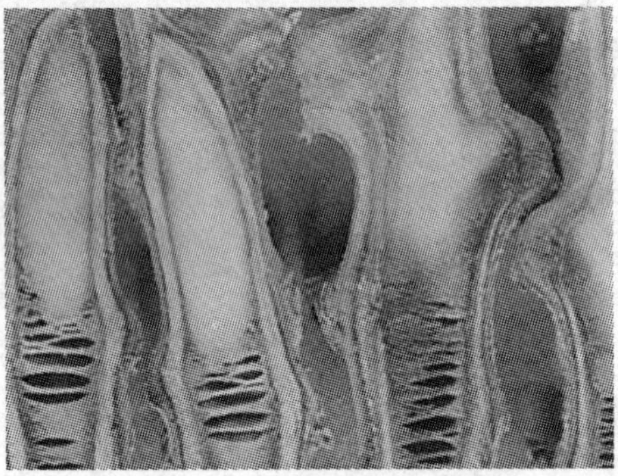

图 25-1　烟草黑胫病症状

图 25-2　烟草病毒病症状

25.1.2　烟草病毒病

烟草病毒病(图 25-2)俗称烟草花叶病，是目前烟草生产中分布最广、发生最为普遍的一大类病害。目前，我国已发现的烟草病毒病有 16 种，其中引致烟草花叶病的病毒主要有烟草花叶病毒(TMV)、黄瓜花叶病毒(CMV)和马铃薯 Y 病毒(PVY) 3 种病毒。

(1)烟草普通花叶病毒病

苗床期至大田成株期均可发生烟草普通花叶病毒病，移栽后 20 天至现蕾期为发病高峰期。打顶后，田间病株数仍呈上升趋势，但主要在烟杈上显症，危害不大。

烟草普通花叶病毒病的典型症状为花叶。花叶症较轻时，病叶上形成黄绿相间的斑驳，但叶形不变。花叶症较重时，病叶叶色黄绿相间，呈相嵌状，深绿色部位出现泡斑，叶缘逐渐形成缺刻并向下卷曲，叶片皱缩、扭曲；有些叶片甚至变细，呈带状。

幼苗染病，新叶的叶脉组织变浅绿色，表现出明脉症（迎光透视时，病叶叶脉清晰可见），几天后呈黄绿相间的花叶症。大田期染病，心叶表现出明脉症，后呈现花叶、泡斑、畸形、坏死等典型症状；除典型花叶症状外，旺长期病株中上部叶片还会出现较大的红褐色坏死斑（花叶灼斑）。

早期感病的植株严重矮化，生长停滞，正常开花但果实、种子发育不良。

(2)烟草黄瓜花叶病毒病

烟草黄瓜花叶病毒病的症状可因病毒株系不同而有所差异。大田期染病，新叶上表现出明脉症，叶色浓淡不均，出现黄绿相间的花叶症状；上部叶片狭窄，叶柄拉长，叶缘上卷，叶尖细长，呈畸形状；有时病叶上出现深绿色的泡斑；中部叶或下部叶可形成“闪电状”坏死，呈褐色至深褐色；小叶脉或中脉可形成深褐色或褐色坏死。早期感病的植株严重矮化，基本无利用价值。

(3)烟草马铃薯 Y 病毒病

发病初期，新叶上表现出明脉症，此后由于病毒株系不同，引起的症状也有差异，主要有脉带型、脉斑型和褪绿斑点型 3 种类型。

①脉带型。烟株上部叶片呈黄绿花叶斑驳，脉间色浅，叶脉两侧深绿，形成明显的脉带；严重时，出现卷叶或灼斑；叶片成熟不正常，色泽不均，品质下降，烟株矮化。

②脉斑型。下部叶片发病，叶片呈黄褐色，主侧脉从叶基开始呈灰黑或红褐色坏死，叶柄脆，摘下可见维管束变褐，茎秆上出现红褐或黑色坏死条纹。

③褪绿斑点型。初期症状与脉带型相似，但上部叶片出现褪绿斑点；后期中下部叶出现褐色或白色小坏死斑，形状不规则；严重时，整叶斑点密集，形成穿孔或脱落。

25.2 烟草病害的杀菌剂选择及推荐施药时间

25.2.1 烟草黑胫病

防治烟草黑胫病的杀菌剂单剂：霜霉威、三乙膦酸铝、烯酰吗啉和枯草芽孢杆菌等。

防治烟草黑胫病的杀菌剂混剂：甲霜灵·霜霉威盐酸盐组合、甲霜灵·代森锰锌组合、霜霉威·乙酸铜组合、霜霉威·络氨铜组合和氟吗啉·三乙膦酸铝组合等。

防治烟草黑胫病的推荐施药时间：育苗前，药剂处理苗床；移栽封窝和起垄时撒药于茎基部，再起垄盖土；烟株培土发病前灌根预防。

表 25-1 烟草黑胫病的杀菌剂选择及推荐施药时间

病害名称	病原物	登记杀菌剂		推荐施药时间
烟草黑胫病	疫霉属寄生疫霉烟草致病变种(*Phytophthora parasitica* var. *nicotianae*)	单剂	霜霉威、三乙膦酸铝、烯酰吗啉、枯草芽孢杆菌	育苗前，药剂处理苗床；移栽封窝和起垄时撒药于茎基部，再起垄盖土；烟株培土发病前灌根预防
		混剂	15%甲霜灵·10%霜霉威盐酸盐	
			10%甲霜灵·48%代森锰锌	
			8%甲霜灵·64%代森锰锌	
			4%甲霜灵·64%丙森锌	
			4%精甲霜灵·64%代森锰锌	
			10%噁霉灵·10%稻瘟灵	
			28%霜霉威·23%乙酸铜	
			25%霜霉威·23%络氨铜	
			8%噁霜灵·56%代森锰锌	
			5%氟吗啉·45%三乙膦酸铝	

25.2.2 烟草病毒病

防治烟草病毒病的杀菌剂单剂：香菇多糖、氨基寡糖素、盐酸吗啉胍、宁南霉素和氯溴异氰尿酸等。

防治烟草病毒病的杀菌剂混剂：硫酸铜·混合脂肪酸组合、络氨铜·混合脂肪酸组合和乙酸铜·盐酸吗啉胍组合等。

防治烟草病毒病的推荐施药时间：种子消毒；发病前预防。

表 25-2　烟草病毒病的杀菌剂选择及推荐施药时间

病害名称	病原物	登记杀菌剂		推荐施药时间
烟草病毒病	烟草普通花叶病毒(TMV)、黄瓜花叶病毒(CMV)、马铃薯 Y 病毒病(PVY)	单剂	香菇多糖、氨基寡糖素、盐酸吗啉胍、宁南霉素、氯溴异氰尿酸	种子消毒;发病前预防
		混剂	1.2%硫酸铜・22.8%混合脂肪酸	
			0.4%硫酸铜・7.6%混合脂肪酸	
			5%乙酸铜・15%盐酸吗啉胍	
			1.5%络氨铜・28.5%混合脂肪酸	
			6%硫酸铜・0.000015%羟烯腺嘌呤・0.000015%烯腺嘌呤	
			0.8%硫酸铜・0.8%硫酸锌・1.1%十二烷基硫酸钠・0.1%三十烷醇	

25.2.3　其他烟草病害

其他烟草病害如烟草赤星病、烟草根黑腐病、烟草野火病、烟草青枯病、烟草炭疽病和烟草白粉病的杀菌剂选择及推荐施药时间见表 25-3。

表 25-3　其他烟草病害的杀菌剂选择及推荐施药时间

序号	病害名称	病原物	登记杀菌剂		推荐施药时间
1	烟草赤星病	链格孢属链格孢(*Alternaria alternata*)	单剂	腈菌唑、多抗霉素、代森锰锌、枯草芽孢杆菌	底角叶发病开始施药
			混剂	13%噁霉灵・6%络氨铜	
2	烟草根黑腐病	根串珠霉属基生根串珠霉(*Thielaviopsis basicola*)	单剂	甲基硫菌灵	播种前苗床土消毒;带药移栽,发生初期灌根
3	烟草野火病	假单胞菌属丁香假单胞菌烟草致病变种(*Pseudomonas syringae* pv. *tabaci*)	单剂	春雷毒素、硫酸铜钙、氢氧化铜、碱式硫酸铜、噻森铜、松脂酸铜、噻唑锌、氯溴异氰尿酸、枯草芽孢杆菌	播种前种子消毒;发病前期施药
			混剂	15%代森锌・37%王铜	
4	烟草青枯病	劳尔氏菌属茄劳尔氏菌(*Ralstonia solanacearum*)	单剂	噻唑锌、中生菌素、枯草芽孢杆菌、解淀粉芽孢杆菌	病株拔除后病穴消毒处理;发病前或发病初期灌根
			混剂	2%硫酸铜・50%氯溴异氰尿酸	
				5%壬菌铜・20%溴菌腈	
5	烟草炭疽病	炭疽菌属烟草炭疽菌(*Colletotrichum nicotianae*)	混剂	4%苯醚甲环唑・56%福美双	播种前药剂浸种;2～3 片真叶时施药预防;发病初期防治
6	烟草白粉病	白粉菌属菊科白粉菌(*Erysiphe cichoracearum*)	单剂	氟菌唑、腈菌唑、三唑酮	发生前或发病初期

第 26 章　草坪病害

26.1　草坪病害症状

26.1.1　草坪腐霉枯萎病

草坪腐霉枯萎病(图 26-1)可侵染草坪的各个部位,种子至成株均可染病。染病时间越早,危害越大。种子萌发时染病,可导致胚芽发霉,无法出苗。出苗后染病,可导致幼苗猝倒。成株后染病,在早晨有露水或大雨过后的清晨,病株离地面 2～3 厘米处可见一层绒毛状的白菌丝,干燥后菌丝体消失;叶片枯萎、失水后变成干稻草色,形成枯死圈,此时如果修剪草坪或灌水,将加速病毒传播,引起大面积发病;严重时,植株腐烂枯死,危及整块草坪。

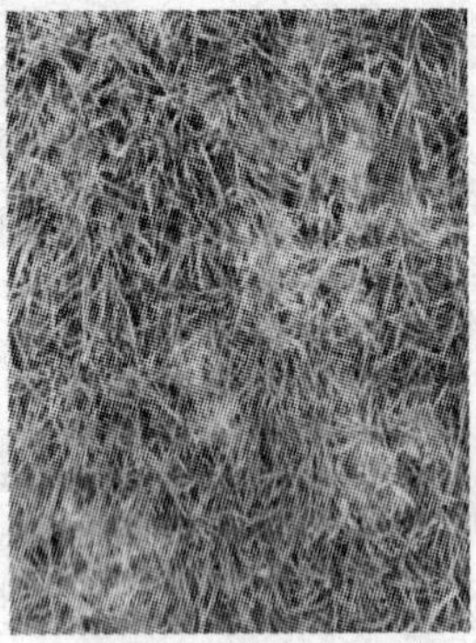

图 26-1　草坪腐霉枯萎病症状

图 26-2　草坪褐斑病症状

26.1.2　草坪褐斑病

草坪褐斑病(图 26-2)发生早期往往是单株染病,叶片和叶鞘上病斑为梭形或长条形,长 1～4 厘米。发病初期,病斑呈青灰色水浸状,边缘红褐色,后期病斑变褐色,整叶呈水渍状腐烂。严重时,病菌可侵入茎秆,病斑绕茎扩展,可使茎及茎基部变褐色、腐烂或枯黄,甚至枯死。草坪上出现小的枯草斑块为此病的流行前兆。此时,一旦条件合适(降雨和湿热),病害便可迅速发展。几天之内,枯草圈就可从几厘米扩展至几十厘米,甚至 1～2 米。由于枯草圈中心的病株可以恢复,因此枯草圈可呈“蛙眼”状,即中央为绿色,边缘为枯黄色环带。

26.1.3　草坪币斑病

草坪币斑病(图 26-3)是草坪常见的一种病害,对高尔夫球场危害最大。发病初期,病叶出现水浸状褪绿斑,后变为白色病斑,边缘呈棕褐色至红褐色,可扩展延伸至整个叶片。病斑常呈漏斗状,从叶尖开始枯萎的也较常见。单片叶可能只有一个病斑,有许多小病斑或整叶枯萎。成坪草坪可出现凹陷、圆形、漂白色或稻草色的枯草斑,大小与硬币相当。清晨有露水时,染病草坪上可见白色、絮状或蜘蛛网状的菌丝,干燥时菌丝消失。

图 26-3　草坪币斑病症状

26.2　草坪病害的杀菌剂选择及推荐施药时间

草坪病害如草坪腐霉枯萎病、草坪褐斑病和草坪币斑病的杀菌剂选择及推荐施药时间见表 26-1。

表 26-1　草坪病害的杀菌剂选择及推荐施药时间

序号	病害名称	病原物	登记杀菌剂		推荐施药时间
1	草坪腐霉枯萎病	腐霉属(*Pythium* spp.)	单剂	噁霉灵、嘧菌酯	药剂拌种、包衣;高温高湿季节施药防治
			混剂	10.8%精甲霜灵·28.2%嘧菌酯	
				10.6%精甲霜灵·28.4%嘧菌酯	
				0.3%精甲霜灵·0.5%嘧菌酯	
2	草坪褐斑病	丝核菌属立枯丝核菌(*Rhizoctonia solani*)	单剂	吡唑醚菌酯、嘧菌酯、氟硅唑、丙环唑、井冈霉素、百菌清	药剂拌种、包衣;成坪草坪发病始期喷雾或灌根
			混剂	10%噻呋酰胺·10%吡唑醚菌酯	
				15%嘧菌酯·10%丙环唑	
				0.3%嘧菌酯·0.7%丙环唑	
				8%嘧菌酯·40%百菌清	
				1.4%肟菌酯·23.6%异菌脲	
				9%肟菌酯·18%戊唑醇	
				25%醚菌酯·15%戊唑醇	
3	草坪币斑病	核盘菌属(*Sclerotinia* spp.)	混剂	9%肟菌酯·18%戊唑醇	发病季节开始前施药预防

第 27 章　中草药病害

27.1　中草药病害症状

27.1.1　人参疫病

人参疫病(图 27-1)是人参的主要病害之一,发生较普遍。叶片发病,出现水浸状不规则病斑,呈暗绿色,无明显边缘,病斑扩展迅速,整个复叶凋萎、下垂。茎部染病,出现暗色长条斑,迅速腐烂,可使茎软化、倒伏。根部染病,出现水浸状软腐病斑,呈黄褐色,内部组织呈黄褐色花纹,根、皮易分离,附有白色菌丝黏着的土块,具特殊的腥臭味。

图 27-1　人参疫病症状

图 27-2　人参黑斑病症状

27.1.2　人参黑斑病

人参黑斑病(图 27-2)主要危害叶片、茎、花轴、果柄和果实。叶片染病,叶尖、叶缘或叶中部出现近圆形水浸状病斑,初期为黄褐色,后变为黑褐色,病斑中心色泽稍淡,干燥后极易破裂;多雨潮湿时,病斑可迅速扩展,连成一片,蔓延至叶柄,使叶片提前脱落。根、根茎和芽苞染病,出现湿腐状圈形病斑,呈棕褐色,后逐渐扩展,使全根变黑、腐烂。花梗染病,花序枯死,果实与籽粒干瘪,萎缩形成吊干籽。果实染病,出现褐色水浸状不规则病斑。茎、叶柄、花梗处的病斑为圆形,呈褐色,后逐渐扩展为长条斑;茎上病斑可深陷茎内,使植株易倒伏。种子染病,初期表面呈米黄色,后渐转为锈褐色。潮湿条件下,各病部均可生出黑色霉状物(子实体),此时胚乳极易变黑、霉烂。

27.2　中草药病害的杀菌剂选择及推荐施药时间

中草药病害如人参疫病、人参黑斑病、人参立枯病、人参根腐病、人参灰霉病、三七根腐病、三七黑斑病和白术白绢病的杀菌剂选择及推荐施药时间见表 27-1。

表 27-1　中草药病害的杀菌剂选择及推荐施药时间

序号	病害名称	病原物	登记杀菌剂		推荐施药时间
1	人参疫病	疫霉属恶疫霉（*Phytophthora cactorum*）	混剂	8%霜脲氰·64%代森锰锌	发现中心病株立即拔除，然后施药消毒；雨季来临前施药预防
				1.7%精甲霜灵·22.2%噻虫嗪·1.1%咯菌腈	
2	人参黑斑病	链格孢属人参链格孢（*Alternaria panax*）	单剂	嘧菌酯、异菌脲、苯醚甲环唑、丙环唑、多抗霉素、王铜、枯草芽孢杆菌	药剂拌种；人参出苗展叶初期开始施药防治
3	人参立枯病	丝核菌属立枯丝核菌（*Rhizoctonia solani*）	单剂	咯菌腈、枯草芽孢杆菌	药剂处理种子；发病前灌根预防
			混剂	1.7%精甲霜灵·22.2%噻虫嗪·1.1%咯菌腈	
4	人参根腐病	镰孢属尖孢镰孢（*Fusarium oxysporum*）	单剂	枯草芽孢杆菌	种子消毒；带药定植移栽；发病前灌根处理
5	人参灰霉病	葡萄孢属灰葡萄孢（*Botrytis cinerea*）	单剂	枯草芽孢杆菌	发病前或发病初期
			混剂	25%多菌灵·25%乙霉威	
6	三七根腐病	镰孢属（*Fusarium* spp.）	单剂	枯草芽孢杆菌	种子消毒；带药定植移栽；发病前灌根处理
7	三七黑斑病	链格孢属人参链格孢（*Alternaria panax*）	单剂	苯醚甲环唑	药剂拌种；人参出苗展叶初期开始施药防治
8	白术白绢病	小核菌属齐整小核菌（*Sclerotium rolfsii*）	混剂	5%井冈霉素·1%嘧啶核苷类抗菌素	种子消毒；带药定植移栽；发现中心病株立即拔除，然后施药消毒，全田施药预防

第3篇 常见植物致病菌归类和杀菌剂选择

通过对我国常见植物病害的致病菌进行总结归纳，我们可以发现常见作物病害的致病菌主要分布于卵菌门、子囊菌门、担子菌门和半知菌类。除此之外，植物病害还包括由植物病原细菌、病毒和线虫等引起的细菌性病害、病毒病害和线虫病害。

为了更系统地介绍植物病害防控体系，本篇在介绍杀菌剂的同时也补充了病毒抑制剂和杀线虫剂的部分内容。本篇根据每一类病原物引起的具体病害对药剂的选择进行了分析，体现了杀菌剂科学使用的规律性，可提高杀菌剂使用者自主解决农作物病害防控过程中专业问题的核心能力，为我国杀菌剂的科学使用提供技术支撑。

第 28 章　卵菌门致病菌

卵菌门仅有 1 个卵菌纲，分为 12 个目。卵菌门中的致病菌主要为霜霉目菌物，是一类重要的植物病原菌。卵菌大多为水生，因此由卵菌引起的植物病害在高湿、多雨的环境条件下发病严重。冷凉、高湿的环境条件，尤其是保护地栽培的大面积推广，会使卵菌病害的发生愈发普遍和严重。

28.1　卵菌纲霜霉目霜霉科致病菌

28.1.1　假霜霉属致病菌

假霜霉属孢囊梗无色，无分隔，不对称状分枝，有限生长，顶端尖锐。

假霜霉属致病菌引起的病害主要有黄瓜霜霉病、甜瓜霜霉病和苦瓜霜霉病等，可以选择甲霜灵、烯酰吗啉、氰霜唑、霜脲氰、霜霉威、嘧菌酯、吡唑醚菌酯、氟吗啉、三乙膦酸铝和铜制剂等杀菌剂及其混剂进行防治(表 28-1)。

表 28-1　假霜霉属常见植物致病菌归类和杀菌剂选择

序号	病害名称	病原物	登记杀菌剂	
1	黄瓜霜霉病	假霜霉属古巴假霜霉(*Pseudoperonospora cubensis*)	单剂	嘧菌酯、啶氧菌酯、烯肟菌酯、氰霜唑、霜霉威、多抗霉素、三乙膦酸铝、硫酸铜钙、碱式硫酸铜、烯酰吗啉、氢氧化铜、代森锰锌、代森联、代森锌、百菌清、枯草芽孢杆菌
			混剂	50%甲霜灵·15%醚菌酯
				15%甲霜灵·10%霜霉威
				15%甲霜灵·10%霜霉威盐酸盐
				8%甲霜灵·22%烯酰吗啉
				10%甲霜灵·40%琥胶肥酸铜
				15%甲霜灵·35%王铜
				8%甲霜灵·77%波尔多液
				10%甲霜灵·60%代森锰锌
				10%甲霜灵·50%代森锰锌
				10%甲霜灵·48%代森锰锌
				8%甲霜灵·64%代森锰锌
				4%甲霜灵·32%代森锰锌

续表

序号	病害名称	病原物		登记杀菌剂
1	黄瓜霜霉病	假霜霉属古巴假霜霉(*Pseudoperonospora cubensis*)	混剂	10%甲霜灵·60%福美双
				10%甲霜灵·30%福美双
				7%甲霜灵·28%福美双
				15%甲霜灵·32%代森锌
				8%甲霜灵·50%福美锌
				9%甲霜灵·72%百菌清
				8%甲霜灵·64%百菌清
				2.5%甲霜灵·10%百菌清
				10%精甲霜灵·20%嘧菌酯
				4%精甲霜灵·64%代森锰锌
				8%精甲霜灵 42%丙森锌
				4%精甲霜灵·40%百菌清
				8%噁霜灵·56%代森锰锌
				5%苯菌灵·35%氟啶胺
				20%多菌灵·5%乙霉威
				20%多菌灵·20%代森锰锌
				52.5%甲基硫菌灵·12.5%乙霉威
				8.3%苯酰菌胺·66.7%代森锰锌
				6.25%氟吡菌胺·62.5%霜霉威盐酸盐
				4.6%氟嘧菌酯·46.4%百菌清
				25%啶酰菌胺·13%吡唑醚菌酯
				20%啶酰菌胺·10%吡唑醚菌酯
				25%嘧菌酯·15%氰霜唑
				35%嘧菌酯·45%烯酰吗啉
				30%嘧菌酯·10%烯酰吗啉
				22.8%嘧菌酯·57.2%烯酰吗啉
				20%嘧菌酯·30%烯酰吗啉
				20%嘧菌酯·50%烯酰吗啉
				20%嘧菌酯·40%烯酰吗啉
				20%嘧菌酯·20%烯酰吗啉
				20%嘧菌酯·10%烯酰吗啉
				15%嘧菌酯·55%烯酰吗啉
				12%嘧菌酯·30%烯酰吗啉

续表

序号	病害名称	病原物	登记杀菌剂	
1	黄瓜霜霉病	假霜霉属古巴假霜霉（*Pseudoperonospora cubensis*）	混剂	20%嘧菌酯·50%霜脲氰
				12%嘧菌酯·60%霜脲氰
				10%嘧菌酯·50%霜脲氰
				20%嘧菌酯·30%噻唑锌
				20%嘧菌酯·5%宁南霉素
				15%嘧菌酯·1%几丁聚糖
				5%嘧菌酯·60%丙森锌
				6%嘧菌酯·50%百菌清
				6%吡唑醚菌酯·66%代森联
				5%吡唑醚菌酯·55%代森联
				30%醚菌酯·50%烯酰吗啉
				15%醚菌酯·35%烯酰吗啉
				15%醚菌酯·20%烯酰吗啉
				10%醚菌酯·50%丙森锌
				22.5%噁唑菌酮·30%霜脲氰
				10%氰霜唑·30%霜脲氰
				6.5%氰霜唑·32.5%百菌清
				3.2%氰霜唑·39.8%百菌清
				27%唑嘧菌胺·20%烯酰吗啉
				2%春雷毒素·45%王铜
				10%腐霉利·10%百菌清
				5%腐霉利·15%百菌清
				1.8%霜霉威盐酸盐·15%辛菌胺醋酸盐
				20%烯酰吗啉·3%氨基寡糖素
				22%烯酰吗啉·3%中生菌素
				6%烯酰吗啉·67%王铜
				50%烯酰吗啉·20%霜脲氰
				40%烯酰吗啉·10%霜脲氰
				30%烯酰吗啉·10%霜脲氰
				30%烯酰吗啉·5%霜脲氰
				25%烯酰吗啉·15%霜脲氰
				20%烯酰吗啉·5%霜脲氰
				15%烯酰吗啉·12%三乙膦酸铝

续表

序号	病害名称	病原物		登记杀菌剂
1	黄瓜霜霉病	假霜霉属古巴假霜霉(*Pseudoperonospora cubensis*)	混剂	9%烯酰吗啉·41%三乙膦酸铝
				12%烯酰吗啉·60%代森锰锌
				12%烯酰吗啉·48%代森锰锌
				10%烯酰吗啉·70%代森锰锌
				9%烯酰吗啉·60%代森锰锌
				8%烯酰吗啉·61%代森锰锌
				6%烯酰吗啉·44%代森锰锌
				15%烯酰吗啉·60%丙森锌
				15%烯酰吗啉·55%丙森锌
				13%烯酰吗啉·65%丙森锌
				12%烯酰吗啉·60%丙森锌
				7.5%烯酰吗啉·6.5%丙森锌
				8%烯酰吗啉·47%福美双
				4.5%烯酰吗啉 30.5%福美双
				4%烯酰吗啉·44%福美双
				8%烯酰吗啉·39%百菌清
				2.5%烯酰吗啉·12.5%百菌清
				5%氟吗啉·45%三乙膦酸铝
				10%氟吗啉·50%代森锰锌
				6.5%氟吗啉·43.5%代森锰锌
				4%双炔酰菌胺·40%百菌清
				2.25%腈菌唑·60%代森锰锌
				2%腈菌唑·58%代森锰锌
				0.8%多抗霉素·25%福美双
				10%霜脲氰·30%王铜
				10%霜脲氰·30%喹啉铜
				8%霜脲氰·42%琥胶肥酸铜
				6%霜脲氰·36%琥胶肥酸铜
				8%霜脲氰·77%波尔多液
				8%霜脲氰·64%代森锰锌
				4%霜脲氰·32%代森锰锌
				15%霜脲氰·60%丙森锌
				14%霜脲氰·56%丙森锌

续表

序号	病害名称	病原物	登记杀菌剂	
1	黄瓜霜霉病	假霜霉属古巴假霜霉（*Pseudoperonospora cubensis*）	混剂	12%霜脲氰·38%丙森锌
				6%霜脲氰·70%丙森锌
				5%霜脲氰·20%百菌清
				4.2%霜脲氰·31.8%百菌清
				3%霜脲氰·19%百菌清
				2%霜脲氰·16%百菌清
				30%三乙膦酸铝·20%琥胶肥酸铜
				28%三乙膦酸铝·20%琥胶肥酸铜
				15.5%三乙膦酸铝·7.5%琥胶肥酸铜
				46%三乙膦酸铝·24%代森锰锌
				45%三乙膦酸铝·25%代森锰锌
				40%三乙膦酸铝·35%代森锰锌
				32.4%三乙膦酸铝·48.6%代森锰锌
				30%三乙膦酸铝·40%代森锰锌
				30%三乙膦酸铝·20%代森锰锌
				28%三乙膦酸铝·22%代森锰锌
				25%三乙膦酸铝·45%代森锰锌
				25%三乙膦酸铝·25%代森锰锌
				25%三乙膦酸铝·17%代森锰锌
				24%三乙膦酸铝·40%代森锰锌
				23%三乙膦酸铝·27%代森锰锌
				22%三乙膦酸铝·28%代森锰锌
				20%三乙膦酸铝·30%代森锰锌
				32%三乙膦酸铝·32%福美双
				12%三乙膦酸铝·60%丙森锌
				50%三乙膦酸铝·20%百菌清
				38%三乙膦酸铝·37%百菌清
				45%琥胶肥酸铜·30%百菌清
				35%硫磺·15%百菌清
				5%硫磺·5%百菌清
				30%代森锰锌·48%波尔多液
				2.5%甲霜灵·16%琥胶肥酸铜·41.5%三乙膦酸铝
				2.5%甲霜灵·16%琥胶肥酸铜·16%三乙膦酸铝

续表

序号	病害名称	病原物	登记杀菌剂	
1	黄瓜霜霉病	假霜霉属古巴假霜霉(*Pseudoperonospora cubensis*)	混剂	2%甲霜灵·50%代森锌·24%三乙膦酸铝
				20%多菌灵·15%异菌脲·40%代森锰锌
				35%福美锌·21%福美双·19%百菌清
2	甜瓜霜霉病	假霜霉属古巴假霜霉(*Pseudoperonospora cubensis*)	单剂	百菌清
			混剂	6.7%吡唑醚菌酯·12%烯酰吗啉
3	苦瓜霜霉病	假霜霉属古巴假霜霉(*Pseudoperonospora cubensis*)	单剂	烯酰吗啉、百菌清

28.1.2 单轴霉属致病菌

单轴霉属孢囊梗单根或成丛自气孔伸出，细长、直角或近直角单轴分枝，末枝比较刚直，顶端钝圆或平截。孢子囊较小，球形或卵形，有乳突和短柄，易脱落，萌发时产生游动孢子或芽管。

单轴霉属致病菌引起的病害主要有葡萄霜霉病和向日葵霜霉病等，可以选择甲霜灵、嘧菌酯、啶氧菌酯、噁唑菌酮、氰霜唑、霜霉威、烯酰吗啉、三乙膦酸铝、代森锰锌、克菌丹、硫酸铜钙、氢氧化铜和氧化亚铜等杀菌剂及其混剂进行防治(表 28-2)。

表 28-2 单轴霉属常见植物致病菌归类和杀菌剂选择

序号	病害名称	病原物	登记杀菌剂	
1	葡萄霜霉病	单轴霉属葡萄生单轴霉(*Plasmopara viticola*)	单剂	嘧菌酯、啶氧菌酯、氰霜唑、烯酰吗啉、代森锰锌、克菌丹、硫酸铜钙、氢氧化铜、氧化亚铜
			混剂	15%甲霜灵·10%霜霉威盐酸盐
				12.5%甲霜灵·37.5%三乙膦酸铝
				10%甲霜灵·60%代森锰锌
				10%甲霜灵·48%代森锰锌
				8%甲霜灵·64%代森锰锌
				28%甲霜灵·2%烯酰吗啉
				64%甲霜灵·15%百菌清
				10%精甲霜灵·28%霜脲氰
				4%精甲霜灵·64%代森锰锌
				62.5%噁霜灵·62.5%代森锰锌
				30%多菌灵·30%福美双
				25%多菌灵·25%福美双

续表

序号	病害名称	病原物	登记杀菌剂	
1	葡萄霜霉病	单轴霉属葡萄生单轴霉(*Plasmopara viticola*)	混剂	20%多菌灵·30%福美双
				16.6%多菌灵·33.4%福美双
				15%多菌灵·30%福美双
				15%多菌灵·25%福美双
				12.5%多菌灵·37.5%福美双
				10%多菌灵·30%福美双
				8%多菌灵·42%福美双
				5%多菌灵·35%福美双
				50%嘧菌酯·25%噁唑菌酮
				25%嘧菌酯·10%氰霜唑
				18.6%嘧菌酯·7.4%氰霜唑
				10%嘧菌酯·50%霜脲氰
				35%嘧菌酯·45%烯酰吗啉
				22.8%嘧菌酯·57.2%烯酰吗啉
				20%嘧菌酯·40%烯酰吗啉
				20%嘧菌酯·30%烯酰吗啉
				20%嘧菌酯·20%烯酰吗啉
				10%嘧菌酯·50%代森联
				12.5%烯肟菌酯·12.5%霜脲氰
				15%吡唑醚菌酯·30%霜脲氰
				10%吡唑醚菌酯·38%烯酰吗啉
				15%醚菌酯·35%烯酰吗啉
				40%噁唑菌酮·24%氰霜唑
				6.25%噁唑菌酮·62.5%代森锰锌
				10%氰霜唑·30%烯酰吗啉
				27%唑嘧菌胺·20%烯酰吗啉
				20%异菌脲·20%烯酰吗啉
				9%烯酰吗啉·41%三乙膦酸铝
				9%苯醚甲环唑·54%霜霉威盐酸盐
				8%戊唑醇·32%克菌丹
				20%霜脲氰·50%烯酰吗啉
				4%霜脲氰·40%代森锰锌
				30%代森锰锌·48%波尔多液
				50%福美双·20%百菌清
				40%福美双·30%百菌清

续表

序号	病害名称	病原物	登记杀菌剂	
2	向日葵霜霉病	轴霉向日葵单轴霉（*Plasmopara halstedii*）	单剂	精甲霜灵

28.1.3 霜霉属致病菌

霜霉属孢囊梗二叉状锐角分枝，顶端尖锐。

霜霉属致病菌引起的病害主要有白菜霜霉病、花椰菜霜霉病和菠菜霜霉病等，可以选择精甲霜灵、嘧菌酯、霜霉威和烯酰吗啉等杀菌剂及其混剂进行防治（表 28-3）。

表 28-3 霜霉属常见植物致病菌归类和杀菌剂选择

序号	病害名称	病原物	登记杀菌剂	
1	白菜霜霉病	霜霉属寄生霜霉（*Peronospora parasitica*）	单剂	百菌清
			混剂	625 克/升霜霉威盐酸盐・62.5 克/升氟吡菌胺
				45%代森锰锌・25%三乙膦酸铝
				25%代森锰锌・45%三乙膦酸铝
2	花椰菜霜霉病	霜霉属寄生霜霉芸薹属变种（*Peronospora parasitica* var. *brassicae*）	单剂	嘧菌酯、霜霉威、烯酰吗啉
			混剂	4%精甲霜灵・64%代森锰锌
3	菠菜霜霉病	霜霉属菠菜霜霉菌（*Peronospora farinosa*）	单剂	霜霉威

28.2 卵菌纲霜霉目腐霉科致病菌

28.2.1 腐霉属致病菌

腐霉属的特征是丝状、裂瓣状、球状或卵形的孢子囊着生在菌丝上，孢子囊顶生或间生，无特殊分化的孢囊梗；孢子囊成熟后一般不脱落，萌发时形成孢囊，游动孢子在孢囊内形成，雄器侧生。

腐霉属致病菌引起的病害主要有棉花猝倒病、番茄猝倒病、辣椒猝倒病、茄子猝倒病、黄瓜猝倒病和草坪腐霉枯萎病等，可以选择精甲霜灵、吡唑醚菌酯、嘧菌酯、噁霉灵和五氯硝基苯等杀菌剂及其混剂进行防治(表 28-4)。

表 28-4　腐霉属常见植物致病菌归类和杀菌剂选择

序号	病害名称	病原物	登记杀菌剂	
1	棉花猝倒病	腐霉属瓜果腐霉(*Pythium aphanidermatum*)	单剂	精甲霜灵、吡唑醚菌酯
			混剂	3.3%精甲霜灵·6.6%嘧菌酯·1.1%咯菌腈
2	番茄猝倒病	腐霉属瓜果腐霉(*Pythium aphanidermatum*)	混剂	44%硫磺·16%敌磺钠
3	辣椒猝倒病	腐霉属瓜果腐霉(*Pythium aphanidermatum*)、腐霉属德里腐霉(*Pythium deliense*)	混剂	5%精甲霜灵·25%噁霉灵
4	茄子猝倒病	腐霉属瓜果腐霉(*Pythium aphanidermatum*)、腐霉属德里腐霉(*Pythium deliense*)	单剂	五氯硝基苯
			混剂	20%五氯硝基苯·25%福美双
5	黄瓜猝倒病	腐霉属瓜果腐霉(*Pythium aphanidermatum*)	单剂	乙酸铜、霜霉威
			混剂	10%甲霜灵·30%福美双
				9%甲霜灵·29%福美双
6	草坪腐霉枯萎病	腐霉属(*Pythium* spp.)	单剂	噁霉灵、嘧菌酯
			混剂	10.8%精甲霜灵·28.2%嘧菌酯
				10.6%精甲霜灵·28.4%嘧菌酯
				0.3%精甲霜灵·0.5%嘧菌酯

28.2.2　疫霉属致病菌

疫霉属孢囊梗与菌丝有一定区别,孢子囊呈柠檬形或卵形,顶端有乳突,游动孢子在孢子囊内形成,雄器侧生或包围在藏卵器基部。

疫霉属致病菌引起的病害主要有辣椒疫病、番茄晚疫病、马铃薯晚疫病、棉花疫病、黄瓜疫病、西瓜疫病和烟草黑胫病等,可以选择甲霜灵、嘧菌酯、肟菌酯、氰霜唑、氟啶胺、双炔酰菌胺、烯酰吗啉、多抗霉素、三乙膦酸铝、氟噻唑吡乙酮、氢氧化铜和代森锰锌等杀菌剂及其混剂进行防治(表 28-5)。

表 28-5 疫霉属常见植物致病菌归类和杀菌剂选择

<table>
<tr><th>序号</th><th>病害名称</th><th>病原物</th><th colspan="2">登记杀菌剂</th></tr>
<tr><td rowspan="21">1</td><td rowspan="21">辣椒疫病</td><td rowspan="21">疫霉属辣椒疫霉（Phytophthora capsici）</td><td>单剂</td><td>嘧菌酯、氟啶胺、三乙膦酸铝、霜霉威、双炔酰菌胺、烯酰吗啉、氟噻唑吡乙酮、氧化亚铜、代森锰锌</td></tr>
<tr><td rowspan="20">混剂</td><td>4%精甲霜灵·64%代森锰锌</td></tr>
<tr><td>4%精甲霜灵·40%百菌清</td></tr>
<tr><td>15%甲霜灵·10%霜霉威盐酸盐</td></tr>
<tr><td>12.5%甲霜灵·12.5%霜脲氰</td></tr>
<tr><td>25%甲基硫菌灵·50%代森锰锌</td></tr>
<tr><td>10%甲基硫菌灵·10%代森锰锌</td></tr>
<tr><td>10%拌种灵·10%代森锰锌</td></tr>
<tr><td>6.25%氟吡菌胺·62.5%霜霉威盐酸盐</td></tr>
<tr><td>17%嘧菌酯·17%氟啶胺</td></tr>
<tr><td>6.7%吡唑醚菌酯·12%烯酰吗啉</td></tr>
<tr><td>5%吡唑醚菌酯·55%代森联</td></tr>
<tr><td>22.5%噁唑菌酮·30%霜脲氰</td></tr>
<tr><td>27%唑嘧菌胺·20%烯酰吗啉</td></tr>
<tr><td>9%烯酰吗啉·44%代森联</td></tr>
<tr><td>6.5%氟吗啉·43.5%代森锰锌</td></tr>
<tr><td>2.25%腈菌唑·60%代森锰锌</td></tr>
<tr><td>10%三唑酮·30%代森锰锌</td></tr>
<tr><td>8%霜脲氰·64%代森锰锌</td></tr>
<tr><td>30%三乙膦酸铝·40%代森锰锌</td></tr>
<tr><td>10%甲霜灵·5%代森锰锌·25%福美双</td></tr>
<tr><td rowspan="7">2</td><td rowspan="7">番茄晚疫病</td><td rowspan="7">疫霉属致病疫霉（Phytophthora infestans）</td><td>单剂</td><td>嘧菌酯、氰霜唑、氟吗啉、双炔酰菌胺、多抗霉素、三乙膦酸铝、烯酰吗啉、氟噻唑吡乙酮、百菌清</td></tr>
<tr><td rowspan="6">混剂</td><td>10%甲霜灵·48%代森锰锌</td></tr>
<tr><td>15%甲霜灵·10%霜霉威盐酸盐</td></tr>
<tr><td>2.5%甲霜灵·10%百菌清</td></tr>
<tr><td>10%精甲霜灵·50%霜霉威盐酸盐</td></tr>
<tr><td>5%精甲霜灵·35%丙森锌</td></tr>
<tr><td>4%精甲霜灵·64%代森锰锌</td></tr>
<tr><td></td><td></td><td></td><td></td><td>4%精甲霜灵·40%百菌清</td></tr>
</table>

续表

序号	病害名称	病原物	登记杀菌剂	
2	番茄晚疫病	疫霉属致病疫霉(*Phytophthora infestans*)	混剂	7%氟吡菌胺·63%霜霉威盐酸盐
				20%嘧菌酯·10%霜霉威
				20%嘧菌酯·10%霜霉威盐酸盐
				10%嘧菌酯·60%丙森锌
				5%吡唑醚菌酯·55%代森联
				4.6%氟嘧菌酯·46.4%百菌清
				6.5%氰霜唑·32.5%百菌清
				30%氟啶胺·20%霜脲氰
				27%唑嘧菌胺·20%烯酰吗啉
				6.5%烯酰吗啉·43.5%代森锰锌
				9%烯酰吗啉·44%代森联
				6.5%氟吗啉·43.5%代森锰锌
				8%霜脲氰·64%代森锰锌
				6%霜脲氰·30%百菌清
3	马铃薯晚疫病	疫霉属致病疫霉(*Phytophthora infestans*)	单剂	甲霜灵、嘧菌酯、肟菌酯、氰霜唑、氟啶胺、双炔酰菌胺、多抗霉素、烯酰吗啉、氟噻唑吡乙酮、氢氧化铜、代森锰锌、代森锌、枯草芽孢杆菌
			混剂	25%甲霜灵·5%嘧菌酯
				10%甲霜灵·48%代森锰锌
				4%精甲霜灵·64%代森锰锌
				12.5%嘧菌酯·27.5%烯酰吗啉
				20%嘧菌酯·30%氟啶胺
				10%嘧菌酯·30%氟啶胺
				10%嘧菌酯·50%霜脲氰
				6.7%吡唑醚菌酯·12%烯酰吗啉
				5%吡唑醚菌酯·55%代森联
				22.5%噁唑菌酮·30%霜脲氰
				14%霜霉威·14%霜脲氰
				40%霜霉威盐酸盐·8%氟啶胺
				20%烯酰吗啉·27%唑嘧菌胺
				8%烯酰吗啉·42%三乙膦酸铝

续表

序号	病害名称	病原物	登记杀菌剂	
3	马铃薯晚疫病	疫霉属致病疫霉(*Phytophthora infestans*)	混剂	10%烯酰吗啉·65%硫酸铜钙
				9%烯酰吗啉·60%代森锰锌
				9%烯酰吗啉·44%代森联
				6.5%氟吗啉·43.5%代森锰锌
				8%霜脲氰·64%代森锰锌
				4%霜脲氰·40%代森锰锌
				10%霜脲氰·50%丙森锌
				0.75%多抗霉素·25%福美双
4	棉花疫病	疫霉属苎麻疫霉(*Phytophthora boehmeriae*)	单剂	三乙膦酸铝
			混剂	2%三唑酮·30%乙蒜素
5	黄瓜疫病	疫霉属掘氏疫霉(*Phytophthora drechsleri*)	单剂	霜霉威、烯酰吗啉
			混剂	6.7%吡唑醚菌酯·12%烯酰吗啉
				5%吡唑醚菌酯·55%代森联
6	西瓜疫病	疫霉属掘氏疫霉(*Phytophthora drechsleri*)	混剂	40克/升精甲霜灵·400克/升百菌清
				4%精甲霜灵·40%百菌清
				5%吡唑醚菌酯·55%代森联
				625克/升霜霉威盐酸盐·62.5克/升氟吡菌胺
7	烟草黑胫病	疫霉属寄生疫霉烟草致病变种(*Phytophthora parasitica* var. *nicotianae*)	单剂	霜霉威、三乙膦酸铝、烯酰吗啉、枯草芽孢杆菌
			混剂	15%甲霜灵·10%霜霉威盐酸盐
				10%甲霜灵·48%代森锰锌
				8%甲霜灵·64%代森锰锌
				4%甲霜灵·64%丙森锌
				4%精甲霜灵·64%代森锰锌
				10%噁霉灵·10%稻瘟灵
				28%霜霉威·23%乙酸铜
				25%霜霉威·23%络氨铜
				8%噁霜灵·56%代森锰锌
				5%氟吗啉·45%三乙膦酸铝

28.3 卵菌纲霜霉目霜疫霉科霜疫霉属致病菌

霜疫霉属孢囊梗主干明显，上部双叉状分枝一至数次，在某些分枝上可长出新的孢囊梗。

霜疫霉属致病菌引起的病害主要有荔枝霜疫霉病，可以选择甲霜灵、氰霜唑、双炔酰菌胺、烯酰吗啉、三乙膦酸铝、氢氧化铜和代森锰锌等杀菌剂及其混剂进行防治（表 28-6）。

表 28-6　霜疫霉属常见植物致病菌归类和杀菌剂选择

病害名称	病原物	登记杀菌剂	
荔枝霜疫霉病	霜疫霉属荔枝霜疫霉（*Peronophythora litchii*）	单剂	氰霜唑、双炔酰菌胺、氢氧化铜、代森锰锌
		混剂	12%甲霜灵·60%氧化亚铜
			10%甲霜灵·48%代森锰锌
			10%甲霜灵·30%福美双
			8%甲霜灵·50%福美双
			6%嘧菌酯·50%百菌清
			5%吡唑醚菌酯·55%代森联
			2%春雷毒素·45%王铜
			5%氟吗啉·45%三乙膦酸铝
			15%咪鲜胺·15%烯酰吗啉
			8%霜脲氰·64%代森锰锌
			45%代森锌·25%三乙膦酸铝
			45%代森锌·12%三乙膦酸铝

28.4　卵菌纲指梗霉目指梗霉属致病菌

指梗霉属孢囊梗主轴粗短，顶端不规则二叉状分枝。

指梗霉属致病菌引起的病害主要有谷子白发病，可以选择甲霜灵等杀菌剂进行防治（表 28-7）。

表 28-7　指梗霉属常见植物致病菌归类和杀菌剂选择

病害名称	病原物	登记杀菌剂	
谷子白发病	指梗霉属禾生指梗霉（*Sclerospora graminicola*）	单剂	甲霜灵

第 29 章　子囊菌门致病菌

子囊菌门菌物有性阶段可形成子囊和子囊孢子，是一类高等菌物。子囊菌大都是陆生的，有腐生、寄生和共生 3 种，其中有许多是植物病原菌。寄生于植物的子囊菌多引起根腐、茎腐、果腐、枝枯和叶斑等症状，其子囊果大多在植物发病后期的病组织中形成，子囊果形成后病组织表面出现小黑粒或小黑点。核菌纲的白粉菌目和球壳目，腔菌纲的多腔菌目、座囊菌目、格孢腔菌目以及盘菌纲的柔膜菌目等均可引起严重的植物病害。

29.1　核菌纲致病菌

29.1.1　白粉菌目白粉菌科致病菌

(1)白粉菌属和单囊壳属致病菌

白粉菌属闭囊壳内有多个子囊，附属丝菌丝状。单囊壳属每个闭囊壳含有一个子囊，附属丝菌丝状。

白粉菌属和单囊壳属致病菌引起的病害主要有黄瓜白粉病、苦瓜白粉病、西瓜白粉病和甜瓜白粉病等，白粉菌属致病菌还可引起烟草白粉病，可以选择氟唑菌酰胺、啶酰菌胺、嘧菌酯、乙嘧酚、吡唑醚菌酯、醚菌酯、腈菌唑、四氟醚唑、苯醚甲环唑、戊唑醇、氟硅唑、三唑酮、苯菌酮和硫磺等杀菌剂及其混剂进行防治（表 29-1）。

表 29-1　白粉菌属和单囊壳属常见植物致病菌归类和杀菌剂选择

<table>
<tr><th>序号</th><th>病害名称</th><th>病原物</th><th colspan="2">登记杀菌剂</th></tr>
<tr><td rowspan="7">1</td><td rowspan="7">黄瓜白粉病</td><td rowspan="7">单囊壳属瓜类单囊壳(Sphaerotheca cucurbitae)、白粉菌属葫芦科白粉菌(Erysiphe cucurbitacearum)</td><td>单剂</td><td>吡唑醚菌酯、氟吡菌酰胺、乙嘧酚、甲基硫菌灵、嘧菌酯、醚菌酯、氟硅唑、苯醚甲环唑、氟菌唑、戊唑醇、四氟醚唑、多抗霉素、氟唑活化酯、硫磺、百菌清、枯草芽孢杆菌</td></tr>
<tr><td rowspan="6">混剂</td><td>10%甲霜灵·50%代森锰锌</td></tr>
<tr><td>10%甲霜灵·48%代森锰锌</td></tr>
<tr><td>8%甲霜灵·64%代森锰锌</td></tr>
<tr><td>4%甲霜灵·32%代森锰锌</td></tr>
<tr><td>4%精甲霜灵·64%代森锰锌</td></tr>
<tr><td>8%噁霜灵·56%代森锰锌</td></tr>
</table>

续表

序号	病害名称	病原物	登记杀菌剂	
1	黄瓜白粉病	单囊壳属瓜类单囊壳（*Sphaerotheca cucurbitae*）、白粉菌属葫芦科白粉菌（*Erysiphe cucurbitacearum*）	混剂	20%乙嘧酚磺酸酯·10%苯醚甲环唑
				27.5%多菌灵·12.5%氟硅唑
				15%多菌灵·35%硫磺
				10%多菌灵·15%硫磺
				7%多菌灵·35%硫磺
				40%甲基硫菌灵·30%硫磺
				35%甲基硫菌灵·35%硫磺
				30%甲基硫菌灵·40%硫磺
				25%甲基硫菌灵·45%硫磺
				20%甲基硫菌灵·20%硫磺
				48%甲基硫菌灵·22%福美双
				35%甲基硫菌灵·40%百菌清
				25%甲基硫菌灵·25%百菌清
				8.3%苯酰菌胺·66.7%代森锰锌
				21.5%氟吡菌酰胺·21.5%肟菌酯
				17.5%氟吡菌酰胺·17.5%戊唑醇
				7%氟唑菌酰胺·5%苯醚甲环唑
				26.7%啶酰菌胺·13.3%吡唑醚菌酯
				20%啶酰菌胺·10%醚菌酯
				40%嘧菌酯·20%苯醚甲环唑
				20%嘧菌酯·3%氨基寡糖素
				17.8%嘧菌酯·11.2%吡唑萘菌胺
				15%嘧菌酯·25%乙嘧酚
				12%嘧菌酯·8%氟硅唑
				15%嘧菌酯·30%戊唑醇
				10%嘧菌酯·20%戊唑醇
				7.2%嘧菌酯·14.8%戊唑醇
				7%吡唑醚菌酯·5%己唑醇
				25%醚菌酯·25%氟环唑
				20%醚菌酯·10%氟环唑
				25%醚菌酯·5%己唑醇
				24%醚菌酯·8%己唑醇
				15%醚菌酯·25%己唑醇

续表

序号	病害名称	病原物	登记杀菌剂	
1	黄瓜白粉病	单囊壳属瓜类单囊壳(*Sphaerotheca cucurbitae*)、白粉菌属葫芦科白粉菌(*Erysiphe cucurbitacearum*)	混剂	30%醚菌酯·10%苯醚甲环唑
				25%醚菌酯·25%苯醚甲环唑
				20%醚菌酯·10%苯醚甲环唑
				14%醚菌酯·9%苯醚甲环唑
				10%醚菌酯·3%中生菌素
				25%肟菌酯·50%戊唑醇
				10%烯酰吗啉·70%代森锰锌
				9%烯酰吗啉·60%代森锰锌
				8%烯酰吗啉·60%代森锰锌
				10%氟吗啉·50%代森锰锌
				25%氟菌唑·4%宁南霉素
				3%腈菌唑·57%代森锰锌
				2.25%腈菌唑·60%代森锰锌
				2%腈菌唑·50.5%代森锰锌
				2%腈菌唑·48%代森锰锌
				6%腈菌唑·34%福美双
				2%腈菌唑·18%福美双
				8%戊唑醇·35%百菌灵
				10.5%戊唑醇·31.5%百菌清
				8%戊唑醇·35%百菌清
				5%三唑酮·45%硫磺
				5%三唑酮·40%硫磺
				5%三唑酮·15%硫磺
				10%三唑酮·30%代森锰锌
				6%三唑酮·34%福美双
				8%霜脲氰·64%代森锰锌
				4%霜脲氰·32%代森锰锌
				45%三乙膦酸铝·25%代森锰锌
				32.4%三乙膦酸铝·48.6%代森锰锌
				28%三乙膦酸铝·22%代森锰锌
				25%三乙膦酸铝·45%代森锰锌
				20%三乙膦酸铝·30%代森锰锌
				30%代森锰锌·48%波尔多液
				35%福美双·20%百菌清
				5%多菌灵·10%福美锌·10%福美双

续表

序号	病害名称	病原物	登记杀菌剂	
2	苦瓜白粉病	单囊壳属瓜类单囊壳(*Sphaerotheca cucurbitae*)、白粉菌属葫芦科白粉菌(*Erysiphe cucurbitacearum*)	单剂	苯菌酮、苯醚甲环唑、戊唑醇
			混剂	17.5%氟吡菌酰胺·17.5%戊唑醇
3	西瓜白粉病	单囊壳属瓜类单囊壳(*Sphaerotheca cucurbitae*)、白粉菌属葫芦科白粉菌(*Erysiphe cucurbitacearum*)	单剂	氟菌唑、硫磺、百菌清
			混剂	25%嘧菌酯·15%苯醚甲环唑
				25%嘧菌酯·5%苯醚甲环唑
				22%嘧菌酯·8%苯醚甲环唑
				50%醚菌酯·30%苯醚甲环唑
4	甜瓜白粉病	单囊壳属瓜类单囊壳(*Sphaerotheca cucurbitae*)、白粉菌属葫芦科白粉菌(*Erysiphe cucurbitacearum*)	单剂	四氟醚唑、百菌清
			混剂	20%啶酰菌胺·10%醚菌酯
5	烟草白粉病	白粉菌属菊科白粉菌(*Erysiphe cichoracearum*)	单剂	氟菌唑、腈菌唑、三唑酮

(2)布氏白粉菌属致病菌

布氏白粉菌属闭囊壳球形至扁球形;菌丝状附属丝异常退化,少而短;子囊多个,成束;子囊孢子单胞,无色至淡黄色。

布氏白粉菌属致病菌引起的病害主要有小麦白粉病,可以选择烯唑醇、氟环唑、丙环唑、三唑酮、醚菌酯、吡唑醚菌酯和硫磺等杀菌剂及其混剂进行防治(表 29-2)。

表 29-2 布氏白粉菌属常见植物致病菌归类和杀菌剂选择

病害名称	病原物	登记杀菌剂	
小麦白粉病	布氏白粉菌属禾布氏白粉菌小麦专化型(*Blumeria graminis* f. sp. *tritici*)	单剂	烯唑醇、氟环唑、粉唑醇、腈菌唑、丙环唑、戊唑醇、多抗霉素、硫磺、枯草芽孢杆菌
		混剂	40%多菌灵·10%氟环唑
			30%多菌灵·2%烯唑醇
			32%甲基硫菌灵·3%氟环唑
			8%甲基硫菌灵·12%三唑酮
			20%嘧菌酯·20%粉唑醇
			12.3%吡唑醚菌酯·4.7%氟环唑
			20%醚菌酯·10%氟环唑
			5%烯唑醇·10%三唑酮

续表

病害名称	病原物	登记杀菌剂	
小麦白粉病	布氏白粉菌属禾布氏白粉菌小麦专化型(*Blumeria graminis* f. sp. *tritici*)	混剂	10%烯唑醇·40%甲基硫菌灵
			2%腈菌唑·10%三唑酮
			2%腈菌唑·18%福美双
			10%三唑酮·45%硫磺
			10%三唑酮·10%硫磺
			5%三唑酮·40%硫磺
			5%三唑酮·33%硫磺
			5%三唑酮·15%硫磺
			4%三唑酮·46%硫磺
			8%三唑酮·17%福美双
			7%三唑酮·8%福美双
			7%三唑酮·8%井冈霉素
			13%丙环唑·18%福美双
			12.5%戊唑醇·62.5%百菌清
			30%多菌灵·3%三唑酮·37%硫磺
			24%多菌灵·2%吡虫啉·33%硫磺
			17%多菌灵·6%三唑酮·17%福美双
			16.6%多菌灵·4.7%三唑酮·16.7%福美双

(3)钩丝壳属致病菌

钩丝壳属闭囊壳扁球形,无孔口;附属丝一般简单而不分枝,顶端卷曲呈钩状或螺旋状。

钩丝壳属致病菌引起的病害主要有葡萄白粉病,可以选择氟环唑、戊唑醇、吡唑醚菌酯、苯醚甲环唑和百菌清等杀菌剂及其混剂进行防治(表 29-3)。

表 29-3 钩丝壳属常见植物致病菌归类和杀菌剂选择

病害名称	病原物	登记杀菌剂	
葡萄白粉病	钩丝壳属葡萄钩丝壳(*Uncinula necator*)	单剂	氟菌唑、氟环唑、戊菌唑、腈菌唑、百菌清
		混剂	25%吡唑醚菌酯·15%苯醚甲环唑
			8%戊唑醇·32%克菌丹

29.1.2 球壳目致病菌

(1)黑腐皮壳属致病菌

黑腐皮壳属子囊壳埋生于子座基部,有长颈伸出子座,子囊孢子单胞,无色,腊肠形。

黑腐皮壳属致病菌引起的病害主要有苹果树腐烂病，可以选择吡唑醚菌酯、甲基硫菌灵、戊唑醇、丙环唑、抑霉唑、硫磺和铜制剂等杀菌剂及其混剂进行防治（表 29-4）。

表 29-4 黑腐皮壳属常见植物致病菌归类和杀菌剂选择

病害名称	病原物	登记杀菌剂	
苹果树腐烂病	黑腐皮壳属苹果黑腐皮壳（*Valsa mali*）	单剂	吡唑醚菌酯、甲基硫菌灵、戊唑醇、抑霉唑、硫磺
		混剂	28%多菌灵·7%丙环唑
			3.3%甲基硫菌灵·0.015%萘乙酸
			0.6%硫酸铜·2.7%腐殖酸
			0.33%硫酸铜·2.07%腐殖酸
			0.12%硫酸铜·2%腐殖酸
			0.1%硫酸铜·4.4%腐殖酸

(2)顶囊壳属致病菌

顶囊壳属子囊壳埋生于基质内，顶端有短的喙状突起，子囊孢子呈细线状。

顶囊壳属致病菌引起的病害主要有小麦全蚀病，可以选择苯醚甲环唑、戊唑醇和硅噻菌胺等杀菌剂及其混剂进行防治（表 29-5）。

表 29-5 顶囊壳属常见植物致病菌归类和杀菌剂选择

病害名称	病原物	登记杀菌剂	
小麦全蚀病	顶囊壳属禾顶囊壳小麦变种（*Gaeumannomyces graminis* var. *tritici*）	单剂	苯醚甲环唑、戊唑醇、硅噻菌胺
		混剂	27%苯醚甲环唑·3%氰烯菌酯
			4.6%氟唑环菌胺·2.2%苯醚甲环唑·2.2%咯菌腈

(3)长喙壳属致病菌

长喙壳属子囊壳有一长颈；子囊近圆形，散生在子囊壳内，子囊间无侧丝；子囊壁会自溶，由此产生的胶质团可包围子囊孢子；待吸收水分后，子囊孢子被挤入子囊壳的长颈内，并在孔口形成一胶质团。

长喙壳属致病菌引起的病害主要有甘薯黑斑病和甘蔗凤梨病，可以选择甲基硫菌灵、嘧菌酯和苯醚甲环唑等杀菌剂及其混剂进行防治（表 29-6）。

表 29-6 长喙壳属常见植物致病菌归类和杀菌剂选择

序号	病害名称	病原物	登记杀菌剂	
1	甘薯黑斑病	长喙壳属甘薯长喙壳（*Ceratocystis fimbriata*）	单剂	甲基硫菌灵
2	甘蔗凤梨病	长喙壳属奇异长喙壳（*Ceratocystis paradoxa*）	混剂	20%嘧菌酯·12.5%苯醚甲环唑

29.2 腔菌纲致病菌

29.2.1 格孢腔菌目致病菌

(1)黑星菌属致病菌

黑星菌属假囊壳大多在病残余组织的表皮层下形成，在孔口边缘生出一些黑色的刚毛，长圆形的子囊平行排列，子囊之间有拟侧丝。子囊孢子椭圆形，双细胞大小不等。

黑星菌属致病菌引起的病害主要有梨黑星病和苹果黑星病，可以选择多菌灵、甲基硫菌灵、嘧菌酯、吡唑醚菌酯、醚菌酯、苯醚甲环唑、腈菌唑、烯唑醇、氟硅唑、代森锰锌和福美双等杀菌剂及其混剂进行防治(表 29-7)。

表 29-7 黑星菌属常见植物致病菌归类和杀菌剂选择

序号	病害名称	病原物	登记杀菌剂	
1	梨黑星病	黑星菌属梨黑星菌(*Venturia pyrina*)	单剂	苯菌灵、多菌灵、甲基硫菌灵、戊唑醇、苯醚甲环唑、亚胺唑、氟硅唑、氟菌唑、烯唑醇、腈菌唑、醚菌酯、代森锰锌、碱式硫酸铜、代森联、克菌丹
			混剂	54%多菌灵·6%苯醚甲环唑
				50%多菌灵·10%氟菌唑
				45%多菌灵·5%氟硅唑
				30%多菌灵·10%腈菌唑
				25%多菌灵·5%氟菌唑
				27%多菌灵·3%烯唑醇
				26%多菌灵·4%烯唑醇
				25%多菌灵·2%烯唑醇
				30%多菌灵·50%代森锰锌
				30%多菌灵·40%代森锰锌
				25%多菌灵·35%代森锰锌
				20%多菌灵·50%代森锰锌
				20%多菌灵·40%代森锰锌
				20%多菌灵·20%代森锰锌
				10%多菌灵·40%代森锰锌
				8%多菌灵·42%代森锰锌
				30%多菌灵·36%福美双
				30%多菌灵·30%福美双

续表

序号	病害名称	病原物	登记杀菌剂	
1	梨黑星病	黑星菌属梨黑星菌(*Venturia pyrina*)	混剂	25%多菌灵·25%福美双
				20%多菌灵·30%福美双
				15%多菌灵·35%福美双
				12.5%多菌灵·37.5%福美双
				10%多菌灵·40%福美双
				10%多菌灵·30%福美双
				8%多菌灵·42%福美双
				6.5%多菌灵·43.5%福美双
				6%多菌灵·39%福美双
				5%多菌灵·35%福美双
				4%多菌灵·26%福美双
				61.6%甲基硫菌灵·8.4%苯醚甲环唑
				44%甲基硫菌灵·6%苯醚甲环唑
				22%甲基硫菌灵·3%苯醚甲环唑
				60%甲基硫菌灵·10%氟硅唑
				30%甲基硫菌灵·10%腈菌唑
				42%甲基硫菌灵·5%烯唑醇
				20%甲基硫菌灵·30%代森锰锌
				15%甲基硫菌灵·45%代森锰锌
				30%甲基硫菌灵·40%福美双
				10%甲基硫菌灵·40%福美双
				10%嘧菌酯·20%戊唑醇
				26.7%吡唑醚菌酯·13.3%氟硅唑
				10%吡唑醚菌酯·20%戊唑醇
				20%醚菌酯·10%氟菌唑
				25%醚菌酯·50%戊唑醇
				10%醚菌酯·20%戊唑醇
				25%肟菌酯·50%戊唑醇
				40%咪鲜胺·30%苯醚甲环唑
				20%苯醚甲环唑·25%戊唑醇
				2%苯醚甲环唑·18%戊唑醇
				5%苯醚甲环唑·50%代森锰锌
				3%苯醚甲环唑·42%代森锰锌

续表

序号	病害名称	病原物	登记杀菌剂	
1	梨黑星病	黑星菌属梨黑星菌(*Venturia pyrina*)	混剂	20%苯醚甲环唑·55%二氰蒽醌
				10%氟硅唑·10%代森锰锌
				5%腈菌唑·35%代森锰锌
				5%腈菌唑·20%代森锰锌
				2.5%腈菌唑·60%代森锰锌
				2.25%腈菌唑·60%代森锰锌
				2%腈菌唑·58%代森锰锌
				2%腈菌唑·48%代森锰锌
				10%三唑酮·23%代森锰锌
				8%三唑酮·25%代森锰锌
				3%烯唑醇·37%代森锰锌
				2.5%烯唑醇·30%代森锰锌
				2.5%烯唑醇·39.5%福美双
				2%烯唑醇·13%福美双
2	苹果黑星病	黑星菌属苹果黑星菌(*Venturia inaequalis*)	单剂	醚菌酯

(2)葡萄座腔菌属致病菌

葡萄座腔菌属子座发达,垫状,黑色,后突破基物外露;子囊腔孔口不显著,稍有突起;子囊棍棒形,有短柄;子囊孢子 8 个,单胞,无色,卵圆形至椭圆形。

葡萄座腔菌属致病菌引起的病害主要有苹果轮纹病,可以选择多菌灵、甲基硫菌灵、吡唑醚菌酯、醚菌酯、戊唑醇、苯醚甲环唑、氟硅唑、代森锰锌、福美双和克菌丹等杀菌剂及其混剂进行防治(表 29-8)。

表 29-8 葡萄座腔菌属常见植物致病菌归类和杀菌剂选择

病害名称	病原物	登记杀菌剂	
苹果轮纹病	葡萄座腔菌属茶藨子葡萄座腔菌(*Botryosphaeria dothidea*)	单剂	多菌灵、甲基硫菌灵、氟硅唑、戊唑醇、碱式硫酸铜、多抗霉素、氢氧化铜、代森锰锌、代森联、克菌丹、百菌清
		混剂	50%多菌灵·5%苯醚甲环唑
			26.8%多菌灵·6%苯醚甲环唑
			50%多菌灵·5%氟硅唑
			28%多菌灵·7%丙环唑
			20%多菌灵·40%硫酸铜钙
			51%多菌灵·2%中生菌素

续表

病害名称	病原物	登记杀菌剂	
苹果轮纹病	葡萄座腔菌属茶藨子葡萄座腔菌(*Botryosphaeria dothidea*)	混剂	50%多菌灵·30%戊唑醇
			39%多菌灵·6%戊唑醇
			30%多菌灵·12%戊唑醇
			24%多菌灵·8%戊唑醇
			22%多菌灵·8%戊唑醇
			10%多菌灵·10%戊唑醇
			40%多菌灵·20%三乙膦酸铝
			37.5%多菌灵·37.5%三乙膦酸铝
			25%多菌灵·50%三乙膦酸铝
			25%多菌灵·25%三乙膦酸铝
			25%多菌灵·20%三乙膦酸铝
			20%多菌灵·40%三乙膦酸铝
			8%多菌灵·42%代森锰锌
			8%多菌灵·45%丙森锌
			20%多菌灵·30%福美双
			9%多菌灵·36%福美双
			40%甲基硫菌灵·10%吡唑醚菌酯
			40%甲基硫菌灵·5%吡唑醚菌酯
			40%甲基硫菌灵·10%醚菌酯
			24%甲基硫菌灵·6%醚菌酯
			20%甲基硫菌灵·5%醚菌酯
			24%甲基硫菌灵·6%异菌脲
			71.2%甲基硫菌灵·8.8%腈菌唑
			40%甲基硫菌灵·5%腈菌唑
			50%甲基硫菌灵·5%氟硅唑
			50%甲基硫菌灵·2%中生菌素
			72%甲基硫菌灵·8%戊唑醇
			50%甲基硫菌灵·10%戊唑醇
			36%甲基硫菌灵·12%戊唑醇
			30%甲基硫菌灵·13%戊唑醇
			25%甲基硫菌灵·5%戊唑醇
			35%甲基硫菌灵·35%福美双
			33%甲基硫菌灵·48%福美双

续表

病害名称	病原物	登记杀菌剂	
苹果轮纹病	葡萄座腔菌属茶藨子葡萄座腔菌(*Botryosphaeria dothidea*)	混剂	30%甲基硫菌灵·40%福美双
			25%甲基硫菌灵·15%福美双
			20%甲基硫菌灵·30%福美双
			10%甲基硫菌灵·40%福美双
			10%吡唑醚菌酯·20%戊唑醇
			5%吡唑醚菌酯·55%代森联
			4%吡唑醚菌酯·12%二氰蒽醌
			15%醚菌酯·30%戊唑醇
			17.5%肟菌酯·52.5%二氰蒽醌
			10%苯醚甲环唑·20%代森锰锌
			10.67%氟硅唑·10%噁唑菌酮
			2%腈菌唑·48%代森锰锌
			8%戊唑醇·32%克菌丹
			31.5%戊唑醇·10.5%百菌清
			20%戊唑醇·40%二氰蒽醌
			2%三唑酮·30%乙蒜素
			30%代森锰锌·48%波尔多液
			15%苯菌灵·15%福美双·20%代森锰锌
			16.6%多菌灵·4.7%三唑酮·16.7%福美双
			20%多菌灵·10%代森锰锌·20%福美双
			15%多菌灵·10%代森锰锌·25%福美双
			10%多菌灵·15%代森锰锌·25%福美双
			5%多菌灵·30%福美锌·25%福美双
			30%福美锌·25%福美双·25%多菌灵
			25%多菌灵·30%福美双·20%百菌清
			16%甲基硫菌灵·9%福美双·20%硫磺
			5%甲基硫菌灵·10%福美双·35%硫磺

(3)格孢腔菌属致病菌

格孢腔菌属子囊座内为单个子囊腔(假囊壳),子囊之间有拟侧丝,子囊长圆柱形;子囊孢子卵圆形,砖隔状,无色或黄褐色。

格孢腔菌属致病菌引起的病害主要有大蒜叶枯病,可以选择苯醚甲环唑、咪鲜胺锰盐和代森联等杀菌剂及其混剂进行防治(表 29-9)。

表 29-9 格孢腔菌属常见植物致病菌归类和杀菌剂选择

病害名称	病原物	登记杀菌剂	
大蒜叶枯病	格孢腔菌属枯叶格孢腔菌(*Pleospora herbarum*)	单剂	咪鲜胺锰盐、苯醚甲环唑
		混剂	5%吡唑醚菌酯·55%代森联

29.2.2 座囊菌目球腔菌属致病菌

球腔菌属子囊座着生于寄主叶片表皮层下,假囊壳为埋生,球形或扁圆形,孔口扁平或呈乳头状突起,子囊初期束生,后平行排列;子囊孢子椭圆形,无色,双胞大小相等。

球腔菌属致病菌引起的病害主要有大豆叶斑病、梨褐斑病和西瓜蔓枯病等,可以选择嘧菌酯、吡唑醚菌酯、氟环唑、苯醚甲环唑、戊唑醇、己唑醇和氟吡菌酰胺等杀菌剂及其混剂进行防治(表 29-10)。

表 29-10 球腔菌属常见植物致病菌归类和杀菌剂选择

序号	病害名称	病原物	登记杀菌剂	
1	大豆叶斑病	球腔菌属大豆球腔菌(*Mycosphaerella sojae*)	单剂	吡唑醚菌酯
			混剂	12.3%吡唑醚菌酯·4.7%氟环唑
2	梨褐斑病	球腔菌属梨球腔菌(*Mycosphaerella sentina*)	单剂	百菌清
3	西瓜蔓枯病	球腔菌属瓜类球腔菌(*Mycosphaerella citrullina*)	混剂	20%嘧菌酯·15%苯醚甲环唑
				20%嘧菌酯·12.5%苯醚甲环唑
				18%嘧菌酯·12%苯醚甲环唑
				8%嘧菌酯·12%苯醚甲环唑
				25%醚菌酯·15%苯醚甲环唑
				10%己唑醇·35%双胍三辛烷基苯磺酸盐
				17.5%戊唑醇·17.5%氟吡菌酰胺

29.3 盘菌纲柔膜菌目核盘菌属致病菌

核盘菌属子囊盘自菌核上产生,具柄,呈漏斗形或盘状(中央稍突起);子囊具 8 个子囊孢子,近圆柱形;子囊孢子椭圆形,无色,单细胞。

核盘菌属致病菌引起的病害主要有油菜菌核病和草坪币斑病等,可以选择多菌灵、啶酰菌胺、腐霉利、戊唑醇和福美双等杀菌剂及其混剂进行防治(表 29-11)。

表 29-11 核盘菌属常见植物致病菌归类和杀菌剂选择

序号	病害名称	病原物	登记杀菌剂	
1	油菜菌核病	核盘菌属核盘菌（*Sclerotinia sclerotiorum*）	单剂	多菌灵、啶酰菌胺、腐霉利
			混剂	40%多菌灵·10%腐霉利
				31%多菌灵·19%腐霉利
				25%多菌灵·25%腐霉利
				33.5%多菌灵·2.5%丙环唑
				35%多菌灵·5%三唑酮
				32.5%多菌灵·3.5%三唑酮
				28%多菌灵·5%三唑酮
				24%多菌灵 6%三唑酮
				25%多菌灵·15%福美双
				10%腐霉利·40%福美双
2	草坪币斑病	核盘菌属（*Sclerotinia* spp.）	混剂	9%肟菌酯·18%戊唑醇

第30章 担子菌门致病菌

担子菌门是真菌中最高等的一门，担子菌门菌物通称担子菌，主要特征为具有担子的产孢结构，以及外生的称为担孢子的有性孢子。担子菌门致病菌可引起黑穗（粉）病和锈病，造成严重的经济损失。

30.1 冬孢菌纲锈菌目致病菌

锈菌目真菌为植物的高等寄生菌，担子从冬孢子上产生，由横隔分为4个细胞，每个细胞上着生一个担孢子，担孢子着生在小梗上。

锈菌目致病菌引起的病害主要有小麦锈病（条锈、叶锈和秆锈）、花生锈病、菜豆锈病、豇豆锈病、大豆锈病、枣树锈病和梨赤星病等，可以选择氟环唑、三唑酮、戊唑醇、苯醚甲环唑、丙环唑、氟硅唑和啶氧菌酯等杀菌剂及其混剂进行防治（表30-1）。

表30-1 锈菌目常见植物致病菌归类和杀菌剂选择

序号	病害名称	病原物	登记杀菌剂	
1	小麦锈病	柄锈菌属（*Puccinia* spp.）	单剂	烯唑醇、粉唑醇、丙环唑、戊唑醇、氟环唑、三唑酮、萎锈灵、代森锌、百菌清、枯草芽孢杆菌
			混剂	40%多菌灵·12%氟环唑
				40%多菌灵·10%氟环唑
				10%多菌灵·10%氟环唑
				32%甲基硫菌灵·3%氟环唑
				8%萎锈灵·12%三唑酮
				10%嘧菌酯·10%戊唑醇
				7%啶氧菌酯·12%丙环唑
				15%苯醚甲环唑·15%丙环唑
				10%三唑酮·10%硫磺
				5%三唑酮·45%硫磺
				3%三唑醇·21%福美双
2	花生锈病	柄锈菌属落花生柄锈菌（*Puccinia arachidis*）	单剂	百菌清
			混剂	7%啶氧菌酯·12%丙环唑

续表

序号	病害名称	病原物	登记杀菌剂	
3	菜豆锈病	单胞锈菌属瘤顶单胞锈菌(*Uromyces appendiculatus*)	单剂	苯醚甲环唑
4	豇豆锈病	单孢锈菌属豇豆单胞锈菌(*Uromyces vignae*)	单剂	腈菌唑
			混剂	42%硫磺·28%代森锰锌
				30%硫磺·20%代森锰锌
5	大豆锈病	层锈菌属豆薯层锈菌(*Phakopsora pachyrhizi*)	单剂	嘧菌酯
			混剂	15%苯醚甲环唑·15%丙环唑
6	枣树锈病	层锈菌属枣多层锈菌(*Phakopsora ziziphi-vulgaris*)	混剂	106.7克/升氟硅唑·100克/升噁唑菌酮
7	梨赤星病	胶锈菌属梨胶锈菌(*Gymnosporangium haraeanum*)	单剂	氟硅唑

30.2 冬孢菌纲黑粉菌目致病菌

黑粉菌目真菌大多形成黑色粉状的冬孢子，担子自冬孢子上产生，有隔或无隔；担孢子顶生或侧生，数目不定，不着生在小梗上。

黑粉菌目致病菌引起的病害主要有玉米丝黑穗病、高粱丝黑穗病、稻粒黑粉病、小麦腥黑穗病、小麦散黑穗病和玉米瘤黑粉病等，可以选择嘧菌酯、氟唑环菌胺、苯醚甲环唑、戊唑醇、灭菌唑、三唑酮、咯菌腈和福美双等杀菌剂及其混剂进行防治(表30-2)。

表30-2 黑粉菌目常见植物致病菌归类和杀菌剂选择

序号	病害名称	病原物	登记杀菌剂	
1	玉米丝黑穗病	轴黑粉菌属丝轴黑粉菌(*Sphacelotheca reiliana*)	单剂	嘧菌酯、氟唑环菌胺、苯醚甲环唑、戊唑醇、灭菌唑、三唑酮
			混剂	1.88%甲霜灵·2.35%种菌唑
				1%甲霜灵·5%戊唑醇
				0.5%精甲霜灵·9.5%苯醚甲环唑
				200克/升萎锈灵·200克/升福美双
				2%烯唑醇·13%福美双
				0.6%腈菌唑·0.2%戊唑醇
				0.9%三唑酮·0.2%戊唑醇

续表

序号	病害名称	病原物	登记杀菌剂	
1	玉米丝黑穗病	轴黑粉菌属丝轴黑粉菌(*Sphacelotheca reiliana*)	混剂	2%戊唑醇·4%福美双
				0.6%戊唑醇·10.4%福美双
				0.6%戊唑醇·10%福美双
				0.6%戊唑醇·9%福美双
				0.4%戊唑醇·9.8%福美双
				0.3%戊唑醇·10.7%福美双
				0.3%戊唑醇·15.7%福美双
				2%甲霜灵·4%嘧菌酯·4%戊唑醇
				0.3%戊唑醇·1.8%三唑酮·4.8%甲基异柳磷
				0.8%戊唑醇·5%福美双·0.2%氯氰菊酯
				0.4%戊唑醇·13.6%福美双·6%丁硫克百威
				0.6%戊唑醇·13%福美双·7%丁硫克百威
2	高粱丝黑穗病	轴黑粉菌属丝轴黑粉菌(*Sphacelotheca reiliana*)	单剂	戊唑醇
3	稻粒黑粉病	腥黑粉菌属狼尾草腥黑粉菌(*Tilletia barclayana*)	混剂	8.3%多菌灵·10.4%烯唑醇
				10%多菌灵·7.5%烯唑醇
4	小麦腥黑穗病	腥黑粉菌属光腥黑粉菌(*Tilletia foetida*)、网腥黑粉菌(*Tilletia caries*)	单剂	咯菌腈
			混剂	10%三唑酮·40%福美双
				5%三唑酮·45%硫磺
5	小麦散黑穗病	黑粉菌属小麦散黑粉菌(*Ustilago tritici*)	单剂	苯醚甲环唑、戊唑醇、灭菌唑
			混剂	8%多菌灵·7%福美双
				2.4%苯醚甲环唑·2.4%咯菌腈
				4%咯菌腈·6%戊唑醇
				10%三唑酮·40%福美双
				2%戊唑醇·4%福美双
				0.4%戊唑醇·9.8%福美双
				2.2%苯醚甲环唑·2.2%咯菌腈·4.6%氟唑环菌胺
6	玉米瘤黑粉病	黑粉菌属玉米黑粉菌(*Ustilago maydis*)	单剂	苯醚甲环唑

30.3 层菌纲外担菌目外担菌属致病菌

外担菌属真菌不形成担子果，担子圆柱形，无隔，单细胞，可在病部表面形成子实层。

外担菌属致病菌引起的病害主要有茶饼病，可以选择多抗霉素等杀菌剂进行防治(表 30-3)。

表 30-3 外担菌属常见植物致病菌归类和杀菌剂选择

病害名称	病原物	登记杀菌剂	
茶饼病	外担菌属坏损外担菌(*Exobasidium vexans*)	单剂	多抗霉素

第 31 章　半知菌类致病菌

半知菌是指一群只有无性阶段或有性阶段未被发现的真菌。它们中的大多数属于子囊菌，少数属于担子菌，只是未观察到它们的有性态，无法确定分类地位，因此归于半知菌。事实上，一些无性态发达、有性态虽已发现但不常见的子囊菌和担子菌，习惯上也归于半知菌中。它们有性态的学名是正式的学名，而无性态的学名实际上使用更广泛，通常认为也是合法的。半知菌中有多种植物致病菌，其中比较重要的是丝孢纲和腔孢纲致病菌。

31.1　丝孢纲致病菌

31.1.1　丝孢目致病菌

(1)葡萄孢属致病菌

葡萄孢属子实体从菌丝或菌核生出；分生孢子梗丛生，呈灰色，后转为褐色，顶端膨大或尖削，其上有小的突起；分生孢子单生于小突起之上，呈亚球形或卵形，着生于小梗上，聚集成葡萄穗状。

葡萄孢属致病菌引起的病害主要有黄瓜灰霉病、番茄灰霉病、葡萄灰霉病、韭菜灰霉病、茄子灰霉病和人参灰霉病等，可以选择啶酰菌胺、嘧菌环胺、吡唑醚菌酯、啶氧菌酯、嘧霉胺、腐霉利、异菌脲、氟啶胺、多抗霉素、百菌清和福美双等杀菌剂及其混剂进行防治(表 31-1)。

表 31-1　葡萄孢属常见植物致病菌归类和杀菌剂选择

序号	病害名称	病原物	登记杀菌剂	
1	黄瓜灰霉病	葡萄孢属灰葡萄孢(*Botrytis cinerea*)	单剂	啶酰菌胺、啶氧菌酯、嘧霉胺、腐霉利、多抗霉素、枯草芽孢杆菌
			混剂	52.5%甲基硫菌灵・12.5%乙霉威
				40%多菌灵・10%乙霉威
				20%多菌灵・5%乙霉威
				30%多菌灵・10%嘧霉胺
				37.5%多菌灵・12.5%腐霉利
				10%多菌灵・5%腐霉利
				25%多菌灵・5%嘧霉胺

续表

序号	病害名称	病原物	登记杀菌剂	
1	黄瓜灰霉病	葡萄孢属灰葡萄孢(*Botrytis cinerea*)	混剂	16%乙霉威·10%嘧霉胺
				16%乙霉威·10%霜脲氰
				25%啶酰菌胺·13%吡唑醚菌酯
				20%啶酰菌胺·10%吡唑醚菌酯
				6.3%嘧菌酯·23.7%腐霉利
				22%嘧霉胺·5%中生菌素
				10%嘧霉胺·30%异菌脲
				15%嘧霉胺·15%福美双
				15%异菌脲·25%腐霉利
				10%异菌脲·25%腐霉利
				10%异菌脲·20%腐霉利
				8%异菌脲·42%福美双
				14%腐霉利·2%己唑醇
				35%腐霉利·5%戊唑醇
				10%腐霉利·40%福美双
				10%腐霉利·15%福美双
				5%腐霉利·20%福美双
				16.7%腐霉利·33.3%百菌清
				10%腐霉利·10%百菌清
				5%腐霉利·20%百菌清
				5%腐霉利·5%百菌清
				3%腐霉利·12%百菌清
				10%氟吗啉·50%代森锰锌
				6.5%氟吗啉·43.5%代森锰锌
				0.75%多抗霉素·25%福美双
				4%双炔酰菌胺·40%百菌清
				10%甲基硫菌灵·18%福美双·22%硫磺
2	番茄灰霉病	葡萄孢属灰葡萄孢(*Botrytis cinerea*)	单剂	啶酰菌胺、啶氧菌酯、异菌脲、腐霉利、嘧霉胺、多抗霉素、百菌清、枯草芽孢杆菌
			混剂	30%多菌灵·30%乙霉威
				25%多菌灵·25%乙霉威
				30%多菌灵·10%嘧霉胺
				52.5%甲基硫菌灵·12.5%乙霉威

续表

序号	病害名称	病原物	登记杀菌剂	
2	番茄灰霉病	葡萄孢属灰葡萄孢(*Botrytis cinerea*)	混剂	5%嘧霉胺·20%氨基酸络合铜
				15%嘧霉胺·15%福美双
				15%嘧霉胺·25%百菌清
				13%嘧霉胺·27%百菌清
				40%嘧霉胺·40%异菌脲
				30%氟啶胺·15%异菌脲
				15%异菌脲·25%腐霉利
				10%异菌脲·25%腐霉利
				10%异菌脲·20%腐霉利
				10%异菌脲·40%福美双
				6%异菌脲·9%百菌清
				5%异菌脲·15%百菌清
				14%腐霉利·2%己唑醇
				5%腐霉利·5%戊唑醇
				10%腐霉利·40%福美双
				10%腐霉利·15%福美双
				5%腐霉利·20%福美双
				16.7%腐霉利·33.3%百菌清
				10%腐霉利·10%百菌清
				5%腐霉利·20%百菌清
				5%腐霉利·5%百菌清
				3%腐霉利·12%百菌清
				1%多抗霉素·54%丙森锌
				7.5%多菌灵·7.5%乙霉威·35%福美双
				20%多菌灵·15%异菌脲·40%代森锰锌
3	葡萄灰霉病	葡萄孢属灰葡萄孢(*Botrytis cinerea*)	单剂	嘧菌环胺、啶酰菌胺、腐霉利、异菌脲
			混剂	25.2%啶酰菌胺·12.8%吡唑醚菌酯
				20%啶酰菌胺·6%嘧菌环胺
				4%吡唑醚菌酯·20%双胍三辛烷基苯磺酸盐
				25%异菌脲·15%嘧霉胺
				20%异菌脲·20%嘧霉胺

续表

序号	病害名称	病原物	登记杀菌剂	
4	韭菜灰霉病	葡萄孢属葱鳞葡萄孢菌(*Botrytis squamosa*)	单剂	腐霉利
5	茄子灰霉病	葡萄孢属灰葡萄孢(*Botrytis cinerea*)	混剂	30%多菌灵·20%硫磺
				20%多菌灵·40%代森锰锌·15%异菌脲
				15%多菌灵·15%福美双
6	人参灰霉病	葡萄孢属灰葡萄孢(*Botrytis cinerea*)	单剂	枯草芽孢杆菌
			混剂	25%多菌灵·25%乙霉威

(2)梨孢属致病菌

梨孢属分生孢子梗不分枝,3～5 根丛生,从寄主表皮或气孔伸出,具 2～8 个隔膜,基部稍膨大,淡褐色,向上色淡,顶部以合轴式延伸,呈屈膝状弯曲,其上生分生孢子;分生孢子无色,呈洋梨形或棍棒形,常有 1～3 个隔膜。

梨孢属致病菌引起的病害主要有稻瘟病,可以选择三环唑、敌瘟磷、异稻瘟净、稻瘟灵、咪鲜胺(咪鲜胺锰盐)、稻瘟酰胺、多菌灵、甲基硫菌灵、嘧菌酯、吡唑醚菌酯、春雷毒素、戊唑醇和己唑醇等杀菌剂及其混剂进行防治(表 31-2)。

表 31-2　梨孢属常见植物致病菌归类和杀菌剂选择

病害名称	病原物	登记杀菌剂	
稻瘟病	梨孢属稻梨孢(*Pyricularia oryzae*)	单剂	多菌灵、甲基硫菌灵、嘧菌酯、吡唑醚菌酯、春雷毒素、申嗪霉素、多抗霉素、乙蒜素、敌瘟磷、异稻瘟净、稻瘟灵、咪鲜胺(咪鲜胺锰盐)、丙环唑、丙硫唑、戊唑醇、氟环唑、三环唑、稻瘟酰胺、碱式硫酸铜、福美双、百菌清、代森铵、辛菌胺醋酸盐、氯溴异氰尿酸、三氯异氰尿酸、三乙膦酸铝、烯丙苯噻唑、低聚糖素、氨基寡糖素、几丁聚糖、荧光假单胞菌、解淀粉芽孢杆菌、蜡质芽孢杆菌、枯草芽孢杆菌
		混剂	42%多菌灵·8%三唑酮
			40%多菌灵·12%三唑酮
			40%多菌灵·10%三唑酮
			35%多菌灵·5%三唑酮
			20%多菌灵·10%三唑酮
			45%多菌灵·30%三环唑
			30%多菌灵·10%三环唑
			15%多菌灵·15%三环唑
			15%多菌灵·5%三环唑

续表

病害名称	病原物	登记杀菌剂	
稻瘟病	梨孢属稻梨孢（*Pyricularia oryzae*）	混剂	12%多菌灵·8%三环唑
			10%多菌灵·8%三环唑
			6%多菌灵·14%三环唑
			20%多菌灵·20%硫磺
			15%多菌灵·35%硫磺
			13%多菌灵·12%硫磺
			12.5%多菌灵·12.5%硫磺
			10%多菌灵·15%硫磺
			7%多菌灵·35%硫磺
			24%多菌灵·4%井冈霉素
			20%多菌灵·10%井冈霉素
			8%多菌灵·4%井冈霉素
			13.5%多菌灵·46.2%咪鲜胺
			14%多菌灵·7%咪鲜胺锰盐
			12.5%多菌灵·12.5%咪鲜胺
			5%多菌灵·1%丙硫唑
			10%多菌灵·10%福美双
			6%多菌灵·39%福美双
			34.2%甲基硫菌灵·6.8%戊唑醇
			25%甲基硫菌灵·10%戊唑醇
			35%甲基硫菌灵·35%三环唑
			35%甲基硫菌灵·7%咪鲜胺
			35%甲基硫菌灵·5%噻呋酰胺
			30%嘧菌酯·18%苯醚甲环唑
			25%嘧菌酯·15%苯醚甲环唑
			20%嘧菌酯·12.5%苯醚甲环唑
			15%嘧菌酯·15%苯醚甲环唑
			12%嘧菌酯·18%苯醚甲环唑
			22%嘧菌酯·13%己唑醇
			20%嘧菌酯·10%己唑醇
			25%嘧菌酯·20%噻呋酰胺
			20%嘧菌酯·60%三环唑
			20%嘧菌酯·3%噻霉酮

续表

病害名称	病原物	登记杀菌剂	
稻瘟病	梨孢属稻梨孢（*Pyricularia oryzae*）	混剂	18%嘧菌酯·10%井冈霉素
			2%嘧菌酯·28%咪鲜胺
			11.5%醚菌酯·11.5%氟环唑
			6%醚菌酯·20%稻瘟酰胺
			5%春雷霉素·15%戊唑醇
			2%春雷霉素·30%稻瘟灵
			1%春雷霉素·40%稻瘟灵
			0.5%春雷霉素·50%硫磺
			30%异稻瘟净·10%稻瘟灵
			25%异稻瘟净·5%稻瘟灵
			24%异稻瘟净·6%稻瘟灵
			22.5%异稻瘟净·12.5%稻瘟灵
			22.5%异稻瘟净·7.5%稻瘟灵
			20%异稻瘟净·20%稻瘟灵
			18%异稻瘟净·17%稻瘟灵
			10%异稻瘟净.30%稻瘟灵
			10%异稻瘟净·20%稻瘟灵
			22%异稻瘟净·8%三环唑
			20%异稻瘟净·10%三环唑
			15%异稻瘟净·5%三环唑
			14%异稻瘟净·6%三环唑
			13.5%异稻瘟净·6.5%三环唑
			13.3%异稻瘟净·6.7%三环唑
			13%异稻瘟净·7%三环唑
			12%异稻瘟净·8%三环唑
			10%异稻瘟净·10%三环唑
			8%异稻瘟净·12%三环唑
			39%稻瘟灵·13%咪鲜胺
			36%稻瘟灵·12%咪鲜胺
			30%稻瘟灵·10%咪鲜胺
			20%稻瘟灵·12%咪鲜胺
			36%稻瘟灵·4%氟环唑
			20%稻瘟灵·15%丙环唑

续表

病害名称	病原物	登记杀菌剂	
稻瘟病	梨孢属稻梨孢（*Pyricularia oryzae*）	混剂	20%稻瘟灵·40%三环唑
			35%稻瘟灵·7%己唑醇
			30%稻瘟灵·5%己唑醇
			30%稻瘟灵·3%己唑醇
			27%稻瘟灵·3%己唑醇
			20%稻瘟灵·10%己唑醇
			20%稻瘟灵·30%硫磺
			20%稻瘟酰胺·10%丙环唑
			15%稻瘟酰胺·25%三环唑
			20%稻瘟酰胺·10%己唑醇
			20%稻瘟酰胺·5%己唑醇
			20%稻瘟酰胺·10%戊唑醇
			40%稻瘟酰胺·2%氨基寡糖素
			32%咪鲜胺·8%氟环唑
			30%咪鲜胺·15%戊唑醇
			26.7%咪鲜胺·13.3%戊唑醇
			40%咪鲜胺·9%丙环唑
			26%咪鲜胺·10%丙环唑
			20%咪鲜胺·10%丙环唑
			20%咪鲜胺·8%丙环唑
			25%咪鲜胺·5%噻呋酰胺
			10%咪鲜胺·30%三环唑
			5%咪鲜胺·15%三环唑
			30%咪鲜胺铜盐·10%氟环唑
			18.5%咪鲜胺锰盐·1.5%己唑醇
			30%乙蒜素·2%三唑酮
			15%乙蒜素·1%三唑酮
			15%氟环唑·45%三环唑
			10%氟环唑·30%三环唑
			7.5%氟环唑·22.5%三环唑
			5%氟环唑·25%三环唑
			10%己唑醇·30%三环唑
			10%己唑醇·20%三环唑

续表

病害名称	病原物	登记杀菌剂	
稻瘟病	梨孢属稻梨孢（*Pyricularia oryzae*）	混剂	6%己唑醇·24%三环唑
			4.5%己唑醇·22.5%三环唑
			3%烯唑醇·15%三环唑
			12.5%丙环唑·40%三环唑
			20%丙环唑·4%井冈霉素
			10%井冈霉素·30%三环唑
			5%井冈霉素·15%三环唑
			4%井冈霉素·16%三环唑
			10%三环唑·10%三唑酮
			45%三环唑·30%硫磺
			30%三环唑·30%硫磺
			12%三环唑·8%硫磺
			10%三环唑·10%硫磺
			6%三环唑·44%硫磺
			5%三环唑·40%硫磺
			5%三环唑·35%硫磺
			10%多菌灵·5%三环唑·5%井冈霉素
			10%多菌灵·27.5%硫磺·2.5%三唑酮
			10%多菌灵·10%硫磺·5%福美双
			9.2%多菌灵·5.8%三环唑·5%井冈霉素
			5%多菌灵·10%硫磺·10%福美双
			14%三环唑·1%烯唑醇·5%井冈霉素
			6%三唑酮·8%三环唑·2%井冈霉素

(3)链格孢属致病菌

链格孢属分生孢子梗深色，以合轴式延伸，顶端产生倒棍棒形、椭圆形或卵圆形的分生孢子；分生孢子呈褐色，具横、纵或斜隔膜，顶端无喙或有喙，单生或串生。

链格孢属致病菌引起的病害主要有番茄早疫病、马铃薯早疫病、苹果斑点落叶病、梨黑斑病、烟草赤星病、苹果轮斑病、葡萄穗轴褐枯病、黄瓜黑斑病、洋葱紫斑病、白菜黑斑病、莲藕叶斑病、人参黑斑病和三七黑斑病等，可以选择嘧菌酯、吡唑醚菌酯、噁唑菌酮、苯醚甲环唑、戊唑醇、己唑醇、丙环唑、多抗霉素、丙森锌和克菌丹等杀菌剂及其混剂进行防治（表 31-3）。

表 31-3　链格孢属常见植物致病菌归类和杀菌剂选择

序号	病害名称	病原物	登记杀菌剂	
1	番茄早疫病	链格孢属茄链格孢(*Alternaria solani*)	单剂	啶酰菌胺、嘧菌酯、醚菌酯、异菌脲、苯醚甲环唑、多抗霉素、碱式硫酸铜、氢氧化铜、代森锰锌、代森锌、福美锌、百菌清、克菌丹
			混剂	10%甲霜灵·40%琥胶肥酸铜
				62.5%噁霜灵·62.5%代森锰锌
				17.5%多菌灵·35%异菌脲
				15%多菌灵·35%代森锰锌
				12%多菌灵·24%代森锰锌
				21.5%氟吡菌酰胺·21.5%肟菌酯
				7%氟唑菌酰胺·5%苯醚甲环唑
				17.5%氟吡菌酰胺·17.5%戊唑醇
				20%嘧菌酯·12.5%苯醚甲环唑
				11%嘧菌酯·18%戊唑醇
				6%嘧菌酯·50%百菌清
				5%吡唑醚菌酯·55%代森联
				25%肟菌酯·50%戊唑醇
				22.5%噁唑菌酮·30%霜脲氰
				6.25%噁唑菌酮·62.5%代森锰锌
				16%氢氧化铜·48%福美锌
				35%代森锰锌·25%福美双
				56%代森锰锌·8%百菌清
				40%代森锰锌·30%百菌清
				30%代森锰锌·48%波尔多液
				44%代森锌·2%中生菌素
2	马铃薯早疫病	链格孢属茄链格孢(*Alternaria solani*)	单剂	嘧菌酯、啶酰菌胺、百菌清
			混剂	6.7%吡唑醚菌酯·12%烯酰吗啉
				25%肟菌酯·50%戊唑醇
				22.5%噁唑菌酮·30%霜脲氰
3	苹果斑点落叶病	链格孢属链格孢苹果专化型(*Alternaria alternaria* f. sp. *mali*)	单剂	吡唑醚菌酯、醚菌酯、多苯醚甲环唑、己唑醇、烯唑醇、氟环唑、腈菌唑、戊唑醇、亚胺唑、多菌灵、异菌脲、氢氧化铜、代森锰锌、代森联、代森锌、百菌清
			混剂	62.5%噁霜灵·62.5%代森锰锌
				25%多菌灵·5%苯醚甲环唑
				17.5%多菌灵·35%异菌脲

续表

序号	病害名称	病原物	登记杀菌剂	
3	苹果斑点落叶病	链格孢属链格孢苹果专化型(*Alternaria alternaria* f. sp. *mali*)	混剂	15%多菌灵·5%异菌脲
				10%多菌灵·10%戊唑醇
				40%多菌灵·20%三乙膦酸铝
				20%多菌灵·40%三乙膦酸铝
				30%多菌灵·50%代森锰锌
				30%多菌灵·40%代森锰锌
				25%多菌灵·5%代森锰锌
				20%多菌灵·60%代森锰锌
				20%多菌灵·50%代森锰锌
				20%多菌灵·40%代森锰锌
				20%多菌灵·30%代森锰锌
				20%多菌灵·20%代森锰锌
				17.5%多菌灵·17.5%代森锰锌
				16%多菌灵·34%代森锰锌
				16%多菌灵·24%代森锰锌
				15%多菌灵·65%代森锰锌
				12%多菌灵·63%代森锰锌
				12%多菌灵·58%代森锰锌
				8%多菌灵·42%代森锰锌
				40%多菌灵·30%丙森锌
				25%甲基硫菌灵·15%吡唑醚菌酯
				25%甲基硫菌灵·5%吡唑醚菌酯
				42%甲基硫菌灵·8%苯醚甲环唑
				42%甲基硫菌灵·3%苯醚甲环唑
				38%甲基硫菌灵·10%戊唑醇
				10%嘧菌酯·30%戊唑醇
				20%吡唑醚菌酯·10%苯醚甲环唑
				10%吡唑醚菌酯·30%戊唑醇
				10%吡唑醚菌酯·20%戊唑醇
				8%吡唑醚菌酯·37%戊唑醇
				5%吡唑醚菌酯·55%代森联
				5%吡唑醚菌酯·50%克菌丹
				50%醚菌酯·25%氟环唑

续表

序号	病害名称	病原物	登记杀菌剂	
3	苹果斑点落叶病	链格孢属链格孢苹果专化型（*Alternaria alternaria* f. sp. *mali*）	混剂	20%醚菌酯·30%氟环唑
				54%醚菌酯·18%苯醚甲环唑
				30%醚菌酯·10%苯醚甲环唑
				25%醚菌酯·10%己唑醇
				35%醚菌酯·35%戊唑醇
				30%醚菌酯·40%戊唑醇
				20%醚菌酯·50%戊唑醇
				15%醚菌酯·15%戊唑醇
				8%醚菌酯·40%戊唑醇
				10%醚菌酯·60%代森联
				10%醚菌酯·45%丙森锌
				8%醚菌酯·40%丙森锌
				4%醚菌酯·52%丙森锌
				25%肟菌酯·50%戊唑醇
				12%烯肟菌酯·6%氟环唑
				6.25%噁唑菌酮·62.5%代森锰锌
				20%异菌脲·10%戊唑醇
				20%异菌脲·5%戊唑醇
				15%异菌脲·10%戊唑醇
				12%异菌脲·8%戊唑醇
				12.5%异菌脲.37.5%代森锰锌
				10%异菌脲.70%丙森锌
				8%异菌脲.42%福美双
				2%咪鲜胺·25%戊唑醇
				8%苯醚甲环唑·56%代森锰锌
				5%苯醚甲环唑·50%代森锰锌
				10%苯醚甲环唑·58%代森联
				5%苯醚甲环唑·40%代森联
				5%苯醚甲环唑·45%丙森锌
				5%苯醚甲环唑·50%克菌丹
				14%苯醚甲环唑·3%中生菌素
				5%苯醚甲环唑·2%中生菌素
				8%苯醚甲环唑·8%嘧啶核苷类抗菌素

续表

序号	病害名称	病原物	登记杀菌剂	
3	苹果斑点落叶病	链格孢属链格孢苹果专化型（*Alternaria alternaria* f. sp. *mali*）	混剂	2%腈菌唑·30%代森锰锌
				5%腈菌唑·40%丙森锌
				5%己唑醇·5%多抗霉素
				5%己唑醇·40%丙森锌
				25%戊唑醇·2%噻霉酮
				12%戊唑醇·24%喹啉铜
				30%戊唑醇·3%氨基寡糖素
				43%戊唑醇·2%几丁聚糖
				34%戊唑醇·2%几丁聚糖
				6.4%戊唑醇·63.6%代森锰锌
				2.3%戊唑醇·22.7%代森锰锌
				5%戊唑醇·65%代森联
				30%戊唑醇·40%丙森锌
				10%戊唑醇·60%丙森锌
				10%戊唑醇·50%丙森锌
				10%戊唑醇·38%丙森锌
				5%戊唑醇·65%丙森锌
				5%戊唑醇·60%丙森锌
				5%戊唑醇·50%丙森锌
				31.5%戊唑醇·10.5%百菌清
				2.5%烯唑醇·30%代森锰锌
				2%多抗霉素·44%代森锰锌
				5%多抗霉素·60%克菌丹
				24%三乙膦酸铝·40%代森锰锌
				30%代森锰锌·48%波尔多液
4	梨黑斑病	链格孢属菊池链格孢（*Alternaria kikuchiana*）	单剂	多抗霉素
			混剂	5%多抗霉素·45%喹啉铜
5	烟草赤星病	链格孢属链格孢（*Alternaria alternata*）	单剂	腈菌唑、多抗霉素、代森锰锌、枯草芽孢杆菌
			混剂	13%噁霉灵·6%络氨铜
6	苹果轮斑病	链格孢属苹果链格孢（*Alternaria mali*）	单剂	异菌脲、多抗霉素

续表

序号	病害名称	病原物	登记杀菌剂	
7	葡萄穗轴褐枯病	链格孢属葡萄生链格孢霉（*Alternaria viticola*）	混剂	20%啶酰菌胺·10%醚菌酯
8	黄瓜黑斑病	链格孢属瓜链格孢菌（*Alternaria cucumerina*）	单剂	春雷霉素
			混剂	3%春雷霉素·2%中生菌素
9	洋葱紫斑病	链格孢属香葱链格孢（*Alternaria porri*）	单剂	苯醚甲环唑
			混剂	21.5%氟吡菌酰胺·21.5%肟菌酯
10	白菜黑斑病	链格孢属芸薹链格孢（*Alternaria brassicae*）	单剂	苯醚甲环唑、戊唑醇
			混剂	62.5%噁霜灵·62.5%代森锰锌
11	莲藕叶斑病	链格孢属莲链格孢（*Alternaria nelumbii*）	单剂	多菌灵、丙环唑
12	人参黑斑病	链格孢属人参链格孢（*Alternaria panax*）	单剂	嘧菌酯、异菌脲、苯醚甲环唑、丙环唑、多抗霉素、王铜、枯草芽孢杆菌
13	三七黑斑病	链格孢属人参链格孢（*Alternaria panax*）	单剂	苯醚甲环唑

(4)平脐蠕孢属致病菌

平脐蠕孢属分生孢子梗粗壮，顶部合轴式延伸；分生孢子呈梭形，直或弯曲，深褐色，脐点位于基细胞内，分生孢子萌发时两端细胞伸出芽管。

平脐蠕孢属致病菌引起的病害主要有水稻胡麻斑病、小麦根腐病和玉米小斑病等，可以选择嘧菌酯、戊唑醇、丙环唑、咯菌腈和丙森锌等杀菌剂及其混剂进行防治(表 31-4)。

表 31-4　平脐蠕孢属常见植物致病菌归类和杀菌剂选择

序号	病害名称	病原物	登记杀菌剂	
1	水稻胡麻斑病	平脐蠕孢属稻平脐蠕孢（*Bipolaris oryzae*）	单剂	丙森锌
2	小麦根腐病	平脐蠕孢属麦根腐平脐蠕孢菌（*Bipolaris sorokiniana*）	单剂	咯菌腈、丙环唑
3	玉米小斑病	平脐蠕孢属玉蜀黍平脐蠕孢（*Bipolaris maydis*）	混剂	12%嘧菌酯·20%戊唑醇
				7%嘧菌酯·11.7%丙环唑

(5)突脐蠕孢属致病菌

突脐蠕孢属分生孢子梗粗壮，顶部合轴式延伸；分生孢子梭形至圆筒形，直或弯曲，深褐色，脐点突出，分生孢子萌发时从两端伸出芽管。

突脐蠕孢属致病菌引起的病害主要有玉米大斑病，可以选择嘧菌酯、吡唑醚菌酯、肟菌酯、戊唑醇、丙环唑、氟环唑和枯草芽孢杆菌等杀菌剂及其混剂进行防治(表 31-5)。

表 31-5 突脐蠕孢属常见植物致病菌归类和杀菌剂选择

病害名称	病原物	登记杀菌剂	
玉米大斑病	突脐蠕孢属玉米大斑突脐蠕孢(*Exserohilum turcicum*)	单剂	吡唑醚菌酯、枯草芽孢杆菌
		混剂	12%嘧菌酯·20%戊唑醇
			10.5%嘧菌酯·17.5丙环唑
			7%嘧菌酯·11.7%丙环唑
			25%吡唑醚菌酯·10%氟环唑
			12.3%吡唑醚菌酯·4.7%氟环唑
			25%肟菌酯·50%戊唑醇

(6)尾孢属致病菌

尾孢属分生孢子梗褐色，呈屈膝状，孢痕明显加厚；分生孢子针形、倒棍棒形或鞭形，无色或淡色，多隔膜，基部脐点黑色，加厚明显。

尾孢属致病菌引起的病害主要有玉米灰斑病、桃褐斑病和甜菜褐斑病等，可以选择嘧菌酯、戊唑醇和硫磺等杀菌剂及其混剂进行防治(表 31-6)。

表 31-6 尾孢属常见植物致病菌归类和杀菌剂选择

序号	病害名称	病原物	登记杀菌剂	
1	玉米灰斑病	尾孢属玉蜀黍尾孢(*Cercospora zeae-maydis*)	混剂	12%嘧菌酯·20%戊唑醇
2	桃褐斑病	尾孢属核果尾孢霉(*Cercospora circumscissa*)	单剂	硫磺
3	甜菜褐斑病	尾胞属甜菜生尾孢(*Cercospora beticola*)	单剂	三苯基乙酸锡、多菌灵
			混剂	20%多菌灵·20%硫磺

(7)轮枝孢属致病菌

轮枝孢属分生孢子梗轮状分枝，产孢细胞基部略膨大；分生孢子单细胞，呈卵圆形至椭圆形，单生或聚生。

轮枝孢属致病菌引起的病害主要有棉花黄萎病，可以选择三氯异氰尿酸、枯草芽孢杆菌、解淀粉芽孢杆菌和氨基寡糖素等杀菌剂及其混剂进行防治(表 31-7)。

表 31-7　轮枝孢属常见植物致病菌归类和杀菌剂选择

病害名称	病原物	登记杀菌剂	
棉花黄萎病	轮枝孢属大丽轮枝孢(*Verticillium dahliae*)	单剂	三氯异氰尿酸、枯草芽孢杆菌、解淀粉芽孢杆菌、氨基寡糖素

(8)枝孢霉属致病菌

枝孢霉属又称芽枝霉属,其分生孢子梗黑色,顶端或中部形成分枝;分生孢子单细胞或双细胞,黑褐色,圆筒形,卵圆形或不规则形,单生,常芽殖形成短串。

枝孢霉属致病菌引起的病害主要有黄瓜黑星病和西瓜黑星病,可以选择嘧菌酯、氟硅唑、腈菌唑、氟吡菌酰胺和福美双等杀菌剂及其混剂进行防治(表 31-8)。

表 31-8　枝孢霉属常见植物致病菌归类和杀菌剂选择

序号	病害名称	病原物	登记杀菌剂	
1	黄瓜黑星病	枝孢霉属瓜疮痂枝孢霉菌(*Cladosporium cucumerinum*)	单剂	嘧菌酯、氟硅唑
			混剂	5%腈菌唑・15%福美双
				2%腈菌唑・18%福美双
2	西瓜黑星病	枝孢霉属瓜疮痂枝孢霉菌(*Cladosporium cucumerinum*)	混剂	17.5%戊唑醇・17.5%氟吡菌酰胺

(9)丛梗孢属致病菌

丛梗孢属分生孢子梗二叉状或不规则分枝,无色,芽生串孢型的分生孢子;分生孢子呈椭圆形至长椭圆形,单细胞,孢子链呈念珠状。

丛梗孢属致病菌引起的病害主要有桃褐腐病,可以选择腈苯唑等杀菌剂进行防治(表 31-9)。

表 31-9　丛梗孢属常见植物致病菌归类和杀菌剂选择

病害名称	病原物	登记杀菌剂	
桃褐腐病	丛梗孢属(*Monilia* spp.)	单剂	腈苯唑

(10)青霉属致病菌

青霉属分生孢子梗直立,顶端一至多次分枝,形成扫帚状,分枝顶端产生瓶状小梗,小梗顶端产生成串的内壁芽生式分生孢子。

青霉属致病菌引起的病害主要有柑橘绿霉病和柑橘青霉病等,可以选择抑霉唑和咪鲜胺等杀菌剂及其混剂进行防治(表 31-10)。

表 31-10 青霉属常见植物致病菌归类和杀菌剂选择

序号	病害名称	病原物	登记杀菌剂	
1	柑橘绿霉病	青霉属指状青霉(*Penicillium digitatum*)	单剂	抑霉唑
			混剂	4%抑霉唑·24%咪鲜胺
				2%抑霉唑·12%咪鲜胺
2	柑橘青霉病	青霉属意大利青霉(*Penicillium italicum*)	单剂	抑霉唑、枯草芽孢杆菌
			混剂	4%抑霉唑·24%咪鲜胺
				2%抑霉唑·12%咪鲜胺

31.1.2 瘤座菌目致病菌

(1)镰孢属致病菌

镰孢属大型分生孢子多细胞，镰刀形；小型分生孢子单细胞，椭圆形至卵圆形。

镰孢属致病菌引起的病害主要有水稻恶苗病、棉花红腐病、小麦赤霉病、西瓜枯萎病、棉花枯萎病、辣椒枯萎病、茄子枯萎病、黄瓜枯萎病、人参根腐病、甜菜根腐病、香蕉轴腐病、香蕉冠腐病和三七根腐病等，可以选择噁霉灵、多菌灵、甲基硫菌灵、咯菌腈、咪鲜胺、戊唑醇、己唑醇、氟环唑、丙硫菌唑、三唑酮、氰烯菌酯、三氯异氰尿酸、混合氨基酸铜、福美双、枯草芽孢杆菌和解淀粉芽孢杆菌等杀菌剂及其混剂进行防治(表 31-11)。

表 31-11 镰孢属常见植物致病菌归类和杀菌剂选择

序号	病害名称	病原物	登记杀菌剂	
1	水稻恶苗病	镰孢属串珠镰孢菌(*Fusarium moniliforme*)	单剂	噁霉灵、甲基硫菌灵、咯菌腈、咪鲜胺、戊唑醇
			混剂	2.5%甲霜灵·1%咪鲜胺
				1.88%甲霜灵·2.35%种菌唑
				3.75%精甲霜灵·2.5%咯菌腈
				40%多菌灵·10%咪鲜胺锰盐
				10%多菌灵·5%福美双
				7%多菌灵·12%福美双
				5%多菌灵·15%代森铵
				37.5%萎锈灵·37.5%福美双
				5%三唑酮·40%福美双
				3%甲霜灵·6%甲基硫菌灵·3%嘧菌酯
				2%甲霜灵·1%咪鲜胺·13%福美双
				1%甲霜灵·1%噁霉灵·1%咪鲜胺
				1.8%精甲霜灵·0.6%咯菌腈·3.6%嘧菌酯

续表

序号	病害名称	病原物	登记杀菌剂	
2	棉花红腐病	镰孢属串珠镰孢（*Fusarium moniliforme*）	混剂	20%五氯硝基苯・20%福美双
				10%多菌灵・4%福美双・1%三唑酮
				12%多菌灵・9.5%克百威・1.2%三唑酮
3	小麦赤霉病	镰孢属禾谷镰孢（*Fusarium graminearum*）	单剂	多菌灵、甲基硫菌灵、粉唑醇、戊唑醇、醚菌酯、氰烯菌酯、丙硫菌唑、枯草芽孢杆菌
			混剂	21%多菌灵・7%烯肟菌酯
				13.5%多菌灵・46.2%咪鲜胺
				30%多菌灵・2%烯唑醇
				40%多菌灵・10%氟环唑
				40%多菌灵・11%氟环唑
				64%多菌灵・16%戊唑醇
				36%多菌灵・6%戊唑醇
				35%多菌灵・5%戊唑醇
				22%多菌灵・8%戊唑醇
				12%多菌灵・12%戊唑醇
				57%多菌灵・3%三唑酮
				45%多菌灵・2%三唑酮
				40%多菌灵・10%三唑酮
				35%多菌灵・5%三唑酮
				32.5%多菌灵・3.5%三唑酮
				28%多菌灵・5%三唑酮
				27%多菌灵・9%三唑酮
				25%多菌灵・8%三唑酮
				24%多菌灵・9%三唑酮
				24%多菌灵・6%三唑酮
				20%多菌灵・10%三唑酮
				24%多菌灵・4%井冈霉素
				15%多菌灵・35%硫磺
				35%甲基硫菌灵・7%咪鲜胺
				32%甲基硫菌灵・3%氟环唑
				30%咪鲜胺・15%戊唑醇
				30%甲基硫菌灵・40%福美双
				30%甲基硫菌灵・20%福美双

续表

序号	病害名称	病原物	登记杀菌剂	
3	小麦赤霉病	镰孢属禾谷镰孢（*Fusarium graminearum*）	混剂	26.7%咪鲜胺·13.3%戊唑醇
				24.5%咪鲜胺·12.5%戊唑醇
				24.5%咪鲜胺·4%戊唑醇
				13.3%咪鲜胺·26.7%戊唑醇
				2%咪鲜胺·25%戊唑醇
				35%咪鲜胺锰盐·7%戊唑醇
				20%咪鲜胺锰盐·26.7%戊唑醇
				20%咪鲜胺锰盐·4%戊唑醇
				8%三唑酮·40%福美双
				5%己唑醇·15%氰烯菌酯
				25%戊唑醇·2%噻霉酮
				12.5%戊唑醇·62.5%百菌清
				12%戊唑醇·36%氰烯菌酯
				10%戊唑醇·5%丙硫唑
				5%戊唑醇·25%福美双
				0.3%戊唑醇·15.7%福美双
				2%井冈霉素·8亿个/克蜡质芽孢杆菌
				17%多菌灵·6%三唑酮·17%福美双
				16.6%多菌灵·4.7%三唑酮·16.7%福美双
				15%多菌灵·10%福美双·25%硫磺
				7.5%多菌灵·5%福美双·12.5%硫磺
				14%甲基硫菌灵·25%福美双·31%硫磺
				10%甲基硫菌灵·18%福美双·22%硫磺
4	西瓜枯萎病	镰孢属尖孢镰西瓜专化型（*Fusarium oxysporum* f. sp. *niveum*）	单剂	噁霉灵、敌磺钠、咯菌腈、咪鲜胺（咪鲜胺锰盐）、多抗霉素、氨基寡糖素、混合氨基酸铜、络氨铜、申嗪霉素、解淀粉芽孢杆菌
			混剂	0.55%甲霜灵·1.65%百菌清
				32%多菌灵·8%五氯硝基苯
				20%多菌灵·20%五氯硝基苯
				40%甲基硫菌灵·16%噁霉灵
				40%甲基硫菌灵·10%噁霉灵
				25%甲基硫菌灵·5%戊唑醇
				15%甲基硫菌灵·25%福美双

续表

序号	病害名称	病原物	登记杀菌剂	
4	西瓜枯萎病	镰孢属尖孢镰西瓜专化型（*Fusarium oxysporum* f. sp. *niveum*）	混剂	10%稻瘟灵·10%霉嘧灵
				35%多菌灵·15%氢氧化铜
				3%多菌灵·12%混合氨基酸铜
				15%络氨铜·6.4%柠檬酸铜
				4%甲基硫菌灵·25%福美双·31%硫磺
5	棉花枯萎病	镰孢属尖镰孢萎蔫专化型（*Fusarium oxysporium* f. sp. *vasinfectum*）	单剂	戊唑醇、氨基寡糖素、辛菌胺醋酸盐、三氯异氰尿酸
			混剂	2%三唑酮·30%乙蒜素
6	辣椒枯萎病	镰孢属尖镰孢辣椒专化型（*Fusedum oxysporum* f. sp. *capsicum*）	单剂	枯草芽孢杆菌
7	茄子枯萎病	镰孢属尖镰孢茄专化型（*Fusarium oxysporum* f. sp. melongenae）	混剂	15%多菌灵·15%福美双
8	黄瓜枯萎病	镰孢属尖镰孢黄瓜专化型（*Fusarium oxysporum* f. sp. *cucumerinum*）	单剂	春雷毒素、敌磺钠、氨基寡糖素、混合氨基酸铜、枯草芽孢杆菌
			混剂	15%甲基硫菌灵·55%福美双
				2%三唑酮·30%乙蒜素
				0.5%甲霜灵·2.5%嘌霉灵
9	人参根腐病	镰孢属尖镰孢（*Fusarium oxysporum*）	单剂	枯草芽孢杆菌
10	甜菜根腐病	镰孢属黄色镰孢（*Fusarium culmorum*）	单剂	福美双
11	香蕉轴腐病	镰孢属（*Fusarium* spp.）	单剂	吡唑醚菌酯、抑霉唑
12	香蕉冠腐病	镰孢属（*Fusarium* spp.）	单剂	异菌脲
			混剂	16%异菌脲·16%咪鲜胺
				10%异菌脲·10%咪鲜胺
				8%异菌脲·8%咪鲜胺
				10%抑霉唑·20%咪鲜胺
13	三七根腐病	镰孢属（*Fusarium* spp.）	单剂	枯草芽孢杆菌

(2)绿核菌属致病菌

绿核菌属分生孢子座形成于寄主子房内，其上密生分生孢子，分生孢子梗细小；分生孢子单生，单细胞，表面有疣状突起，橄榄绿色。

绿核菌属致病菌引起的病害主要有稻曲病，可以选择嘧菌酯、肟菌酯、己唑醇、丙环唑、咪鲜胺、腈苯唑、氟环唑、戊唑醇和苯醚甲环唑等杀菌剂及其混剂进行防治(表 31-12)。

表 31-12 绿核菌属常见植物致病菌归类和杀菌剂选择

病害名称	病原物	登记杀菌剂	
稻曲病	绿核菌属绿核菌 (*Ustilaginoidea virens*)	单剂	嘧菌酯、己唑醇、丙环唑、咪鲜胺、腈苯唑、氟环唑、戊唑醇、井冈霉素、碱式硫酸铜、枯草芽孢杆菌
		混剂	5%噻呋酰胺・35%甲基硫菌灵
			20%噻呋酰胺・25%嘧菌酯
			12%噻呋酰胺・6%嘧啶核苷类抗菌素
			10%噻呋酰胺・20%氟环唑
			25%噻呋酰胺・5%戊唑醇
			20%噻呋酰胺・32%戊唑醇
			20%噻呋酰胺・10%戊唑醇
			15%噻呋酰胺・30%戊唑醇
			10%噻呋酰胺・22%戊唑醇
			45%多菌灵・15%戊唑醇
			35%多菌灵・5%三唑酮
			34.2%甲基硫菌灵・6.8%戊唑醇
			20%甲基硫菌灵・5%戊唑醇
			2%嘧菌酯・28%咪鲜胺
			30%嘧菌酯・5%氟环唑
			20%嘧菌酯・10%己唑醇
			25%嘧菌酯・50%戊唑醇
			20%嘧菌酯・30%戊唑醇
			10%嘧菌酯・35%戊唑醇
			10%嘧菌酯・10%戊唑醇
			18%嘧菌酯・10%井冈霉素
			15%吡唑醚菌酯・15%丙环唑
			25%肟菌酯・50%戊唑醇
			16%肟菌酯・32%戊唑醇
			10%肟菌酯・30%戊唑醇

续表

病害名称	病原物	登记杀菌剂	
稻曲病	绿核菌属绿核菌(*Ustilaginoidea virens*)	混剂	10%丁香菌酯·30%戊唑醇
			36%稻瘟灵·4%氟环唑
			27%稻瘟灵·3%己唑醇
			240 亿个/克枯草芽孢杆菌·6%井冈霉素
			200 亿 CFU/克枯草芽孢杆菌·20%井冈霉素 A
			200 亿个/毫升枯草芽孢杆菌·5%井冈霉素
			100 亿孢子/克枯草芽孢杆菌·20%井冈霉素 A
			100 亿活芽孢/毫升枯草芽孢杆菌·2.5%井冈霉素
			40%咪鲜胺·9%丙环唑
			26%咪鲜胺·10%丙环唑
			15%咪鲜胺·15%戊唑醇
			30%咪鲜胺铜盐·10%氟环唑
			20%咪鲜胺锰盐·4%戊唑醇
			15%苯醚甲环唑·15%丙环唑
			20%苯醚甲环唑·20%戊唑醇
			4%苯醚甲环唑·8%井冈霉素
			3%烯唑醇·15%井冈霉素
			2%烯唑醇·10%井冈霉素
			5%氟环唑·9%井冈霉素
			30%氟环唑·6%嘧啶核苷类抗菌素
			15%丙环唑·25%戊唑醇
			15%丙环唑·15%戊唑醇
			20%丙环唑·4%井冈霉素
			3%丙环唑·12%井冈霉素
			2%丙环唑·8%井冈霉素
			15%三环唑·5%井冈霉素
			26%戊唑醇·4%井冈霉素
			10%戊唑醇·5%井冈霉素
			5%戊唑醇·12%井冈霉素
			4%戊唑醇·10%井冈霉素
			30%戊唑醇·40%丙森锌
			10%戊唑醇·30%噻唑锌
			10%戊唑醇·10%烯肟菌胺

续表

病害名称	病原物	登记杀菌剂	
稻曲病	绿核菌属绿核菌(*Ustilaginoidea virens*)	混剂	10%井冈霉素·5%蜡质芽孢杆菌
			5%井冈霉素·32%蜡质芽孢杆菌
			2%井冈霉素·8亿个/克蜡质芽孢杆菌
			5%井冈霉素·1%嘧啶核苷类抗菌素
			2%井冈霉素·1%嘧啶核苷类抗菌素
			4%井冈霉素·0.5%硫酸铜
			6.2%井冈霉素·9.3%三唑酮
			5%噻呋酰胺·18%嘧菌酯·10%井冈毒素
			35%甲基硫菌灵 30%嘧菌酯·5%氟环唑
			1%烯唑醇·14%三环唑·5%井冈霉素
			8%三环唑·6%三唑酮·2%井冈霉素

31.1.3 无孢目致病菌

(1)丝核菌属致病菌

丝核菌属生长后期形成菌核;菌核褐色或黑色,形状不一,表面粗糙;菌丝多为直角分枝,褐色,在分枝处有缢缩,分枝不远处即有一个隔膜。

丝核菌属致病菌可引起不同作物的纹枯病和立枯病,如水稻纹枯病、棉花立枯病、马铃薯黑痣病、大豆立枯病、油菜立枯病、花生立枯病、番茄立枯病、辣椒立枯病、茄子立枯病、黄瓜立枯病、西瓜立枯病、草坪褐斑病、人参立枯病和小麦纹枯病等,可以选择噻呋酰胺、氟酰胺、甲基硫菌灵、己唑醇、苯醚甲环唑、烯唑醇、氟环唑、丙环唑、戊唑醇、三唑酮、嘧菌酯、井冈霉素、多抗霉素、甲基立枯磷、噁霉灵、咯菌腈和克菌丹等杀菌剂及其混剂进行防治(表 31-13)。

表 31-13 丝核菌属常见植物致病菌归类和杀菌剂选择

序号	病害名称	病原物	登记杀菌剂	
1	水稻纹枯病	丝核菌属立枯丝核菌(*Rhizoctonia solani*)	单剂	噻呋酰胺、甲基硫菌灵、氟酰胺、己唑醇、苯醚甲环唑、烯唑醇、氟环唑、丙环唑、戊唑醇、嘧菌酯、井冈霉素、多抗霉素、三唑酮、氧化亚铜、百菌清
			混剂	15%噻呋酰胺·35%甲基硫菌灵
				20%噻呋酰胺·25%嘧菌酯
				10%噻呋酰胺·20%嘧菌酯
				5%噻呋酰胺·25%咪鲜胺
				20%噻呋酰胺·15%氟环唑

续表

序号	病害名称	病原物	登记杀菌剂	
1	水稻纹枯病	丝核菌属立枯丝核菌(*Rhizoctonia solani*)	混剂	15%噻呋酰胺·5%氟环唑
				10%噻呋酰胺·20%氟环唑
				13.9%噻呋酰胺·13.9%苯醚甲环唑
				25%噻呋酰胺·25%己唑醇
				15%噻呋酰胺·5%己唑醇
				13.9%噻呋酰胺·13.9%己唑醇
				10%噻呋酰胺·40%己唑醇
				10%噻呋酰胺·30%己唑醇
				10%噻呋酰胺·5%己唑醇
				13.9%噻呋酰胺·13.9%己唑醇
				8%噻呋酰胺·32%己唑醇
				2.5%噻呋酰胺·10.5%己唑醇
				25%噻呋酰胺·5%戊唑醇
				22%噻呋酰胺·10%戊唑醇
				20%噻呋酰胺·32%戊唑醇
				20%噻呋酰胺·10%戊唑醇
				15%噻呋酰胺·30%戊唑醇
				10%噻呋酰胺·22%戊唑醇
				12%噻呋酰胺·6%嘧啶核苷类抗菌素
				4%噻呋酰胺·20%井冈霉素 A
				3%噻呋酰胺·13%井冈霉素 A
				20%多菌灵·20%氟环唑
				27%多菌灵·3%苯醚甲环唑
				15%多菌灵·5%苯醚甲环唑
				28%多菌灵·2%己唑醇
				22%多菌灵·8%戊唑醇
				35%多菌灵·5%三唑酮
				32.5%多菌灵·3.5%三唑酮
				20%多菌灵·10%三唑酮
				25%多菌灵·5%三唑酮
				5%多菌灵·5%三唑酮
				24%多菌灵·4%井冈霉素
				20%多菌灵·10%井冈霉素

续表

序号	病害名称	病原物		登记杀菌剂
1	水稻纹枯病	丝核菌属立枯丝核菌 (*Rhizoctonia solani*)	混剂	6%多菌灵·14%井冈霉素
				66%甲基硫菌灵·4%己唑醇
				45%甲基硫菌灵·5%己唑醇
				40%甲基硫菌灵·10%己唑醇
				40%甲基硫菌灵·5%己唑醇
				27%甲基硫菌灵·3%己唑醇
				24%甲基硫菌灵·3%己唑醇
				20%甲基硫菌灵·5%己唑醇
				20%甲基硫菌灵·4%己唑醇
				34.2%甲基硫菌灵·6.8%戊唑醇
				25%甲基硫菌灵·10%戊唑醇
				20%甲基硫菌灵·5%戊唑醇
				6%醚菌酯·20%稻瘟酰胺
				11.5%醚菌酯·11.5%氟环唑
				30%嘧菌酯·30%氟酰胺
				10%嘧菌酯·10%氟酰胺
				9.5%嘧菌酯·7.5%四氟醚唑
				30%嘧菌酯·10%苯醚甲环唑
				20%嘧菌酯·12.5%苯醚甲环唑
				12.5%嘧菌酯·20%苯醚甲环唑
				12%嘧菌酯·18%苯醚甲环唑
				11.5%嘧菌酯·18.5%苯醚甲环唑
				30%嘧菌酯·5%氟环唑
				10%嘧菌酯·30%氟环唑
				5%嘧菌酯·30%氟环唑
				20%嘧菌酯·12%丙环唑
				7.2%嘧菌酯·11.8%丙环唑
				20%嘧菌酯·20%粉唑醇
				20%嘧菌酯·10%己唑醇
				15%嘧菌酯·10%己唑醇
				10%嘧菌酯·20%己唑醇
				8%嘧菌酯·16%己唑醇
				25%嘧菌酯·50%戊唑醇

续表

序号	病害名称	病原物	登记杀菌剂	
1	水稻纹枯病	丝核菌属立枯丝核菌（*Rhizoctonia solani*）	混剂	20%嘧菌酯·30%戊唑醇
				15%嘧菌酯·25%戊唑醇
				10%嘧菌酯·10%戊唑醇
				18%嘧菌酯·10%井冈毒素 A
				3%嘧菌酯·9%井冈霉素 A
				20%吡唑醚菌酯·10%己唑醇
				15%吡唑醚菌酯·15%丙环唑
				25%肟菌酯·50%戊唑醇
				10%肟菌酯·30%戊唑醇
				2.5%春雷霉素·12.5%己唑醇
				12%春雷霉素·5%戊唑醇
				5%春雷霉素·15%戊唑醇
				5%春雷霉素·10%戊唑醇
				4%春雷霉素·26%戊唑醇
				36%稻瘟灵·4%氟环唑
				30%稻瘟灵·3%己唑醇
				27%稻瘟灵·3%己唑醇
				20%咪鲜胺·8%苯醚甲环唑
				32%咪鲜胺·8%氟环唑
				20%咪鲜胺·10%氟环唑
				40%咪鲜胺·9%丙环唑
				15%咪鲜胺·15%丙环唑
				30%咪鲜胺·15%戊唑醇
				26.7%咪鲜胺·13.3%戊唑醇
				8%咪鲜胺·8%井冈霉素
				60%咪鲜胺锰盐·15%苯醚甲环唑
				20%咪鲜胺锰盐·8%苯醚甲环唑
				20%咪鲜胺锰盐·5%己唑醇
				18.5%咪鲜胺锰盐·1.5%己唑醇
				20%咪鲜胺锰盐·4%戊唑醇
				30%咪鲜胺铜盐·10%氟环唑
				30%苯醚甲环唑·30%丙环唑
				25%苯醚甲环唑·25%丙环唑

续表

序号	病害名称	病原物	登记杀菌剂	
1	水稻纹枯病	丝核菌属立枯丝核菌（*Rhizoctonia solani*）	混剂	20%苯醚甲环唑·20%丙环唑
				15%苯醚甲环唑·15%丙环唑
				9%苯醚甲环唑·9%丙环唑
				25%苯醚甲环唑·5%己唑醇
				5%苯醚甲环唑·25%己唑醇
				4%苯醚甲环唑·8%井冈霉素 A
				2%烯唑醇·10%井冈霉素
				30%氟环唑·6%嘧啶核苷类抗菌素
				8%氟环唑·16%井冈霉素
				5%氟环唑·9%井冈霉素
				20%己唑醇·20%氟醚菌酰胺
				2.5%己唑醇·8.5%井冈霉素
				1.2%己唑醇·2.3%井冈毒素
				5%丙环唑·40%三环唑
				15%丙环唑·25%戊唑醇
				15%丙环唑·15%戊唑醇
				20%丙环唑·4%井冈霉素
				3%丙环唑·12%井冈霉素
				2%丙环唑·8%井冈霉素
				30%戊唑醇·10%丁香菌酯
				30%戊唑醇·40%丙森锌
				10%戊唑醇·20%稻瘟酰胺
				4%戊唑醇·10%井冈霉素 A
				20%三唑酮·8%井冈霉素
				9.3%三唑酮·6.2%井冈霉素
				8%三唑酮·20%井冈霉素
				7%三唑醇·14%井冈霉素
				5%三唑酮·10%井冈霉素
				5%三唑酮·25%硫磺
				2%井冈霉素·1%嘧啶核苷类抗菌素
				2.5%井冈霉素·0.25%菇类蛋白多糖
				10%井冈霉素·39%三环唑
				5%井冈霉素·15%三环唑

续表

序号	病害名称	病原物	登记杀菌剂	
1	水稻纹枯病	丝核菌属立枯丝核菌(*Rhizoctonia solani*)	混剂	4%井冈霉素·16%三环唑
				16%井冈霉素·0.0004%羟烯腺嘌呤
				11.8%井冈霉素·0.2%蛇床子素
				5.9%井冈霉素·0.1%蛇床子素
				4%井冈霉素·1%腐殖酸
				4%井冈霉素·0.5%硫酸铜
				20%井冈霉素·200 亿 CFU/克枯草芽孢杆菌
				10%井冈霉素·5%蜡质芽孢杆菌
				25 克/升井冈霉素·10000 亿活孢子/升蜡质芽孢杆菌
				25000 微克/毫升井冈霉素·100000 微克/毫升蜡质芽孢杆菌
				8%井冈霉素·32 亿个/克蜡质芽孢杆菌
				8%井冈霉素·32%蜡质芽孢杆菌
				6.4%井冈霉素·32 亿个/公顷蜡质芽孢杆菌
				6%井冈霉素·240 亿个/克枯草芽孢杆菌
				5%井冈霉素·32%蜡质芽孢杆菌
				5%井冈霉素·200 亿芽孢/毫升枯草芽孢杆菌
				5%井冈霉素 A·10 亿个/毫升蜡质芽孢杆菌
				4%井冈霉素·16 亿个/克蜡质芽孢杆菌
				2.5%井冈霉素·10 亿个/克蜡质芽孢杆菌
				2.5%井冈霉素·10%蜡质芽孢杆菌
				2%井冈霉素·8 亿个/克蜡质芽孢杆菌
				2%井冈霉素·1 亿 CFU/克蜡质芽孢杆菌
				10%井冈霉素·1 亿 CFU/克多粘类芽孢杆菌
				10%多菌灵·2.5%三唑酮·27.5%硫磺
				10%多菌灵·5%三环唑·5%井冈霉素
				9.2%多菌灵·5.8%三环唑·5%井冈霉素
				14%三环唑·1%烯唑醇·5%井冈霉素
				8%三环唑·6%三唑酮·2%井冈霉素
2	棉花立枯病	丝核菌属立枯丝核菌(*Rhizoctonia solani*)	单剂	吡唑醚菌酯、嘧菌酯、苯醚甲环唑、戊唑醇、多抗霉素、五氯硝基苯、甲基立枯磷、噁霉灵
			混剂	1.88%甲霜灵·2.35%种菌唑
				36.9%甲基硫菌灵·4.1%吡唑醚菌酯

续表

序号	病害名称	病原物	登记杀菌剂	
2	棉花立枯病	丝核菌属立枯丝核菌(*Rhizoctonia solani*)	混剂	200 克/升萎锈灵·200 克/升福美双
				7.5%嘧菌酯·2.5%咯菌腈
				5%吡唑醚菌酯·55%代森联
				30%五氯硝基苯·15%溴菌腈
				20%五氯硝基苯·20%福美双
				10%五氯硝基苯·10%福美双
				5%甲基立枯磷·10%福美双
				5%甲基立枯磷·15%福美双
				3.3%精甲霜灵·6.6%嘧菌酯·1.1%咯菌腈
				5%多菌灵·6%甲基立枯磷·15%福美双
				22.5%萎锈灵·22.5%福美双·18%吡虫啉
				10%五氯硝基苯·10%福美双·5%克百威
3	马铃薯黑痣病	丝核菌属立枯丝核菌(*Rhizoctonia solani*)	单剂	嘧菌酯、咯菌腈、克菌丹
			混剂	3.55%氟唑环菌胺·4.45%咯菌腈
4	大豆立枯病	丝核菌属立枯丝核菌(*Rhizoctonia solani*)	单剂	噁霉灵
5	油菜立枯病	丝核菌属立枯丝核菌(*Rhizoctonia solani*)	单剂	噁霉灵
6	花生立枯病	丝核菌属立枯丝核菌(*Rhizoctonia solani*)	混剂	3%甲霜灵·6%甲基硫菌灵·3%嘧菌酯
7	番茄立枯病	丝核菌属立枯丝核菌(*Rhizoctonia solani*)	单剂	枯草芽孢杆菌
			混剂	44%硫磺·16%敌磺钠
8	辣椒立枯病	丝核菌属立枯丝核菌(*Rhizoctonia solani*)	单剂	噁霉灵、多菌灵、异菌脲、井冈霉素
			混剂	15%多菌灵·15%福美双
				10%甲霜灵·30%福美双
				5%多菌灵·25%福美双
9	茄子立枯病	丝核菌属立枯丝核菌(*Rhizoctonia solani*)	混剂	20%五氯硝基苯·25%福美双
10	黄瓜立枯病	丝核菌属立枯丝核菌(*Rhizoctonia solani*)	单剂	敌磺钠
			混剂	24%噁霉灵·6%甲霜灵

续表

序号	病害名称	病原物	登记杀菌剂	
11	西瓜立枯病	丝核菌属立枯丝核菌（*Rhizoctonia solani*）	混剂	10％甲霜灵·30％福美双
12	草坪褐斑病	丝核菌属立枯丝核菌（*Rhizoctonia solani*）	单剂	吡唑醚菌酯、嘧菌酯、氟硅唑、丙环唑、井冈霉素、百菌清
			混剂	10％噻呋酰胺·10％吡唑醚菌酯
				15％嘧菌酯·10％丙环唑
				0.3％嘧菌酯·0.7％丙环唑
				8％嘧菌酯·40％百菌清
				1.4％肟菌酯·23.6％异菌脲
				9％肟菌酯·18％戊唑醇
				25％醚菌酯·15％戊唑醇
13	人参立枯病	丝核菌属立枯丝核菌（*Rhizoctonia solani*）	单剂	咯菌腈、枯草芽孢杆菌
			混剂	1.7％精甲霜灵·22.2％噻虫嗪·1.1％咯菌腈
14	小麦纹枯病	丝核菌属禾谷丝核菌（*Rhizoctonia cerealis*）	单剂	三唑酮、苯醚甲环唑、烯唑醇、氟环唑、丙环唑、戊唑醇、井冈霉素、多抗霉素
			混剂	40％多菌灵·11％氟环唑
				40％多菌灵·10％氟环唑
				27％多菌灵·9％三唑酮
				25％多菌灵·5％三唑酮
				24％多菌灵·9％三唑酮
				1.5％嘧菌酯·2.5％咯菌腈
				10％嘧菌酯·15％丙环唑
				15％苯醚甲环唑·15％丙环唑
				10％苯醚甲环唑·5％己唑醇
				1.1％苯醚甲环唑·3.9％戊唑醇
				5％己唑醇·15％氰烯菌酯
				20％三唑酮·8％井冈霉素
				7％三唑醇·14％井冈霉素
				7％三唑酮·8％井冈霉素
				5％三唑酮·10％井冈霉素
				2％井冈霉素·8 亿个/克蜡质芽孢杆菌

(2)小核菌属致病菌

小核菌属菌核圆形或不规则形，表面光滑或粗糙，外表黑色或褐色，内部浅色，组织紧密。

小核菌属致病菌引起的病害主要有花生白绢病和白术白绢病，可以选择噻呋酰胺、氟酰胺和井冈霉素等杀菌剂及其混剂进行防治(表 31-14)。

表 31-14 小核菌属常见植物致病菌归类和杀菌剂选择

序号	病害名称	病原物	登记杀菌剂	
1	花生白绢病	小核菌属齐整小核菌(*Sclerotium rolfsii*)	单剂	噻呋酰胺、氟酰胺
2	白术白绢病	小核菌属齐整小核菌(*Sclerotium rolfsii*)	混剂	5%井冈霉素·1%嘧啶核苷类抗菌素

31.2 腔孢纲致病菌

31.2.1 黑盘孢目致病菌

(1)炭疽菌属致病菌

炭疽菌属分生孢子盘生在寄主表皮，有时生有褐色、具分隔的刚毛；分生孢子梗无色至褐色；产生的分生孢子无色，单胞，呈长椭圆形或新月形。

炭疽菌属致病菌引起的病害主要有辣椒炭疽病、苹果炭疽病、柑橘炭疽病、梨炭疽病、葡萄炭疽病、枣树炭疽病、橡胶树炭疽病、芒果炭疽病、黄瓜炭疽病、西瓜炭疽病、茶树炭疽病、香蕉炭疽病、棉花炭疽病、大豆炭疽病、白菜炭疽病、番茄炭疽病、烟草炭疽病、山药炭疽病和荔枝炭疽病等，可以选择嘧菌酯、吡唑醚菌酯、啶氧菌酯、咪鲜胺、氟硅唑、苯醚甲环唑、腈菌唑、噁唑菌酮、甲基硫菌灵、丙森锌、代森锰锌、福美双、克菌丹和百菌清等杀菌剂及其混剂进行防治(表 31-15)。

表 31-15 炭疽菌属常见植物致病菌归类和杀菌剂选择

序号	病害名称	病原物	登记杀菌剂	
1	辣椒炭疽病	炭疽菌属胶孢炭疽菌(*Colletotrichum gloeosporioides*)	单剂	啶氧菌酯、咪鲜胺、苯醚甲环唑、代森锰锌、克菌丹
			混剂	4%精甲霜灵·64%代森锰锌
				15%噁霉灵·5%乙蒜素
				46%多菌灵·4%春雷霉素
				20%甲基硫菌灵·30%代森锰锌

续表

序号	病害名称	病原物	登记杀菌剂	
1	辣椒炭疽病	炭疽菌属胶孢炭疽菌 (*Colletotrichum gloeosporioides*)	混剂	15%甲基硫菌灵·25%福美双
				10%甲基硫菌灵·10%代森锰锌
				21.5%氟吡菌酰胺·21.5%肟菌酯
				20%嘧菌酯·12.5%苯醚甲环唑
				20%醚菌酯·10%苯醚甲环唑
				18%嘧菌酯·12%苯醚甲环唑
				12%嘧菌酯·18%苯醚甲环唑
				20%吡唑醚菌酯·10%苯醚甲环唑
				25%肟菌酯·50%戊唑醇
				6.5%氟吗啉·43.5%代森锰锌
				8%霜脲氰 6·4%代森锰锌
				8%戊唑醇·32%克菌丹
				5%多菌灵·10%福美锌·10%福美双
				20%甲基硫菌灵·20%福美双·30%硫磺
				15%甲基硫菌灵·25%福美双·30%硫磺
				15%甲基硫菌灵·15%福美双·20%硫磺
				14%甲基硫菌灵·25%福美双·31%硫磺
				10%甲基硫菌灵·18%福美双·22%硫磺
				10%甲基硫菌灵·15%福美双·25%硫磺
2	苹果炭疽病	炭疽菌属胶孢炭疽菌 (*Colletotrichum gloeosporioides*)	单剂	戊唑醇、抑霉唑、多菌灵、福美锌、代森锰锌、百菌清、代森联、克菌丹
			混剂	8%甲霜灵·50%福美锌
				22%多菌灵·8%戊唑醇
				25%多菌灵·5%苯醚甲环唑
				40%甲基硫菌灵·10%醚菌酯
				40%甲基硫菌灵·5%吡唑醚菌酯
				38%甲基硫菌灵·10%咪鲜胺锰盐
				40%甲基硫菌灵·5%腈菌唑
				35%甲基硫菌灵·5%苯醚甲环唑
				15%甲基硫菌灵·35%代森锰锌
				6%吡唑醚菌酯·66%代森联
				5%吡唑醚菌酯·55%代森联
				5%吡唑醚菌酯·35%克菌丹

续表

序号	病害名称	病原物	登记杀菌剂	
2	苹果炭疽病	炭疽菌属胶孢炭疽菌(*Colletotrichum gloeosporioides*)	混剂	5%抑霉唑·15%咪鲜胺
				15%抑霉唑·15%苯醚甲环唑
				5%抑霉唑·5%苯醚甲环唑
				30%咪鲜胺·10%氟硅唑
				15%咪鲜胺·5%氟硅唑
				37.5%咪鲜胺锰盐·12.5%戊唑醇
				20%咪鲜胺锰盐·10%戊唑醇
				10%苯醚甲环唑·60%二氰蒽醌
				25%溴菌腈·50%福美锌
				6%三唑酮·34%福美双
				30%福美双·50%三乙膦酸铝
				50%福美双·30%三乙膦酸铝
				50%福美锌·30%福美双
				25%福美锌·15%福美双
				15%多菌灵·33%硫磺·2%三唑酮
				14%甲基硫菌灵·25%福美双·31%硫磺
				10%甲基硫菌灵·18%福美双·22%硫磺
3	柑橘炭疽病	炭疽菌属胶孢炭疽菌(*Colletotrichum gloeosporioides*)	单剂	嘧菌酯、氟硅唑、咪鲜胺、苯醚甲环唑、腈菌唑、氟环唑、代森锌、代森锰锌
			混剂	6%多菌灵·44%代森锰锌
				5%多菌灵·20%溴菌腈
				40%甲基硫菌灵·5%吡唑醚菌酯
				6%嘧菌酯·50%百菌清
				5%吡唑醚菌酯·55%代森联
				25%肟菌酯·50%戊唑醇
				15%苯醚甲环唑·15%烯唑醇
4	梨炭疽病	炭疽菌属胶孢炭疽菌(*Colletotrichum gloeosporioides*)	混剂	10%苯醚甲环唑·2%噻霉酮
5	葡萄炭疽病	炭疽菌属胶孢炭疽菌(*Colletotrichum gloeosporioides*)	单剂	苯醚甲环唑、烯唑醇、腈菌唑、抑霉唑、氟硅唑、多抗霉素
			混剂	25%多菌灵·10%己唑醇
				18%嘧菌酯·12%苯醚甲环唑
				8.6%氟硅唑·34.4%咪鲜胺
				6%氟硅唑·24%咪鲜胺
				8%戊唑醇·32%克菌丹

续表

序号	病害名称	病原物	登记杀菌剂	
6	枣树炭疽病	炭疽菌属胶孢炭疽菌（*Colletotrichum gloeosporioides*）	混剂	6%多菌灵·44%代森锰
				5%多菌灵·20%溴菌腈
				60 克/升嘧菌酯·500 克/升百菌清
				4%吡唑醚菌酯·12%二氰蒽醌
7	橡胶树炭疽病	炭疽菌属胶孢炭疽菌（*Colletotrichum gloeosporioides*）	单剂	多菌灵
			混剂	15%多菌灵·35%硫磺
				5.5%咪鲜胺·4.5%腈菌唑
				4%咪鲜胺·12%三唑酮
				5%咪鲜胺·6%三唑酮·5%百菌清
8	芒果炭疽病	炭疽菌属胶孢炭疽菌（*Colletotrichum gloeosporioides*）	单剂	吡唑醚菌酯
			混剂	12.5%多菌灵·12.5%咪鲜胺
				12%咪鲜胺锰盐·40%代森联
9	黄瓜炭疽病	炭疽菌属葫芦科炭疽菌（*Colletotrichum orbiculare*）	单剂	吡唑醚菌酯、咪鲜胺、苯醚甲环唑、克菌丹
			混剂	40%甲基硫菌灵·20%异菌脲
				42%甲基硫菌灵·8%咪鲜胺
				40%甲基硫菌灵·30%丙森锌
				48%甲基硫菌灵·22%福美双
				30%甲基硫菌灵·40%福美双
				20%甲基硫菌灵·30%福美双
				35%甲基硫菌灵·5%硫磺
				20%甲基硫菌灵·30%硫磺
				10%多菌灵·20%咪鲜胺锰盐
				21.5%氟吡菌酰胺·21.5%肟菌酯
				17.5%氟吡菌酰胺·17.5%戊唑醇
				20%嘧菌酯·30%戊唑醇
				15%嘧菌酯·25%戊唑醇
				25%肟菌酯·50%戊唑醇
				5%苯醚甲环唑·15%咪鲜胺
				10%咪鲜胺锰盐·20%丙森锌
				5%氟硅唑·20%咪鲜胺
				4%氟硅唑·16%咪鲜胺
				50%福美锌·30%福美双

续表

序号	病害名称	病原物	登记杀菌剂	
9	黄瓜炭疽病	炭疽菌属葫芦科炭疽菌(*Colletotrichum orbiculare*)	混剂	45%福美锌·27%福美双
				40%福美锌·20%福美双
				37%福美锌·23%福美双
				25%福美锌·15%福美双
				14%甲基硫菌灵·20%福美双·36%硫磺
				20%多菌灵·10%福美双·10%溴菌腈
10	西瓜炭疽病	炭疽菌属瓜类炭疽菌(*Colletotrichum lagenarium*)	单剂	吡唑醚菌酯、嘧菌酯、甲基硫菌灵、苯醚甲环唑、代森锰锌
			混剂	12.5%多菌灵·12.5%咪鲜胺
				10%甲基硫菌灵·10%代森锰锌
				20%嘧菌酯·12.5%苯醚甲环唑
				30%嘧菌酯·18%苯醚甲环唑
				20%嘧菌酯·12.5%苯醚甲环唑
				19%嘧菌酯·14%苯醚甲环唑
				16%嘧菌酯·24%丙环唑
				9%嘧菌酯·14%己唑醇
				30%吡唑醚菌酯·10%苯醚甲环唑
				20%吡唑醚菌酯·12.5%苯醚甲环唑
				5%醚菌酯·55%代森联
				25%肟菌酯·50%戊唑醇
				20%肟菌酯·20%苯醚甲环唑
				6.25%噁唑菌酮·62.5%代森锰锌
				10%咪鲜胺·30%苯醚甲环唑
				5%苯醚甲环唑·20%溴菌腈
				10%己唑醇·35%双胍三辛烷基苯磺酸盐
				50%福美锌·30%福美双
				37%福美锌·23%福美双
				25%福美锌·15%福美双
11	茶树炭疽病	炭疽菌属茶树炭疽菌(*Colletotrichum theae-sinesis*)	单剂	吡唑醚菌酯、苯醚甲环唑、百菌清、氢氧化铜、代森锌
12	香蕉炭疽病	炭疽菌属香蕉炭疽菌(*Colletotrichum musae*)	单剂	吡唑醚菌酯

续表

序号	病害名称	病原物	登记杀菌剂	
13	棉花炭疽病	炭疽菌属棉炭疽菌（*Colletotrichum gossypii*）	混剂	5%甲基立枯磷·10%福美双
				5%甲基立枯磷·15%福美双
				30%五氯硝基苯·15%溴菌腈
				20%五氯硝基苯·20%福美双
				6%多菌灵·8%甲基立枯磷·12%福美双
14	大豆炭疽病	炭疽菌属大豆炭疽菌（*Colletotrichum glycines*）	单剂	百菌清
15	白菜炭疽病	炭疽菌属芸薹炭疽菌（*Colletotrichum higgisianum*）	单剂	吡唑醚菌酯
16	番茄炭疽病	炭疽菌属番茄炭疽菌（*Colletotrichum coccodes*）	单剂	苯醚甲环唑
			混剂	20%嘧菌酯·12%苯醚甲环唑
17	烟草炭疽病	炭疽菌属烟草炭疽菌（*Colletotrichum nicotianae*）	混剂	4%苯醚甲环唑·56%福美双
18	山药炭疽病	炭疽菌属辣椒炭疽菌（*Colletotrichum capsici*）、胶孢炭疽菌（*Colletotrichum gloeosporioides*）	混剂	4%吡唑醚菌酯·12%二氰蒽醌
19	荔枝炭疽病	炭疽菌属（*Colletotrichum* sp.）	单剂	咪鲜胺、苯醚甲环唑、腈菌唑
			混剂	30%多菌灵·32%代森锰锌
				4%多菌灵·16%咪鲜胺锰盐

(2)痂圆孢属致病菌

痂圆孢属分生孢子梗极短，不分枝，紧密地排列在子座组织上；分生孢子单细胞，椭圆形或卵圆形。

痂圆孢属致病菌引起的病害主要有柑橘疮痂病、葡萄黑痘病和石榴麻皮病等，可以选择嘧菌酯、吡唑醚菌酯、啶氧菌酯、苯醚甲环唑、戊唑醇、氟硅唑、硫酸铜钙、代森锰锌和百菌清等杀菌剂及其混剂进行防治（表 31-16）。

表 31-16 痂圆孢属常见植物致病菌归类和杀菌剂选择

<table>
<tr><th>序号</th><th>病害名称</th><th>病原物</th><th colspan="2">登记杀菌剂</th></tr>
<tr><td rowspan="7">1</td><td rowspan="7">柑橘疮痂病</td><td rowspan="7">痂圆孢属柑橘痂圆孢（Sphaceloma fawcettii）</td><td>单剂</td><td>苯菌灵、甲基硫菌灵、嘧菌酯、苯醚甲环唑、烯唑醇、腈菌唑、亚胺唑、硫酸铜钙、硫磺、百菌清、代森锰锌、代森联</td></tr>
<tr><td rowspan="6">混剂</td><td>4%精甲霜灵·64%代森锰锌</td></tr>
<tr><td>62.5%噁霜灵·62.5%代森锰锌</td></tr>
<tr><td>18%嘧菌酯·12%苯醚甲环唑</td></tr>
<tr><td>5%吡唑醚菌酯·55%代森联</td></tr>
<tr><td>62.5%代森锰锌·6.25%噁唑菌酮</td></tr>
<tr><td>25%肟菌酯·50%戊唑醇</td></tr>
<tr><td rowspan="2">2</td><td rowspan="2">葡萄黑痘病</td><td rowspan="2">痂圆孢属葡萄痂圆孢（Sphaceloma ampelinum）</td><td>单剂</td><td>嘧菌酯、啶氧菌酯、氟硅唑、苯醚甲环唑、烯唑醇、亚胺唑、代森锰锌、百菌清</td></tr>
<tr><td>混剂</td><td>25%肟菌酯·50%戊唑醇</td></tr>
<tr><td>3</td><td>石榴麻皮病</td><td>痂圆孢属石榴痂圆孢（Sphaceloma punicae）</td><td>单剂</td><td>苯醚甲环唑</td></tr>
</table>

(3)盘二孢属致病菌

盘二孢属分生孢子盘极小，分生孢子椭圆形或卵圆形，无色，双细胞大小不等，分隔处缢缩。

盘二孢属致病菌引起的病害主要有苹果褐斑病，可以选择吡唑醚菌酯、醚菌酯、多菌灵、异菌脲、戊唑醇、丙环唑、氟环唑、苯醚甲环唑和丙森锌等杀菌剂及其混剂进行防治（表 31-17）。

表 31-17 盘二孢属常见植物致病菌归类和杀菌剂选择

<table>
<tr><th>病害名称</th><th>病原物</th><th colspan="2">登记杀菌剂</th></tr>
<tr><td rowspan="9">苹果褐斑病</td><td rowspan="9">盘二孢属苹果盘二孢（Marssonina coronariae）</td><td>单剂</td><td>吡唑醚菌酯、多菌灵、异菌脲、氟环唑、苯醚甲环唑、丙环唑、硫酸铜钙、氢氧化铜、百菌清</td></tr>
<tr><td rowspan="8">混剂</td><td>30%多菌灵·25%戊唑醇</td></tr>
<tr><td>30%嘧菌酯·15%戊唑醇</td></tr>
<tr><td>20%吡唑醚菌酯·40%戊唑醇</td></tr>
<tr><td>15%吡唑醚菌酯·25%丙环唑</td></tr>
<tr><td>15%吡唑醚菌酯·15%丙环唑</td></tr>
<tr><td>13.3%吡唑醚菌酯·26.7%戊唑醇</td></tr>
<tr><td>10%吡唑醚菌酯·30%戊唑醇</td></tr>
<tr><td>10%吡唑醚菌酯·20%戊唑醇</td></tr>
</table>

续表

病害名称	病原物	登记杀菌剂	
苹果褐斑病	盘二孢属苹果盘二孢(*Marssonina coronaria*)	混剂	10%吡唑醚菌酯·50%克菌丹
			30%醚菌酯·15%戊唑醇
			12.7%醚菌酯·57.3%丙森锌
			15%肟菌酯·25%苯醚甲环唑
			25%肟菌酯·50%戊唑醇
			10%肟菌酯·60%代森联
			4%己唑醇·56%丙森锌
			20%戊唑醇·10%多抗霉素
			5%戊唑醇·45%代森锰锌
			10%戊唑醇·60%丙森锌
			10%戊唑醇·50%丙森锌
			16%戊唑醇·64%克菌丹
			15%戊唑醇·20%二氰蒽醌

31.2.2 球壳孢目致病菌

(1)拟茎点霉属致病菌

拟茎点霉属分生孢子器内产生两种类型的分生孢子;一种分生孢子呈卵圆形至纺锤形,单细胞,能萌发;另一种分生孢子一端弯曲呈钩状,不能萌发。

拟茎点霉属致病菌引起的病害主要有芦笋茎枯病,可以选择苯菌灵、甲基硫菌灵、苯醚甲环唑、烯唑醇、硫磺和代森锰锌等杀菌剂及其混剂进行防治(表 31-18)。

表 31-18 拟茎点霉属常见植物致病菌归类和杀菌剂选择

病害名称	病原物	登记杀菌剂	
芦笋茎枯病	拟茎点霉属天门冬拟茎点霉(*Phomopsis asparagi*)	单剂	苯菌灵、甲基硫菌灵、苯醚甲环唑、烯唑醇、硫磺、代森锌、代森锰锌

(2)叶点霉属致病菌

叶点霉属载孢体为分生孢子器,分生孢子梗极短;分生孢子单细胞,很小,卵形至椭圆形。

叶点霉属致病菌引起的病害主要有水稻叶尖枯病、棉花褐斑病、苹果灰斑病和香蕉黑星病等,可以选择多菌灵、多抗霉素、吡唑醚菌酯、啶氧菌酯、苯醚甲环唑、氟硅唑和氟环唑等杀菌剂及其混剂进行防治(表 31-19)。

表 31-19 叶点霉菌属常见植物致病菌归类和杀菌剂选择

序号	病害名称	病原物	登记杀菌剂	
1	水稻叶尖枯病	叶点霉属稻生叶点霉(*Phyllosticta oryzicola*)	单剂	三唑酮
			混剂	40%多菌灵·10%三唑酮
				35%多菌灵·5%三唑酮
				20%多菌灵·10%三唑酮
2	棉花褐斑病	叶点霉属棉小叶点霉(*Phyllosticta gossypina*)	单剂	多抗霉素
3	苹果灰斑病	叶点霉属梨叶点霉(*Phyllosticta pirina*)	单剂	多抗霉素
4	香蕉黑星病	叶点霉属香蕉叶点霉(*Phyllosticta musarum*)	单剂	吡唑醚菌酯、啶氧菌酯、苯醚甲环唑、氟环唑、腈菌唑
			混剂	17.5%氟吡菌酰胺·17.5%戊唑醇
				25%嘧菌酯·50%戊唑醇
				10%嘧菌酯·20%戊唑醇
				25%吡唑醚菌酯·25%苯醚甲环唑
				20%吡唑醚菌酯·10%苯醚甲环唑
				15%吡唑醚菌酯·25%苯醚甲环唑
				10%吡唑嘧菌酯·20%苯醚甲环唑
				26.7%咪鲜胺 13.3%戊唑醇
				10%氟硅唑·5%氨基寡糖素
				5%氟硅唑·35%苯醚甲环唑

(3)色二孢属致病菌

色二孢属分生孢子器散生或集生;分生孢子初时单细胞,无色,呈椭圆形或卵圆形,成熟后转变为双细胞,顶端钝圆,基部平截,呈深褐色至黑色。

色二孢属致病菌引起的病害主要有花生茎腐病和柑橘蒂腐病(树脂病)等,可以选择氟硅唑、咪鲜胺、噁唑菌酮、代森锰锌和克菌丹等杀菌剂及其混剂进行防治(表 31-20)。

表 31-20　色二孢属常见植物致病菌归类和杀菌剂选择

序号	病害名称	病原物	登记杀菌剂	
1	花生茎腐病	色二孢属棉色二孢（*Diplodia gossypina*）	单剂	多菌灵
2	柑橘蒂腐病（树脂病）	色二孢属（*Diplodia* spp.）	单剂	氟硅唑、咪鲜胺、代森锰锌、克菌丹
			混剂	4%抑霉唑・24%咪鲜胺
				2%抑霉唑・12%咪鲜胺
				62.5%代森锰锌・6.25%噁唑菌酮

(4)壳二孢属致病菌

壳二孢属的分生孢子产生于分生孢子器内，呈卵圆形或椭圆形，双细胞，无色。

壳二孢属致病菌引起的病害主要有黄瓜蔓枯病，可以选择嘧菌酯、咪鲜胺和苯醚甲环唑等杀菌剂及其混剂进行防治（表 31-21）。

表 31-21　壳二孢属常见植物致病菌归类和杀菌剂选择

病害名称	病原物	登记杀菌剂	
黄瓜蔓枯病	壳二孢属西瓜壳二孢（*Ascochyta citrullina*）	单剂	嘧菌酯
		混剂	5%咪鲜胺・5%苯醚甲环唑

第 32 章　植物细菌病害和杀菌剂选择

植物病原细菌中大多数成员属于革兰氏阴性的薄壁菌门（如假单胞菌属、黄单胞菌属、劳尔氏菌属和欧文氏菌属等），也有少数为革兰氏阳性的厚壁菌门（主要有棒形杆菌属）。

常见的植物细菌病害主要有黄瓜细菌性角斑病、姜瘟病、烟草野火病、水稻白叶枯病、水稻细菌性条斑病、辣椒疮痂病、桃细菌性穿孔病、柑橘溃疡病、番茄青枯病、烟草青枯病、白菜软腐病和番茄溃疡病等，可以选择氢氧化铜、王铜、喹啉铜、噻森铜、松脂酸铜、琥胶肥酸铜、春雷霉素、中生菌素、噻唑锌、三氯异氰尿酸、氯溴异氰尿酸、辛菌胺醋酸盐、甲基营养型芽孢杆菌和解淀粉芽孢杆菌等杀菌剂及其混剂进行防治（表 32-1）。

表 32-1　常见植物病原细菌归类和杀菌剂选择

序号	病害名称	病原物	登记杀菌剂	
1	黄瓜细菌性角斑病	假单胞菌属丁香假单胞菌黄瓜角斑病致病变种（*Pseudomonas syringae* pv. *Lachrymans*）	单剂	氢氧化铜、王铜、喹啉铜、松脂酸铜、琥胶肥酸铜、春雷霉素、中生菌素、噻唑锌、甲基营养型芽孢杆菌、解淀粉芽孢杆菌
			混剂	10%甲霜灵·40%琥胶肥酸铜
				35%甲基硫菌灵·35%硫磺
				8%霜脲氰·42%琥胶肥酸铜
				20%琥胶肥酸铜·30%三乙膦酸铝
				4%甲霜灵·6%三乙膦酸铝·30%琥胶肥酸铜
				36%硫磺·30%琥胶肥酸铜·6%三乙膦酸铝
				2%春雷霉素·2%中生菌素
				5%春雷霉素·45%王铜
				3%春雷霉素·30%喹啉铜
				2%春雷霉素·28%壬菌铜
2	姜瘟病	假单胞菌属青枯假单胞杆菌（*Pseudomonas solanacearum*）	单剂	硫酸铜钙、氢氧化铜、蜡质芽孢杆菌
3	烟草野火病	假单胞菌属丁香假单胞菌烟草致病变种（*Pseudomonas syringae pv. tabaci*）	单剂	春雷毒素、硫酸铜钙、氢氧化铜、碱式硫酸铜、噻森铜、松脂酸铜、噻唑锌、氯溴异氰尿酸、枯草芽孢杆菌
			混剂	15%代森锌·37%王铜

续表

序号	病害名称	病原物	登记杀菌剂	
4	水稻白叶枯病	黄单胞菌属稻黄单胞菌稻致病变种（*Xanthomonas oryzae* pv. *oryzae*）	单剂	噻森铜、三氯异氰尿酸、氯溴异氰尿酸、中生菌素、枯草芽孢杆菌
5	水稻细菌性条斑病	黄单胞菌属稻黄单胞菌稻生致病变种（*Xanthomonas oryzae* pv. *oryzicola*）	单剂	噻森铜、噻唑锌、辛菌胺醋酸盐、三氯异氰尿酸、氯溴异氰尿酸、甲基营养型芽孢杆菌
			混剂	5%络氨铜·6.4%柠檬酸铜
6	辣椒疮痂病	黄单胞菌属野油菜黄单胞菌辣椒斑点病致病变种（*Xanthomonas arboricola* pv. *vesicatoria*）	单剂	氢氧化铜
7	桃细菌性穿孔病	黄单胞菌属甘蓝黑腐黄单胞菌桃穿孔致病变种（*Xanthomonas arboricola* pv. *pruni*）	单剂	噻唑锌
8	柑橘溃疡病	黄单胞菌属地毯草黄单胞菌柑橘致病变种（*Xanthomonas axonopodis* pv. *citri*）	单剂	春雷霉素、硫酸铜钙、碱式硫酸铜、氢氧化铜、氧化亚铜、代森锰锌、枯草芽孢杆菌
			混剂	2%春雷毒素·45%王铜
				30%代森锰锌·48%波尔多液
				15%代森锌·37%王铜
9	番茄青枯病	劳尔氏菌属茄劳尔氏菌（*Ralstonia solanacearum*）	单剂	枯草芽孢杆菌、噻森铜、中生菌素
10	烟草青枯病	劳尔氏菌属茄劳尔氏菌（*Ralstonia solanacearum*）	单剂	噻唑锌、中生菌素、枯草芽孢杆菌、解淀粉芽孢杆菌
			混剂	2%硫酸铜·50%氯溴异氰尿酸
				5%壬菌铜·20%溴菌腈
11	白菜软腐病	欧文氏菌属欧文氏菌胡萝卜软腐欧氏杆菌胡萝卜亚种（*Erwinia carotovora* sub sp. *carotovora*）	单剂	枯草芽孢杆菌、噻森铜、氯溴异氰尿酸
12	番茄溃疡病	棒形杆菌属密执安棒杆菌番茄溃疡病致病型（*Clavibacter michiganensis* subsp. *michiganensis*）	单剂	氢氧化铜

第 33 章　植物病毒病害和药剂选择

植物病毒主要有水稻条纹病毒（RSV）、水稻黑条矮缩病毒（RBSDV）、烟草花叶病毒属（TMV）、黄瓜花叶病毒属（CMV）和番茄花叶病毒（ToMV）等。

重要的植物病毒病主要有水稻条纹叶枯病、水稻黑条矮缩病、番茄病毒病、辣椒病毒病和烟草病毒病等，可以选择毒氟磷、宁南霉素、辛菌胺醋酸盐、盐酸吗啉胍、氯溴异氰尿酸、香菇多糖和氨基寡糖素等病毒抑制剂及其混剂进行防治（表 33-1）。

表 33-1　常见植物病毒病病原物归类和药剂选择

序号	病害名称	病原物	登记杀菌剂	
1	水稻条纹叶枯病	水稻条纹病毒（RSV）	单剂	宁南霉素、香菇多糖、氯溴异氰尿酸
2	水稻黑条矮缩病	水稻黑条矮缩病毒（RBSDV）	单剂	毒氟磷、宁南霉素、辛菌胺醋酸盐、香菇多糖
			混剂	39.996%盐酸吗啉胍·0.002%羟烯腺嘌呤·0.002%烯腺嘌呤
3	番茄病毒病	烟草花叶病毒（TMV）、黄瓜花叶病毒（CMV）、番茄花叶病毒（ToMV）、马铃薯 X 病毒（PVX）、马铃薯 Y 病毒（PVY）、烟草蚀纹病毒（TEV）、苜蓿花叶病毒（AMV）	单剂	宁南霉素、盐酸吗啉胍、辛菌胺醋酸盐、香菇多糖、氨基寡糖素
			混剂	5.9%硫酸铜·0.1%三十烷醇
				1.4%硫酸铜·0.1%三十烷醇
				0.4%硫酸铜·0.1%三十烷醇
				1.2%硫酸铜·22.8%混合脂肪酸
				0.4%硫酸铜·7.6%混合脂肪酸
				10%琥胶肥酸铜·10%盐酸吗啉胍
				4%乙酸铜·16%盐酸吗啉胍
				40%盐酸吗啉胍·0.0004%羟烯腺嘌呤
				39.996%盐酸吗啉胍·0.002%羟烯腺嘌呤·0.002%烯腺嘌呤
				2.5%盐酸吗啉胍·1.8%辛菌胺醋酸盐
				5%盐酸吗啉胍·0.9%辛菌胺
				0.5%硫酸铜·1%盐酸吗啉胍

续表

序号	病害名称	病原物	登记杀菌剂	
4	辣椒病毒病	黄瓜花叶病毒(CMV)、烟草花叶病毒(TMV)、马铃薯 Y 病毒(PVY)、烟草蚀纹病毒(TEV)、马铃薯 X 病毒(PVX)、苜蓿花叶病毒(AMV)、蚕豆萎蔫病毒(BBWV)	混剂	宁南霉素、氨基寡糖素、辛菌胺醋酸盐、氯溴异氰尿酸
				10%乙酸铜·10%盐酸吗啉胍
				1.5%络氨铜·28.5%混合脂肪酸
				13.55%硫磺·0.15%苦参碱
				4%硫酸铜·16%盐酸吗啉胍
				1.2%硫酸铜·22.8%混合脂肪酸
				6%硫酸铜·0.000015%羟烯腺嘌呤·0.000015%烯腺嘌呤
				0.8%硫酸铜·0.8%硫酸锌·1.1%十二烷基硫酸钠·0.1%三十烷醇
5	烟草病毒病	烟草普通花叶病毒(TMV)、黄瓜花叶病毒(CMV)、马铃薯 Y 病毒病(PVY)	单剂	香菇多糖、氨基寡糖素、盐酸吗啉胍、宁南霉素、氯溴异氰尿酸
			混剂	1.2%硫酸铜·22.8%混合脂肪酸
				0.4%硫酸铜·7.6%混合脂肪酸
				6%硫酸铜·0.000015%羟烯腺嘌呤·0.000015%烯腺嘌呤
				0.8%硫酸铜·0.8%硫酸锌·1.1%十二烷基硫酸钠·0.1%三十烷醇
				5%乙酸铜·15%盐酸吗啉胍
				1.5%络氨铜·28.5%混合脂肪酸

第34章　植物线虫病害和杀线虫剂选择

常见植物寄生线虫主要有滑刃线虫属、异皮线虫属、根结线虫属、茎线虫属和伞滑刃线虫属等。

危害严重的线虫病主要有水稻干尖线虫病、大豆胞囊线虫病、花生根结线虫病、甘薯茎线虫病、黄瓜根结线虫病、番茄根结线虫病和松材线虫病等，可以选择阿维菌素、噻唑膦、灭线磷、淡紫拟青霉、蜡质芽孢杆菌和异硫氰酸烯丙酯等杀线虫剂及其混剂进行防治（表 34-1）。

表 34-1　常见植物线虫病病原物归类和杀线虫剂选择

序号	病害名称	病原物	登记杀菌剂	
1	水稻干尖线虫病	滑刃线虫属贝西滑刃线虫（*Aphelenchoides besseyi*）	单剂	杀螟丹
			混剂	10%杀螟丹·8%咪鲜胺
				5%杀螟丹·2%乙蒜素
				10%杀螟丹·10%氰烯菌酯
				4.8%杀螟丹·4.8%氟啶胺·2.4%戊唑醇
2	大豆胞囊线虫病	异皮线虫属大豆胞囊线虫（*Heterodera glycines*）	单剂	苏云金杆菌
			混剂	0.5%甲氨基阿维菌素苯甲酸盐·10%福美双·10%多菌灵
				0.6%阿维菌素·25%福美双·10%多菌灵
3	花生根结线虫病	根结线虫属花生根结线虫（*Meloidogyne arenaria*）、北方根结线虫（*Meloidogyne hapla*）、爪哇根结线虫（*Meloidogyne javanica*）	单剂	灭线磷、阿维菌素
			混剂	1.5%阿维菌素·1.5%吡虫啉
4	甘薯茎线虫病	茎线虫属毁坏茎线虫（*Ditylenchus destructor*）	单剂	灭线磷、丙溴磷、三唑磷、丁硫克百威
5	黄瓜根结线虫病	根结线虫属南方根结线虫（*Meloidogyne incognita*）	单剂	阿维菌素、噻唑膦、威百亩
				10%噻唑膦·0.5%阿维菌素
				12.5%噻唑膦·2.5%几丁聚糖
				5%噻唑膦·1%氨基寡糖素

续表

序号	病害名称	病原物	登记杀菌剂	
6	番茄根结线虫病	根结线虫属南方根结线虫（*Meloidogyne incognita*）	单剂	阿维菌素、噻唑膦、淡紫拟青霉、蜡质芽孢杆菌、异硫氰酸烯丙酯
			混剂	12%吡虫啉·3%阿维菌素
				7.6%噻唑膦·1.4%氨基寡糖素
				10%噻唑膦·0.5%阿维菌素
7	松材线虫病	伞滑刃线虫属松材线虫（*Bursaphelenchus xylophilus*）	单剂	甲氨基阿维菌素苯甲酸盐、阿维菌素

参考文献

[1] 侯明生，黄俊斌. 农业植物病理学（第 2 版）[M]. 北京：科学出版社，2014.

[2] 陈利锋，徐敬友. 农业植物病理学（第 4 版）[M]. 北京：中国农业出版社，2015.

[3] 徐汉虹. 植物化学保护学（第 5 版）[M]. 北京：中国农业出版社，2018.

[4] 杨华铮，邹小毛，朱有全，等. 现代农药化学[M]. 北京：化学工业出版社，2013.

[5] 许志刚. 普通植物病理学（第 4 版）[M]. 北京：高等教育出版社，2009.

[6] 农药登记数据[DB]. [2018-06-30]. http://www.chinapesticide.org.cn/hysj/index.jhtml.

[7] 农业病虫草害图文数据库[DB]. [2018-06-30]. http://bcch.ahnw.gov.cn/.